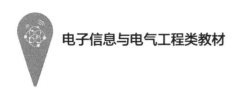

电子信息与电气工程类教材

信号与线性系统

白恩健 / 主编

吴 贇 葛华勇 禹素萍 / 参编

李德敏 许武军 / 审校

U0233264

电子工业出版社.
Publishing House of Electronics Industry
北京·BEIJING

内 容 简 介

本书系统介绍了信号与系统的基本概念、理论、方法及应用，全书共 11 章。本书采用"先时域，后变换域"的方法，完全平行地介绍连续时间和离散时间信号与系统，以及它们在通信、信号处理和反馈控制等领域的应用。第 1 章介绍了信号与系统的基本概念；第 2 章讨论了连续时间线性时不变系统的时域分析方法；第 3 章讨论了离散时间线性时不变系统的时域分析方法；第 4 章讨论了连续时间信号的傅里叶分析方法；第 5 章讨论了连续时间系统的频域分析方法；第 6 章讨论了离散时间信号的傅里叶分析方法；第 7 章简要讨论了离散时间系统的频域分析方法；第 8 章讨论了连续时间系统的复频域分析方法；第 9 章讨论了离散时间系统的 z 域分析方法；第 10 章讨论了模拟滤波器和数字滤波器的设计方法；第 11 章讨论了系统状态变量分析方法。同时，本书还利用 MATLAB 对相关内容进行了仿真分析。

本书可作为自动化、电气、通信、电子、计算机等专业"信号与系统"课程的教材或参考书，也可供从事相关领域工作的工程技术人员参考。

未经许可，不得以任何方式复制或抄袭本书之部分或全部内容。

版权所有，侵权必究。

图书在版编目（CIP）数据

信号与线性系统 / 白恩健主编. —北京：电子工业出版社，2019.9
普通高等教育"十三五"规划教材. 电子信息与电气工程类专业规划教材

ISBN 978-7-121-36915-5

Ⅰ. ①信… Ⅱ. ①白… Ⅲ. ①信号理论—高等学校—教材②线性系统—高等学校—教材 Ⅳ. ①TN911.6

中国版本图书馆 CIP 数据核字（2019）第 122367 号

策划编辑：李　敏
责任编辑：李　敏
印　　刷：北京盛通数码印刷有限公司
装　　订：北京盛通数码印刷有限公司
出版发行：电子工业出版社
　　　　　北京市海淀区万寿路 173 信箱　邮编　100036
开　　本：787×1 092　1/16　印张：24.25　字数：660 千字
版　　次：2019 年 9 月第 1 版
印　　次：2025 年 1 月第 6 次印刷
定　　价：79.00 元

凡所购买电子工业出版社图书有缺损问题，请向购买书店调换。若书店售缺，请与本社发行部联系，联系及邮购电话：（010）88254888，88258888。

质量投诉请发邮件至 zlts@phei.com.cn，盗版侵权举报请发邮件至 dbqq@phei.com.cn。

本书咨询联系方式：（010）88254753，limin@phei.com.cn。

前　言

作为电子信息类专业的学生，需要具备路、场、信号、信息的知识。"路"包含电路分析、模拟电路和数字电路、通信电子电路、微波电路、集成电路等；"场"包含电磁场、电波传播与天线、微波技术等；"信号"包括信号与线性系统、数字信号处理、语音信号处理等；"信息"包含信息论与编码、数字图像处理、数据压缩、密码学等。其中，"信号与系统"是电子信息类学生的必修基础课程，是以信号特性和处理等工程问题为背景，经数学抽象而形成的。课程范围限定于确定性信号（非随机信号）经线性时不变系统传输与处理的基本理论。课程的基本任务是研究确定性信号经线性时不变系统进行传输和处理的基本理论与方法。课程的谱分析方法，如抽样，在几乎所有的电子信息工程领域都占据重要的位置。

本书以谱分析为主线，在体系结构上采用先时域再变换域、先信号分析再系统分析、先连续再离散的方式。主要内容包括基本概念、连续系统的时域分析、傅里叶变换、拉普拉斯变换、连续时间系统的 s 域分析、离散时间系统的时域分析、离散时间信号的傅里叶变换、离散时间系统的 z 域分析、滤波器设计等。本书注重与实际的物理系统相结合，注重理论知识的工程应用，提供了大量的工程领域的案例，从工程应用案例出发建立完整的信号与系统的概念。本书注重对基本概念、基本原理和基本方法的理解和应用，通过MATLAB 仿真软件的使用，使学生更多地注重物理概念而无须过多关注计算技巧。另外，本书还将中国前沿科技方面的发展融入德育教育的元素，如将 5G 移动通信、蛟龙号载人潜水器等融入课程教学，介绍课程内容在其中的具体应用。

本书吸收了近年课程建设的优秀成果，本课程的探究性学习，对电子信息与电气工程类专业学生的多学科知识应用能力、复杂工程问题分析能力、现代工具运用能力等毕业要求形成有效支撑。通过设计相关软件仿真的课程项目，学生以分组的形式接受构思、设计、实施、运行等环节的全过程训练，全面提高学生的知识运用能力。课程项目针对通信系统、控制系统、语音信号处理和数字图像处理等工程实际，提出系统具体需求，学生自行构建系统模型，通过理论分析和仿真实验判断系统设计参数对性能的影响，并提出解决方案。其目的是通过仿真实验来理解课程中涉及的谱分析方法，让学生通过实践理解如何运用知识，培养学生运用知识的能力。课程设计的项目包括股票走势预测、移动通信系统调研及仿真、图像变换编码、潜水器下潜控制分析、语音信号的采集和处理等项目。

本书在使用时，可以按照有关章节的选取和组合，构成深度、学时不同的讲授课程。例如，第1～5章、第8章，适合后续开设"数字信号处理"或"自动控制原理"课程的专业；第1～6章、第8～11章，适合后续不再开设"数字信号处理"和"自动控制原理"课程的专业。

本书由白恩健主编并对全书进行了整理和统稿，团队的吴赟老师参与了第3章和第4章的编写，葛华勇老师和禹素萍老师参与了第10章的编写。全书由李德敏教授和许武军老师审校，并提出了许多宝贵的建议和意见。在此向为本书的出版提供帮助的老师和学生表示衷心感谢。

限于水平，书中错误及不妥之处在所难免，恳请读者批评指正。

作 者

2019 年 5 月

符 号 表

表 达 式	意 义
$x(t)$	连续时间信号
$x[n]$	离散时间信号
$G(t)$	周期方波信号
$G_\tau(t)$	高度为 1、宽度为 τ 的方波脉冲（门）信号
$G[n]$	周期为 N、宽度为 $2M+1$、高度为 1 的离散时间周期方波信号
$G_{2M+1}[n]$	高度为 1、宽度为 $2M+1$ 的离散时间方波信号
$\mathrm{Sa}(t)$	取样信号 $\dfrac{\sin t}{t}$
$\mathrm{sinc}(t)$	$\dfrac{\sin(\pi t)}{\pi t}$
$x^{(n)}(t)$	信号 $x(t)$ 的 n 阶微分
$u(t)$	单位阶跃信号
$u[n]$	离散时间单位阶跃信号
$r(t)$	连续时间斜坡信号
$r[n]$	离散时间斜坡信号
$\delta(t)$	单位冲激信号
$\delta[n]$	单位脉冲信号
$y_h(t)$	连续时间系统的齐次解
$y_p(t)$	连续时间系统的特解
$y_{zi}(t)$	连续时间系统的零输入响应
$y_{zs}(t)$	连续时间系统的零状态响应
$H(p)$	连续时间系统算子形式的系统函数
$h(t)$	LTI 连续时间系统的单位冲激响应
$y_{zi}[n]$	离散时间系统的零输入响应
$y_{zs}[n]$	离散时间系统的零状态响应
$H(S)$	离散时间系统算子形式的系统函数
$h[n]$	LTI 离散时间系统的单位脉冲响应
X_k	连续时间周期信号的傅里叶级数系数
	离散时间周期信号的傅里叶级数系数
	离散傅里叶变换系数
$X(\mathrm{j}\omega)$	连续时间非周期信号的傅里叶变换
$H(\mathrm{j}\omega)$	LTI 连续时间系统频率响应函数
$X(\mathrm{e}^{\mathrm{j}\Omega})$	离散时间非周期信号的傅里叶变换
$H(\mathrm{e}^{\mathrm{j}\Omega})$	LTI 离散时间系统的频率响应函数
$H(s)$	LTI 连续时间系统的系统传递函数
$G(s)$	反馈控制系统的系统函数

表　达　式	意　　义
$H(z)$	LTI 离散时间系统的系统传递函数
LTI	线性时不变
FT	傅里叶变换
FS	傅里叶级数
LT	拉普拉斯变换
DTFT	离散时间傅里叶变换
DTFS	离散时间傅里叶级数
DFT	离散傅里叶变换
FFT	快速傅里叶变换
ZT	z 变换

目　录

第1章 基本概念

学习目标

通过本章的学习，学生应具备以下能力：
- ◆ 会正确判断周期信号与非周期信号、能量信号与功率信号；
- ◆ 理解常用信号及其物理意义，特别是单位冲激信号与单位阶跃信号；
- ◆ 会正确判断系统的因果性、无记忆性、线性、时不变性、稳定性和可逆性等特性；
- ◆ 熟悉几个常见系统的模型；
- ◆ 熟悉 MATLAB 和 Multisim 仿真的方法。

信号传递消息，系统变换信号。本书讲述的是确定性信号经线性时不变系统传输与处理的基本理论。从概念上可以区分为信号分析与处理及系统分析与设计两个部分，描述的核心问题是：信号在系统中是如何变换的，系统特性对信号有什么影响，以及数字滤波器的分析与设计。将信号分解为不同的基本信号，则对应线性系统的分析方法分别为时域分析、频域分析和复频域（z 域）分析。

1.1 信号与系统

什么是信号？什么是系统？为什么把这两个概念联系在一起？

首先区分消息、信息和信号这 3 个概念。消息是传输和处理的原始对象，如语言、文字、图像、数据中包含的内容等。信息是传递、交换、存储和提取的抽象内容，能消除某些知识的不确定性，即消息中有意义的内容，它能使收信者的知识状态或对某事物的不确定性发生改变。信号则是消息的载体，通过信号传递消息。换言之，消息是信息的形式，信息是消息的内容，而信号则是消息的表现形式。**信号定义为表示消息的函数，是消息的载体**。也就是说，发送方想传达的意思叫消息，而承载这些消息的物理媒介叫信号。举一个例子，大楼着火了，要告诉楼里面的人马上撤离。"着火了，赶紧走"就是消息，这个消息可以通过多种形式的信号告诉人们。比如，广播是一种语音信号，警铃是一种声音信号，报警灯和电视用的是光信号。大楼里的人们接收到这个消息后，所获得的有用信息就是"赶紧离开大楼"。

广义上信号是随时间或位置变换的某种物理量。如果该函数只依赖于单个变量，该信号称为一维信号。例如，语音信号是幅度随时间变化的一维信号，与讲话者及讲话内容有关。如果该函数依赖于两个以上的变量，则该信号称为多维信号。例如，图像信号是二维信号，它是水平和垂直两个方向坐标的函数。按物理属性信号分为光信号、声信号和电信号等。按照实际用途信号可分为电视信号、广播信号、雷达信号、通信信号等。信号以各种不同的形式存在于日常生活的方方面面，人们每天都会与各种各样载有信息的信号接触。例如，通过电话用语音信号进行交谈，通过视频信号和音频信号观看电视内容，通过Internet 所使用的作为信息载体的信号收发邮件、收集资料等。

系统定义为对信号进行处理的物理装置。 信号总与一个系统相联系，信号必定是由系统产生、发送、传输与接收的，离开系统没有孤立存在的信号。例如，在语音通信系统中，气流振动声带发出声音，声带就是一个系统。再如，音响也是一个系统，输入为音频电信号，可以由 iPod、手机、计算机等产生，输出是人耳听到的声音信号，也就是空气的振动。系统的功能是对信号进行加工、变换与处理，不同的系统具有不同的功能。例如，通信系统的功能是通过信道以可靠的方式将载有信息的信号从发送端传输到接收端；控制系统的功能是通过控制器使被控对象达到预定的状态。

通信系统： 通信的实质是以信号的形式传递消息，但对收信者有用的是消息所含信息。通信发生在两个及以上的人或物体之间，包括一个发送方和一个或多个接收方。发送方发出承载消息的信号，接收方在收到之后，解调出其中承载的信息，就实现了通信。如图 1.1 所示，通信系统通常包含 3 个基本单元，即发射机、信道和接收机。这 3 个基本单元中的任何一个都可以看成一个与它们各自的信号相联系的子系统。发射机的作用是将信源产生的消息信号转换成适合在信道中传输的发射信号。消息信号可以是语音信号、视频信号或计算机数据。信道是联系发射机和接收机的物理媒介，可以是光纤、同轴电缆、卫星信道、移动电话信道等。受信道物理特性、信道噪声和来自其他信号源的干扰信号的影响，信号在信道中传输会产生失真，会使接收信号与发射信号相比出现畸变。接收机的作用是对接收信号进行处理，得到原始消息信号的估计。

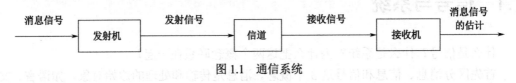

图 1.1 通信系统

通信至少包含了几个环节。首先包括需要发送的消息。这个消息的产生过程有作家写的（文字）、导演拍的（视频）或嘴巴说的（语音）等。这个消息被发送方加工成信号，然后发送出去，这个过程叫调制。发送的信号到达接收方后并不是不变的，往往会被扭曲和受到噪声的污染，信道是用来刻画信号是如何被扭曲和污染的。接收方把信息从信号中抽取出来，这个过程叫解调。接收方要解调出信息，当然需要知道发送方的调制方法，要不然没法解调。要实现有效的通信，发送方和接收方需要合作。因此，研究调制及相应的解调方法，实现更高效的通信，是通信技术的主要部分。如果接收方并没有获得发送方的许可，而是通过其他途径获得了发送方的调制方法从而获得了发送的信息，这就是窃听。发送方为了防止被窃听，只把调制方法告诉合法的接收方而不让窃听者得到，是保密通信研究的内容。

上面描述的是发送方和接收方直接通信的方式。无论是声、光还是电，信号的传播随着距离的增大会衰减，因此直接通信的方式有一定的距离范围。而在实际应用中，如果要给相隔万里的朋友打电话，就需要通信网络了。通信网络的边缘部分称作接入网。接入网包含了很多接入点，先把信息发送到离发送方最近的接入点；然后通过网络传送到离接收方最近的接入点，这样就在网络的帮助下克服了传播距离的限制，实现了远距离通信。

发射机和接收机的工作原理取决于具体类型的通信系统。如图 1.2 所示的移动通信系统的发射机部分包括模数/数模转换、数字信号处理（语音编码、信道编码、加密、数字调制）、高频调制发送共 3 个部分。接收机部分过程相反，包括高频解调接收、数字信号处理（解调均衡、解密、信道译码、语音解码）、模数/数模转换等。

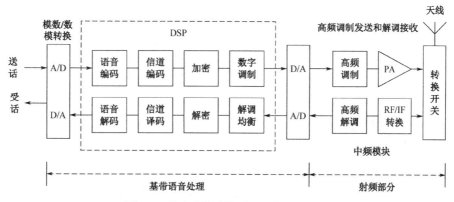

图 1.2　移动通信系统原理示意（手机）

物理世界的信号都是连续的模拟信号，而广泛采用的电子信号处理器如 CPU、DSP、存储器等都是数字的，因此需要将模拟信号转换成 CPU 等可以处理并保存的信号，这个过程称为模数转换（A/D），与之相反的过程称为数模转换（D/A）。模数转换和数模转换的工作原理、采样频率选择等因素将在本书中充分讨论和分析。调制和解调技术是移动通信系统必须采用的，本书将讲解其基本原理。

控制系统：以反馈系统理论为基础的自动控制技术在自动驾驶、地铁、机床、机器人等工业和军事领域都有广泛的应用。如图 1.3 所示，典型的反馈控制系统由控制器、受控装置和传感器构成。图中，$s(t)$ 表示外部干扰，$y(t)$ 表示控制或跟踪系统的输出信号，它与参考输入信号 $x(t)$ 比较得到误差信号 $e(t)$，这个误差信号作用于控制器产生信号 $v(t)$，使受控装置完成控制动作。例如，在飞机着陆系统中，受控装置是飞机机体和驾驶执行装置，导向器利用传感器确定飞机的横向位置，控制器是机载计算机；在汽车的自适应巡航系统中，受控装置是汽车车体和油门控制装置，利用雷达传感器或激光扫描仪确定前方车辆的距离，控制器是车载计算机。本书将讨论线性反馈系统的基本特性及其对系统性能的改善。

上述信号与系统的关系可以简化为如图 1.4 所示的系统输入与输出关系。输入信号称为**系统激励**，输出信号称为**系统响应**。它广泛地存在于各种工程和科学领域，因此信号与系统的概念、理论和方法成为许多科学和工程领域最基本的概念和方法之一。本书述的就是信号分析与处理及系统分析与设计两个部分的问题，从连续和离散两个方面介绍连续时间信号与系统及离散时间信号与系统的表示方法、系统分析和工程应用。

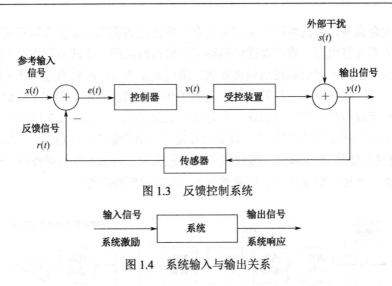

图 1.3 反馈控制系统

图 1.4 系统输入与输出关系

1.2 信号的分类

本书重点关注定义为时间的单值函数的一维信号。"单值"是指在任意时刻只有一个函数值，这个数值可以是实数也可以是复数，对应的信号称为实信号和复信号。

信号的分类方法视信号和自变量的特性而定，按不同的特点通常分为确定信号与随机信号、连续时间信号与离散时间信号、偶信号与奇信号、周期信号与非周期信号、能量信号与功率信号等。

1.2.1 确定信号与随机信号

确定信号是指能够以确定的时间函数表示的信号，如图 1.5 所示的周期方波信号 $G(t)$ 和方波脉冲信号（俗称门信号）$G_\tau(t)$ 都是确定信号。随机信号是指不能以确定的时间函数表示的信号，其在定义域内的任何时刻都没有确定的函数值。随机信号可以看作属于一个信号集，信号集中的每个信号具有不同的波形。如图 1.6 所示的噪声信号是随机信号的一个样本，雷电干扰信号、无线电通信系统的接收信号、脑波信号等都是随机信号。

注：本书后续章节均用符号 $G(t)$ 表示周期方波信号，用符号 $G_\tau(t)$ 表示方波脉冲信号。

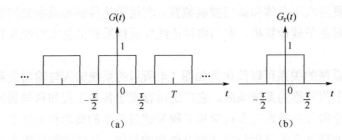

图 1.5 确定信号

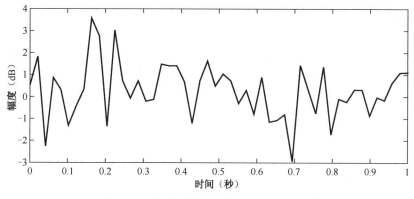

图 1.6　随机信号的一个样本——噪声信号

1.2.2　连续时间信号与离散时间信号

在信号的定义区间内除有限个间断点外，任意时刻都有确定函数值的信号称为**连续时间信号**。这里"连续"的含义是定义域时间是连续的，值域可连续也可不连续，通常用记号 $x(t)$ 表示。反之，**离散时间信号**只在某些离散时刻有定义，一般通过对一个连续时间信号进行等间隔抽样得到离散时间信号。若用 T 表示抽样周期，n 表示整数，则在时刻 $t = nT$，对一个连续时间信号 $x(t)$ 进行抽样将得到抽样值 $x(nT)$，记为

$$x[n] = x(nT)，\quad n = 0, \pm 1, \pm 2 \cdots \tag{1.1}$$

因此，离散时间信号由一串顺序排列的数值 $\cdots x[-2]$、$x[-1]$、$x[0]$、$x[1]$、$x[2] \cdots$ 来表示，该顺序排列的数值称为一个时间序列，记为 $\{x[n]，n = 0, \pm 1, \pm 2 \cdots\}$，用记号 $x[n]$ 表示。在图 1.7 中，左图为连续时间信号 $x(t) = \mathrm{Sa}(t)$，右图为经抽样得到的离散时间信号 $x[n] = \mathrm{Sa}(2n)$。

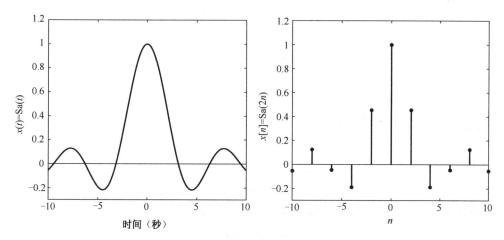

图 1.7　连续时间信号与离散时间信号

在图 1.7 中，左图所示连续时间信号称为抽样信号，一般记为 $\mathrm{Sa}(t)$，$\mathrm{Sa}(t) = \dfrac{\sin t}{t}$。抽样信号在 MATLAB 中可用 sinc(·) 函数表示，$\mathrm{sinc}(t) = \dfrac{\sin(\pi t)}{\pi t}$。因此，如图 1.7 所示信号的 MATLAB 表示如下。

```
%figure1.7
t=-10:0.1:10;
x = sinc(t./pi);
subplot(1,2,1);
plot(t,x,'k-')
hold on
plot([-10 10],[0 0],'k')
axis([-10 10 -0.3 1.2]);
xlabel('时间(秒)')
ylabel('x(t)=Sa(t)')


n=-10:2:10;
x = sinc(n./pi);
subplot(1,2,2);
stem(n,x,'filled','-k')
axis([-10 10 -0.3 1.2]);
xlabel('n')
ylabel('x[n]=Sa(2n)')
```

抽样信号具有以下性质：

$$\mathrm{Sa}(0) = 1$$
$$\mathrm{Sa}(k\pi) = 0, \quad k = \pm 1, \pm 2 \cdots$$

本书始终用 t 表示连续时间信号的时间，用 n 表示离散时间信号的时间。相应地，用圆括号(·)表示括号内的量取连续值，用方括号[·]表示括号内的量取离散值。

如果信号 $x[n]$ 的值均取自具有 N 个实数元素的集合 $\{a_1, a_2, \cdots, a_N\}$，则称 $x[n]$ 为**数字信号**。因为数字信号只有有限个不同的数值，因此由抽样得到的离散时间信号不一定是数字信号。

1.2.3　偶信号与奇信号

如果一个连续时间信号 $x(t)$ 满足

$$x(-t) = x(t) \tag{1.2}$$

对所有的 t 都成立，则称该信号为**偶信号**。如果一个连续时间信号 $x(t)$ 满足

$$x(-t) = -x(t) \tag{1.3}$$

对所有的 t 都成立，则称该信号为**奇信号**。

若一个连续时间信号 $x(t)$ 为复信号，且满足

$$x(-t) = x^{*}(t) \tag{1.4}$$

则称该复信号为**共轭对称信号**。这里符号"*"表示复共轭，即若 $x(t) = a(t) + jb(t)$，则 $x^{*}(t) = a(t) - jb(t)$。

根据式（1.4），有

$$x(-t) = a(-t) + jb(-t) = a(t) - jb(t) = x^{*}(t)$$

比较实部和虚部可得，$a(-t) = a(t)$，$b(-t) = -b(t)$，即**复信号为共轭对称信号需要满足该信号的实部为偶函数，虚部为奇函数**。

1.2.4　周期信号与非周期信号

在定义区间 $(-\infty, \infty)$ 内，每隔一定相同时间，按相同规律重复变化的信号称为**周期信号**。从数学上定义为对所有 t 满足

$$x(t) = x(t + mT), \quad m = 0, \pm 1, \pm 2 \cdots \tag{1.5}$$

或所有 n 满足

$$x[n] = x[n + mN], \quad m = 0, \pm 1, \pm 2 \cdots \tag{1.6}$$

的信号分别为连续时间周期信号和离散时间周期信号。满足式（1.5）和式（1.6）的最小 T 和 N 称为信号的基本周期。不满足上述定义的信号称为非周期信号。

基本周期 T 表示信号 $x(t)$ 完成一个完整循环所需要的时间，单位为秒（s）。基本周期的倒数 $f = 1/T$ 称为周期信号 $x(t)$ 的基本频率，表示周期信号重复快慢，单位为赫兹（Hz）。由于一个完整循环对应 2π 弧度，用下式定义**角频率**，即

$$\omega = 2\pi f = \frac{2\pi}{T} \tag{1.7}$$

角频率 ω 的单位是弧度/秒（rad/s）。在不引起混淆的情况下，本书直接将 ω 简称为频率。对应地，可定义离散周期信号 $x[n]$ 的角频率（简称为频率）为

$$\Omega = \frac{2\pi}{N}, N \text{ 为正整数} \tag{1.8}$$

角频率 Ω 的单位为弧度。

如图 1.5（a）所示的信号是周期为 T、幅度为 1 的连续时间周期信号，今后将该信号称为占空比是 τ/T 的周期方波信号，约定用固定符号 $G(t)$ 表示。

众所周知，三角信号 $x(t) = A\cos(\omega_0 t + \theta)$（$-\infty < t < \infty$）为周期信号，周期为 $T = 2\pi/\omega_0$。对该信号进行采样可得离散余弦信号 $x[n] = A\cos(\omega_0 n + \theta)$，如图 1.8 所示，分别对周期信号 $x(t) = \cos(t/3)$ 和 $x(t) = \cos(\pi t/3)$ 进行采样，左图为离散时间非周期信号，右图为离散时间周期信号，周期 $N = 6$。

离散余弦信号 $x[n] = A\cos(\Omega_0 n + \theta)$ 为周期信号的条件是 $\Omega_0/2\pi$ 为有理数，即可以表示为两个整数的比值。

证明：假设 $x[n] = A\cos(\Omega_0 n + \theta)$ 为周期信号，周期为正整数 N，则根据定义满足

$$x[n] = x[n+N]$$

即 $A\cos(\Omega_0 n + \theta) = A\cos[\Omega_0(n+N) + \theta]$。因此，存在整数 q，满足 $\Omega_0 N = 2\pi q$，所以 $\Omega_0/2\pi = q/N$ 为有理数。

两个周期分别为 T_1 和 T_2 的连续时间信号 $x_1(t)$ 和 $x_2(t)$，其和信号 $x_1(t) + x_2(t)$ 仍为周期信号的充要条件是 T_1/T_2 为有理数，且周期 $T = [T_1, \ T_2]$。

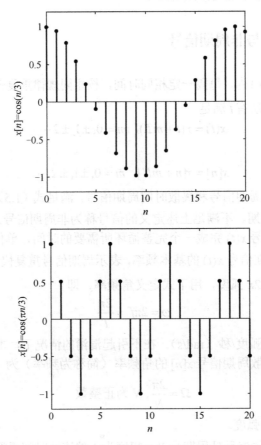

图 1.8　离散时间非周期信号与离散时间周期信号

证明： 若 T_1/T_2 为有理数，则存在两个互素的整数 q 和 r，满足 $T_1/T_2 = q/r$，则 $T = rT_1 = qT_2$，故

$$x_1(t+T) + x_2(t+T) = x_1(t+rT_1) + x_2(t+qT_2) = x_1(t) + x_2(t)$$

所以，和信号 $x_1(t) + x_2(t)$ 为周期信号。

若 $x_1(t) + x_2(t)$ 为周期信号，则存在周期 T，满足

$$x_1(t+T) + x_2(t+T) = x_1(t) + x_2(t) = x_1(t+T_1) + x_2(t+T_2)$$

因此，T_1 整除 T，T_2 整除 T。设 $T = rT_1 = qT_2$，所以 $T_1/T_2 = q/r$ 为有理数，且 $T = [T_1, \ T_2]$。

例 1.1　确定下列信号是否为周期信号。如果是，则写出其基本周期。

（a）$x(t) = \cos^2(t)$ ；

（b）$x[n] = (-1)^{n^2}$ ；

（c）$x[n] = \cos(2n)$ ；

（d）$x[n] = \cos(2\pi n)$ ；

（e）$x(t) = \cos(2t) + \cos(\pi t)$ ；

（f）$x(t) = \cos(2\pi t) + \cos(\pi t)$ 。

笔记：

解：（a）因为

$$x(t) = \cos^2(t) = \frac{\cos(2t) + 1}{2}$$

因此，其是周期信号，基本周期为 π 。

（b）因为

$$x[n] = \begin{cases} 1, & n = 2k \\ -1, & n = 2k + 1 \end{cases}$$

因此，其是周期信号，基本周期为 2 。

（c）非周期信号。

（d）周期信号，基本周期为 1 。

（e）非周期信号。

（f）周期信号，基本周期为 2 。

1.2.5　能量信号与功率信号

在电系统中，信号可以代表电压或电流，将电压 $v(t)$ 施加于 1 欧姆电阻上，产生的电流为 $i(t) = v(t)$ ，则消耗在电阻上的瞬时功率为

$$p(t) = v(t)i(t) = v^2(t) = i^2(t)$$

即无论一个信号 $x(t)$ 是代表电压还是电流，都可以将瞬时功率表示为 $p(t) = x^2(t)$ 。在区间 $(-\infty, \infty)$ 总能量和平均功率定义如下。

连续时间信号：

$$E = \lim_{T \to \infty} \int_{-T/2}^{T/2} x^2(t)\, \mathrm{d}t = \int_{-\infty}^{\infty} x^2(t)\, \mathrm{d}t \tag{1.9}$$

$$P = \lim_{T \to \infty} \frac{1}{T} \int_{-T/2}^{T/2} x^2(t)\, \mathrm{d}t \tag{1.10}$$

若 $x(t)$ 为周期信号，且基本周期为 T ，则 $x(t)$ 的平均功率为

$$P = \frac{1}{T} \int_{-T/2}^{T/2} x^2(t)\, \mathrm{d}t \tag{1.11}$$

离散时间信号：

$$E = \sum_{n=-\infty}^{\infty} x^2[n] \tag{1.12}$$

$$P = \lim_{N \to \infty} \frac{1}{2N+1} \sum_{n=-N}^{N} x^2[n] \tag{1.13}$$

若 $x[n]$ 为周期信号，且基本周期为 N，则 $x[n]$ 的平均功率为

$$P = \frac{1}{N} \sum_{n=0}^{N-1} x^2[n] \tag{1.14}$$

能量有限、功率为零的信号称为**能量信号**，功率有限、能量无穷大的信号称为**功率信号**。能量信号因为其能量有限，在无穷大的时间区间内平均功率一定为零，所以对它无法从平均功率去考察；而功率信号在无穷大的时间区间内的总能量一定为无穷大，因而无法从总能量去考察。

◆ 一个信号不可能既是能量信号又是功率信号；
◆ 一个信号可能既不是能量信号，也不是功率信号。

例 1.2　判断下列信号是能量信号，还是功率信号。

笔记：

（a）$x(t) = e^{-t}$；

（b）$x(t) = 5\cos(\pi t) + \sin(5\pi t)$；

（c）$x(t) = \begin{cases} t, & 0 \leqslant t \leqslant 1 \\ 1, & t > 1 \\ 0, & 其他 \end{cases}$；

（d）$x[n] = \left(\dfrac{4}{5}\right)^n$，$n \geqslant 0$；

（e）$x[n] = \begin{cases} \cos(\pi n), & -2 \leqslant n \leqslant 2 \\ 0, & 其他 \end{cases}$；

（f）$x[n] = \begin{cases} \cos(\pi n), & n \geqslant 0 \\ 0, & 其他 \end{cases}$。

解：
（a）既不是功率信号，也不是能量信号。
（b）$x(t)$ 是周期信号，所以为功率信号。
（c）功率信号，$P = 0.5$。
（d）能量信号，$E = 25/9$。
（e）能量信号，$E = 5$。
（f）功率信号，$P = 0.5$。

1.3 信号运算

信号的运算包括对因变量的运算和对自变量的运算两种类型。表 1.1 列出了 5 种（幅度变换、加法、乘法、微分/差分、积分/求和）对因变量的运算和 3 种（时移、尺度变换和反折）对自变量的运算。这些运算都具有鲜明的实际物理背景。例如，加法常用于信号传输过程中的干扰和噪声叠加；乘法常用于调制、解调、混频等；延时用于雷达的反射信号、多径传输的不同路径信号等；尺度变换常用于音频的快放和慢放等。在后面介绍各种变换的性质时，也需要运用这里的基本概念。

表 1.1 信号的基本运算

运　算	表　达　式
幅度变换	$y(t) = cx(t)$
	$y[n] = cx[n]$
加法	$y(t) = x_1(t) + x_2(t)$
	$y[n] = x_1[n] + x_2[n]$
乘法	$y(t) = x_1(t)x_2(t)$
	$y(t) = x_1[n]x_2[n]$
微分	$y(t) = \dfrac{\mathrm{d}}{\mathrm{d}t}x(t)$，记为 $y(t) = x'(t)$
积分	$y(t) = \displaystyle\int_{-\infty}^{t} x(\tau)\mathrm{d}\tau$
时移	$y(t) = x(t - t_0)$，当 $t_0 > 0$ 时，表示信号延迟（右移）；当 $t_0 < 0$ 时，表示信号提前（左移）
	$y[n] = x[n - m]$
尺度变换	$y(t) = x(at)$，当 $a > 1$ 时，表示线性压缩；当 $0 < a < 1$ 时，表示线性扩展
	$y[n] = x[kn]$，k 取正整数
反折	$y(t) = x(-t)$
	$y[n] = x[-n]$
差分	$\nabla x[n] = x[n] - x[n-1]$，后向差分
	$\Delta x[n] = x[n+1] - x[n]$，前向差分
求和	$y[n] = \displaystyle\sum_{k=-\infty}^{n} x[k]$

连续时间信号在断点 t_0（不连续点）处存在跳变。若 $t_0^+ - t_0^-$ 为正值，称为正跳变；反之，若 $t_0^+ - t_0^-$ 为负值，称为负跳变。根据微分的定义，函数在不连续时不可微。然而，在这里仍然是存在微分的，称为广义微分。广义微分将在引入单位冲激信号 $\delta(t)$ 后加以介绍。

对离散时间信号的尺度变换 $x[kn]$，当 $k > 1$ 时，只能保留原信号 $x[n]$ 在 k 的整数倍时刻点的信号值，其余的信号值均被丢弃了。

当信号的变换出现时移、尺度和反折 3 种运算时，波形分析可以分步进行，次序可以有不同的选择，但结果应完全相同。无论采用何种次序都应相对于自变量 t 而言，否则就会出现错误。

例 1.3 求下列信号的运算。

（a） $y(t) = G_2(-2t - 3)$ ；

（b） $x[n] = \begin{cases} 1, & n = 1, -2 \\ -1, & n = -1, 2 \\ 0, & n = 0, |n| > 2 \end{cases}$ ；

$y_1[n] = x[n] + x[-n]$ ， $y_2[n] = x[2n + 3]$ ；

（c） $x[n] = \begin{cases} 1, & n = -1, 0, 1 \\ 0, & 其他 \end{cases}$ ，求 $y[n] = \sum_{k=-\infty}^{n} x[k]$ 。

 笔记：

解：（a）由
$$G_2(t) \to v(t) = G_2(t - 3) \to y(-t) = v(2t)$$
可得
$$y(t) = G_1(t + 1.5)$$
即 $y(t)$ 是宽度为1、中心点为-1.5 的方波脉冲信号。这种顺序时移不变。

或者由
$$y(t) = G_2(-2t - 3) = G_2(-2(t + 3/2))$$
先进行尺度变换得到 $v(t) = G_2(-2t)$ ，再进行时移变换得到 $y(t) = v(t + 3/2)$ ，此时时移发生了改变。

（b）根据信号 $x[n]$ 的定义可知
$$y_1[n] = x[n] + x[-n] = 0$$
由
$$x[n] \to v[n] = x[n + 3] \to y_2[n] = v[2n]$$
可得
$$y_2[n] = \begin{cases} 1, & n = -1 \\ -1, & n = -2 \end{cases}$$
可见丢失了两个样本点。

（c） $y[n] = \begin{cases} 0, & n < -1 \\ 1, & n = -1 \\ 2, & n = 0 \\ 3, & n \geqslant 1 \end{cases}$ 。

信号的反折、时移和尺度变换只是函数自变量的简单变换，变换前后信号端点的函数值不变。因此，可以通过端点函数值的不变来确定信号变换前后其图形中各端点的位置。

设变换前后的信号为 $x(mt + n)$ 和 $x(at + b)$ ， t_1 和 t_2 为信号 $x(mt + n)$ 的两个端点坐标， t_{11} 和 t_{22} 为信号 $x(at + b)$ 的对应端点坐标，由于信号变换前后的端点函数值不变，即
$$x(mt_1 + n) = x(at_{11} + b)$$
$$x(mt_2 + n) = x(at_{22} + b)$$

所以

$$mt_1 + n = at_{11} + b$$
$$mt_2 + n = at_{22} + b$$

由此可以求出变换后信号的端点位置。在例 1.3（a）中，信号 $G_2(t)$ 有两个端点，分别为 -1 和 1，所以变换 $y(t) = G_2(-2t-3)$ 的对应端点为

$$-1 = -2t_{11} - 3, \quad t_{11} = -1$$
$$1 = -2t_{22} - 3, \quad t_{22} = -2$$

由此也可得 $y(t) = G_1(t+1.5)$。

◆ 连续时间信号在不连续点处仍然存在微分（见 1.4 节）；
◆ 当 $k > 1$ 时，离散时间信号的尺度变换 $y[n] = x[kn]$ 会丢失一些样本点；
◆ 当既有时移又有尺度变换时，先进行时移，再进行尺度变换，此时时移应不变。

1.4　常见信号

1.4.1　指数信号

连续时间指数信号的表达式为

$$x(t) = Be^{\alpha t} \tag{1.15}$$

式中，若 B 和 α 均为实数，则称为实指数信号，此时 $\alpha > 0$ 为指数增长信号，$\alpha < 0$ 为指数衰减信号，$\alpha = 0$ 简化为直流信号；若 α 为复数，则称为复指数信号。常见的复指数信号为 $e^{j\omega t}$。

指数信号的物理原型是如图 1.9 所示的无源 RC 电路。将电池接到电容两端进行充电，假定在 $t = 0$ 时刻移走电池，用 V_0 表示电容两端的初始电压，则当 $t \geq 0$ 时电容两端电压的变化由下列方程描述，即

$$RC\frac{\mathrm{d}}{\mathrm{d}t}v(t) + v(t) = 0 \tag{1.16}$$

式中，$v(t)$ 为电容两端的电压。式（1.16）的解为

$$v(t) = V_0 e^{-\frac{1}{RC}t} \tag{1.17}$$

式（1.17）表明电容器两端的电压随时间指数衰减，衰减的速度取决于时间常数 RC。电阻 R 越大，$v(t)$ 的衰减速度越慢。如图 1.10 所示为当 $V_0 = 1$ 且 $C = 1$ 时的指数信号。

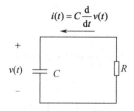

图 1.9　指数信号的物理原型

MATLAB 可以用 exp(·) 函数产生指数信号。如图 1.10 所示信号的 MATLAB 表示如下。

```
%figure1.10
t=0:0.1:8;
x = exp(-t);
y = exp(-0.2*t);
plot(t,x,'-k',t,y,'-.k','linewidth',1)
axis([0 8 0 1.2]);
xlabel('时间(秒)')
ylabel('指数信号')
legend('R=1','R=5')
```

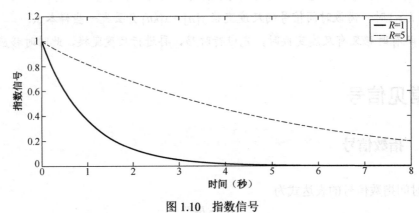

图 1.10 指数信号

离散时间指数信号的表达式为

$$x[n] = Br^n \tag{1.18}$$

式中，若 B 和 r 均为实数，则称为实指数信号，此时，$r > 1$ 为指数增长信号，$0 < r < 1$ 为指数衰减信号；若 r 为复数，则称为复指数信号。常见的复指数信号为 $e^{j\Omega n}$。

1.4.2 余弦信号

连续时间的余弦信号的表达式为

$$x(t) = A\cos(\omega_0 t + \theta) \tag{1.19}$$

式中，A 是幅度，ω_0 是角频率，θ 是相位角。

余弦信号的物理原型是如图 1.11 所示的 LC 并联电路。假定在电路中两个元件是理想的电感和电容，设 $t = 0$ 时刻电容两端的电压为 V_0，电感电流为 0，则当 $t \geqslant 0$ 时电容两端电压的变化由下列方程描述，即

$$LC\frac{\mathrm{d}^2}{\mathrm{d}t^2}v(t) + v(t) = 0 \tag{1.20}$$

式中，$v(t)$ 为电容两端的电压。式（1.20）的解为

$$v(t) = V_0\cos(\omega_0 t) \tag{1.21}$$

$$\omega_0 = \frac{1}{\sqrt{LC}} \tag{1.22}$$

式中，ω_0 是电路的固有振荡角频率。

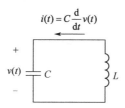

$$i(t) = C\frac{\mathrm{d}}{\mathrm{d}t}v(t)$$

图 1.11　余弦信号的物理原型

应用欧拉[①]公式，有

$$e^{j\theta} = \cos\theta + j\sin\theta$$
$$e^{-j\theta} = \cos\theta - j\sin\theta \tag{1.23}$$

设 $B = Ae^{j\theta}$，则有

$$Be^{j\omega_0 t} = Ae^{j(\omega_0 t + \theta)}$$
$$= A\cos(\omega_0 t + \theta) + jA\sin(\omega_0 t + \theta)$$

由此可知，余弦信号 $A\cos(\omega_0 t + \theta)$ 是复指数信号 $Be^{j\omega_0 t}$ 的实部，正弦信号 $A\sin(\omega_0 t + \theta)$ 是复指数信号 $Be^{j\omega_0 t}$ 的虚部。

1.4.3　指数衰减的正弦信号

指数衰减的正弦信号的表达式为

$$x(t) = Ae^{-\alpha t}\sin(\omega_0 t + \theta)，\quad \alpha > 0 \tag{1.24}$$

式中，A 是幅度，α 为指数衰减因子，ω_0 是角频率，θ 是相位角。

指数衰减的正弦信号的物理原型是如图 1.12 所示的 RLC 并联电路。设 $t = 0$ 时刻电容两端的电压为 V_0，电流为 I_0，则当 $t \geqslant 0$ 时电容两端电压的变化由下列方程描述，即

$$C\frac{\mathrm{d}}{\mathrm{d}t}v(t) + \frac{1}{R}v(t) + \frac{1}{L}\int_{-\infty}^{t} v(\tau)\,\mathrm{d}\tau = 0 \tag{1.25}$$

式中，$v(t)$ 为电容两端的电压。式（1.25）的解为

$$v(t) = e^{-\frac{1}{2RC}t}[B_1\cos(\omega_0 t) + B_2\sin(\omega_0 t)] \tag{1.26}$$

$$\omega_0 = \sqrt{\frac{1}{LC} - \frac{1}{4C^2R^2}} \tag{1.27}$$

在式（1.27）中，要求 $R > \sqrt{\dfrac{L}{4C}}$，B_1 和 B_2 根据初始条件求解。

[①] 莱昂哈德·欧拉（Leonhard Euler，1707—1783），瑞士数学家和物理学家，历史上最伟大的数学家之一，刚体力学和流体力学的奠基者，弹性系统稳定性理论的开创人。《欧拉全集》共 75 卷，他在失明后的 17 年内口述了 400 篇左右论文，是其生平论文数量的一半。

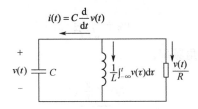

图 1.12　指数衰减的正弦信号的物理原型

取 $A=8$，$\alpha=3$，$\omega_0=10\pi$，$\theta=\pi/2$，对应的指数衰减的正弦信号的波形如图 1.13 所示。信号的 MATLAB 表示如下。

```
%figure1.13
t=0:0.001:1;
x = 8*exp(-3*t).*sin(10*pi*t+pi/2);
plot(t,x,'-k','linewidth',1)
hold on
plot([-9 9],[0 0],'k')
axis([0 1 -9 9]);
xlabel('时间(秒)')
ylabel('指数衰减的正弦信号')
```

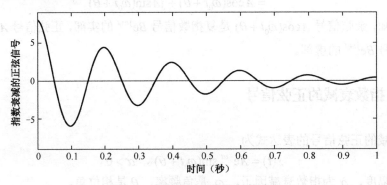

图 1.13　指数衰减正弦信号的波形

1.4.4　阶跃信号

连续时间单位阶跃信号定义为

$$u(t)=\begin{cases}1, & t>0\\0, & t<0\end{cases}\qquad(1.28)$$

连续时间单位阶跃信号的波形如图 1.14（a）所示。在 $t=0$ 处为不连续点，$u(t)$ 的值由 0 跳变到 1，即 $u(0)$ 没有定义，因此单位阶跃信号为奇异信号。注意到，$u(t)$ 除原点外都是连续的，$u(t)$ 为分段连续信号。

一般的阶跃信号定义为 $Au(t)$，即在 $t=0$ 处由 0 跳变到 A。阶跃信号的物理原型是如图 1.15（a）所示的 RC 电路，当 $t=0$ 时闭合开关，将对电容进行充电。图 1.15（b）是图 1.15（a）的等效电路，用阶跃信号代替开关的动作。根据电容的特性，电容两端的电压随时间常数 $\tau=RC$ 指数增长，$v(t)$ 可表示为

$$v(t) = V_0\left(1 - e^{-\frac{1}{RC}t}\right)u(t) \tag{1.29}$$

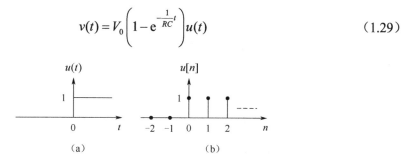

图 1.14　单位阶跃信号

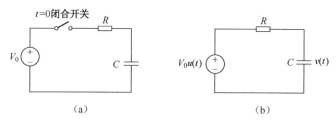

图 1.15　连续时间单位阶跃信号的物理原型

离散时间的单位阶跃信号定义为

$$u[n] = \begin{cases} 1, & n \geqslant 0 \\ 0, & n < 0 \end{cases} \tag{1.30}$$

离散时间的单位阶跃信号的波形如图 1.14（b）所示。

◆ 阶跃信号可用来表示任意信号的作用时间范围，如 $x(t)u(t-t_0)$ 表示在 $t_0 < t < \infty$ 的范围内有定义；

◆ 阶跃信号可用来表示方波脉冲信号。

如图 1.16 所示，信号 $\cos(t)u(t+2)$ 表示从 -2 时刻开始出现余弦信号。信号 $u(t+2) - u(t-3)$ 表示起点为 -2、终点为 3 的方波脉冲信号。

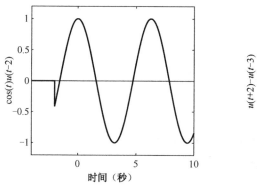
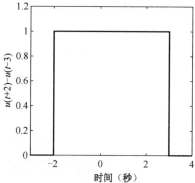

图 1.16　阶跃信号的作用

MATLAB 可以用 heaviside(t) 表示单位阶跃信号，如图 1.16 所示信号的 MATLAB 表示如下。

```
%figure1.16
t=-10:0.001:10;
x=cos(t).*heaviside(t+2);
subplot(1,2,1)
plot(t,x,'-k','linewidth',1)
hold on
plot([-4 10],[0 0],'k')
axis([-4 10 -1.2 1.2]);
xlabel('时间(秒)')
ylabel('cos(t)u(t-2)')
y=heaviside(t+2)-heaviside(t-3);
subplot(1,2,2)
plot(t,y,'-k','linewidth',1)
axis([-3 4 0 1.2]);
xlabel('时间(秒)')
ylabel('u(t+2)-u(t-3)')
```

例 1.4 将下列信号表示为两个阶跃信号的叠加。

笔记:

（a） $x(t) = \begin{cases} A, & 0 \leqslant |t| < \dfrac{\tau}{2} \\ 0, & |t| > \dfrac{\tau}{2} \end{cases}$;

（b） $x[n] = \begin{cases} 1, & 0 \leqslant n \leqslant 5 \\ 0, & \text{其他} \end{cases}$ 。

解：（a） $x(t) = Au\left(t + \dfrac{\tau}{2}\right) - Au\left(t - \dfrac{\tau}{2}\right)$;

（b） $x[n] = u[n] - u[n-6]$ 。

1.4.5 斜坡信号

连续时间斜坡信号定义为

$$r(t) = \begin{cases} t, & t \geqslant 0 \\ 0, & t < 0 \end{cases} = tu(t) \tag{1.31}$$

由于

$$\int_{-\infty}^{t} u(\tau)\, \mathrm{d}\tau = tu(t) = r(t)$$

因此，斜坡信号是单位阶跃信号的积分。

离散时间斜坡信号定义为

$$r[n] = \begin{cases} n, & n \geqslant 0 \\ 0, & n < 0 \end{cases} = nu[n] \tag{1.32}$$

斜坡信号的波形如图 1.17 所示。

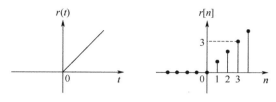

图 1.17　斜坡信号

1.4.6　单位冲激信号

单位阶跃信号的积分为斜坡信号，单位阶跃信号的微分为单位冲激信号，记为 $\delta(t)$。单位冲激信号的物理原型是如图 1.18 所示的串联电路及其等效电路。

在图 1.18 中，当 $t = 0$ 时闭合开关等效于将电源电压 $V_0 u(t)$ 接到电容两端，因此电容两端的电压可以表示为 $v(t) = V_0 u(t)$。根据电容电流与电压的关系，流过电容的电流为

$$i(t) = C\frac{\mathrm{d}}{\mathrm{d}t}v(t) = V_0 C\frac{\mathrm{d}}{\mathrm{d}t}u(t) \tag{1.33}$$

根据单位阶跃信号的定义，$u(t)$ 在 $t = 0$ 处不连续，因此式（1.33）中的微分为广义微分，表示的是信号在不连续点的微分。

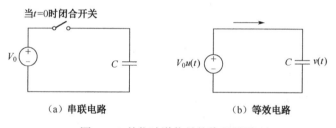

（a）串联电路　　　　　　　　　　　　（b）等效电路

图 1.18　单位冲激信号的物理原型

由于电容的电压不能突变，即电容的充电过程是连续过程，因此在图 1.19（a）中，可用信号 $u_\Delta(t)$ 去逼近阶跃信号 $u(t)$，即

$$u(t) = \lim_{\Delta \to 0} u_\Delta(t)$$

这样就可以对 $u_\Delta(t)$ 进行微分，如图 1.19（b）所示，$\dfrac{\mathrm{d}}{\mathrm{d}t}u_\Delta(t)$ 是面积为 1 的窄脉冲，持续时间非常短，用 $\delta_\Delta(t) = \dfrac{\mathrm{d}}{\mathrm{d}t}u_\Delta(t)$ 表示。因此，当 Δ 趋于零时，即可得到单位阶跃信号的广义微分

$$\delta(t) = \lim_{\Delta \to 0}\frac{\mathrm{d}}{\mathrm{d}t}u_\Delta(t) = \frac{\mathrm{d}}{\mathrm{d}t}u(t) \tag{1.34}$$

如图 1.19（c）所示是单位冲激信号 $\delta(t)$ 的波形表示，其中(1)表示该信号的强度，即信号所包围的面积为 1。其物理意义是表示作用时间极短而作用值很大的一种物理现象。同时，该信号还表示连续时间信号在间断点的导数，冲激的强度为跳变值的大小。

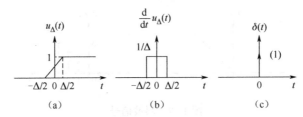

图 1.19　阶跃信号的微分导出过程

单位冲激信号的工程学定义为

$$\begin{cases} \delta(t) = 0, & t \neq 0 \\ \int_{0^-}^{0^+} \delta(\tau) \, \mathrm{d}\tau = 1, & t = 0 \end{cases} \tag{1.35}$$

式（1.35）表明，单位冲激信号 $\delta(t)$ 除原点外处处为零，而且在 $0^- \sim 0^+$ 时刻的总面积为 1。单位冲激信号也称为狄拉克（Dirac）函数或 δ 函数。类似地，可定义一般的冲激信号 $a\delta(t - t_0)$ 为

$$\begin{cases} a\delta(t - t_0) = 0, & t \neq t_0 \\ \int_{t_0^-}^{t_0^+} a\delta(\tau - t_0) \, \mathrm{d}\tau = a, & t = t_0 \end{cases} \tag{1.36}$$

该信号表示强度为 (a) 的冲激信号。

由式（1.35）可知

$$u(t) = \int_{-\infty}^{t} \delta(\tau) \, \mathrm{d}\tau \tag{1.37}$$

即单位阶跃信号是单位冲激信号的积分。

单位冲激信号还可以用极限进行定义，有

$$\delta(t) = \lim_{\Delta \to 0} \frac{1}{\Delta} \left[u\left(t + \frac{\Delta}{2}\right) - u\left(t - \frac{\Delta}{2}\right) \right] \tag{1.38}$$

设 $x(t)$ 在 $t = t_0$ 处是连续的，则单位冲激信号具有如表 1.2 所示的性质。

表 1.2　单位冲激信号的性质

奇偶性质	$\delta(-t) = \delta(t)$
筛选性质	$x(t)\delta(t - t_0) = x(t_0)\delta(t - t_0)$
抽样性质	$\int_{-\infty}^{\infty} x(t)\delta(t - t_0) \, \mathrm{d}t = x(t_0)$
尺度变换性质	$\delta(at) = \dfrac{1}{a}\delta(t)$，　$a > 0$
卷积性质	$x(t) * \delta(t - t_0) = x(t - t_0)$

下面证明尺度变换性质。

由式（1.34）可知，$\delta(at) = \lim\limits_{\Delta \to 0} \dfrac{\mathrm{d}}{\mathrm{d}t} u_\Delta(at)$。将图 1.19（b）进行时间尺度变换，$\dfrac{\mathrm{d}}{\mathrm{d}t} u_\Delta(at)$ 的持续时间为 $-\dfrac{1}{2a}\Delta \sim \dfrac{1}{2a}\Delta$，幅度 $\dfrac{1}{\Delta}$ 仍保持不变，因此 $\dfrac{\mathrm{d}}{\mathrm{d}t} u_\Delta(at)$ 的面积为 $\dfrac{1}{a}$。由此可得

$$\delta(at) = \lim_{\Delta \to 0} \frac{\mathrm{d}}{\mathrm{d}t} u_\Delta(at) = \frac{1}{a}\delta(t)。$$

在卷积性质中，卷积积分的定义为

$$y(t) = x(t) * h(t) = \int_{-\infty}^{\infty} x(\tau)h(t-\tau) \, \mathrm{d}\tau \tag{1.39}$$

证明： 由卷积积分的定义可知

$$x(t) * \delta(t-t_0) = \int_{-\infty}^{\infty} x(\tau)\delta(t-t_0-\tau) \, \mathrm{d}\tau$$

根据奇偶性质，有

$$x(t) * \delta(t-t_0) = \int_{-\infty}^{\infty} x(\tau)\delta(-\tau+t-t_0) \, \mathrm{d}\tau = \int_{-\infty}^{\infty} x(\tau)\delta(\tau-(t-t_0)) \, \mathrm{d}\tau$$

根据抽样性质，有

$$x(t) * \delta(t-t_0) = \int_{-\infty}^{\infty} x(\tau)\delta(\tau-(t-t_0)) \, \mathrm{d}\tau = x(t-t_0)$$

◆ 单位冲激信号可以表示信号在不连续点处的导数；
◆ 单位冲激信号可作为基本单元信号，用来表示任意的连续信号。

假设信号 $x(t)$ 除在 t_0 点外均是连续的，则根据单位冲激信号的定义，$x(t)$ 的广义微分定义为

$$\frac{\mathrm{d}}{\mathrm{d}t}x(t) + \left[x(t_0^+) - x(t_0^-) \right]\delta(t-t_0) \tag{1.40}$$

例 1.5 求如图 1.20（a）所示折线信号的广义微分，并画图表示。

 笔记：

解： 如图 1.20（b）所示，有

$$\frac{\mathrm{d}}{\mathrm{d}t}x(t) = -\delta(t+2) + \delta(t+1) + \delta(t) - \delta(t-1) - 2\delta(t-3) + 2\delta(t-5)$$

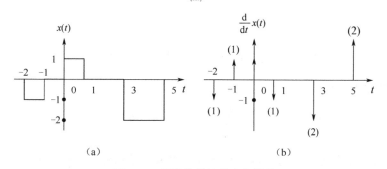

图 1.20　折线信号及其广义微分

1.4.7　单位脉冲信号

单位脉冲信号也称为单位函数信号，定义为

$$\delta[n] = \begin{cases} 1, & n = 0 \\ 0, & n \neq 0 \end{cases} \tag{1.41}$$

其波形如图 1.21 所示。

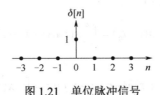

图 1.21　单位脉冲信号

离散时间单位阶跃信号与单位脉冲信号的关系为

$$u[n] = \sum_{k=-\infty}^{n} \delta[k], \quad \delta[n] = u[n] - u[n-1] \tag{1.42}$$

表 1.3 列出了单位脉冲信号的性质。

表 1.3　单位脉冲信号的性质

奇偶性质	$\delta[-n] = \delta[n]$
筛选性质	$x[n]\delta[n-n_0] = x[n_0]\delta[n-n_0]$
抽样性质	$\displaystyle\sum_{n=-\infty}^{\infty} x[n]\delta[n-n_0] = x[n_0]$
卷积性质	$x[n] * \delta[n-n_0] = x[n-n_0]$

离散时间信号的卷积称为卷积和，定义为

$$y[n] = x[n] * h[n] = \sum_{k=-\infty}^{\infty} x[k]h[n-k] \tag{1.43}$$

证明：卷积性质证明如下。

由卷积和的定义可知

$$x[n] * \delta[n-n_0] = \sum_{k=-\infty}^{\infty} x[k]\delta[n-n_0-k]$$

根据奇偶性质，有

$$x[n] * \delta[n-n_0] = \sum_{k=-\infty}^{\infty} x[k]\delta[n-n_0-k] = \sum_{k=-\infty}^{\infty} x[k]\delta[k-(n-n_0)]$$

根据抽样性质，有

$$x[n] * \delta[n-n_0] = \sum_{k=-\infty}^{\infty} x[k]\delta[k-(n-n_0)] = x[n-n_0]$$

◆　单位脉冲信号可以作为基本单元信号，用来表示任意的离散时间信号。

1.4.8　单位冲激偶信号

单位冲激偶信号是单位冲激信号的微分信号。由式（1.38），有

$$\delta(t) = \lim_{\Delta \to 0} \frac{1}{\Delta} G_\Delta(t)$$

对信号 $\frac{1}{\Delta} G_\Delta(t)$ 取广义微分，则

$$\frac{\mathrm{d}}{\mathrm{d}t}\delta(t) = \lim_{\Delta \to 0} \frac{1}{\Delta}\left[\delta\left(t + \frac{\Delta}{2}\right) - \delta\left(t - \frac{\Delta}{2}\right)\right]$$

因此，单位冲激偶信号是强度为 (∞) 的正向冲激和负向冲激，其波形如图 1.22 所示。

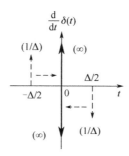

图 1.22   单位冲激偶信号

1.5   系统的运算与互联

系统可以被看成一种将激励信号变换为系统响应的运算，激励和响应可以是连续时间信号，也可以是离散时间信号，或者是二者的混合。用运算符 T 表示系统的运算，则连续时间系统激励与响应的关系可以表示为

$$y(t) = T(x(t))$$

类似地，离散时间系统激励与响应的关系可以表示为

$$y[n] = T(x[n])$$

对于连续时间系统，定义微分算子 P，用算符 p^n 代表将信号 $x(t)$ 取 n 阶微分得到 $x^{(n)}(t) = \frac{\mathrm{d}^n}{\mathrm{d}t^n} x(t)$ 的系统，即

$$x^{(n)}(t) = p^n x(t)$$

则式（1.33）用微分算子可以表示为

$$i(t) = CV_0 p(u(t)) = Cp(V_0 u(t))$$

因此，对应的算符 T 为

$$T = Cp$$

对于离散时间系统，定义移序算子 S，用算符 S^k 代表将信号 $x[n]$ 平移 k 个单位时间得到输出信号 $x[n+k]$ 的系统，即 $x[n+k] = S^k(x[n])$，则离散时间系统为

$$y[n] = \frac{1}{2}(x[n+1] + x[n])$$

其算符 T 为

$$T = \frac{1}{2}(S + 1)$$

系统的互联有 3 种方式，即级联、并联和反馈。如图 1.23 所示，T_1 和 T_2 分别表示子系统的算符。

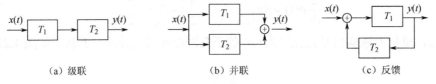

（a）级联   （b）并联   （c）反馈

图 1.23　系统的 3 种互联方式

对于级联系统，$y(t) = T_2(T_1(x(t)))$，所以级联系统的算符为

$$T = T_2(T_1(\cdot)) \tag{1.44}$$

对于并联系统，$y(t) = T_1(x(t)) + T_2(x(t))$，所以并联系统的算符为

$$T = T_1(\cdot) + T_2(\cdot) \tag{1.45}$$

对于反馈系统，$y(t) = \dfrac{T_1}{1 - T_1(T_2)} x(t)$，所以反馈系统的算符为

$$T = \frac{T_1}{1 - T_1(T_2)} \tag{1.46}$$

例 1.6　用算符表示下列系统。

（a）$y''(t) + a_1 y'(t) + a_2 y(t)$
$= b_0 x''(t) + b_1 x'(t) + b_2 x(t)$；

（b）$y[n+2] + a_1 y[n+1] + a_2 y[n]$
$= b_0 x[n+2] + b_1 x[n+1] + b_2 x[n]$。

解：

（a）$y(t) = \dfrac{b_0 p^2 + b_1 p + b_2}{p^2 + a_1 p + a_2} x(t)$；

（b）$y[n] = \dfrac{b_0 S^2 + b_1 S + b_2}{S^2 + a_1 S + a_2} x[n]$。

📖 笔记：

1.6　系统的特性

系统的特性即表示这个系统的算符的特性，包括因果性、记忆性、线性、时不变性、稳定性、可逆性等。

1.6.1　因果性

一切物理现象都要满足先有原因后产生结果这样的因果关系。对于系统，激励是原因，响应是结果，响应不能提前于激励产生。若一个系统在任何时刻的输出只取决于现在和过去的输入，与未来的输入无关，则称该系统为**因果系统**，否则称为非因果系统。非因果系统在物理上是不可实现的。由电阻、电感和电容构成的实际物理系统通常都是因果系统。

例 1.7　判断下列系统是否为因果系统。

（a）$y[n] = x[-n]$；

（b）$y(t) = x(t)\cos(t+1)$。

笔记：

解：

根据因果系统的定义，有

（a）当 n 取负值时，意味着系统在 n 时刻的输出与未来的输入有关，因此是非因果系统。

（b）系统在 t 时刻的输出仅与 t 时刻的输入有关，因此为因果系统。

1.6.2　记忆性

若一个系统的输出只取决于当前的输入，则称该系统为**无记忆系统**。若一个系统的输出取决于过去或将来的输入，则称该系统为**记忆系统**。

例如，电阻是无记忆的，而电感是记忆元件，因为流过电感的电流与电压的关系是 $i(t) = \dfrac{1}{L}\displaystyle\int_{-\infty}^{t} v(\tau)\,\mathrm{d}\tau$，因此 t 时刻流过电感的电流取决于 t 时刻之前所有的电压。

例 1.8　判断下列系统是否为无记忆系统。

（a）$y(t) = Kx(t)$；

（b）$y[n] = \dfrac{1}{N}(x[n] + x[n-1] + \cdots + x[n-N+1])$。

笔记：

解：

根据无记忆系统的定义，有

（a）输出 $y(t)$ 仅与当前时刻的输入 $x(t)$ 有关，因此是无记忆系统。

（b）系统在 n 时刻的输出与 n 时刻及之前 $N-1$ 个时刻的输入有关，因此为记忆系统。

1.6.3 线性

满足齐次性和叠加性的系统称为**线性系统**，否则称为非线性系统。

若输入 $x(t)$ 的响应为 $y(t)$ ，即 $y(t) = T(x(t))$ ，则齐次性为

$$ay(t) = T(ax(t)) \text{。}$$

若 $y_1(t) = T(x_1(t))$ ， $y_2(t) = T(x_2(t))$ ，则叠加性为

$$y_1(t) + y_2(t) = T(x_1(t) + x_2(t)) \text{。}$$

因此，一个系统为线性系统的条件是

$$\sum_{i=1}^{N} a_i y_i(t) = T\left(\sum_{i=1}^{N} a_i x_i(t)\right) \tag{1.47}$$

对于线性离散时间系统，也需要满足式（1.47）的条件。

例 1.9 判断下列系统是否为线性系统。

（a） $y(t) = x^2(t)$ ；

（b） $y[n] = nx[n]$ ；

（c） $y[n] = \text{Re}(x[n])$ 。

笔记：

解： 根据线性系统的定义，有

（a）设输入信号为 $x(t) = \sum_{i=1}^{N} a_i x_i(t)$ ，则系统的输出为

$$y(t) = \left(\sum_{i=1}^{N} a_i x_i(t)\right)^2 \neq \sum_{i=1}^{N} a_i y_i(t)$$

该系统为非线性系统。

（b）设输入信号为 $x[n] = \sum_{i=1}^{N} a_i x_i[n]$ ，则系统的输出为

$$y[n] = n\sum_{i=1}^{N} a_i x_i[n] = \sum_{i=1}^{N} a_i y_i[n]$$

该系统为线性系统。

（c）设 $x[n] = a[n] + \mathrm{j}b[n]$ ，则 $y[n] = a[n]$ 。信号 $\mathrm{j}x[n]$ 的输出为 $y_1[n] = -b[n] \neq \mathrm{j}a[n]$ ，该系统为非线性系统。

1.6.4 时不变性

如果系统的响应不随激励施加的时间不同而改变，则该系统称为**时不变系统**，否则称为时变系统。时不变系统需要满足

$$y(t - t_0) = T(x(t - t_0)) \tag{1.48}$$

时不变系统是由定常参数的元件构成的。例如，通常电阻、电容和电感元件的参数 R 、

C 和 L 均是时不变的。在时变系统中包含时变元件，这些元件的参数是某种时间的函数。例如，热敏电阻的阻值会受某种外界因素控制而随时间变化。

例 1.10　判断下列系统是否为时不变系统。

（a）描述电感的输入和输出关系的系统

$$y(t) = \frac{1}{L} \int_{-\infty}^{t} x(\tau)\, \mathrm{d}\tau$$

其中，输入为电感电压，输出为电感电流。

（b）$y[n] = r^n x[n]$。

解：根据时不变系统的定义，有

（a）由于

$$\frac{1}{L} \int_{-\infty}^{t} x(\tau - t_0)\, \mathrm{d}\tau = \frac{1}{L} \int_{-\infty}^{t-t_0} x(\tau')\, \mathrm{d}\tau' = y(t - t_0)$$

所以，电感是时不变系统。

（b）由于

$$r^n x[n - n_0] \neq y[n - n_0]$$

所以，该系统为时变系统。

1.6.5　稳定性

若系统对任意的有界输入都只产生有界输出，则称该系统是在有界输入有界输出（BIBO）意义下的**稳定系统**。数学上，若激励信号满足 $|x(t)| \leqslant M_x < \infty$ 对所有 t 都成立，则输出响应满足 $|y(t)| \leqslant M_y < \infty$ 对所有 t 都成立的系统为 BIBO 稳定系统。离散时间系统也可以采用类似的方法定义 BIBO 稳定性。

例 1.11　判断下列系统是否为 BIBO 稳定系统。

（a）$y(t) = t x(t)$；

（b）$y(t) = \mathrm{e}^{x(t)}$；

（c）$y[n] = r^n x[n]$，$r > 1$。

解：根据 BIBO 稳定系统的定义，有

（a）若 $|x(t)| \leqslant M_x < \infty$，当 $t \to \infty$ 时，有

$$|y(t)| = |t||x(t)| \to \infty$$

所以系统是非稳定系统。

（b）若 $|x(t)| \leqslant M_x < \infty$，有

$$|y(t)| \leqslant \mathrm{e}^{|x(t)|} \leqslant \mathrm{e}^{M_x} < \infty$$

所以系统是 BIBO 稳定系统。

（c）若 $|x[n]| \leqslant M_x < \infty$ ，当 $r > 1$ 时，有
$$|y[n]| = |r^n| |x[n]| \rightarrow \infty$$
所以系统是非稳定系统。

笔记：

1.6.6 可逆性

若系统的激励可由系统的响应恢复得到，则该系统称为**可逆系统**。可以把恢复激励的过程看成级联在给定系统之后的第二个系统，即第二个系统的响应为给定系统的激励信号。设 $y(t) = T(x(t))$ ，可逆系统的算符用 T^{inv} 表示，则
$$T^{\text{inv}}(y(t)) = T^{\text{inv}}(T(x(t))) = x(t)$$
因此，可逆系统需要满足
$$T^{\text{inv}}T = I \tag{1.49}$$
式中，I 代表单位算符。单位算符表示的系统，输出响应完全等于输入激励。离散时间可逆系统也要满足同样的条件。

在通信系统设计中，发射信号在信道中传输时会产生失真。通常要在接收机中设置均衡电路，将均衡电路设计为信道的逆系统，采用系统级联的方式将均衡电路级联于信道之后，则失真信号便可恢复为原信号。

例 1.12 求系统 $y(t) = x(t - t_0)$ 的逆系统。

解：$y(t) = x(t - t_0) = S^{-t_0} x(t)$ ，用算符 S^{t_0} 表示，有
$S^{t_0}(y(t)) = y(t + t_0) = x(t) = S^{t_0}(S^{-t_0}(x(t)))$ ，则
$S^{t_0} S^{-t_0} = I$ 。因此，逆系统为 $y(t) = x(t + t_0)$ 。

笔记：

例 1.13 证明系统 $y[n] = x^2[n]$ 为不可逆系统。

证明：系统对于输入 $x[n]$ 和 $-x[n]$ 均产生相同的 $y[n]$ ，所以无法确定激励与响应的对应关系，因此该系统为不可逆系统。

1.7 系统举例

本节将介绍几个贯穿于全书的、有实际应用的系统。本节的雷达测距系统和多径传输系统等内容取材于文献［4］第 1 章 1.10 节的内容。

1.7.1 一阶低通与高通滤波器：RC 串联电路

低通滤波器是允许通过低频分量而衰减高频分量的系统，**高通滤波器**是允许通过高

频分量而衰减低频分量的系统。如图 1.24 所示的 RC 串联电路为简单的一阶低通与高通滤波器。

如图 1.24（a）所示系统输入和输出关系为

$$RC\frac{\mathrm{d}}{\mathrm{d}t}y(t) + y(t) = x(t) \tag{1.50}$$

关于该系统的响应求解方法将在第 2 章介绍。该系统为一阶低通滤波器，1.8 节中用 Multisim 对这个电路进行了仿真，图 1.33 演示了该系统的低通滤波特性。在第 5 章将分析时间常数 $\tau = RC$ 对滤波器特性的影响。

当 RC 足够大时，式（1.50）可以近似为

$$RC\frac{\mathrm{d}}{\mathrm{d}t}y(t) \cong x(t)$$

即

$$y(t) = \frac{1}{RC}\int_{-\infty}^{t} x(\tau)\,\mathrm{d}\tau \tag{1.51}$$

因此，RC 电路电容的输出近似为一个积分器，积分的重要作用之一就是削弱一些毛刺。因此，$\tau = RC$ 越大，积分效果也越好。图 1.34 和图 1.35 演示了这种关系。

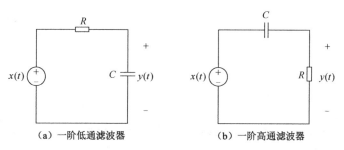

（a）一阶低通滤波器　　　　　（b）一阶高通滤波器

图 1.24　一阶低通与高通滤波器

如图 1.24（b）所示系统输入、输出关系为

$$\frac{\mathrm{d}}{\mathrm{d}t}y(t) + \frac{1}{RC}y(t) = \frac{\mathrm{d}}{\mathrm{d}t}x(t) \tag{1.52}$$

该系统为一阶高通滤波器，1.8 节中用 Multisim 对这个电路进行了仿真，图 1.36 演示了该系统的高通滤波特性。

当 RC 足够小时，式（1.52）可以近似为

$$y(t) \cong RC\frac{\mathrm{d}}{\mathrm{d}t}x(t)$$

即

$$y(t) = RC\frac{\mathrm{d}}{\mathrm{d}t}x(t) \tag{1.53}$$

因此，RC 电路电阻的输出近似为一个微分器，微分可以凸显信号的变化边缘。因此，$\tau = RC$ 越小，微分效果也越好。图 1.37 和图 1.38 展示了这种关系。

1.7.2 二阶带通滤波器：RLC 电路

带通滤波器是允许信号某一频率范围的频率分量通过而衰减其他频率分量的系统。如图 1.25（a）所示的 RLC 串联电路，系统输入为电压源 $v(t)$，输出为响应电流 $i(t)$。该系统的输入、输出方程为

$$L \frac{\mathrm{d}^2}{\mathrm{d}t^2} i(t) + R \frac{\mathrm{d}}{\mathrm{d}t} i(t) + \frac{1}{C} i(t) = \frac{\mathrm{d}}{\mathrm{d}t} v(t) \tag{1.54}$$

如图 1.25（b）所示的 RLC 并联电路，系统输入为电流源 $i(t)$，输出为电阻上的电压 $v(t)$。该系统的输入、输出方程为

$$C \frac{\mathrm{d}^2}{\mathrm{d}t^2} v(t) + \frac{1}{R} \frac{\mathrm{d}}{\mathrm{d}t} v(t) + \frac{1}{L} v(t) = \frac{\mathrm{d}}{\mathrm{d}t} i(t) \tag{1.55}$$

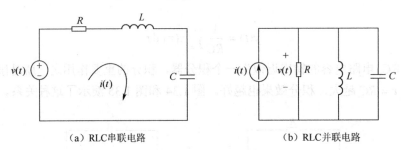

（a）RLC串联电路　　　　　　　　　　（b）RLC并联电路

图 1.25　带通滤波器

上述两个系统均为带通滤波器，通带的中心点频率为 $\dfrac{1}{\sqrt{LC}}$。1.8 节中用 Multisim 对这两个电路进行了仿真，图 1.39 演示了该系统的带通滤波特性。在第 5 章将分析参数 R、L、C 对滤波器特性的影响。

1.7.3 雷达测距系统

雷达的一个重要功能是测量目标物到雷达的距离。式（1.56）是用于测量目标物距离的常用雷达信号的一个射频脉冲。射频脉冲由频率为 f_c（兆赫量级）的正弦信号组成，脉冲的宽度为 T_0（微秒量级），并以每秒 $1/T$ 个脉冲的速率有规律地重复。

$$x(t) = \begin{cases} \sin(2\pi f_c t), & 0 \leqslant t \leqslant T_0 \\ 0, & \text{其他} \end{cases} \tag{1.56}$$

设目标与雷达间的距离为 d（单位：米），射频脉冲信号的往返时间为 τ，则

$$d = \frac{c\tau}{2} \tag{1.57}$$

式中 c 为光速。

射频脉冲的宽度和周期为雷达能够测量的目标物距离设置了下限和上限，即在忽略噪声的情况下，有

$$cT_0/2 \leqslant d \leqslant cT/2 \tag{1.58}$$

1.7.4　移动平均系统

离散时间系统的一个重要应用是识别正在波动的数据的潜在走势。移动平均系统经常用于此种目的。设 $x[n]$ 为输入信号，一个 N 点移动平均系统的输出为

$$y[n] = \frac{1}{N} \sum_{k=0}^{N-1} x[n-k] \tag{1.59}$$

式中，参数 N 决定了系统对输入数据的平滑程度。如图 1.26 所示，考虑腾讯公司股票在 2018 年 10 月 2 日至 11 月 30 日每日的收盘价及其在通过 $N=5$ 和 $N=10$ 的移动平均系统后的效果。可以看到，移动平均系统降低了数据的波动，N 越大的系统将产生越平滑的输出。后续章节将讨论移动平均系统各方面的问题。

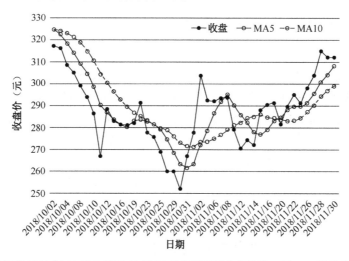

图 1.26　腾讯控股 2018 年 10 月 2 日至 11 月 30 日股票每日收盘价及 5 日、10 日移动平均系统输出

1.7.5　多径传输系统

在无线电通信系统中，无线电信号会碰到楼房、树木、山体或汽车等障碍物形成反射和散射，因此在发射机和接收机之间存在不止一条传输路径，发射信号经过多个物体的散射会形成**多径传输**。类似地，在室内录音时，除直接进入麦克风的正常信号外，经墙壁反射的信号也可能被采集录入，产生一种"回声"现象。不同的路径传播距离不同，到达接收机的时间就有先后，因此为这种多径传输现象可以建立如下数学模型，即

$$y(t) = \sum_{k=0}^{P} \omega_k x(t - kT_{\text{diff}}) \tag{1.60}$$

式中共有 $P+1$ 条路径进行传输，不同路径间可检测的最小时间差值为 T_{diff}，PT_{diff} 表示任何有效路径相对于最先到达信号的最长时间延迟，系数 ω_k 表示每条路径的增益。

数字通信接收机中的信号处理通常利用离散时间系统进行，用 T_{diff} 对式（1.60）进行

采样，得到离散时间多径传输系统的输入、输出关系为

$$y[n] = \sum_{k=0}^{P} \omega_k x[n-k] \qquad (1.61)$$

1.7.6 离散时间反馈系统

一阶离散时间递归滤波器的输入、输出关系为

$$y[n] = x[n] + \rho y[n-1] \qquad (1.62)$$

式中，ρ 为常数，相当于反馈系数。当 $|\rho| < 1$ 时，该系统是 BIBO 稳定系统。第 2 章将给出这个系统的求解方法，后续章节将讨论该系统在数字信号处理、金融财务计算和数字控制等各领域的应用。

1.8 利用 Multisim 探究概念

Multisim 是美国国家仪器（NI）有限公司推出的以 Windows 为基础的仿真工具，适用于板级的模拟/数字电路板的设计工作。它包含了电路原理图的图形输入、电路硬件描述语言输入方式，具有丰富的仿真分析能力。利用 Multisim 交互式地搭建电路原理图，并对电路进行仿真，就可以很快地进行捕获、仿真和分析新的设计，还可以很容易地完成从理论到原理图捕获与仿真，再到原型设计和测试这样一个完整的综合设计流程。

本节将利用 Multisim 探究在前几节讨论过的几种基本信号的产生，并对滤波器的特性进行仿真分析。

1.8.1 利用 RC 电路产生指数衰减信号

如图 1.27 所示，在 Multisim 中构建指数信号的电路，其中，电容 $C = 10\mu\text{F}$，电阻 $R = 1\text{k}\Omega$，设定电容初始电压 $V_0 = 10\text{V}$。由式（1.17）可知，$RC = 0.01$，有

$$v(t) = 10e^{-100t}$$

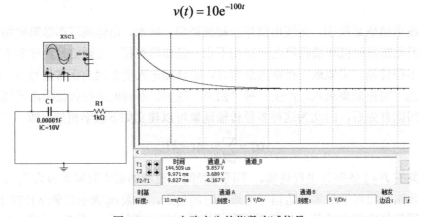

图 1.27　RC 电路产生的指数衰减信号

根据仿真产生的信号波形，当 $t=9.971\text{ms}$ 时，代入上式可得电压 $V=3.689\text{V}$ ，计算结果与仿真结果相同。

1.8.2　利用 LC 电路产生余弦振荡信号

如图 1.28 所示，在 Multisim 中构建余弦信号的电路，其中，电容 $C=25\mu\text{F}$ ，电感 $L=4\text{H}$ ，设定电容初始电压 $V_0=2\text{V}$ ，电感初始电流为 0A。由式（1.21）可知， $\omega_0=100$ ，有

$$v(t)=2\cos(100t)$$

根据仿真产生的信号波形，当 $t=188.889\text{ms}$ 时，代入上式可得电压 $V=1.998\text{V}$ ，计算结果与仿真结果相同。

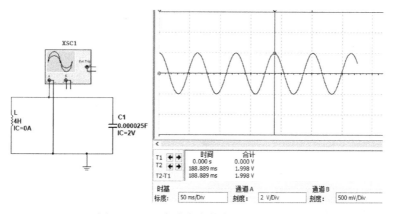

图 1.28　LC 电路产生的余弦振荡信号

1.8.3　利用 RLC 电路产生指数衰减的正弦信号

如图 1.29 所示，在 Multisim 中构建指数衰减的正弦信号的电路，其中，电容 $C=0.125\text{F}$ ，电感 $L=0.01\text{H}$ ， $R=2\Omega$ ，设定电容初始电压 $V_0=0\text{V}$ ，初始电流为 10A。由式（1.27）可知， $\omega_0=28.2$ ，有

$$v(t)=2.84\text{e}^{-2t}\sin(28.2t)$$

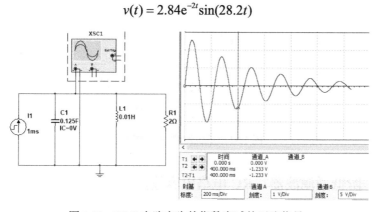

图 1.29　RLC 电路产生的指数衰减的正弦信号

根据仿真产生的信号波形，当 $t = 400\text{ms}$ 时，代入上式可得电压 $V = -1.225\text{V}$，计算结果与仿真结果近似。

1.8.4　利用 RC 电路产生单位阶跃信号

如图 1.30 所示，在 Multisim 中构建 RC 电路，其中，电容 $C = 1\text{mF}$，$R = 1\Omega$，因此时间常数 $\tau = RC = 1\text{ms}$。设定直流电压 $V_0 = 1\text{V}$。在仿真开始后闭合开关，仿真结果表明，电容充电过程是连续的，电容电压不能突变，并且当 $t = 5\tau = 5\text{ms}$ 时，电容的电压接近于 1V，仿真结果与理论结果吻合。

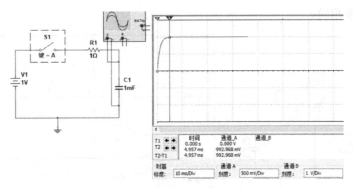

图 1.30　RC 电路产生的单位阶跃信号

1.8.5　单位冲激信号

如图 1.31 所示，在 Multisim 中构建仿真电路，其中，电容 $C = 1\text{F}$，将电压源 $u(t)$ 接到电容两端，$u(t)$ 从 0 到 1 的步进时间为 1ms。观察仿真结果，在 $t = 1\text{ms}$ 时，电容的电压产生突变，从 0 变为 1，因此流经电容的电流非常大且持续时间非常短，仿真结果与理论结果吻合。

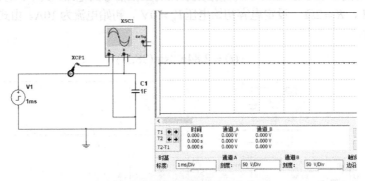

图 1.31　单位冲激信号的产生

1.8.6　一阶低通滤波器：RC 电路电容输出

如图 1.32 所示，RC 电路的输入信号为 $x(t) = \sin(100\pi t) + \sin(2000\pi t)$，两个正弦信号的

频率分别为 50Hz 和 1000Hz。相对地，$\sin(100\pi t)$ 为低频信号，$\sin(2000\pi t)$ 则为高频信号。图中，时间常数 $\tau = RC = 0.001$，对比图 1.32 和图 1.33 的仿真结果，可以看出 RC 电路电容端的输出近似为 $\sin(100\pi t)$（该信号的周期为 20ms），即该系统保留了低频信号、滤除了高频信号。因此，对于一阶 RC 电路，当输出端为电容端时，系统为一阶低通滤波器。

图 1.34 和图 1.35 展示了一阶 RC 电路近似为积分器的效果，输入信号是频率为 50Hz、占空比为 50% 的周期方波脉冲，时间常数分别为 0.01 和 0.002，时间常数越大，积分效果越好。

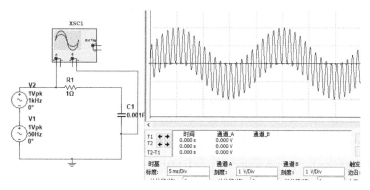

图 1.32　一阶低通滤波器及输入信号

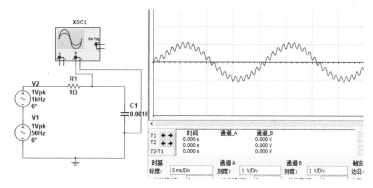

图 1.33　一阶低通滤波器及输出信号

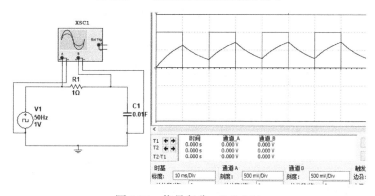

图 1.34　信号积分：$RC=0.01$

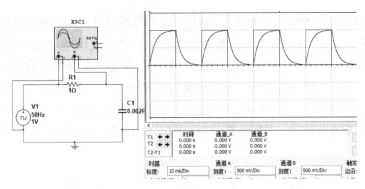

图 1.35　信号积分：$RC=0.002$

1.8.7　一阶高通滤波器：RC 电路电阻输出

如图 1.36 所示，将 RC 电路的输出变为电阻端的输出电压，输入信号仍为 $x(t) = \sin(100\pi t) + \sin(2000\pi t)$，时间常数也保持为 0.001 不变。对比图 1.36 和图 1.32 的仿真结果，可以看出 RC 电路电阻端的输出近似为 $\sin(2000\pi t)$（该信号的周期为 1ms），即该系统保留了高频信号、滤除了低频信号。因此，对于一阶 RC 电路，当输出端为电阻端时，系统为一阶高通滤波器。

图 1.37 和图 1.38 演示了一阶 RC 电路近似为微分器的效果，输入信号是频率为 50Hz、占空比为 50% 的周期方波脉冲，时间常数分别为 0.01 和 0.002，时间常数越小，微分效果越好。

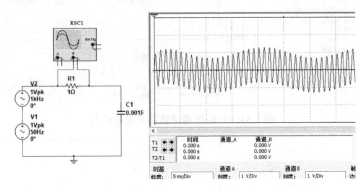

图 1.36　一阶高通滤波器及输出信号

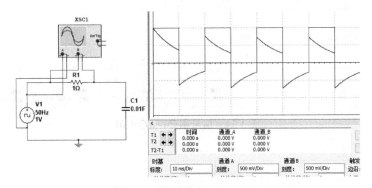

图 1.37　信号微分：$RC=0.01$

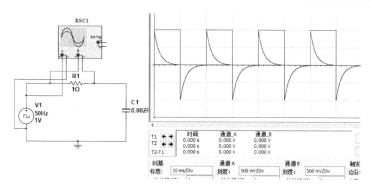

图 1.38　信号微分：$RC=0.002$

1.8.8　二阶带通滤波器：RLC 串联电路

为测量方便，如图 1.39 所示，测量 RLC 电路的负载电阻的输出电压，选取参数 $R=2\Omega$，$C=10\text{mF}$，$L=1\text{H}$，则通带中心点频率为 $\omega=\dfrac{1}{\sqrt{LC}}=10\text{rad/s}$。输入信号为 $x(t)=\sin(0.3\pi t)+\sin(3\pi t)+\sin(30\pi t)$。观察仿真结果，可以看出电阻端的输出近似为 $\sin(3\pi t)$（该信号的周期为 667ms），即该系统保留了中心点频率 10rad/s 附近的信号，滤除了低频信号和高频信号。因此，当选择合适的参数时，对于二阶 RLC 电路，当输出端为电阻端时，系统为带通滤波器。

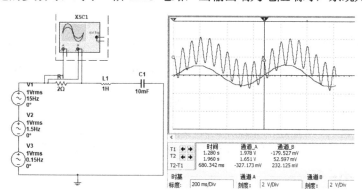

图 1.39　二阶带通滤波器及输出信号：中心点频率为 10rad/s

习题

1.1　判断下列信号是否是周期性信号。如果是，则指出该信号的基本周期。

（1）$x(t)=\cos(\pi t)+\cos(0.8\pi t)$；

（2）$x(t)=\cos(2\pi t)+\sin(10t)$；

（3）$x[n]=\sin(10n)$；

（4）$x[n]=\cos(3\pi n)$；

（5）$x(t)=\mathrm{e}^{-t}\cos(2t)$；

（6）$x[n]=(-1)^n$。

1.2　判断下列信号是否为功率信号或能量信号。

（1）$x(t)=5\sin(2t)$；

（2）$x(t)=10t$，$t\geqslant0$；

（3） $x[n] = (-0.5)^n$ ， $n \geq 0$ ；

（4） $x(t) = \begin{cases} t, & 0 \leq t \leq 1 \\ 2-t, & 1 \leq t \leq 2 \\ 0, & \text{其他} \end{cases}$ ；

（5） $x(t) = \begin{cases} 5\cos(t), & -1 \leq t \leq 1 \\ 0, & \text{其他} \end{cases}$ ；

（6） $x[n] = \begin{cases} n, & 0 \leq n < 4 \\ 8-n, & 4 \leq n \leq 8 \\ 0, & \text{其他} \end{cases}$ 。

1.3 考虑离散时间信号 $x[n] = \begin{cases} 1, & |n| \leq 3 \\ 0, & |n| > 3 \end{cases}$ ，求 $y[n] = x[2n+3]$ 。

1.4 画出下列信号：

（1） $x_1(t) = G_1(t)\cos(2t)$ ；

（2） $x_2(t) = G_1(2(t+2))$ ；

（3） $x_3(t) = G_1(-2t-1)$ ；

（4） $x_4(t) = u(t+1) - 2u(t) + u(t-1)$ ；

（5） $x_5(t) = -u(t+3) + 2u(t+1) - 2u(t-1) + u(t-3)$ ；

（6） $x_6[n] = \delta[n+1] - \delta[n] + u[n+1] - u[n-2]$ ；

（7） $x_7[n] = u[n] - 2u[n-1] + u[n-3]$ 。

1.5 一个离散时间系统的激励与响应的关系为 $y[n] = \sum_{i=0}^{M} b_i x[n-i]$ 。用算符 S^{-k} 代表将信号 $x[n]$ 平移 k 个单位时间得到输出信号 $x[n-k]$ 的系统，即 $x[n-k] = S^{-k}(x[n])$ 。写出联系 $y[n]$ 与 $x[n]$ 的系统算符 T 及其可逆系统的算符 T^{inv} 。

1.6 判断下列系统的特性：因果性、记忆性、线性、时不变性和 BIBO 稳定性。

（1） $y(t) = \sin(x(t))$ ；

（2） $y(t) = (\sin t)x(t)$ ；

（3） $y(t) = tx(t)$ ；

（4） $y[n] = 0.5(x[n] + x[n-1])$ ；

（5） $y[n] = 2x[n]u[n]$ ；

（6） $y(t) = \int_{-\infty}^{t} x(\tau)\,\mathrm{d}\tau$ ；

（7） $y(t) = \dfrac{\mathrm{d}}{\mathrm{d}t}x(t)$ ；

（8） $y[n] = 2x[2^n]$ 。

1.7 证明习题 1.5 所描述的系统是时不变的 BIBO 稳定系统。

1.8 假定一个离散时间系统是线性时不变系统，若系统对激励 $x[n] = \delta[n]$ 的响应如图 1.40（a）所示。求：

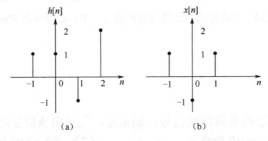

图 1.40 习题 1.8 系统响应及激励信号

（1）系统对 $x[n] = \delta[n-1]$ 的响应；

（2）系统对 $x[n] = \delta[n-1] - 2\delta[n] + \delta[n+2]$ 的响应；

（3）当激励信号如图 1.40（b）所示时，求其输出响应。

1.9 若某线性时不变系统 $y(t) = T(x(t))$ ，证明：

（1）$\displaystyle\int_{-\infty}^{t} y(\tau)\,\mathrm{d}\tau = T\left[\int_{-\infty}^{t} x(\tau)\,\mathrm{d}\tau\right]$；　　　　　　（2）$\dfrac{\mathrm{d}}{\mathrm{d}t} y(t) = T\left[\dfrac{\mathrm{d}}{\mathrm{d}t} x(t)\right]$。

1.10　假定一个连续时间系统为线性时不变系统，若系统对激励 $x(t)=u(t)$ 的响应为 $y(t)=2(1-\mathrm{e}^{-t})u(t)$，求该系统对下列信号的响应：

（1）$x(t)=2u(t)-3u(t-1)$；　　　　（2）$x(t)=tu(t)$；　　　　（3）$x(t)=\delta(t)$。

1.11　考虑一个线性时不变系统 $y(t)=T(x(t))$，设系统的输入 $x(t)$ 是一个周期为 T 的周期信号。证明系统的响应 $y(t)$ 也是周期为 T 的周期信号。

1.12　证明调幅系统 $y(t)=x(t)\cos(\omega_0 t)$ 为线性时变系统。

1.13　证明调频系统 $y(t)=\cos\left(\omega_c t + k\displaystyle\int_{-\infty}^{t} x(\tau)\,\mathrm{d}\tau\right)$ 为非线性时变系统〔提示：对 $\delta(t)$ 和 $\delta(t-t_0)$ 分别计算 $y(t)$，以此证明系统是时变的〕。

1.14　求式（1.59）所示的移动平均系统对激励信号 $\delta[n]$ 和 $u[n]$ 的响应。

1.15　已知某连续时间系统的输入、输出关系为

$$y(t)=\frac{1}{T}\int_{t-T}^{t} x(\tau)\,\mathrm{d}\tau$$

求该系统对信号 $\delta(t)$ 和 $u(t)$ 的响应。

备选习题

更多习题请扫右方二维码获取。

仿真实验题

1.1　用 MATLAB 画出下列信号。

（1）$x(t)=10\mathrm{e}^{-3t}u(t)$；

（2）$x(t)=\left(3\mathrm{e}^{-t}\cos 2t\right)u(t)$；

（3）$x[n]=0.5^{n}u[n]$；

（4）$x[n]=\sin(\pi n/4)$；

（5）幅度为 2、基频为 20Hz、占空比为 0.6 的周期方波脉冲信号。

1.2　考虑 5 天移动平均系统，则

（1）若系统输入为 $u[n]$，画出系统响应 $y_1[n]$，$0\leqslant n\leqslant 20$；

（2）若系统输入为 $\sin(0.5\pi n)u[n]$，画出系统响应 $y_2[n]$，$0\leqslant n\leqslant 20$；

（3）若系统输入为 $2u[n]+\sin(0.5\pi n)u[n]$，画出系统响应 $y_3[n]$，$0\leqslant n\leqslant 20$；

（4）若系统输入为 $u[n-2]$，画出系统响应 $y_4[n]$，$0\leqslant n\leqslant 20$。另外，通过比较 $y_3[n]=2y_1[n]+y_2[n]$ 和 $y_4[n]=y_1[n-2]$ 验证系统的线性、时不变性。

1.3　修改图 1.33 和图 1.36 中时间常数 RC 的值，探究时间常数对系统滤波特性的影响。

课程项目：了解通信关键技术

信号与线性系统，是研究系统的输入和输出之间的变化规律的科学。不同学科所研究的对象，不管是火箭发射、汽车发动机，还是电路，都可以抽象成一个系统。因此，本课程是基础学科（数学、物理等）与专业学科（机械、控制、汽车、航天、电子、通信、计算机等）之间的桥梁。

本项目通过调查了解现代通信技术涉及的基础知识和关键技术，明确本课程在专业人才培养过程中的地位和作用。

提示：通信技术的发展，大致可以归结为以下关键词，微积分—信号与系统（时域分析）—复变函数—傅里叶分析（频域分析）—采样（通往数字世界）—线性空间理论—基本通信链路（调制、解调）—概率论与随机过程—加性高斯白噪声（AWGN）信道的最佳接收机—无线信道（衰落）—均衡（信道估计）—多址技术—信息论—蜂窝通信—信道编码—多天线技术等，涉及数学、信号处理、通信原理和通信前沿技术等多个学科领域。

可见，通信技术的发展对数学的要求非常高，高等数学、线性代数、概率论、随机过程、复变函数、数值分析、矩阵分析、泛函分析、信息论等知识都是必需的。回顾近代数学史，可以探寻中国近代科学落后之原因。

- 1643 年，牛顿出生。此时，中国的明王朝正处于风雨飘摇之中。
- 1687 年，牛顿的巨著《数学原理》发表，为人类带来了理性主义，并为工业革命打下了基础。1687 年是康熙二十六年。
- 1769 年，乾隆三十四年，詹姆斯·瓦特改良蒸汽机，取得了《降低火机的蒸汽和燃料消耗量的新方法》这一专利，标志着工业革命的开始。此时，正值康乾盛世的清王朝，对此次思想、技术、产业和社会的变革毫不知情。
- 工业革命的数学基础是牛顿和布尼独立创立的微积分，并在柯西、维尔斯特拉斯、黎曼、拉格朗日等科学家的努力下，形成了严密、系统的体系，建立起近代数学理论体系。

微积分的思想，在公元前 3 世纪的古希腊就已经诞生。中国魏晋时期（公元 3 世纪）的刘徽也提出了极限的思想，比古希腊晚了 600 年。南北朝时期的祖冲之利用这一思想计算圆周率，精确到小数点后 7 位却比欧洲早了 1000 年，这常让国人感到自豪。但在随后的 1000 多年的时间里，数学始终处于停滞的状态。

第 2 章　连续时间系统时域分析

学习目标

通过本章的学习，学生应具备以下能力：
- ◆ 会用微分方程、单位冲激响应、系统框图表示线性时不变连续时间系统；
- ◆ 理解零输入响应和零状态响应的物理含义，会正确计算；
- ◆ 理解单位冲激响应的物理意义，会正确计算；
- ◆ 会用图解法、卷积积分的性质计算卷积积分；
- ◆ 会用单位冲激响应判断线性时不变连续时间系统的特性；
- ◆ 会用 MATLAB 和 Multisim 仿真的方法，求解零输入响应和零状态响应。

系统的表示方法包括输入输出方程表示、单位冲激响应表示、框图表示、系统函数表示、状态变量方程表示等。本章讨论时域的表示方法，重点是输入输出方程表示、单位冲激响应表示和框图表示，学习这些表示方法之间的等价关系，从而从不同的角度观察系统。将连续时间信号分解为基本信号——单位冲激信号，利用线性时不变系统的特性，获得线性时不变连续时间系统的时域分析方法，即卷积积分法。对于第 1 章所描述的 RC 电路，给出计算系统响应的方法。对于雷达测距系统，给出从雷达接收的回波信号中测量目标物与雷达距离的方法。

2.1　连续时间系统的微分方程表示

2.1.1　微分方程与转移算子

连续时间系统的分析首先需要建立系统数学模型。该模型描述了系统输入激励信号与系统输出响应之间的关系，通常用微分方程描述。对于线性时不变的连续时间系统（今后用 LTI 表示线性时不变）来说，该模型是线性常系数微分方程，通过求解微分方程的解即可得到激励与响应的关系。在这个过程中，所涉及的信号变量都是时间 t，未经过任何的变换，这种分析方法称为**系统时域分析方法**。

如图 1.25（a）所示的 RLC 电路系统，根据伏安特性

$$v_R(t) = Ri(t)$$

$$v_C(t) = \frac{1}{C}\int_{-\infty}^{t} i(\tau)\,\mathrm{d}\tau$$

$$v_L(t) = L\frac{\mathrm{d}}{\mathrm{d}t}i(t)$$

并根据基尔霍夫定律，可以列出方程：

$$v(t) = Ri(t) + L\frac{\mathrm{d}}{\mathrm{d}t}i(t) + \frac{1}{C}\int_{-\infty}^{t}i(\tau)\,\mathrm{d}\tau$$

经过整理，系统可表示为标准的系统输入、输出关系

$$L\frac{\mathrm{d}^2}{\mathrm{d}t^2}i(t) + R\frac{\mathrm{d}}{\mathrm{d}t}i(t) + \frac{1}{C}i(t) = \frac{\mathrm{d}}{\mathrm{d}t}v(t)$$

上式等号左端为系统的响应输出端，等号右端为系统的激励输入端，微分的阶数按从高到低进行排列，这种即为标准的输入、输出关系。对于上述连续时间系统的输入、输出方程通常用下列表示方式，即

$$Li''(t) + Ri'(t) + \frac{1}{C}i(t) = v'(t)$$

更为一般地，一个 n 阶 LTI 连续时间系统，激励 $x(t)$ 与响应 $y(t)$ 的关系可以用下列形式的微分方程进行描述，即

$$y^{(n)}(t) + a_{n-1}y^{(n-1)}(t) + \cdots + a_0 y(t) = b_m x^{(m)}(t) + b_{m-1}x^{(m-1)}(t) + \cdots + b_0 x(t) \qquad (2.1)$$

通过解上述方程即可求解系统响应。

本书 1.5 节定义了微分算子 p^n，$p^n y(t) = y^{(n)}(t)$，而且微分具有可加性，因此式（2.1）可以用微分算子表示为

$$\left(p^n + a_{n-1}p^{n-1} + \cdots + a_1 p + a_0\right)y(t)$$
$$= \left(b_m p^m + b_{m-1}p^{m-1} + \cdots + b_1 p + b_0\right)x(t) \qquad (2.2)$$

即

$$y(t) = \frac{b_m p^m + b_{m-1}p^{m-1} + \cdots + b_1 p + b_0}{p^n + a_{n-1}p^{n-1} + \cdots + a_1 p + a_0}x(t) \qquad (2.3)$$

因此，LTI 连续时间系统也可以用算符 T 来表示，即

$$T = \frac{b_m p^m + b_{m-1}p^{m-1} + \cdots + b_1 p + b_0}{p^n + a_{n-1}p^{n-1} + \cdots + a_1 p + a_0} = \frac{N(p)}{D(p)} \qquad (2.4)$$

这个算符称为**转移算子或算子形式的系统函数**，为了与系统函数 $H(s)$ 相对应，一般用记号 $H(p)$ 来表示。所以，LTI 连续时间系统激励与响应的关系就可以用比较简单的形式来表示为

$$y(t) = H(p)x(t) \qquad (2.5)$$

$D(p) = 0$ 称为系统的**特征方程**，特征方程的根称为**特征根**。

如图 1.25（a）所示系统的转移算子为

$$H(p) = \frac{p}{Lp^2 + Rp + 1/C}$$

例 2.1 确定如图 1.25（b）所示系统的微分方程及系统转移算子。

笔记：

解：由 $i(t) = i_R(t) + i_L(t) + i_C(t)$，以及

$$i_R(t) = \frac{v(t)}{R}$$

$$i_C(t) = C\frac{\mathrm{d}}{\mathrm{d}t}v(t)$$

$$i_L(t) = \frac{1}{L}\int_{-\infty}^{t} v(\tau)\,\mathrm{d}\tau$$

可得

$$i(t) = \frac{1}{R}v(t) + \frac{1}{L}\int_{-\infty}^{t} v(\tau)\,\mathrm{d}\tau + C\frac{\mathrm{d}}{\mathrm{d}t}v(t)$$

标准形式为

$$Cv''(t) + \frac{1}{R}v'(t) + \frac{1}{L}v(t) = i'(t)$$

转移算子为

$$H(p) = \frac{p}{Cp^2 + (1/R)p + 1/L}$$

 笔记：

2.1.2　系统响应的经典时域解法

经典的系统时域分析方法是通过求解微分方程式（2.1），并将完全解 $y(t)$ 分解为齐次解 $y_h(t)$ 和特解 $y_p(t)$，即

$$y(t) = y_h(t) + y_p(t) \tag{2.6}$$

其中，齐次解是齐次方程的解，即满足

$$D(p)y(t) = 0$$

的解。假设特征方程的特征根为 n 个单根 λ_1、λ_2、$\cdots$、λ_n，则齐次解的一般形式为

$$y_h(t) = \sum_{i=1}^{n} c_i e^{\lambda_i t} \tag{2.7}$$

其中，c_1、c_2、$\cdots$、c_n 为未知的系数。

特解 $y_p(t)$ 的形式与输入的激励信号有关，表 2.1 列出了常见输入信号所对应的特解。根据激励信号的形式写出含有待定系数的特解，代入原方程可以求得待定系数。

表 2.1　常见输入信号的特解

输　　入	特　　解
1	c
t	$c_1 t + c_2$
$e^{-\alpha t}$	$ce^{-\alpha t}$
$\cos(\omega t + \varphi)$	$c_1 \cos(\omega t) + c_2 \sin(\omega t)$

式（2.7）中的未知系数需要由系统的初始条件 $y(0)$、$y'(0)$、$\cdots$、$y^{(n-1)}(0)$ 来确定，这组

初始条件是系统在 0 时刻接入激励后的条件，通常用
$$y(0^+)、\ y'(0^+)、\cdots、y^{(n-1)}(0^+)$$
来表示。因此，需要将式（2.7）与特解相加得到完全解 $y(t)$，然后计算各阶导数并代入 0，由 n 个方程可以确定唯一的 n 个未知数 c_1、c_2、$\cdots$、c_n。作为系统的响应来说，齐次解的部分称为**自然响应**或**自由响应**，即自由响应是与系统特征根有关的响应；特解的部分称为**受迫响应**。

下面通过例 2.2 来说明上述过程。

例 2.2 已知某二阶 LTI 连续时间系统输入、输出关系为
$y''(t)+4y'(t)-5y(t)=x'(t)$，输入激励为 $x(t)=\mathrm{e}^{-t}u(t)$，系统初始条件为 $y(0^+)=1$，$y'(0^+)=0$。求系统全响应。

笔记：

解： 该系统的特征方程为
$$p^2+4p-5=0$$
特征根为
$$p_1=1,\quad p_2=-5$$
所以齐次解为
$$y_h(t)=c_1\mathrm{e}^{t}+c_2\mathrm{e}^{-5t}$$
由于输入信号为 $x(t)=\mathrm{e}^{-t}u(t)$，所以特解为
$$y_p(t)=B\mathrm{e}^{-t}$$
将特解代入原方程可得
$$B\mathrm{e}^{-t}-4B\mathrm{e}^{-t}-5B\mathrm{e}^{-t}=-\mathrm{e}^{-t}$$
所以 $B=1/8$。
系统的全响应为
$$y(t)=c_1\mathrm{e}^{t}+c_2\mathrm{e}^{-5t}+1/8\mathrm{e}^{-t}$$
由初始条件可得
$$\begin{cases} c_1+c_2+1/8=1 \\ c_1-5c_2-1/8=0 \end{cases}$$
解方程组可得
$$c_1=3/4,\quad c_2=1/8$$
所以该系统的全响应为

$$\underbrace{y(t)=3/4\mathrm{e}^{t}+1/8\mathrm{e}^{-5t}}_{\text{自由响应}}+\underbrace{1/8\mathrm{e}^{-t}}_{\text{受迫响应}}$$

MATLAB 可以用 dsolve 函数求解系统响应。例 2.2 可用 MATLAB 求解如下。

```
y=dsolve('D2y=-4*Dy+5*y-exp(-t)','Dy(0)=0','y(0)=1')
```

结果为

y =1/8*exp(-5*t)+3/4*exp(t)+1/8*exp(-t)

在采用经典解法求系统响应时存在以下问题：若激励信号较复杂，则难以设定相应的特解形式；若激励信号发生了变化，则系统响应需要全部重新计算；若初始条件发生了变化，则系统响应也需要重新计算。经典解法是一种纯粹的解微分方程的方法，无法突出系统响应的物理概念。

在系统时域分析方法中可以将系统响应分成两部分响应的叠加：一部分响应只由初始状态引起，与输入激励无关，即这个初始条件是系统未加激励时的初始条件，可以看作由零信号所产生的响应，因此称为**零输入响应**，记作 $y_{zi}(t)$；另一部分响应只由输入激励引起，与初始状态无关，是初始状态为零时的响应，因此称为**零状态响应**，记作 $y_{zs}(t)$。系统的完全响应为

$$y(t) = y_{zi}(t) + y_{zs}(t)$$

2.2　零输入响应

储能元件电容和电感可以储存能量，并且储存的能量能够在过一段时间后释放出来。若系统在 $t=0$ 时未施加输入信号，但由于在 $t<0$ 时系统的工作可以使其中的储能元件储存能量，而该能量不可能突然消失，它将逐渐释放出来，直至最后消耗殆尽。零输入响应正是由这种初始的能量分布状态决定的，是系统输入为零时的响应。它描述了系统中由非零初始状态所代表的储能耗散的方式。2.10 节将用 Multisim 仿真的形式说明这种物理现象。

由于零输入响应是零信号的响应，满足

$$D(p)y_{zi}(t) = 0$$

故其形式应与齐次方程的齐次解相同。

若特征方程 $D(p)=0$ 有 n 个单根 λ_1、λ_2、$\cdots$、λ_n，则齐次解的一般形式为

$$y_{zi}(t) = \sum_{i=1}^{n} c_i \mathrm{e}^{\lambda_i t} \tag{2.8}$$

其中 c_1、c_2、$\cdots$、c_n 为未知的系数。

若特征方程 $D(p)=0$ 存在重根的情况，$\lambda_1 = \lambda_2 = \cdots = \lambda_k$、$\lambda_{k+1}$、$\cdots$、$\lambda_n$，则齐次解的一般形式为

$$y_{zi}(t) = \left(\sum_{i=1}^{k} c_i t^{i-1} \right) \mathrm{e}^{\lambda_1 t} + \sum_{j=k+1}^{n} c_j \mathrm{e}^{\lambda_j t} \tag{2.9}$$

其中 c_1、c_2、$\cdots$、c_n 为未知的系数。

在式（2.8）和式（2.9）中，未知系数 c_1、c_2、$\cdots$、c_n 也需要由一组初始条件 $y(0)$、$y'(0)$、$\cdots$、$y^{(n-1)}(0)$ 来确定，**这组初始条件是在系统 0 时刻未加激励时的条件**，通常表示为

$$y(0^-)、y'(0^-)、\cdots、y^{(n-1)}(0^-)$$

因为

$$y(0^+) = y_{zi}(0^+) + y_{zs}(0^+) = y(0^-) + y_{zs}(0^+) \tag{2.10}$$

所以，0^+ 时刻与 0^- 时刻的初始条件可能会存在跳变，跳变的条件是系统输入、输出方程

右端包含冲激信号及其各阶导数。

例 2.3 已知二阶 LTI 连续时间系统的输入、输出关系为

$$y''(t) + 4y'(t) - 5y(t) = x'(t)$$

系统初始条件为 $y(0^-) = 1$，$y'(0^-) = 0$。计算零输入响应。

笔记：

解：该系统的特征方程为

$$p^2 + 4p - 5 = 0$$

特征根为

$$p_1 = 1, \quad p_2 = -5$$

所以零输入响应为

$$y_{zi}(t) = c_1 e^t + c_2 e^{-5t}$$

代入 0^- 时刻的初始条件可得

$$\begin{cases} c_1 + c_2 = 1 \\ c_1 - 5c_2 = 0 \end{cases}$$

解方程组可得

$$c_1 = 5/6, \ c_2 = 1/6$$

所以该系统的零输入响应为

$$y_{zi}(t) = 5/6 e^t + 1/6 e^{-5t}, \ t \geq 0$$

例 2.4 已知二阶 LTI 连续时间系统的输入、输出关系为

$$y''(t) + 4y'(t) + 4y(t) = x'(t)$$

系统初始条件为 $y(0^-) = 1$，$y'(0^-) = 0$，计算零输入响应。

解：该系统的特征方程为

$$p^2 + 4p + 4 = 0$$

特征根为

$$p_1 = p_2 = -2$$

所以零输入响应为

$$y_{zi}(t) = c_1 e^{-2t} + c_2 t e^{-2t}$$

代入 0^- 时刻的初始条件可得

$$\begin{cases} c_1 = 1 \\ -2c_1 + c_2 = 0 \end{cases}$$

解方程组可得

$$c_1 = 1, \ c_2 = 2$$

所以该系统的零输入响应为

$$y_{zi}(t) = (1 + 2t) e^{-2t}, \ t \geq 0$$

MATLAB 用 dsolve 函数也可以求解零输入系统响应。例 2.3 可以用 MATLAB 求解

如下。

```
y=dsolve('D2y=-4*Dy+5*y', 'Dy(0)=1','y(0)=0')
```

结果为：

```
y =exp(-5*t)/6 + (5*exp(t))/6
```

例 2.5　如图 1.24（a）所示的 RC 电路，已知 $y(0^-)=2\text{V}$，$R=1\Omega$，$C=1\text{F}$，计算零输入响应。

解：该系统的输入、输出方程为

$$RCy'(t)+y(t)=x(t)$$

代入参数可得

$$y'(t)+y(t)=x(t)$$

特征方程为 $p+1=0$，特征根为 $p=-1$。所以零输入响应为

$$y_{zi}(t)=c\text{e}^{-t}$$

代入 0^- 时刻的初始条件可得，$c=2$。

所以，该系统的零输入响应为

$$y_{zi}(t)=2\text{e}^{-t}, \quad t\geqslant 0$$

例 2.6　如图 1.25（a）所示的 RLC 电路，$L=1\text{H}$，$C=1\text{F}$，$R=0\Omega$。若激励电压源为 0，响应为电容的输出电压，且已知 $y(0^-)=2$，$y'(0^-)=0$，计算零输入响应。

解：该系统的输入、输出方程为

$$LCy''(t)+RCy'(t)+y(t)=0$$

代入参数可得

$$y''(t)+y(t)=0$$

特征方程为

$$p^2+1=0$$

特征根为

$$p_{1,2}=\pm\text{j}$$

所以，零输入响应为

$$y_{zi}(t)=c_1\text{e}^{\text{j}t}+c_2\text{e}^{-\text{j}t}$$

代入 0^- 时刻的初始条件可得

$$\begin{cases} c_1+c_2=2 \\ c_1\text{j}-c_2\text{j}=0 \end{cases}$$

解方程组可得

$$c_1=1, \quad c_2=1$$

所以，该系统的零输入响应为

$$y_{zi}(t)=\text{e}^{\text{j}t}+\text{e}^{-\text{j}t}=2\cos t, \quad t\geqslant 0$$

笔记：

这里需要注意的是，例题中给出的都是 $t = 0^-$ 时刻的初始条件，而零状态响应是 $t = 0^+$ 以后的时间内激励对响应的影响，所以这里在零输入响应的结果中都加了一个 $t \geq 0$ 的限制条件，表示结论只对 $t \geq 0$ 的时间区间成立。因此，零输入响应也可记为

$$y_{zi}(t) = \left(\sum_{i=1}^{n} c_i e^{\lambda_i t} \right) u(t)$$

在例 2.6 中，当电阻 R 很小的时候，L，C 之间能量的交换占主导作用，电阻消耗的能量较小。在整个过程中，波形将呈现衰减振荡的状态，将周期性地改变方向，储能元件也将周期性地交换能量。当 $R < 2\sqrt{L/C}$ 时，系统的特征根为一对共轭复根，零输入响应的性质为欠阻尼的振荡放电过程，即阻尼不够大，因此这个阻尼并不足以阻止振动越过平衡位置，此时系统将做振幅逐渐减小的周期性阻尼振动。系统的振动被不断阻碍，所以振幅衰减，并且振动周期也越来越长；经过较长时间后，振动停止。当电阻 R 很大时，能量来不及交换就在电阻中消耗掉了，电路只发生单纯地积累或释放能量的过程。当 $R > 2\sqrt{L/C}$ 时，系统的特征根为两个不等实根，零输入响应的性质为过阻尼的非振荡放电过程。当 $R = 2\sqrt{L/C}$ 时，系统的特征根为两个相等的实根，零输入响应的性质为临界阻尼的非振荡放电过程。在电磁振荡中，临界阻尼与欠阻尼和过阻尼相比，系统从运动趋于平衡所需的时间最短。当 $R = 0$ 时，系统的特征根为一对共轭虚根 $1/\sqrt{LC}$，电路为等幅振荡电路，振荡频率为 $1/\sqrt{LC}$。电路中电压或电流的振荡幅度保持不变，在振荡过程中能量不消耗，具体参见 2.10 节的 Multisim 仿真。

2.3　零状态响应

只由输入信号引起的响应称为系统的零状态响应。根据冲激信号的卷积性质，对任意的连续时间信号，有

$$x(t) = x(t) * \delta(t) = \int_{-\infty}^{\infty} x(\tau)\delta(t-\tau) \, \mathrm{d}\tau \tag{2.11}$$

式（2.11）表明任意的连续时间信号均可分解为强度为 $x(\tau)\mathrm{d}\tau$ 的冲激信号的线性组合，其物理意义是在时域中一个复杂的连续时间信号可以用简单的基本信号——单位冲激信号来表示。

在信号分析中，常将复杂信号分解为基本信号的线性组合。这样对任意信号的分析就转变为对基本信号的分析，从而将问题简单化。连续时间信号在时域中的基本信号是单位冲激信号 $\delta(t)$，在频域中的基本信号是虚指数信号 $e^{j\omega t}$，在复频域中的基本信号是复指数信号 e^{st}。

假设单位冲激信号 $\delta(t)$ 的系统响应为 $h(t)$，即 $\delta(t) \rightarrow h(t)$，则根据线性时不变系统的性质，有

$$\delta(t-\tau) \rightarrow h(t-\tau) \text{（时不变性）}$$

$$x(\tau)\delta(t-\tau) \rightarrow x(\tau)h(t-\tau) \text{（齐次性）}$$

$$\int_{-\infty}^{\infty} x(\tau)\delta(t-\tau) \, \mathrm{d}\tau \rightarrow \int_{-\infty}^{\infty} x(\tau)h(t-\tau) \, \mathrm{d}\tau \text{（叠加性）}$$

因此激励信号 $x(t)$ 的响应为

$$y(t) = \int_{-\infty}^{\infty} x(\tau) h(t - \tau) \, \mathrm{d}\tau$$

这个响应只与输入信号有关，与系统的初始条件或初始状态无关，因此该式为零状态响应。连续时间 LTI 系统的零状态响应为

$$y_{zs}(t) = \int_{-\infty}^{\infty} x(\tau) h(t - \tau) \, \mathrm{d}\tau = x(t) * h(t) \tag{2.12}$$

如图 2.1 所示，任意的连续时间信号均可以用一系列矩形脉冲信号进行逼近，即

$$x(t) = \lim_{\Delta \to 0} \sum_{k=-\infty}^{\infty} x(k\Delta) G_{\Delta}(t - k\Delta)$$

$$= \lim_{\Delta \to 0} \sum_{k=-\infty}^{\infty} x(k\Delta) \left[\frac{1}{\Delta} G_{\Delta}(t - k\Delta) \right] \Delta$$

$$= \int_{-\infty}^{\infty} x(\tau) \delta(t - \tau) \, \mathrm{d}\tau$$

假设 $\dfrac{1}{\Delta} G_{\Delta}(t)$ 的响应为 $h_{\Delta}(t)$，则由 LTI 系统的性质可得，$x(t)$ 的响应为

$$y(t) = \lim_{\Delta \to 0} \sum_{k=-\infty}^{\infty} x(k\Delta) h_{\Delta}(t - k\Delta) \Delta$$

$$= \int_{-\infty}^{\infty} x(\tau) h(t - \tau) \, \mathrm{d}\tau$$

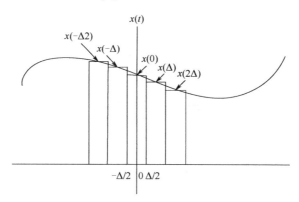

图 2.1 用矩形脉冲近似逼近连续时间信号

因此，零状态响应可以看成把某个输入波形微分成无数个小的脉冲，输入给某个系统，叠加出来的结果就是输出响应。可以想象，这些小脉冲排队进入系统，每个小脉冲会产生一个小的输出，输出的结果即系统的零状态响应。

对于连续时间 LTI 系统来说，计算零状态响应的方法是：首先，求该系统对单位冲激信号的响应 $h(t)$，这个响应称为**单位冲激响应**；然后，计算输入信号与单位冲激响应的卷积积分。2.4 节和 2.5 节将分别解决这两个问题。

2.4 单位冲激响应

2.4.1 部分分式展开法求单位冲激响应

单位冲激信号的系统零状态响应称为**单位冲激响应**。单位冲激响应 $h(t)$ 应满足输入、输出方程

$$h(t) = \frac{N(p)}{D(p)}\delta(t)$$

假设转移算子为真分式，即分母的次数高于分子的次数，如果特征方程 $D(p)=0$ 的根为单根，即存在 n 个不同的根 λ_1、λ_2、$\cdots$、λ_n，则求解单位冲激响应可以采用 $H(p)$ 分解法，即

$$H(p) = \frac{N(p)}{D(p)} = \sum_{i=1}^{n}\frac{k_i}{p-\lambda_i}$$

式中，$k_i = (p-\lambda_i)H(p)|_{p=\lambda_i}$，则

$$h(t) = \left(\sum_{i=1}^{n}\frac{k_i}{p-\lambda_i}\right)\delta(t)$$

$$= \sum_{i=1}^{n}\left(\frac{k_i}{p-\lambda_i}\right)\delta(t)$$

由此如果能够求得每个一阶系统的单位冲激响应 $h_i(t)$，即

$$h_i(t) = \frac{k_i}{p-\lambda_i}\delta(t) \tag{2.13}$$

则

$$h(t) = \sum_{i=1}^{n}h_i(t)$$

现在将式（2.13）写为

$$h'_i(t) - \lambda_i h_i(t) = k_i\delta(t)$$

上式左右两边同乘以 $e^{-\lambda t}$，可得

$$\frac{\mathrm{d}}{\mathrm{d}t}\left[e^{-\lambda_i t}h_i(t)\right] = k_i\delta(t)$$

然后取不定积分，可得

$$e^{-\lambda_i t}h_i(t) = k_i u(t)$$

因此

$$h_i(t) = k_i e^{\lambda_i t}u(t)$$

所以单位冲激响应为

$$h(t) = \left(\sum_{i=1}^{n} k_i e^{\lambda_i t}\right) u(t) \tag{2.14}$$

假设转移算子为假分式，即分母的次数低于分子的次数，且特征方程 $D(p) = 0$ 的根为 n 个不同的根 λ_1、λ_2、$\cdots$、λ_n，则 $H(p)$ 分解为

$$H(p) = \sum_{j=0}^{m-n} A_j p^j + \sum_{i=1}^{n} \frac{k_i}{p - \lambda_i}$$

所以单位冲激响应为

$$h(t) = \sum_{j=0}^{m-n} A_j \delta^j(t) + \left(\sum_{i=1}^{n} k_i e^{\lambda_i t}\right) u(t) \tag{2.15}$$

注：这里计算单位冲激响应的方法是 19 世纪 80 年代奥利弗·海维赛德（英国）提出的运算微积分方法，可以证明这种方法与拉普拉斯变换是等价的。

例 2.7 已知二阶 LTI 连续时间系统的输入、输出关系为

$$y''(t) + 4y'(t) - 5y(t) = x'(t)$$

计算单位冲激响应。

笔记：

解：该系统的特征方程为

$$p^2 + 4p - 5 = 0$$

特征根为

$$p_1 = 1，\quad p_2 = -5$$

所以

$$H(p) = \frac{p}{p^2 + 4p - 5} = \frac{k_1}{p - 1} + \frac{k_2}{p + 5}$$

$$k_1 = (p - 1)H(p)|_{p=1} = \frac{p}{p + 5}\Big|_{p=1} = \frac{1}{6}$$

$$k_2 = (p + 5)H(p)|_{p=1} = \frac{p}{p - 1}\Big|_{p=-5} = \frac{5}{6}$$

单位冲激响应为

$$h(t) = \left(\frac{1}{6} e^{t} + \frac{5}{6} e^{-5t}\right) u(t)$$

2.4.2 将单位冲激响应转化为零输入响应

注意到式（2.14）与零输入响应的一般形式［式（2.8）］除系数外是一样的，而且 $\delta(0^+) = 0$，因此可以把单位冲激信号对系统的作用看成在 0^+ 时刻的初始条件，把计算单位冲激响应转化为计算在此条件下的零输入响应。

现在考虑如下的简单系统

$$D(p)y(t) = x(t) \tag{2.16}$$

其单位冲激响应为 $l(t)$，即

$$D(p)l(t) = \delta(t) \tag{2.17}$$

则根据线性时不变系统的性质，复杂系统为

$$D(p)y(t) = N(p)x(t)$$

其单位冲激响应为

$$h(t) = N(p)l(t) \tag{2.18}$$

之所以先考虑式（2.16）所示的简单系统，是因为在此情况下 0^+ 时刻的初始条件才是容易计算的。

将式（2.17）改写为微分方程的形式，即

$$l^{(n)}(t) + a_{n-1}l^{(n-1)}(t) + \cdots + a_0 l(t) = \delta(t)$$

对上式从 0^- 时刻到 0^+ 时刻进行积分，因为在等号的右边存在跳变，因此在等号的左边同样存在跳变，而且跳变只能存在于最高阶的项 $l^{(n)}(t)$ 中，其他的项都是连续的，即

$$l^{(n-1)}(0^+) - l^{(n-1)}(0^-) = 1$$
$$l^{(n-2)}(0^+) - l^{(n-2)}(0^-) = 0$$
$$\vdots$$
$$l'(0^+) - l'(0^-) = 0$$
$$l(0^+) - l(0^-) = 0$$

再由 $l(0^-) = l'(0^-) = \cdots = l^{(n-1)}(0^-) = 0$，可得 0^+ 时刻的初始条件为

$$l(0^+) = l'(0^+) = \cdots = l^{(n-2)}(0^+) = 0, \quad l^{(n-1)}(0^+) = 1 \tag{2.19}$$

因此，当系统有重根时，首先，求出简单系统式（2.16）在 0^+ 时刻的零输入响应，其一般形式为式（2.9），未知系数由式（2.19）确定；然后，按照式（2.18）求出该系统的单位冲激响应。

例 2.8 已知二阶 LTI 连续时间系统的输入、输出关系为
$$y''(t) + 4y'(t) + 4y(t) = x'(t)$$
计算单位冲激响应。

 笔记：

解： 该系统的特征方程为
$$p^2 + 4p + 4 = 0$$
特征根为
$$p_1 = p_2 = -2$$
所以，将计算单位冲激响应转化为计算 0^+ 时刻的零输入响应。
考虑简单系统
$$y''(t) + 4y'(t) + 4y(t) = x(t)$$
其 0^+ 时刻的零输入响应为
$$l(t) = c_1 e^{-2t} + c_2 t e^{-2t}$$
代入 0^+ 时刻的初始条件 $l(0^+) = 0$，$l'(0^+) = 1$，可得

笔记：

$$\begin{cases} c_1 = 0 \\ c_2 = 1 \end{cases}$$

所以

$$l(t) = te^{-2t}, \quad t \geqslant 0$$

又因为

$$h(t) = pl(t) = l'(t)$$

可得该系统的单位冲激响应为

$$h(t) = \left(e^{-2t} - 2te^{-2t}\right)u(t)$$

例 2.9 如图 1.24（a）所示的 RC 电路，已知 $R = 1\Omega$，$C = 1\mathrm{F}$，计算单位冲激响应。

解：该系统的输入、输出方程为

$$RCy'(t) + y(t) = x(t)$$

代入参数可得

$$y'(t) + y(t) = x(t)$$

特征方程为 $p + 1 = 0$，特征根为 $p = -1$。所以有

$$H(p) = \frac{1}{p+1}$$

则单位冲激响应为

$$h(t) = e^{-t}u(t)$$

例 2.10 如图 1.25（a）所示的 RLC 电路，$L = 1\mathrm{H}$，$C = 1\mathrm{F}$，$R = 0\Omega$。若响应为电容的输出电压，计算单位冲激响应。

解：该系统的输入、输出方程为

$$LCy''(t) + RCy'(t) + y(t) = x'(t)$$

代入参数可得

$$y''(t) + y(t) = x'(t)$$

特征方程为

$$p^2 + 1 = 0$$

特征根为

$$p_{1,2} = \pm\mathrm{j}$$

所以有

$$H(p) = \frac{p}{p^2 + 1} = \frac{0.5}{p + \mathrm{j}} + \frac{0.5}{p - \mathrm{j}}$$

则该系统的单位冲激响应为

$$h(t) = \left(0.5e^{\mathrm{j}t} + 0.5e^{-\mathrm{j}t}\right)u(t) = \cos t\, u(t)$$

例 2.11 计算系统
$$y''(t) + 4y'(t) + 3y(t) = 2x'''(t) + 9x''(t) + 11x'(t)$$
的单位冲激响应。

解： 系统转移算子为
$$H(p) = \frac{2p^3 + 9p^2 + 11p}{p^2 + 4p + 3}$$
$$= 2p + 1 + \frac{p + 3}{p^2 + 4p + 3}$$
$$= 2p + 1 + \frac{-2}{p + 1} + \frac{3}{p + 3}$$

所以，单位冲激响应为
$$h(t) = 2\delta'(t) + \delta(t) + \left(-2e^{-t} + 3e^{-3t}\right)u(t)$$

在例 2.9 中，系统的初始状态为零，即 0^- 时刻电容的电压为零，0^+ 时刻电容的电压为 1，因此在 $t = 0$ 时刻电容的电压出现了突变。产生突变的原因是单位冲激信号是理想化的模型，具有非常大的瞬时功率，可以在瞬间对电容充入一定的能量，从而在瞬间改变系统的储能状态，所以在分析系统的单位冲激响应时电容的电压发生了突变。但是，这种理想化的激励源在实际应用中并不存在，而单位冲激响应也是一种理想化的响应信号，在实际应用中也不存在。基于此，这个结果与电容的电压不能突变是不矛盾的。

对二阶 LTI 连续时间系统，当 $H(p)$ 为真分式且特征方程 $D(p) = 0$ 的根为重根 λ 时，$H(p)$ 也可分解为
$$H(p) = \frac{k_1}{p - \lambda} + \frac{k_2}{(p - \lambda)^2}$$

其中，有
$$k_1 = \frac{\mathrm{d}}{\mathrm{d}p}\left[(p - \lambda)^2 H(p)\right]\Big|_{p=\lambda}, \quad k_2 = \left[(p - \lambda)^2 H(p)\right]\Big|_{p=\lambda}$$

k_1 和 k_2 也可以通分后利用系数配平法得到。此时，单位冲激响应为
$$h(t) = \left(k_1 + k_2 t\right)e^{\lambda t}u(t)$$

在 MATLAB 中，单位冲激响应可以用工具箱函数 impulse$(\cdot)$ 产生，单位阶跃响应可以用 step$(\cdot)$ 产生。在调用这些函数时，需要用向量对连续系统进行表示。设描述连续系统的微分方程为式(2.1)，则可以用向量 $\boldsymbol{a} = [1 \ a_{n-1} \ \cdots \ a_0]$ 和 $\boldsymbol{b} = [b_m \ b_{m-1} \ \cdots \ b_0]$ 来表示该系统。例如，对于例 2.10，可用 MATLAB 求解如下。

```
%example2.10
a=[1 0 1];
b=[1 0];
t=-1:0.01:15;
sys=tf(b,a);
impulse(sys,t)
```

```
hold on
plot([-1 15],[0 0],'k')
plot([0 0],[0 1],'k--')
axis([-1 15 -1.2 1.2])
```
结果如图 2.2 所示。

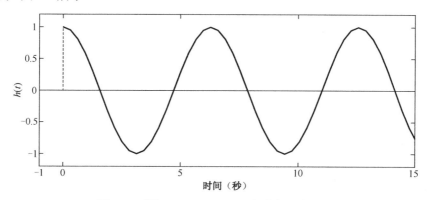

图 2.2　系统 $y''(t) + y(t) = x'(t)$ 的单位冲激响应

2.4.3　单位阶跃响应

单位阶跃信号的零状态响应称为**单位阶跃响应**。由于单位冲激信号与单位阶跃信号是微积分的关系，所以根据习题 1.9 的结论，单位阶跃响应与单位冲激响应之间也是微积分的关系。

例 2.12　如图 1.24(a)所示的 RC 电路，已知 $y(0^-)=2\text{V}$，$R=1\Omega$，$C=1\text{F}$，计算单位阶跃响应。

　　解：在例 2.9 中，已经求得单位冲激响应为
$$h(t) = \mathrm{e}^{-t}u(t)$$
　　所以单位阶跃响应为
$$g(t) = \int_{-\infty}^{t} h(\tau)\,\mathrm{d}\tau = \int_{0}^{t} \mathrm{e}^{-\tau}\mathrm{d}\tau = \left(1-\mathrm{e}^{-t}\right)u(t)$$

例 2.13　如图 1.25（a）所示的 RLC 电路，$L=1\text{H}$，$C=1\text{F}$，$R=0\Omega$。若响应为电容的输出电压，计算单位阶跃响应。

　　解：在例 2.10 中，已经求得单位冲激响应为
$$h(t) = \cos(t)u(t)$$
　　所以单位阶跃响应为
$$g(t) = \int_{-\infty}^{t} h(\tau)\,\mathrm{d}\tau = \int_{0}^{t} \cos\tau\,\mathrm{d}\tau = \sin(t)u(t)$$

　笔记：

　　根据例 2.5 及例 2.12 的结果，可知如图 1.24（a）所示的 RC 电路，当激励信号为阶跃信号时，在输入、输出方程的等号右端不存在冲激信号及其导数，当初始条件为 $y(0^-)=2$

时，系统全响应为

$$y(t) = y_{zi}(t) + y_{zs}(t) = 2\mathrm{e}^{-t}u(t) + (1 - \mathrm{e}^{-t})u(t) = (1 + \mathrm{e}^{-t})u(t)$$

可得，$y(0^+) = 2$。与 $y(0^-)$ 相同，系统初始条件没有跳变。

类似地，根据例 2.6 及例 2.13 的结果，可知如图 1.25（a）所示的 RLC 电路，当激励信号为阶跃信号时，在输入、输出方程的等号右端存在冲激信号，当初始条件为 $y(0^-) = 2$，$y'(0^-) = 0$ 时，系统全响应为

$$y(t) = y_{zi}(t) + y_{zs}(t) = 2\cos(t)u(t) + \sin(t)u(t) = (2\cos t + \sin t)u(t)$$

可得，$y(0^+) = 2$，$y'(0^+) = 1$，系统初始条件发生了跳变。

2.5 卷积积分

2.5.1 图解法计算卷积积分

连续时间 LTI 系统的零状态响应为激励信号与系统单位冲激响应的卷积积分，即

$$y_{zs}(t) = \int_{-\infty}^{\infty} x(\tau)h(t - \tau)\,\mathrm{d}\tau$$

因此可以利用下述图解法来计算卷积积分。

◆ **换元：** 将 $x(t)$ 和 $h(t)$ 的自变量变为 τ，画出 $x(\tau)$ 和 $h(\tau)$ 的图形；
◆ **翻转平移：** 将 $h(\tau)$ 翻转得到 $h(-\tau)$，再平移 t 个单位，画出 $h(t-\tau)$；
◆ **相乘：** 计算 $w_t(\tau) = x(\tau)h(t-\tau)$，并画图表示；
◆ **求积分：** 将 $h(t-\tau)$ 向右移动，当 $w_t(\tau)$ 出现变化时确定积分区间并计算积分。

例 2.14 已知信号 $x(t) = b[u(t+a) - u(t-a)]$，计算 $x(t) * x(t)$。

 笔记：

解： 如图 2.3 所示，利用图解法计算。

（1）换元、翻转平移：将 $x(\tau)$ 翻转平移，得到 $x(t-\tau)$。

（2）计算乘积 $w_t(\tau) = x(\tau)x(t-\tau)$，有两种情况：

（a）$t+a \geqslant -a$，$t-a < -a$，即当 $-2a \leqslant t < 0$ 时，有

$$w_t(\tau) = b^2$$

（b）$t+a \geqslant a$，$t-a < a$，即当 $0 \leqslant t < 2a$ 时，有

$$w_t(\tau) = b^2$$

（3）确定积分限，计算积分：

（a）当 $-2a \leqslant t < 0$ 时，有

$$x(t) * x(t) = \int_{-a}^{t+a} b^2 \mathrm{d}\tau = b^2(t + 2a)$$

（b）当 $0 \leqslant t < 2a$ 时，有

$$x(t) * x(t) = \int_{t-a}^{a} b^2 \mathrm{d}\tau = b^2(-t + 2a)$$

所以有

$$x(t) * x(t) = \begin{cases} b^2(t + 2a), & -2a \leqslant t < 0 \\ b^2(-t + 2a), & 0 \leqslant t < 2a \\ 0, & \text{其他} \end{cases}$$

笔记：

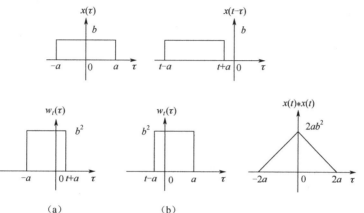

（a）　　　　　（b）

图 2.3　例 2.14 卷积积分的计算

◆　两个相同的矩形脉冲的卷积积分是一个等腰三角形，三角形的起点是两个矩形脉冲起点之和，三角形的终点为两个矩形脉冲终点之和。

◆　两个不等宽的矩形脉冲的卷积积分是一个等腰梯形，梯形的起点是两个矩形脉冲起点之和，梯形的终点是两个矩形脉冲终点之和。

利用上述结论在第 5 章可以很容易地确定两个矩形脉冲信号卷积后的信号的带宽。

例 2.15 已知信号 $x(t)$ 和 $h(t)$ 如图 2.4 所示，计算 $x(t) * h(t)$。

笔记：

解： 如图 2.5 所示利用图解法计算。

（1）换元、翻转平移：将 $h(t)$ 翻转平移，计算得到
$$h(t - \tau) = -\tau + (t + 2)$$

（2）计算乘积 $w_t(\tau) = x(\tau)h(t - \tau)$，有 3 种情况：

（a）$t + 2 \geqslant 1$, $t + 1 < 1$，即当 $-1 \leqslant t < 0$ 时，有
$$w_t(\tau) = -\tau + (t + 2)$$

（b）$t + 2 < 3$, $t + 1 \geqslant 1$，即当 $0 \leqslant t < 1$ 时，有
$$w_t(\tau) = -\tau + (t + 2)$$

（c）$t + 2 \geqslant 3$, $t + 1 < 3$，即当 $1 \leqslant t < 2$ 时，有
$$w_t(\tau) = -\tau + (t + 2)$$

（3）确定积分限，计算积分：

（a）当 $-1 \leqslant t < 0$ 时，有

$$x(t) * h(t) = \int_1^{t+2} (-\tau + t + 2)\, \mathrm{d}\tau = \frac{1}{2}(t+1)^2$$

（b）当 $0 \leqslant t < 1$ 时，有

$$x(t) * h(t) = \int_{t+1}^{t+2} (-\tau + t + 2)\, \mathrm{d}\tau = \frac{1}{2}$$

（c）当 $1 \leqslant t < 2$ 时，有

$$x(t) * h(t) = \int_{t+1}^{3} (-\tau + t + 2)\, \mathrm{d}\tau = \frac{1}{2} - \frac{1}{2}(t-1)^2$$

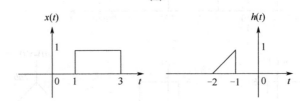

图 2.4　例 2.15 信号

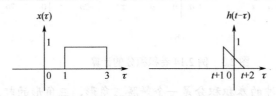

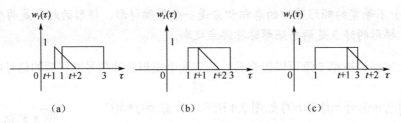

（a）　　　　　　（b）　　　　　　（c）

图 2.5　例 2.15 卷积积分的计算

例 2.16　如图 1.24(a)所示的 RC 电路，已知 $y(0^-)=2\mathrm{V}$，$R=1\Omega$，$C=1\mathrm{F}$，计算单位阶跃响应。

解：在例 2.9 中，已经求得单位冲激响应为

$$h(t) = \mathrm{e}^{-t} u(t)$$

单位阶跃响应为 $u(t) * \mathrm{e}^{-t} u(t)$。如图 2.6 所示为利用图解法计算卷积积分。

（1）换元、翻转平移：将 $h(t)$ 翻转平移，计算得到

$$h(t-\tau) = \mathrm{e}^{-(t-\tau)}u(t-\tau)$$

（2）计算乘积 $w_t(\tau) = x(\tau)h(t-\tau)$，当 $t>0$ 时，有

$$w_t(\tau) = \mathrm{e}^{-(t-\tau)}$$

（3）确定积分限，计算积分：

当 $t>0$ 时，有

$$x(t)*h(t) = \int_0^t \mathrm{e}^{-(t-\tau)}\mathrm{d}\tau = (1-\mathrm{e}^{-t})u(t)$$

可见，此结果与例 2.12 的结果完全相同。

笔记：

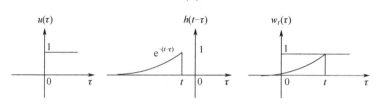

图 2.6　例 2.16 卷积积分的计算

在 MATLAB 中，零状态响应可以用工具箱函数 lsim($\cdot$) 产生。在调用该函数时，也需要用向量来对连续系统进行表示。例如，对于例 2.16，可用 MATLAB 求解如下。

```
%example2.16
t=0:0.01:10;
f=heaviside(t);
a=[1 1];b=[1];
y=lsim(b,a,f,t);
plot(t,y);
xlabel('时间(秒)')
ylabel('y(t)')
```

结果如图 2.7 所示。

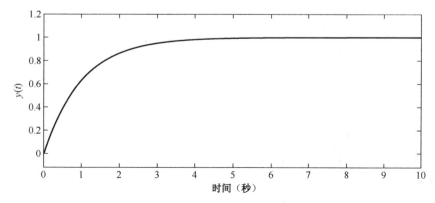

图 2.7　系统 $y'(t)+y(t)=x(t)$ 的单位阶跃响应

2.5.2 卷积积分的性质

如表 2.2 所示,卷积积分具有一些性质。利用这些性质也可以计算卷积积分。这里对这些性质均不进行证明,只通过具体的例子来说明其在实际中的应用。

表 2.2 卷积积分的性质

代数性质	$m(t) * n(t) = n(t) * m(t)$
	$l(t) * [m(t) * n(t)] = [l(t) * m(t)] * n(t)$
	$l(t) * [m(t) + n(t)] = l(t) * m(t) + l(t) * n(t)$
微积分性质	$\dfrac{\mathrm{d}}{\mathrm{d}t}[m(t) * n(t)] = \dfrac{\mathrm{d}m(t)}{\mathrm{d}t} * n(t) = m(t) * \dfrac{\mathrm{d}n(t)}{\mathrm{d}t}$
	$\displaystyle\int_{-\infty}^{t} [m(\tau) * n(\tau)] \, \mathrm{d}\tau = \left[\int_{-\infty}^{t} m(\tau)\,\mathrm{d}\tau\right] * n(t) = m(t) * \left[\int_{-\infty}^{t} n(\tau)\,\mathrm{d}\tau\right]$
	$m(t) * n(t) = \left[\displaystyle\int_{-\infty}^{t} m(\tau)\,\mathrm{d}\tau\right] * \dfrac{\mathrm{d}n(t)}{\mathrm{d}t} = \dfrac{\mathrm{d}m(t)}{\mathrm{d}t} * \left[\int_{-\infty}^{t} n(\tau)\,\mathrm{d}\tau\right]$
延迟性质	若 $l(t) = m(t) * n(t)$,则 $l(t - t_1 - t_2) = m(t - t_1) * n(t - t_2)$
展缩性质	若 $l(t) = m(t) * n(t)$,则 $\dfrac{1}{|a|} l(at) = m(at) * n(at)$

当在两个待卷积的信号中包含折线信号时,通常可以采用卷积的微积分性质来计算卷积积分。

例 2.17 已知信号 $x(t) = b[u(t+a) - u(t-a)]$,计算 $x(t) * x(t)$。

解: 利用卷积积分的性质来计算。

由于 $x(t)$ 是折线信号,所以其微分的形式较为简单,有

$$\frac{\mathrm{d}}{\mathrm{d}t} x(t) = b\delta(t+a) - b\delta(t-a)$$

根据单位冲激信号的性质,可得

$$x(t) * \frac{\mathrm{d}}{\mathrm{d}t} x(t) = bx(t+a) - bx(t-a)$$

根据卷积积分的微积分性质,对 $x(t) * \dfrac{\mathrm{d}}{\mathrm{d}t} x(t)$ 计算不定积分,即可得 $x(t) * x(t)$。

如图 2.8,当 $-2a \leqslant t < 0$ 时,有

$$x(t) * x(t) = \int_{-2a}^{t} b^2 \mathrm{d}\tau = b^2(t + 2a)$$

当 $0 \leqslant t < 2a$ 时,有

$$x(t) * x(t) = \int_{-2a}^{0} b^2 \mathrm{d}\tau - \int_{0}^{t} b^2 \mathrm{d}\tau = b^2(-t + 2a)$$

所以有

$$x(t) * x(t) = \begin{cases} b^2(t + 2a), & -2a \leqslant t < 0 \\ b^2(-t + 2a), & 0 \leqslant t < 2a \\ 0, & \text{其他} \end{cases}$$

笔记:

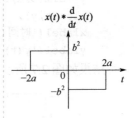

图 2.8 例 2.17

例 2.18 已知某 LTI 系统的单位冲激响应为

$$h(t) = e^{-t}u(t)$$

假设输入信号为 $x(t) = u(t - t_1) - u(t - t_2)$，$t_1 < t_2$。
计算零状态响应。

解：

$$y_{zs}(t) = x(t) * h(t) = \frac{d}{dt}x(t) * \int_{-\infty}^{t} h(\tau)\,d\tau$$

$$= [\delta(t - t_1) - \delta(t - t_2)] * \int_{0}^{t} e^{-\tau}\,d\tau$$

$$= [\delta(t - t_1) - \delta(t - t_2)] * (1 - e^{-t})u(t)$$

$$= [1 - e^{-(t - t_1)}]u(t - t_1) - [1 - e^{-(t - t_2)}]u(t - t_2)$$

$$= \begin{cases} 0, & t < t_1 \\ 1 - e^{-(t - t_1)}, & t_1 \leqslant t < t_2 \\ (e^{t_2} - e^{t_1})e^{-t}, & t \geqslant t_2 \end{cases}$$

指数信号的卷积积分会经常遇到，因此表 2.3 列出了几个常见的指数信号的卷积积分的公式。

表 2.3　指数信号的卷积积分

$e^{\lambda_1 t}u(t) * e^{\lambda_2 t}u(t) = \dfrac{1}{\lambda_2 - \lambda_1}\left(e^{\lambda_2 t} - e^{\lambda_1 t}\right)u(t),\ \lambda_1 \neq \lambda_2$
$e^{\lambda t}u(t) * u(t) = -\dfrac{1}{\lambda}\left(1 - e^{\lambda t}\right)u(t)$
$e^{\lambda t}u(t) * e^{\lambda t}u(t) = t e^{\lambda t}u(t)$
$u(t) * u(t) = tu(t)$

例 2.19 考虑第 1 章提到的雷达测距系统，从雷达向目标物发射一个射频脉冲，测量被目标物反射回雷达的回波接收信号的时间延迟，即可确定雷达与目标物之间的距离。设发射的射频脉冲为

$$x(t) = \begin{cases} \sin(\omega_c t), & 0 \leqslant t \leqslant T_0 \\ 0, & \text{其他} \end{cases}$$

假设雷达和目标物之间一个往返的单位冲激响应为

$$h(t) = a\delta(t - \beta)$$

式中，a 代表衰减常数，β 代表发射接收往返的时间。计算射频脉冲的回波接收信号。

 笔记：

解：

$$y(t) = x(t) * h(t) = x(t) * a\delta(t - \beta) = ax(t - \beta)$$

例 2.20 雷达接收机测量往返时间 β 的方法是计算回波信号与发射信号的互相关函数（定义见习题 2.11），即让回波接收信号通过一个线性时不变系统来测量 β，这个系统的单位冲激响应为

$$h_m(t) = \begin{cases} -\sin(\omega_c t), & -T_0 \leqslant t < 0 \\ 0, & \text{其他} \end{cases}$$

 笔记：

因此，也称这个雷达接收机为**匹配滤波器**。计算雷达接收机的输出信号。

解： 根据例 2.19 的结果可知

$$y(t) = ax(t-\beta) * h_m(t)$$

$ax(t-\beta)$ 的时间界限为 $\beta < t < \beta + T_0$，$h_m(t-\tau)$ 的时间界限为 $t < \tau < t + T_0$，因此存在两种情况。

（a）$t + T_0 > \beta$, $t \leqslant \beta$，即当 $\beta - T_0 < t \leqslant \beta$ 时，有

$$w_\tau(t) = a\sin\omega_c(\tau-\beta)\sin\omega_c(\tau-t), \quad \beta < \tau < t + T_0$$

$$y(t) = \int_\beta^{t+T_0} w_t(\tau)\,\mathrm{d}\tau = \frac{a}{2}\cos\omega_c(t-\beta)[t-(\beta-T_0)] +$$

$$\frac{a}{4\omega_c}[\sin\omega_c(t+2T_0-\beta) - \sin\omega_c(\beta-t)]$$

（b）$t + T_0 > \beta + T_0$, $t \leqslant \beta + T_0$，即当 $\beta < t \leqslant \beta + T_0$ 时，有

$$w_\tau(t) = a\sin\omega_c(\tau-\beta)\sin\omega_c(\tau-t), \quad t < \tau < \beta + T_0$$

$$y(t) = \int_t^{\beta+T_0} w_t(\tau)\,\mathrm{d}\tau = \frac{a}{2}\cos\omega_c(t-\beta)\times[(\beta+T_0)-t] +$$

$$\frac{a}{4\omega_c}[\sin\omega_c(\beta+2T_0-t) - \sin\omega_c(t-\beta)]$$

由于在实际应用中，$\omega_c > 10^6$，故雷达接收机的输出可近似为

$$y(t) = \begin{cases} 0.5a[t-(\beta-T_0)]\cos\omega_c(t-\beta), & \beta-T_0 < t \leqslant \beta \\ 0.5a[\beta-t+T_0]\cos\omega_c(t-\beta), & \beta < t \leqslant \beta+T_0 \\ 0, & \text{其他} \end{cases}$$

因此，当 $t = \beta$ 时，输出 $y(t)$ 存在峰值 $0.5aT_0$。这样，只要找到匹配滤波器出现峰值的时刻，就可以计算出 β 的值。

注：以上两个例题取材于文献 [4] 第 2 章例题 2.9 和例题 2.10。

2.6 LTI 连续时间系统的互联

图 1.22 给出了 3 种系统互联方式。设算符 T_1 为

$$T_1(x(t)) = x(t) * h_1(t)$$

算符 T_2 为

$$T_2[x(t)] = x(t) * h_2(t)$$

这里 $h_1(t)$ 和 $h_2(t)$ 为两个子系统的单位冲激响应。下面将推导整个系统的单位冲激响应与子系统的单位冲激响应的关系。

1. 级联系统

对于级联系统，有

$$y(t) = T_2[T_1(x(t))]$$

根据卷积积分的代数性质，有

$$y(t) = T_2[x(t) * h_1(t)] = [x(t) * h_1(t)] * h_2(t) = x(t) * [h_1(t) * h_2(t)]$$

所以级联系统的算符为

$$T = x(t) * h(t) = x(t) * [h_1(t) * h_2(t)]$$

由此可知

$$h(t) = h_1(t) * h_2(t)$$

即级联系统的单位冲激响应为子系统的单位冲激响应的卷积。

2. 并联系统

对于并联系统，有

$$y(t) = T_1[x(t)] + T_2[x(t)]$$

根据卷积积分的代数性质，有

$$y(t) = T_1[x(t)] + T_2[x(t)] = x(t) * h_1(t) + x(t) * h_2(t) = x(t) * [h_1(t) + h_2(t)]$$

所以并联系统的算符为

$$T = x(t) * h(t) = x(t) * [h_1(t) + h_2(t)]$$

由此可知

$$h(t) = h_1(t) + h_2(t)$$

即并联系统的单位冲激响应为子系统的单位冲激响应的和。

3. 反馈系统

对于反馈系统，有

$$y(t) = \frac{T_1}{1 - T_1(T_2)} x(t)$$

即

$$[1 - T_1(T_2)]y(t) = T_1(x(t))$$

所以有

$$y(t) - [h_1(t) * h_2(t)] * y(t) = x(t) * h_1(t)$$

整理为

$$y(t) * [\delta(t) - h_1(t) * h_2(t)] = x(t) * h_1(t)$$

利用拉普拉斯变换，上式可以转化为

$$Y(s) = \frac{H_1(s)}{1 - H_1(s)H_2(s)} X(s)$$

因此，反馈系统的单位冲激响应为

$$h(t) = L^{-}\left[\frac{H_1(s)}{1 - H_1(s)H_2(s)}\right] \tag{2.20}$$

式中，符号 L^{-} 表示拉普拉斯反变换。

例 2.21 如图 1.25（a）所示的 RLC 电路，系统响应为电容的输出电压，$L = 1\text{H}$，$C = 1\text{F}$，$R = 2\Omega$。已知该系统与如图 2.9 所示的系统等效，计算该系统的单位冲激响应。

解： 由于 RLC 电路与如图 2.9 所示的级联系统等效，所以 $h(t) = h_1(t) * h_2(t)$。

在例 2.9 中，已经求得单位冲激响应为

$$h_1(t) = h_2(t) = \text{e}^{-t}u(t)$$

因此，RLC 电路的单位冲激响应为 $te^{-t}u(t)$。

例 2.22 计算如图 2.10 所示系统的单位冲激响应。已知 $h_1(t) = \delta(t-1)$，$h_2(t) = \cos t$。

解：

$$\begin{aligned}
h(t) &= [\delta(t) + h_1(t)] * h_2(t) \\
&= \delta(t) * h_2(t) + h_1(t) * h_2(t) \\
&= \cos t + \cos(t - 1)
\end{aligned}$$

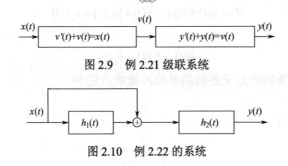

图 2.9　例 2.21 级联系统

图 2.10　例 2.22 的系统

2.7　用单位冲激响应表征 LTI 连续时间系统特性

单位冲激响应是系统的固有属性，其完全表征了 LTI 连续时间系统的输入、输出关系，因此系统的记忆性、因果性、稳定性、可逆性等特性均与单位冲激响应相联系。

2.7.1　无记忆系统的单位冲激响应

若系统的输出只由当前时刻的输入决定，则称为无记忆系统。由于 LTI 连续时间系统的输入、输出关系为

$$y(t) = \int_{-\infty}^{\infty} x(\tau)h(t-\tau)\,\mathrm{d}\tau$$

$$= \int_{-\infty}^{\infty} h(\tau)x(t-\tau)\,\mathrm{d}\tau$$

$$= \lim_{\Delta \to 0} \sum_{k=-\infty}^{\infty} h(k\Delta)x(t-k\Delta)\Delta$$

$$= \lim_{\Delta \to 0}[\cdots + h(-2\Delta)x(t+2\Delta) + h(-\Delta)x(t+\Delta) + h(0\cdot\Delta)x(t) +$$

$$h(\Delta)x(t-\Delta) + h(2\Delta)x(t-2\Delta) + \cdots]\Delta$$

对于无记忆系统，$y(t)$ 只由 $x(t)$ 决定，因此在上式中除 $h(0\Delta) = c \neq 0$ 外，其余的 $h(k\Delta)$（$k \neq 0$）均为零，所以有

$$h(t) = c\delta(t)$$

反之，如果 LTI 连续时间系统的单位冲激响应 $h(t) = c\delta(t)$，则有

$$y(t) = \int_{-\infty}^{\infty} x(\tau)\big[c\delta(t-\tau)\big]\,\mathrm{d}\tau = cx(t)\int_{-\infty}^{\infty} \delta(t-\tau)\,\mathrm{d}\tau = cx(t)$$

系统的输出只与系统的当前输入有关，因此该系统为无记忆系统。

◆ 连续时间线性时不变系统为无记忆系统的充要条件是该系统的单位冲激响应为冲激信号，即 $h(t) = c\delta(t)$。也就是说，无记忆系统仅对输入信号执行幅度变换运算。

2.7.2　因果系统的单位冲激响应

因果系统的输出仅取决于当前时刻和以前时刻的输入，与未来时刻的输入无关。由于 LTI 连续时间系统的输入、输出关系为

$$y(t) = \int_{-\infty}^{\infty} x(\tau)h(t-\tau)\,\mathrm{d}\tau$$

$$= \int_{-\infty}^{\infty} h(\tau)x(t-\tau)\,\mathrm{d}\tau$$

上式中，与未来时刻输入信号有关的项是 $x(t-\tau)$（$\tau < 0$），因此若系统是因果系统，要求当 $t < 0$ 时，$h(t) = 0$。

反之，当 $t < 0$ 时，$h(t) = 0$，则有

$$y(t) = \int_{0}^{\infty} h(\tau)x(t-\tau)\,\mathrm{d}\tau$$

此时，系统的输出只与当前时刻和以前时刻的输入有关，故该系统为因果系统。

◆ 连续时间线性时不变系统为因果系统的充要条件是该系统的单位冲激响应满足条件 $h(t) = 0$（$t < 0$）。

2.7.3　稳定系统的单位冲激响应

若系统对任意的有界输入都产生有界输出，则该系统称为在 BIBO 意义下的稳定系统。假设 $|x(t)| \leqslant M$ 对所有时刻均成立，则对于 LTI 连续时间系统，有

$$|y(t)| = \left| \int_{-\infty}^{\infty} x(\tau)h(t-\tau)\,\mathrm{d}\tau \right|$$

$$= \left| \int_{-\infty}^{\infty} h(\tau)x(t-\tau)\,\mathrm{d}\tau \right|$$

$$\leqslant \int_{-\infty}^{\infty} |h(\tau)x(t-\tau)|\,\mathrm{d}\tau$$

$$= \int_{-\infty}^{\infty} |h(\tau)||x(t-\tau)|\,\mathrm{d}\tau$$

$$\leqslant M \int_{-\infty}^{\infty} |h(\tau)|\,\mathrm{d}\tau$$

因此，若系统是稳定的，则要求

$$\int_{-\infty}^{\infty} |h(\tau)|\,\mathrm{d}\tau = S < \infty$$

反之，若上式是成立的，则对于任意的有界输入 $|x(t)| \leqslant M$，有

$$|y(t)| \leqslant M \int_{-\infty}^{\infty} |h(\tau)|\,\mathrm{d}\tau = MS < \infty$$

即输出也是有界的，所以该系统为 BIBO 稳定系统。

◆ 连续时间线性时不变系统为 BIBO 稳定系统的充要条件是该系统的单位冲激响应满足绝对可积的条件，即 $\int_{-\infty}^{\infty} |h(\tau)|\mathrm{d}\tau = S < \infty$。

注意，系统稳定的条件是单位冲激响应绝对可积，与单位冲激响应自身是否有界没有关系。例如，系统 $y'(t) = x(t)$，该系统的单位冲激响应为 $h(t) = u(t)$，显然 $h(t)$ 是有界的，但 $h(t)$ 不是绝对可积的，因而该系统是不稳定系统。

2.7.4　可逆系统的单位冲激响应

可逆系统的输入可由输出确定。设 LTI 连续时间系统存在可逆系统，且可逆系统的单位冲激响应为 $h^{\mathrm{inv}}(t)$，则

$$y(t) * h^{\mathrm{inv}}(t) = x(t)$$

由于 $y(t) = x(t) * h(t)$，所以有

$$[x(t) * h(t)] * h^{\mathrm{inv}}(t) = x(t) * [h(t) * h^{\mathrm{inv}}(t)] = x(t)$$

由上式可得

$$h(t) * h^{\mathrm{inv}}(t) = \delta(t) \tag{2.21}$$

◆ 连续时间线性时不变系统存在可逆系统的条件是存在 $h^{\mathrm{inv}}(t)$，满足 $h(t) * h^{\mathrm{inv}}(t) = \delta(t)$。

例 2.23 设某 LTI 连续时间系统的单位冲激响应为 $h(t) = e^{\alpha t}u(t)$，判断该系统是否为无记忆系统、因果系统、稳定系统？

解： 根据判别条件，该系统为记忆系统、因果系统。

当 $\alpha \geqslant 0$ 时，有

笔记：

$$\int_{-\infty}^{\infty} |h(\tau)| \, \mathrm{d}\tau = \int_{0}^{\infty} \mathrm{e}^{at} \, \mathrm{d}\tau = \frac{1}{\alpha} \mathrm{e}^{at} \Big|_{0}^{\infty} \to \infty$$

当 $\alpha < 0$ 时，有

$$\int_{-\infty}^{\infty} |h(\tau)| \, \mathrm{d}\tau = \int_{0}^{\infty} \mathrm{e}^{at} \, \mathrm{d}\tau = \frac{1}{\alpha} \mathrm{e}^{at} \Big|_{0}^{\infty} = -\frac{1}{\alpha} < \infty$$

所以，当 $\alpha < 0$ 时，该系统为稳定系统。

例 2.24　若某 LTI 连续时间系统的单位冲激响应为 $h(t) = 2\delta(t)$，判断该系统是否存在可逆系统。

解： 设

$$h^{\text{inv}}(t) = 0.5\delta(t)$$

由于

$$h(t) * h^{\text{inv}}(t) = \delta(t)$$

所以，该系统存在可逆系统，可逆系统的单位冲激响应为

$$h^{\text{inv}}(t) = 0.5\delta(t)$$

笔记：

2.8　LTI 连续时间系统的框图表示

LTI 连续时间系统的输入、输出关系可以用线性常系数微分方程表示为

$$y^{(n)}(t) + a_{n-1}y^{(n-1)}(t) + \cdots + a_0 y(t) = b_m x^{(m)}(t) + b_{m-1}x^{(m-1)}(t) + \cdots + b_0 x(t)$$

在上式中有 3 种运算关系，即加法、标量乘法和积分，因此可以用如图 2.11 所示的 3 种基本运算部件来表示微分方程，这种表示形式称为系统的**时域框图表示**。这里用积分运算代替微分运算的原因是，一方面，模拟电路构建积分器比构建微分器容易；另一方面，积分器也可以平滑系统的噪声，而微分器会突出系统的噪声。系统的框图表示描述了系统内部是如何组织并按次序进行运算的。框图表示有直接型、级联型和并联型，本节只介绍直接型框图表示，级联型、并联型框图表示将在第 8 章介绍。

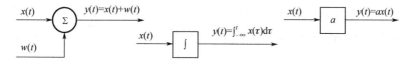

图 2.11　系统框图表示的 3 种基本运算

现在用算子方程表示微分方程，可知

$$D(p)y(t) = N(p)x(t)$$

引入中间变量 $q(t)$，满足

$$\begin{cases} x(t) = D(p)q(t) \\ y(t) = N(p)q(t) \end{cases} \tag{2.22}$$

则

$$\begin{cases} x(t) - a_{n-1}q^{(n-1)}(t) - \cdots - a_0q(t) = q^{(n)}(t) \\ y(t) = b_mq^{(m)}(t) + b_{m-1}q^{(m-1)}(t) + \cdots + b_0q(t) \end{cases}$$

当 $n \ge m$ 时，上式可以表示为如图 2.12 所示的直接型框图表示。该框图表示共有 n 个积分器，表示系统微分方程的最大阶数；有两个加法器和一系列的标量乘法器，分别表示系统输入与中间变量的关系及系统输出与中间变量的关系。中间轴是积分器，在中间轴以下的部分是系统输入与中间变量的关系，在中间轴以上的部分是系统输出与中间变量的关系。

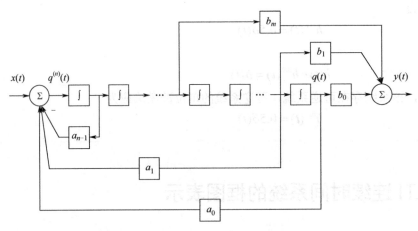

图 2.12　LTI 连续时间系统的直接型框图表示

例 2.25 将系统

$$y''(t) + 3y(t) = 2x''(t) + x'(t)$$

用框图表示。

解：该系统的算子方程为

$$(p^2 + 3)y(t) = (2p^2 + p)x(t)$$

引入中间变量 $q(t)$，满足

$$\begin{cases} x(t) = D(p)q(t) = q''(t) + 3q(t) \\ y(t) = N(p)q(t) = 2q''(t) + q'(t) \end{cases}$$

整理可得

$$\begin{cases} x(t) - 3q(t) = q''(t) \\ y(t) = 2q''(t) + q'(t) \end{cases}$$

所以该系统的框图表示如图 2.13 所示。

笔记：

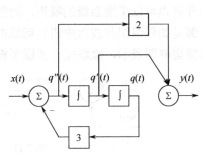

图 2.13　例 2.25 系统的框图表示

例 2.26 已知某 LTI 连续时间系统的框图表示如图 2.14 所示，计算该系统的单位冲激响应。

解： 根据框图表示，可得

$$\begin{cases} x(t) - 3q'(t) - 2q(t) = q''(t) \\ y(t) = 2q'(t) + q(t) \end{cases}$$

整理可得该系统的微分方程为

$$y''(t) + 3y'(t) + 2y(t) = 2x'(t) + x(t)$$

可得转移算子为

$$H(p) = \frac{2p+1}{p^2+3p+2} = \frac{-1}{p+1} + \frac{3}{p+2}$$

所以，该系统的单位冲激响应为

$$h(t) = \left(-\mathrm{e}^{-t} + 3\mathrm{e}^{-2t} \right) u(t)$$

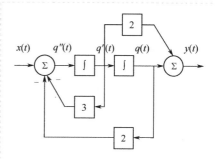

图 2.14 例 2.26 系统的框图表示

2.9 线性时不变系统响应的分解

前面几节已经详细地介绍了线性时不变系统的时域分析方法，本节进行简单归纳，并简单分析线性时不变系统响应的 3 种分解形式。

设 LTI 连续系统的算子形式方程为

$$y(t) = H(p)x(t) = \frac{N(p)}{D(p)} x(t)$$

设特征方程无重根，且 $H(p)$ 为真分式，则有

$$
\begin{aligned}
H(p) &= \frac{N(p)}{(p-\lambda_1)(p-\lambda_2)\cdots(p-\lambda_n)} \\
&= \frac{k_1}{p-\lambda_1} + \frac{k_2}{p-\lambda_2} + \cdots + \frac{k_n}{p-\lambda_n} \\
&= \sum_{i=1}^{n} \frac{k_i}{p-\lambda_i}
\end{aligned}
$$

系统的零输入响应为

$$y_{zi}(t) = \left(\sum_{i=1}^{n} c_i \mathrm{e}^{\lambda_i t} \right) u(t)$$

式中，λ_i 是特征方程 $D(p) = 0$ 的第 i 个根，系数 c_i 由未加激励时的初始条件确定。

系统的单位冲激响应为

$$h(t) = \left(\sum_{i=1}^{n} k_i \mathrm{e}^{\lambda_i t} \right) u(t)$$

通过计算卷积积分得到零状态响应为

$$y_{zs}(t) = x(t) * h(t) = \left(\sum_{i=1}^{n} k_i e^{\lambda_i t}\right) u(t) * x(t)$$

系统全响应为

$$y(t) = y_{zi}(t) + y_{zs}(t) = \underbrace{\left(\sum_{i=1}^{n} c_i e^{\lambda_i t}\right) u(t)}_{\text{零输入响应}} + \underbrace{\left(\sum_{i=1}^{n} k_i e^{\lambda_i t}\right) u(t) * x(t)}_{\text{零状态响应}} \qquad (2.23)$$

当特征方程有重根时，计算过程是类似的。

在式（2.23）中，将系统响应分解为**零输入响应**和**零状态响应**两部分。零状态响应在计算卷积积分后，也会存在含有 $e^{\lambda t}$ 形式的项，这些项可以与零输入响应合并，合并后的诸项只含有与系统特征方程的根（称为自然频率）有关的项，称为**自然响应**。零状态响应中剩余的与激励信号有关的项称为**受迫响应**。

对于稳定系统，自然响应必然随着时间的增长而趋于零（这是因为稳定系统的特征根都小于零）。受迫响应视激励信号的性质可能趋于零，也可能趋于某种稳定的响应。系统响应中随时间的增长而趋于零的部分称为**瞬态响应**，随时间的增长而趋于稳定的部分称为**稳态响应**。

例 2.27 已知二阶 LTI 连续时间系统的输入、输出关系为

$$y''(t) + 4y'(t) - 5y(t) = x'(t)$$

输入激励为 $x(t) = e^{-t}u(t)$，系统初始条件为 $y(0^-) = 1$，$y'(0^-) = 0$。计算系统响应，并指出 3 种响应分量的形式。

笔记：

解： 该系统的特征方程为

$$p^2 + 4p - 5 = 0$$

特征根为

$$p_1 = 1, \quad p_2 = -5$$

转移算子为

$$H(p) = \frac{p}{p^2 + 4p - 5} = \frac{k_1}{p - 1} + \frac{k_2}{p + 5}$$

$$k_1 = (p - 1)H(p)\big|_{p=1} = \frac{p}{p + 5}\Big|_{p=1} = \frac{1}{6}$$

$$k_2 = (p + 5)H(p)\big|_{p=1} = \frac{p}{p - 1}\Big|_{p=-5} = \frac{5}{6}$$

所以零输入响应为

$$y_{zi}(t) = \left(c_1 e^t + c_2 e^{-5t}\right) u(t)$$

代入 0^- 时刻的初始条件可得

$$\begin{cases} c_1 + c_2 = 1 \\ c_1 - 5c_2 = 0 \end{cases}$$

解方程组可得

$$c_1 = 5/6, \quad c_2 = 1/6$$

则系统的零输入响应为

$$y_{zi}(t) = \left(5/6e^t + 1/6e^{-5t}\right)u(t)$$

单位冲激响应为

$$h(t) = \left(1/6e^t + 5/6e^{-5t}\right)u(t)$$

零状态响应为

$$y_{zs}(t) = x(t) * h(t)$$
$$= \left(1/8e^{-t} + 1/12e^t - 5/24e^{-5t}\right)u(t)$$

所以，全响应为

$$y(t) = y_{zi}(t) + y_{zs}(t)$$
$$= \left(5/6e^t + 1/6e^{-5t}\right)u(t) +$$
$$\left(1/8e^{-t} + 1/12e^t - 5/24e^{-5t}\right)u(t)$$
$$= \underline{\left(11/12e^t - 1/24e^{-5t}\right)u(t)} + \underline{1/8e^{-t}u(t)}$$

自然响应　　　　受迫响应

例 2.28 如图 1.24(a) 所示的 RC 电路，已知 $y(0^-) = 2V$，$R = 1\Omega$，$C = 1F$，电源电压为 $x(t) = \left(1 + e^{-3t}\right)u(t)$。计算系统响应。

解：该系统的输入、输出方程为

$$RCy'(t) + y(t) = x(t)$$

代入参数可得

$$y'(t) + y(t) = x(t)$$

特征方程为 $p + 1 = 0$，特征根为 $p = -1$。所以零输入响应为

$$y_{zi}(t) = ce^{-t}$$

代入 0^- 时刻的初始条件可得 $c = 2$，所以该系统的零输入响应为

$$y_{zi}(t) = 2e^{-t}u(t)$$

系统转移算子为

$$H(p) = \frac{1}{p+1}$$

单位冲激响应为

$$h(t) = e^{-t}u(t)$$

零状态响应为

$$y_{zs}(t) = x(t) * h(t)$$
$$= \left(1 - 1/2e^{-t} - 1/2e^{-3t}\right)u(t)$$

全响应为

$$y(t) = y_{zi}(t) + y_{zs}(t)$$

$$= 3/2e^{-t}u(t) + \underbrace{\left(1 - 1/2e^{-3t}\right)u(t)}$$

自然响应　　　　　受迫响应

$$= \underbrace{\left(3/2e^{-t} - 1/2e^{-3t}\right)u(t)} + \underbrace{u(t)}$$

瞬态响应　　　　　稳态响应

 笔记：

例 2.27 为非稳定系统，所以系统响应不能分解为"瞬态响应+稳态响应"的形式。而例 2.28 为稳定系统，所以系统响应可以分解为"瞬态响应+稳态响应"的形式。

2.10　零输入响应的 Multisim 仿真

如图 2.15 所示，在 Multisim 中构建 RLC 串联电路，在仿真开始时开关位于如图 2.15（a）所示的位置，因此电容的电压为 2V，电感的电流为 0A。将开关的位置打到如图 2.15（b）所示的位置，相当于在储能元件中设置了初始条件，因此示波器的波形为在此初始条件下的零输入响应。

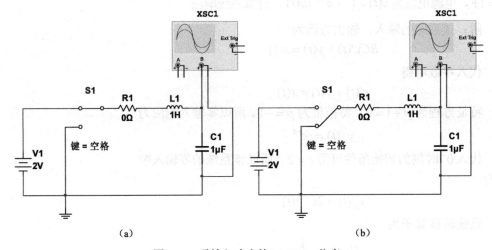

（a）　　　　　　　　　　　　　　　　　　　（b）

图 2.15　零输入响应的 Multisim 仿真

考虑 4 组参数的组合，情况如下。

第一种情况 $R = 2\sqrt{L/C}$，取 $R = 2\text{k}\Omega$，$L = 1\text{H}$，$C = 1\mu\text{F}$，则该系统的特征根为相等的负实根 $\lambda_1 = \lambda_2 = -10^3$，所以零输入响应为

$$y_{zi}(t) = (c_1 + c_2 t)e^{-10^3 t}$$

波形如图 2.16 所示，表现为严格阻尼的非振荡放电过程。

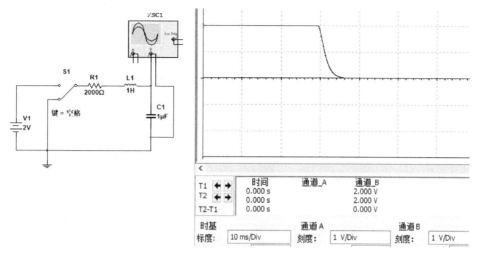

图 2.16　严格阻尼情形的零输入响应：$R = 2\text{k}\Omega$，$L = 1\text{H}$，$C = 1\mu\text{F}$

第二种情况 $R > 2\sqrt{L/C}$，取 $R = 10\text{k}\Omega$，$L = 1\text{H}$，$C = 1\mu\text{F}$，则该系统的特征根为不相等的负实根 λ_1 和 λ_2，所以零输入响应为

$$y_{zi}(t) = c_1 \mathrm{e}^{\lambda_1 t} + c_2 \mathrm{e}^{\lambda_2 t}$$

波形如图 2.17 所示，表现为过阻尼的非振荡放电过程。

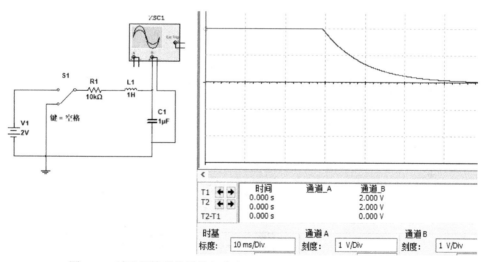

图 2.17　过阻尼情形的零输入响应：$R = 10\text{k}\Omega$，$L = 1\text{H}$，$C = 1\mu\text{F}$

第三种情况 $R < 2\sqrt{L/C}$，取 $R = 100\Omega$，$L = 1\text{H}$，$C = 1\mu\text{F}$，则该系统的特征根为共轭复根 λ_1 和 λ_2，所以零输入响应为

$$y_{zi}(t) = c_1 \mathrm{e}^{\lambda_1 t} + c_2 \mathrm{e}^{\lambda_2 t}$$

波形如图 2.18 所示，表现为欠阻尼的振荡放电过程。

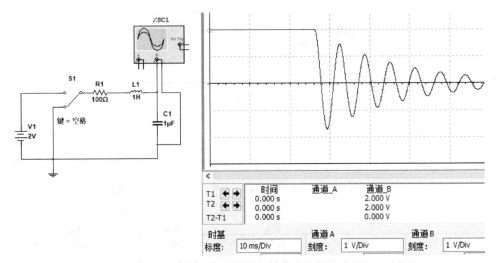

图 2.18　欠阻尼情形的零输入响应：$R = 100\Omega$，$L = 1H$，$C = 1\mu F$

第四种情况，取 $R = 0\Omega$，$L = 1H$，$C = 1\mu F$，则该系统的特征根为共轭虚根 $\lambda_1 = 10^3 j$，$\lambda_2 = -10^3 j$，所以零输入响应为

$$y_{zi}(t) = 2\cos(1000t)$$

波形如图 2.19 所示，表现为等幅振荡过程。

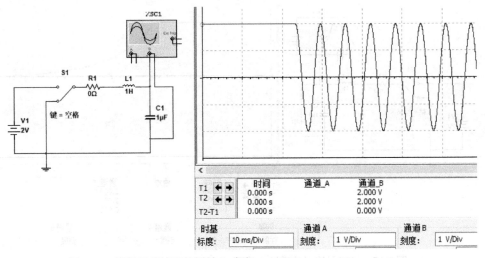

图 2.19　等幅振荡情形的零输入响应：$R = 0\Omega$，$L = 1H$，$C = 1\mu F$

习题

2.1　计算下列连续时间 LTI 系统的转移算子及零输入响应。

（1）$y''(t) + 5y'(t) + 4y(t) = 2x'(t) + 5x(t)$，　$y(0^-) = 1$，　$y'(0^-) = 5$；

（2）$y''(t) + 4y'(t) + 4y(t) = 3x'(t) + 2x(t)$，　$y(0^-) = -2$，　$y'(0^-) = 3$；

（3）$y''(t) + 2y'(t) + 5y(t) = 4x'(t) + 3x(t)$，　$y(0^-) = 1$，　$y'(0^-) = 3$；

（4）如图 1.25（a）所示，指出当 R、L 和 C 满足什么条件时，零输入响应分别包含实指数函数、正弦函数和指数衰减正弦函数。

2.2　已知连续时间 LTI 系统的转移算子为 $H(p) = \dfrac{p+2}{p^2 + 5p + 6}$，确定系统输入、输出方程，并计算在 $y(0^-) = 3$ 和 $y'(0^-) = -7$ 条件下的零输入响应。

2.3　确定下列系统的单位冲激响应。

（1）$y''(t) + 4y'(t) + 4y(t) = 2x'(t) + 5x(t)$；

（2）$y''(t) + 5y'(t) + 6y(t) = 2x''(t) + 7x'(t) + 4x(t)$；

（3）$y''(t) + 3y'(t) + 2y(t) = x'(t) + x(t)$。

2.4　确定如图 2.20 所示的 RL 并联电路的单位冲激响应。

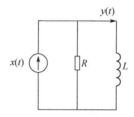

图 2.20　RL 并联电路

2.5　如图 1.25（b）所示，$R = 6\Omega$，$F = 7H$，$C = 1/42F$，计算单位冲激响应。

2.6　已知某 LTI 系统的单位冲激响应为 $G_2(t)$，设输入 $x(t) = 2\delta(t+2) + \delta(t-2)$，计算系统的输出响应 $y(t)$。

2.7　计算下列 LTI 系统的单位阶跃响应，已知系统的单位冲激响应为

（1）$h(t) = e^{-|t|}$；

（2）$h(t) = u(t)$。

2.8　计算卷积积分。

（1）$[u(t) - u(t-2)] * u(t)$；

（2）$[u(t) - 2u(t-1) + u(t-2)] * [u(t) - u(t-1)]$；

（3）如图 2.21 所示的信号。

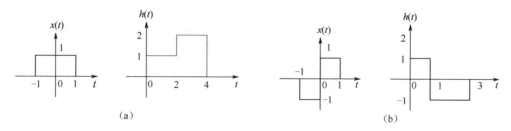

图 2.21　习题 2.8 的信号

2.9　假设某连续时间系统的输入、输出关系为

$$y(t) = \int_{-\infty}^{t} (t - \tau + 3)x(\tau)\mathrm{d}\tau$$

（1）计算该系统的单位冲激响应；

（2）计算该系统对信号 $x(t) = u(t) - u(t-2)$ 的响应。

2.10 已知某 LTI 连续时间系统的单位冲激响应为 $h(t) = \sin(t)u(t-2)$，计算系统对信号 $x(t) = u(t) - u(t-1)$ 的响应。

2.11 两个实信号 $x(t)$ 和 $y(t)$ 的互相关函数定义为

$$r_{xy}(t) = \int_{-\infty}^{\infty} x(\tau)y(\tau-t)\mathrm{d}\tau$$

当 $x(t) = y(t)$ 时，$r_{xx}(t)$ 为自相关函数。

（1）证明 $r_{xy}(t) = x(t) * y(-t)$；

（2）证明 $r_{xy}(t) = r_{yx}(-t)$；

（3）计算 $e^{-t}u(t)$ 与 $e^{-3t}u(t)$ 的互相关函数；

（4）计算 $e^{-t}u(t)$ 的自相关函数。

2.12 如图 2.22 所示的 LTI 系统，已知 $h_1(t) = h_3(t) = \delta(t-1)$，$h_2(t) = e^{-2t}u(t)$，计算单位冲激响应。

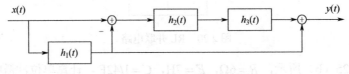

图 2.22　习题 2.12 的 LTI 系统

2.13 对于下列冲激响应，已知系统为 LTI 连续时间系统，判断其对应的系统是否为无记忆、因果、稳定系统。

（1）$h(t) = \sin t$；　　　　（2）$h(t) = \sin(t)u(t-1)$；　　　　（3）$h(t) = e^{-t}u(t-2)$。

2.14 将下列系统用直接型框图表示。

（1）$y''(t) + 5y'(t) + 4y(t) = x'(t)$；

（2）$y'''(t) + 2y'(t) + 3y(t) = 3x''(t) + x(t)$。

2.15 确定如图 2.23 所示系统的微分方程。

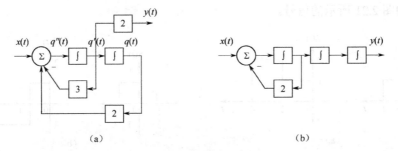

（a）　　　　　　　　　　　　　　　　（b）

图 2.23　习题 2.15 系统

2.16 计算下列 LTI 连续时间系统的完全响应，已知：

（1）$y'(t) + 10y(t) = 2x(t)$，$y(0^-) = 1$，$x(t) = u(t)$；

（2）$y''(t) + y(t) = 2x'(t)$，$y(0^-) = 1$，$y'(0^-) = -1$，$x(t) = e^{-2t}u(t)$。

2.17 已知某 LTI 连续时间系统的输入、输出关系为

$$y''(t) + 3y'(t) + 2y(t) = x'(t) - x(t)$$

设激励信号为 $x(t) = e^{-t}u(t)$，初始条件为 $y(0^-) = 1$，$y'(0^-) = 0$。计算：

（1）单位冲激响应 $h(t)$；

（2）零输入响应 $y_{zi}(t)$、零状态响应 $y_{zs}(t)$ 和全响应 $y(t)$；

（3）判断该系统是否为稳定系统；

（4）画出该系统的直接型框图表示。

2.18 已知如图 2.24 所示的系统参数为 $R = 1\Omega$，$L = 1.25\text{H}$，$C = 0.2\text{F}$。计算：

（1）单位冲激响应 $h(t)$ 和单位阶跃响应 $g(t)$；

（2）画出该系统的直接型框图表示。

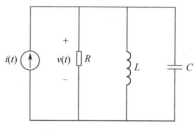

图 2.24　习题 2.18 系统

备选习题

更多习题请扫右方二维码获取。

仿真实验题

2.1 对如图 2.20（习题 2.4）所示的系统，用 MATLAB 计算单位冲激响应、单位阶跃响应，以及当激励信号为 $x(t) = e^{-t}u(t)$ 时的零状态响应。

2.2 用 MATLAB 求解习题 2.16（2）。

2.3 对不同的电路参数，用 Multisim 给出习题 2.18 系统的零输入响应。

2.4 对于如图 1.24 所示的 RC 电路，取 $RC = 0.001$，输入信号为

$$x(t) = \sin(100\pi t) + \sin(2000\pi t)$$

用 MATLAB 求解系统响应，验证低通特性和高通特性。

提示：时间轴 t 的范围取 `t=0:.2/1000:.05`。

第 3 章　离散时间系统时域分析

学习目标

通过本章的学习，学生应具备以下能力：
- ◆ 会用差分方程、单位脉冲响应、系统框图表示线性时不变离散时间系统；
- ◆ 会正确计算离散时间系统零输入响应和零状态响应；
- ◆ 理解单位脉冲响应的物理意义，会正确计算；
- ◆ 会用卷积和的定义、卷积和的性质和不进位长乘法计算卷积和；
- ◆ 会用单位脉冲响应判断线性时不变离散时间系统的特性；
- ◆ 会用 MATLAB 求解单位脉冲响应和零状态响应。

离散时间系统在精度、可靠性和可集成化等方面，比连续时间系统具有更大的优越性。因此，近十几年来，离散时间系统的理论研究发展迅速，应用范围也日益扩大。

离散信号和系统的分析，在许多方面都与连续信号和系统的分析类似，两者之间具有一定的并行关系。例如，在信号分析方面，连续时间信号可以分解为单位冲激信号的线性组合，而离散时间信号可以分解为单位脉冲信号的线性组合；在系统特性描述方面，连续时间系统采用微分方程或转移算子描述，离散时间系统采用差分方程或移序算子描述；在系统分析方法方面，离散时间系统的时域分析与连续时间系统类似，分为零输入响应和零状态响应等。

离散时间系统的表示方法也包括输入输出方程表示、单位脉冲响应表示、框图表示、系统函数表示、状态变量方程表示等。本章讨论时域的表示方法，重点是输入、输出方程表示、单位脉冲响应表示和框图表示，学习这些表示方法之间的等效关系，从而从不同的角度观察系统。将离散时间信号分解为基本信号——单位脉冲信号，利用线性时不变系统的特性，获得线性时不变离散时间系统的时域分析方法，即卷积和法。对于第 1 章所描述的多径传输信道、移动平均系统和一阶反馈系统，给出计算系统响应的方法。

3.1　离散时间系统的差分方程表示

3.1.1　差分方程与移序算子

离散时间系统的数学模型描述了系统输入激励信号与系统输出响应之间的关系，通常用差分方程描述。对于线性时不变的离散时间系统（也用 LTI 表示）来说，该模型是线性常系数差分方程，通过求解差分方程的解即可得到激励与响应的关系。在这个过程中，所涉及的信号变量都是时间 n，未经过任何的变换，这种分析方法称为**离散时间系统的时域分析方法**。

一个二阶差分方程的例子如下：

$$y[n] + y[n-1] + 2y[n-2] = 2x[n] - x[n-1] \tag{3.1}$$

式（3.1）等号左端为系统的响应输出端，等号右端为系统的激励输入端，差分的阶数按从高到低进行排列，这种就为标准输入、输出关系。

更为一般地，一个 N 阶 LTI 离散时间系统，激励 $x[n]$ 与响应 $y[n]$ 的关系可以用下列形式的差分方程进行描述，即

$$
\begin{aligned}
&y[n] + a_1 y[n-1] + \cdots + a_{N-1} y[n-N+1] + a_N y[n-N] \\
&= b_0 x[n] + b_1 x[n-1] + \cdots + b_{M-1} x[n-M+1] + b_M x[n-M]
\end{aligned}
\tag{3.2}
$$

通过解上述方程即可求解系统响应。

在 1.5 节定义了移序算子 S，即

$$S^N y[n] = y[n+N]$$

因此式（3.2）可以用移序算子表示为

$$
\begin{aligned}
&\left(1 + a_1 S^{-1} + \cdots + a_{N-1} S^{-N+1} + a_N S^{-N}\right) y[n] \\
&= \left(b_0 + b_1 S^{-1} + \cdots + b_{M-1} S^{-M+1} + b_M S^{-M}\right) x[n]
\end{aligned}
\tag{3.3}
$$

即

$$y[n] = \frac{b_0 + b_1 S^{-1} + \cdots + b_{M-1} S^{-M+1} + b_M S^{-M}}{1 + a_1 S^{-1} + \cdots + a_{N-1} S^{-N+1} + a_N S^{-N}} x[n] \tag{3.4}$$

因此，LTI 离散时间系统也可以用算符表示，即

$$T = \frac{b_0 + b_1 S^{-1} + \cdots + b_{M-1} S^{-M+1} + b_M S^{-M}}{1 + a_1 S^{-1} + \cdots + a_{N-1} S^{-N+1} + a_N S^{-N}} = \frac{N(S)}{D(S)} \tag{3.5}$$

这个算符称为**移序算子或算子形式的系统函数**。为了与系统函数 $H(z)$ 相对应，一般用记号 $H(S)$ 表示。所以，LTI 离散时间系统激励与响应的关系就可以用比较简单的形式表示为

$$y[n] = H(S)x[n] \tag{3.6}$$

$D(S) = 0$ 称为系统的**特征方程**，特征方程的根称为**特征根**。

式（3.1）所示系统的移序算子为

$$H(S) = \frac{2 - S^{-1}}{1 + S^{-1} + 2S^{-2}} = \frac{2S^2 - S}{S^2 + S + 2}$$

例 3.1　确定式（1.59）中移动平均系统当 $N = 3$ 时的移序算子。

📝 **笔记：**

解：

$$y[n] = \frac{1}{3}(x[n] + x[n-1] + x[n-2])$$

所以系统移序算子为

$$H(S) = \frac{1}{3}\left(1 + S^{-1} + S^{-2}\right) = \frac{S^2 + S + 1}{3S^2}$$

式（3.2）所示的差分方程为**后向差分方程**，多用于因果系统与数字滤波器的分析。LTI离散时间系统还可以用**前向差分方程描述**，前向差分方程多用于系统的状态变量分析，有

$$y[n+N] + a_1 y[n+N-1] + \cdots + a_{N-1} y[n+1] + a_N y[n] \qquad (3.7)$$
$$= b_0 x[n+M] + b_1 x[n+M-1] + \cdots + b_{M-1} x[n+1] + b_M x[n]$$

对应的移序算子为

$$H(S) = \frac{b_0 S^M + b_1 S^{M-1} + \cdots + b_{M-1} S + b_M}{S^N + a_1 S^{N-1} + \cdots + a_{N-1} S + a_N} = \frac{N(S)}{D(S)} \qquad (3.8)$$

3.1.2 迭代法求解系统响应

将式（3.2）改写为

$$y[n] = -\sum_{k=1}^{N} a_k y[n-k] + \sum_{k=0}^{M} b_k x[n-k]$$

这个方程表明了由系统现在、过去的输入及过去的输出可以计算系统现在的输出。在计算机上可以实现离散时间系统，采用迭代的办法计算 $y[n]$，即

$$y[0] = -\sum_{k=1}^{N} a_k y[-k] + \sum_{k=0}^{M} b_k x[-k]$$

$$y[1] = -\sum_{k=1}^{N} a_k y[1-k] + \sum_{k=0}^{M} b_k x[1-k]$$

$$\vdots$$

为了在时刻 0 开始计算，需要知道 N 个初始条件，即

$$y[-1]、\ y[-2]、\cdots、\ y[-N]$$

这组条件是在激励加入之前在因果系统中存储的数据，与激励信号无关。初始条件代表了离散时间系统对过去的记忆，与连续时间系统的 0^- 条件相对应。

例 3.2 已知式（3.1）所示的二阶 LTI 离散时间系统的输入激励为 $x[n] = u[n]$，系统初始条件为 $y[-1] = 0$，$y[-2] = 1$。计算 $y[0]$、$y[1]$ 和 $y[2]$。

笔记：

解：系统重写为
$$y[n] = -y[n-1] - 2y[n-2] + 2x[n] - x[n-1]$$
所以有
$$y[0] = -y[-1] - 2y[-2] + 2x[0] - x[-1]$$
$$= -2 \times 1 + 2 \times 1 = 0$$
$$y[1] = -y[0] - 2y[-1] + 2x[1] - x[0]$$
$$= 2 \times 1 - 1 = 1$$
$$y[2] = -y[1] - 2y[0] + 2x[2] - x[1]$$
$$= -1 + 2 \times 1 - 1 = 0$$

迭代计算的方法可以求出系统的响应，这种方法的缺点是在比较复杂的情况下难以写出关于系统响应的函数表达式。因此，LTI 离散时间系统的时域分析方法也将系统响应分成两部分叠加：一部分响应只由初始条件引起，与输入激励无关，即这个初始条件是系统未加激励时的初始条件，可以看作由零信号所产生的响应，即**零输入响应**，记作 $y_{zi}[n]$；另一部分响应只由输入激励引起，与初始状态无关，是初始状态为零时的响应，即**零状态响应**，记作 $y_{zs}[n]$。系统的完全响应为

$$y[n] = y_{zi}[n] + y_{zs}[n]$$

由例 3.2 可知，$y[0]$、$y[1]$、$\cdots$ 包含了激励信号 $x[n]$ 所引起的响应，因此在以后的章节中约定用

$$y[-1]、y[-2]、\cdots、y[-N]$$

表示离散时间系统的初始条件，也是后向差分方程计算零输入响应的定解条件。用

$$y[0]、y[1]、\cdots、y[N-1]$$

表示全响应在时刻 0、1、$\cdots$、$N-1$ 的值，这组条件是计算全响应的条件。因此，对于前向差分方程，在计算零输入响应时需要给出计算零输入响应的初始条件，即

$$y_{zi}[0]、y_{zi}[1]、\cdots、y_{zi}[N-1]$$

这组条件可以直接指明，也可以从初始条件 $y[-1]$、$y[-2]$、$\cdots$、$y[-N]$ 或 $y[0]$、$y[1]$、$\cdots$、$y[N-1]$ 计算推导得到。

3.2　零输入响应

根据零输入响应的定义，零输入响应是零信号的响应，满足

$$D(S)y_{zi}[n] = 0$$

首先，考虑一阶 LTI 离散时间系统

$$y_{zi}[n] + vy_{zi}[n-1] = 0 \tag{3.9}$$

特征方程为

$$D(S) = 1 + vS^{-1}$$

特征根为 $S = -v$。假设已知初始条件 $y[-1]$，则

$$y_{zi}[0] = -vy[-1]$$

$$y_{zi}[1] = -vy_{zi}[0] = (-v)^2 y[-1]$$

$$y_{zi}[2] = -vy_{zi}[1] = (-v)^3 y[-1]$$

$$\cdots$$

因此，一阶系统的零输入响应可以归纳为

$$y_{zi}[n] = (-v)^{n+1} y[-1] = c(-v)^n$$

其中

$$c = (-v)y[-1]$$

由初始条件 $y[-1]$ 来确定。

其次，考虑二阶 LTI 离散时间系统

$$y_{zi}[n] + a_1 y_{zi}[n-1] + a_2 y_{zi}[n-2] = 0 \tag{3.10}$$

已知初始条件 $y[-1]$ 和 $y[-2]$。特征方程为

$$D(S) = 1 + a_1 S^{-1} + a_2 S^{-2}$$

假设特征根为 $v_1 \neq v_2$，设

$$y_{zi}[n] = c_1 v_1^n + c_2 v_2^n \tag{3.11}$$

代入式（3.10）可得

$$\left(c_1 v_1^n + c_2 v_2^n \right) + a_1 \left(c_1 v_1^{n-1} + c_2 v_2^{n-1} \right) + a_2 \left(c_1 v_1^{n-2} + c_2 v_2^{n-2} \right)$$
$$= c_1 v_1^n \left(1 + a_1 v_1^{-1} + a_2 v_1^{-2} \right) + c_2 v_2^n \left(1 + a_1 v_2^{-1} + a_2 v_2^{-2} \right) = 0$$

即在单根的情况下式（3.11）是齐次方程式（3.10）的解，式中的未知系数 c_1 和 c_2 可将 $n = -1$ 和 $n = -2$ 代入式（3.11），由初始条件 $y[-1]$ 和 $y[-2]$ 通过解方程组来确定。

假设式（3.10）的特征根为重根，即 $v_1 = v_2 = v$，设

$$y_{zi}[n] = (c_1 + c_2 n) v^n \tag{3.12}$$

代入式（3.10）可得

$$(c_1 + c_2 n) v^n + a_1 [c_1 + c_2(n-1)] v^{n-1} + a_2 [c_1 + c_2(n-2)] v^{n-2}$$
$$= c_1 v^n \left(1 + a_1 v_1^{-1} + a_2 v_1^{-2} \right) + c_2 v^n n \left(1 + a_1 v_2^{-1} + a_2 v_2^{-2} \right) + c_2 v^n \left(-a_1 v^{-1} - 2 a_2 v^{-2} \right)$$
$$= c_2 v^n \left(-a_1 v^{-1} - 2 a_2 v^{-2} \right) = 0$$

上式中最后一个等号为 0，是因为当 $v_1 = v_2 = v$ 时，需要满足 $a_1^2 = 4 a_2$，此时 $v = -a_1 / 2$。即在重根的情况下式（3.12）是齐次方程式（3.10）的解，式中的未知系数 c_1 和 c_2 可将 $n = -1$ 和 $n = -2$ 代入式（3.11），由初始条件 $y[-1]$ 和 $y[-2]$ 通过解方程组来确定。

最后，考虑 N 阶 LTI 离散时间系统，同样的方法可以得到零输入响应的一般形式。设

$$y_{zi}[n] + a_1 y_{zi}[n-1] + \cdots + a_{N-1} y_{zi}[n-N+1] + a_N y_{zi}[n-N] = 0$$

特征多项式

$$D(S) = 1 + a_1 S^{-1} + \cdots + a_N S^{-N}$$

已知初始条件为 $y[-1]$、$y[-2]$、$\cdots$、$y[-N]$。

若特征根为 N 个单根 v_1、v_2、$\cdots$、v_N，则零输入响应的通解为

$$y_{zi}[n] = \sum_{i=1}^{N} c_i v_i^n \tag{3.13}$$

若特征根存在重根的情况，如 $v_1 = v_2 = \cdots = v_l$、$v_{l+1} \cdots$、v_N 为 N 个根，则零输入响应的通解为

$$y_{zi}[n] = \left(\sum_{i=1}^{l} c_i n^{i-1} \right) v_1^n + \sum_{i=l+1}^{N} c_i v_i^n \tag{3.14}$$

式（3.13）和式（3.14）的未知系数 c_1、c_2、$\cdots$、c_N 均是由初始条件 $y[-1]$、$y[-2]$、$\cdots$、$y[-N]$ 通过解线性方程组来确定的。

以上讨论的是后向差分方程的零输入响应求解方法。前向差分方程计算零输入响应的方法是类似的，首先根据特征方程求出特征根，然后根据特征根是单根或重根写出通解，

通解的形式与式（3.13）和式（3.14）相同，在已知初始条件 $y_{zi}[0]$、$y_{zi}[1]$、$\cdots$、$y_{zi}[N-1]$ 情况下通过求解线性方程组即可求得未知系数 c_1、c_2、$\cdots$、c_N。下面通过例子来说明。

例 3.3 已知二阶 LTI 离散时间系统的输入、输出关系为
$$y[n] - 3y[n-1] + 2y[n-2] = x[n]$$
系统初始条件为 $y[-1] = -0.5$，$y[-2] = -1$。计算系统的零输入响应。

笔记：

解：该系统的特征方程为
$$1 - 3S^{-1} + 2S^{-2} = 0$$
特征根为
$$S_1 = 1，\quad S_2 = 2$$
所以零输入响应为
$$y_{zi}[n] = c_1 + c_2 2^n$$
代入 -1 时刻和 -2 时刻的初始条件，可得
$$\begin{cases} c_1 + 0.5c_2 = -0.5 \\ c_1 + 0.25c_2 = -1 \end{cases}$$
解方程组可得
$$c_1 = -1.5，\quad c_2 = 2$$
所以该系统的零输入响应为
$$y_{zi}[n] = -1.5 + 2 \times 2^n，\quad n \geqslant -2$$

例 3.4 已知二阶 LTI 离散时间系统的输入、输出关系为
$$y[n+2] - 3y[n+1] + 2y[n] = x[n+2]$$
系统初始条件为 $y_{zi}[0] = 0.5$，$y_{zi}[1] = 2.5$。计算系统的零输入响应。

解：该系统的特征方程为
$$S^2 - 3S + 2 = 0$$
特征根为
$$S_1 = 1，\quad S_2 = 2$$
所以零输入响应为
$$y_{zi}[n] = c_1 + c_2 2^n$$
代入 0 时刻和 1 时刻的初始条件，可得
$$\begin{cases} c_1 + c_2 = 0.5 \\ c_1 + 2c_2 = 2.5 \end{cases}$$
解方程组可得
$$c_1 = -1.5，\quad c_2 = 2$$
所以该系统的零输入响应为
$$y_{zi}[n] = -1.5 + 2 \times 2^n，\quad n \geqslant 0$$

对于前向差分方程，在计算系统响应时还可以使用初始条件 $y[-1]$、$y[-2]$、$\cdots$、$y[-N]$ 或 $y[0]$、$y[1]$、$\cdots$、$y[N-1]$，此时若要求零输入响应，则需要先由这两组初始条件推导出 $y_{zi}[0]$、$y_{zi}[1]$、$\cdots$、$y_{zi}[N-1]$。

例 3.5 已知二阶 LTI 离散时间系统的输入、输出关系为
$$y[n+2] - 3y[n+1] + 2y[n] = x[n+2]$$
系统初始条件为 $y[-1] = -0.5$，$y[-2] = -1$。计算系统的零输入响应。

解： 该系统的特征方程为
$$S^2 - 3S + 2 = 0$$
特征根为 $S_1 = 1$，$S_2 = 2$。所以零输入响应为
$$y_{zi}[n] = c_1 + c_2 2^n$$
初始条件 $y_{zi}[0]$ 和 $y_{zi}[1]$ 可通过如下方法获得：
$$y_{zi}[n+2] - 3y_{zi}[n+1] + 2y_{zi}[n] = 0$$
即
$$y_{zi}[n+2] = 3y_{zi}[n+1] - 2y_{zi}[n]$$
所以
$$y_{zi}[0] = 3y_{zi}[-1] - 2y_{zi}[-2] = 3y[-1] - 2y[-2] = 0.5$$
$$y_{zi}[1] = 3y_{zi}[0] - 2y_{zi}[-1] = 3y_{zi}[0] - 2y[-1] = 2.5$$
代入 0 时刻和 1 时刻的初始条件，可得
$$\begin{cases} c_1 + c_2 = 0.5 \\ c_1 + 2c_2 = 2.5 \end{cases}$$
解方程组可得
$$c_1 = -1.5，\quad c_2 = 2$$
所以该系统的零输入响应为
$$y_{zi}[n] = -1.5 + 2 \times 2^n，\quad n \geqslant 0$$

例 3.6 已知二阶 LTI 离散时间系统的输入、输出关系为
$$y[n+2] - 3y[n+1] + 2y[n] = x[n+2]$$
系统初始条件为 $y[0] = 0.5$，$y[1] = 2.5$，输入激励为 $u[n]$。计算系统零输入响应。

解： 该系统的特征方程为
$$S^2 - 3S + 2 = 0$$
特征根为
$$S_1 = 1，\quad S_2 = 2$$
所以零输入响应为
$$y_{zi}[n] = c_1 + c_2 2^n$$

笔记：

初始条件 $y_{zi}[0]$ 和 $y_{zi}[1]$ 可通过如下方法获得：
$$y_{zi}[0] = y[0] - y_{zs}[0]，\quad y_{zi}[1] = y[1] - y_{zs}[1]$$
其中 $y_{zi}[0]$ 和 $y_{zi}[1]$ 是零状态响应在 0 时刻和 1 时刻的值。

代入 0 时刻和 1 时刻的初始条件可得
$$\begin{cases} c_1 + c_2 = y_{zi}[0] \\ c_1 + 2c_2 = y_{zi}[1] \end{cases}$$
解方程组可得 c_1 和 c_2。

最后以一个重根情况的例子结束本节。

例 3.7 已知二阶 LTI 离散时间系统的输入、输出关系为
$$y[n] + 2y[n-1] + y[n-2] = x[n] - 2x[n-1]$$
系统初始条件为 $y[-1] = 0.5$，$y[-2] = -1$。计算系统的零输入响应。

解：

该系统的特征方程为
$$1 + 2S^{-1} + S^{-2} = 0$$
特征根为
$$S_1 = S_2 = -1$$
所以零输入响应为
$$y_{zi}[n] = (c_1 + c_2 n)(-1)^n$$
代入 -1 时刻和 -2 时刻的初始条件可得
$$\begin{cases} c_1 - c_2 = 0.5 \\ c_1 - 2c_2 = -1 \end{cases}$$
解方程组可得
$$c_1 = 2, c_2 = 1.5$$
所以该系统的零输入响应为
$$y_{zi}[n] = (2 + 1.5n)(-1)^n，\quad n \geqslant 0$$

3.3　零状态响应

只由输入信号引起的响应称为系统的零状态响应。根据单位脉冲信号的卷积性质，对任意的离散时间信号，有

$$x[n] = x[n] * \delta[n] = \sum_{k=-\infty}^{\infty} x[k]\delta[n-k] \tag{3.15}$$

式（3.15）表明任意的离散时间信号均可分解为幅度为 $x[k]$ 的脉冲信号的线性组合，

其物理意义是在时域中一个复杂的离散时间信号可以用简单的基本信号——单位脉冲信号来表示。

如图 3.1 所示的离散时间信号，有

$$x[n]=\cdots+x[-1]\delta[n+1]+x[0]\delta[n]+x[1]\delta[n-1]+\cdots=\sum_{k=-\infty}^{\infty}x[k]\delta[n-k]$$

假设基本信号 $\delta[n]$ 的系统响应为 $h[n]$，即 $\delta[n]\to h[n]$，则根据线性时不变系统的性质，有

$$\delta[n-k]\to h[n-k]\quad（时不变性）$$

$$x[k]\delta[n-k]\to x[k]h[n-k]\quad（齐次性）$$

$$\sum_{k=-\infty}^{\infty}x[k]\delta[n-k]\to\sum_{k=-\infty}^{\infty}x[k]h[n-k]\quad（叠加性）$$

因此，激励信号 $x[n]$ 的响应为

$$y[n]=\sum_{k=-\infty}^{\infty}x[k]h[n-k]$$

这个响应只与输入信号有关，与系统的初始条件或初始状态无关，因此该式就为零状态响应。离散时间 LTI 系统的零状态响应为

$$y_{zs}[n]=\sum_{k=-\infty}^{\infty}x[k]h[n-k]=x[n]*h[n] \tag{3.16}$$

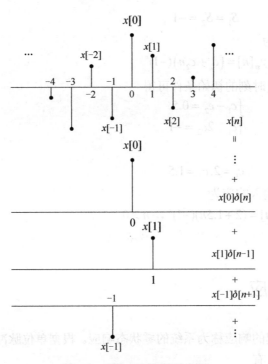

图 3.1　离散时间信号的分解

对于离散时间 LTI 系统来说，计算零状态响应的方法是：首先，求该系统对单位脉冲信号的响应 $h[n]$，这个响应称为**单位脉冲响应**；然后，计算输入信号与单位脉冲响应的卷

积和。3.4 节和 3.5 节将分别解决这两个问题。

3.4 单位脉冲响应

3.4.1 部分分式展开法求单位脉冲响应

单位脉冲信号的系统零状态响应称为**单位脉冲响应**。单位脉冲响应 $h[n]$ 应满足输入、输出方程

$$h[n] = \frac{N(S)}{D(S)} \delta[n]$$

假设移序算子为真分式，即分母的次数高于分子的次数，如果特征方程 $D(S) = 0$ 的根为单根，即存在 N 个不同的根 v_1、v_2、$\cdots$、v_N，则求解单位脉冲响应可以采用 $H(S)$ 分解法：

$$H(S) = \frac{N(S)}{D(S)} = \sum_{i=1}^{N} \frac{k_i}{S - v_i}$$

式中 $k_i = (S - v_i) H(S)\big|_{S = v_i}$，则

$$h[n] = \left(\sum_{i=1}^{N} \frac{k_i}{S - v_i} \right) \delta[n]$$

$$= \sum_{i=1}^{N} \left(\frac{k_i}{S - v_i} \right) \delta[n]$$

由此，如果能够求得每个一阶系统的单位脉冲响应 $h_i[n]$，即

$$h_i[n] = \frac{k_i}{S - v_i} \delta[n] \qquad (3.17)$$

则

$$h[n] = \sum_{i=1}^{n} h_i[n]$$

现在将式（3.17）写为

$$h_i[n+1] - v_i h_i[n] = k_i \delta[n]$$
$$h_i[n+1] = v_i h_i[n] + k_i \delta[n]$$

假设系统为因果系统，则 $h_i[-1] = 0$，由此

$$h_i[0] = v_i h_i[-1] + k_i \delta[-1] = 0$$
$$h_i[1] = v_i h_i[0] + k_i \delta[0] = k_i$$
$$h_i[2] = v_i h_i[1] + k_i \delta[1] = k_i v_i$$
$$h_i[3] = v_i h_i[2] + k_i \delta[2] = k_i v_i^2$$

$$\cdots$$

因此

$$h_i[n] = k_i v_i^{n-1} u[n-1]$$

所以，单位脉冲响应为

$$h[n] = \left(\sum_{i=1}^{N} k_i v_i^{n-1} \right) u[n-1] \qquad (3.18)$$

现在考虑另外一种分解方式，即

$$H(S) = \frac{N(S)}{D(S)} = \sum_{i=1}^{N} \frac{k_i S}{S - v_i} \qquad (3.19)$$

式中

$$k_i = (S - v_i) \left. \frac{H(S)}{S} \right|_{S=v_i}$$

上式是对 $\dfrac{H(S)}{S}$ 进行分解的结果，此时考虑一阶系统，有

$$h_i[n] = \frac{k_i S}{S - v_i} \delta[n]$$

将上式写为

$$h_i[n+1] - v_i h_i[n] = k_i \delta[n+1]$$
$$h_i[n+1] = v_i h_i[n] + k_i \delta[n+1]$$

假设系统为因果系统，则 $h_i[-1] = 0$，由此可得

$$h_i[0] = v_i h_i[-1] + k_i \delta[0] = k_i$$
$$h_i[1] = v_i h_i[0] + k_i \delta[1] = k_i v_i$$
$$h_i[2] = v_i h_i[1] + k_i \delta[2] = k_i v_i^2$$
$$h_i[3] = v_i h_i[2] + k_i \delta[3] = k_i v_i^3$$
$$\cdots$$

因此

$$h_i[n] = k_i v_i^n u[n]$$

所以，单位脉冲响应为

$$h[n] = \left(\sum_{i=1}^{N} k_i v_i^n \right) u[n] \qquad (3.20)$$

在计算单位脉冲响应时，通常建议对 $\dfrac{H(S)}{S}$ 进行分解，这样做的目的是：一方面可以与单位冲激响应进行类比，另一方面方便计算零状态响应。

考虑特征方程存在重根的情况。假设特征根为 $v_1 = \cdots = v_l$ 及 v_{l+1}、$\cdots$、v_N，则

$$H(S) = \frac{N(S)}{D(S)} = \sum_{i=1}^{l} \frac{k_i S}{(S - v_1)^i} + \sum_{j=l+1}^{N} \frac{k_j S}{S - v_j}$$

式中

$$k_{l-i} = \frac{1}{i!} \frac{d^i}{dS^i} \left((S - v_1)^l \frac{H(S)}{S} \right) \Bigg|_{S=v_1} \quad (i = 1, 2, \cdots, l-1)$$

$$k_l = \left((S - v_1)^l \frac{H(S)}{S} \right) \Bigg|_{S=v_1}, \quad k_j = \left((S - v_j) \frac{H(S)}{S} \right) \Bigg|_{S=v_j} \quad (j = l+1, \cdots, N)$$

下面仅推导如下系统的单位脉冲响应，即

$$h_2[n] = \frac{k_2 S}{(S - v_1)^2} \delta[n] \qquad (3.21)$$

将式（3.21）重写为

$$h_2[n+2] - 2v_1 h_2[n+1] + v_1^2 h_2[n] = k_2 \delta[n+1]$$

$$h_2[n+2] = 2v_1 h_2[n+1] - v_1^2 h_2[n] + k_2 \delta[n+1]$$

假设系统为因果系统，则 $h_2[-1] = h_2[-2] = 0$，由此可得

$$h_2[0] = 2v_1 h_2[-1] - v_1^2 h_2[-2] + k_2 \delta[-1] = 0$$

$$h_2[1] = 2v_1 h_2[0] - v_1^2 h_2[-1] + k_2 \delta[0] = k_2$$

$$h_2[2] = 2v_1 h_2[1] - v_1^2 h_2[0] + k_2 \delta[1] = 2k_2 v_1$$

$$h_2[3] = 2v_1 h_2[2] - v_1^2 h_2[1] + k_2 \delta[2] = 3k_2 v_1^2$$

$$\cdots$$

因此

$$h_2[n] = k_2 n v_1^{n-1} u[n]$$

更一般地，有

$$\frac{k_i S}{(S - v_1)^i} \leftrightarrow h_i[n] = \frac{1}{(i-1)!} n(n-1)\cdots(n-i+2)v_1^{n-i+1} u[n] \ (i = 1, \cdots, l) \qquad (3.22)$$

因此，当系统具备重根时，可对 $\dfrac{H(S)}{S}$ 进行分解，再由式（3.20）和式（3.22）可确定该系统的单位脉冲响应。

例 3.8 已知某二阶 LTI 离散时间系统的输入、输出关系为

$$y[n+2] - 5y[n+1] + 6y[n] = x[n+2] - 3x[n]$$

计算该系统的单位脉冲响应。

 笔记：

解： 该系统的移序算子为

$$H(S) = \frac{S^2 - 3}{S^2 - 5S + 6}$$

特征方程为

$$D(S) = S^2 - 5S + 6$$

特征根为

$$S_1 = 2 , \quad S_2 = 3$$

所以有

$$\frac{H(S)}{S} = \frac{S^2 - 3}{S(S^2 - 5S + 6)} = \frac{k_1}{S} + \frac{k_2}{S-2} + \frac{k_3}{S-3}$$

$$k_1 = S \frac{H(S)}{S} \bigg|_{S=0} = \frac{S^2 - 3}{S^2 - 5S + 6} \bigg|_{S=0} = -\frac{1}{2}$$

$$k_2 = (S-2) \frac{H(S)}{S} \bigg|_{S=2} = \frac{S^2 - 3}{S(S-3)} \bigg|_{S=2} = -\frac{1}{2}$$

$$k_3 = (S-3)\frac{H(S)}{S}\bigg|_{S=3} = \frac{S^2-3}{S(S-2)}\bigg|_{S=3} = 2$$

所以有

$$H(S) = \frac{S^2-3}{S^2-5S+6} = -\frac{1}{2} - \frac{1}{2}\frac{S}{S-2} + \frac{2S}{S-3}$$

单位脉冲响应为

$$h[n] = -\frac{1}{2}\delta[n] + \left(-\frac{1}{2}\times 2^n + 2\times 3^n\right)u[n]$$

例 3.9 已知某二阶 LTI 离散时间系统的输入、输出关系为

$$y[n+2] + 2y[n+1] + y[n] = 3x[n+1]$$

计算该系统的单位脉冲响应。

解： 该系统的移序算子为

$$H(S) = \frac{3S}{S^2+2S+1}$$

特征方程为

$$D(S) = S^2 + 2S + 1$$

特征根为

$$S_1 = S_2 = -1$$

所以有

$$\frac{H(S)}{S} = \frac{3S}{S(S^2+2S+1)} = \frac{3}{(S+1)^2}$$

$$H(S) = \frac{S^2-3}{S^2-5S+6} = \frac{3S}{(S+1)^2}$$

单位脉冲响应为

$$h[n] = 3n(-1)^{n-1}u[n]$$

例 3.10 已知某三阶 LTI 离散时间系统的输入、输出关系为

$$y[n] - 3y[n-2] - 2y[n-3] = 2x[n-2] + 5x[n-3]$$

计算该系统的单位脉冲响应。

解： 该系统的移序算子为

$$H(S) = \frac{2S^{-2}+5S^{-3}}{1-3S^{-2}-2S^{-3}} = \frac{2S+5}{S^3-3S-2}$$

特征方程为

$$D(S) = S^3 - 3S - 2 = (S+1)^2(S-2)$$

特征根为

$$S_1 = S_2 = -1, \quad S_3 = 2$$

所以有

$$\frac{H(S)}{S} = \frac{2S+5}{S(S^3-3S-2)} = \frac{k_1}{S} + \frac{k_2}{S-2} + \frac{k_3}{S+1} + \frac{k_4}{(S+1)^2}$$

$$k_1 = S \left. \frac{H(S)}{S} \right|_{S=0} = \left. \frac{2S+5}{S^3 - 3S - 2} \right|_{S=0} = -\frac{5}{2}$$

$$k_2 = (S-2) \left. \frac{H(S)}{S} \right|_{S=2} = \left. \frac{2S+5}{S(S+1)^2} \right|_{S=2} = \frac{1}{2}$$

$$k_4 = (S+1)^2 \left. \frac{H(S)}{S} \right|_{S=-1} = \left. \frac{2S+5}{S(S-2)} \right|_{S=-1} = 1$$

k_3 采用系数平衡法计算，即

$$\frac{2S+5}{S(S^3 - 3S - 2)} = -\frac{2.5}{S} + \frac{0.5}{S-2} + \frac{k_3}{S+1} + \frac{1}{(S+1)^2}$$

$$= \frac{(-2+k_3)S^3 + (2-k_3)S^2 + (6-2k_3)S + 5}{S(S^3 - 3S - 2)}$$

所以有 $-2 + k_3 = 0$，$k_3 = 2$。

$$H(S) = -\frac{5}{2} + \frac{1}{2}\frac{S}{S-2} + \frac{2S}{S+1} + \frac{S}{(S+1)^2}$$

单位脉冲响应为

$$h[n] = -\frac{5}{2}\delta[n] + \left(\frac{1}{2} \times 2^n + 2 \times (-1)^n + n(-1)^{n-1} \right)u[n]$$

📖 笔记：

在 MATLAB 中，LTI 离散时间系统的单位脉冲响应可以用工具箱函数 impz($\cdot$) 产生。在调用该函数时，需要用向量来对离散时间系统进行表示。该函数调用的方法为 impz(b,a,n)，其中，a 为输出端的系数向量，b 为输入端的系数向量，n 为输出的单位脉冲响应的个数。例如，对于例 3.8，可用 MATLAB 求解如下。

```
%exampe3.8
a=[1,-5,6];
b=[1,0,-3];
h=impz(b,a,10)
```

结果为：h =

```
        1
        5
       16
       50
      154
      470
     1426
     4310
    12994
    39110
```

3.4.2　单位阶跃响应

离散时间单位阶跃信号的零状态响应称为**单位阶跃响应**，用符号 $g[n]$ 来表示。由于单位脉冲信号与单位阶跃信号是和差的关系，即

$$u[n] = \sum_{k=-\infty}^{n} \delta[k], \quad \delta[n] = u[n] - u[n-1]$$

所以，对 LTI 离散时间系统而言，单位阶跃响应与单位脉冲响应之间也是和差的关系，即

$$g[n] = \sum_{k=-\infty}^{n} h[k], \quad h[n] = g[n] - g[n-1]$$

例 3.11 若已知某 LTI 离散时间系统的单位脉冲响应为

$$h[n] = \left(2^n + 3^n\right) u[n]$$

计算系统单位阶跃响应 $g[n]$。

解： 根据单位脉冲响应与单位阶跃响应的关系，有

$$g[n] = \sum_{k=-\infty}^{n} h[k] = \left(\sum_{k=0}^{n} (2^k + 3^k)\right) u[n]$$

$$= \left(2^{n+1} + 0.5 \times 3^{n+1} - 1.5\right) u[n]$$

例 3.12 若已知某 LTI 离散时间系统的单位阶跃响应为

$$g[n] = \left(2^n + 3^n\right) u[n]$$

计算系统单位脉冲响应 $h[n]$。

解： 根据单位脉冲响应与单位阶跃响应的关系，有

$$h[n] = g[n] - g[n-1]$$

$$= \left(2^n + 3^n\right) u[n] - \left(2^{n-1} + 3^{n-1}\right) u[n-1]$$

$$= \left(2^n u[n] - 2^{n-1} u[n-1]\right) + \left(3^n u[n] - 3^{n-1} u[n-1]\right)$$

$$= 2^{n-1} \left(\delta[n] + u[n]\right) + 3^{n-1} \left(\delta[n] + 2u[n]\right)$$

$$= \left(2^{n-1} + 3^{n-1}\right) \delta[n] + \left(2^{n-1} + 2 \times 3^{n-1}\right) u[n]$$

$$= \frac{5}{6} \delta[n] + \left(2^{n-1} + 2 \times 3^{n-1}\right) u[n]$$

笔记：

3.5 卷积和

3.5.1 利用定义计算卷积和

离散时间 LTI 系统的零状态响应为激励信号与系统单位脉冲响应的卷积和，即

$$y_{zs}[n] = \sum_{k=-\infty}^{\infty} x[k] h[n-k]$$

因此可以利用卷积和的定义直接计算。

例 3.13　计算 $a^n u[n] * b^n u[n]$。

解：根据定义

$$a^n u[n] * b^n u[n] = \sum_{k=-\infty}^{\infty} \left(a^k u[k] \right) \left(b^{n-k} u[n-k] \right)$$

$$= b^n \sum_{k=0}^{n} \left(\frac{a}{b} \right)^k = \begin{cases} (n+1)a^n u[n], & a = b \\ \left(\dfrac{b^{n+1} - a^{n+1}}{b-a} \right) u[n], & a \neq b \end{cases}$$

例 3.14　考虑 1.7 节描述的一阶递归系统

$$y[n] - \rho y[n-1] = x[n]$$

计算该系统对信号 $x[n] = a^n u[n+2]$（$a \neq \rho$）的响应。

解：先求该系统的单位脉冲响应。由于

$$H(S) = \frac{1}{1 - \rho S^{-1}} = \frac{S}{S - \rho}$$

所以有

$$h[n] = \rho^n u[n]$$

该系统对信号 $x[n]$ 的响应为

$$x[n] * h[n] = a^n u[n+2] * \rho^n u[n]$$

$$= \sum_{k=-2}^{n} a^k \rho^{n-k} = \rho^n \sum_{k=-2}^{n} \left(\frac{a}{\rho} \right)^k = \rho^n \sum_{k'=0}^{n+2} \left(\frac{a}{\rho} \right)^{k'-2}$$

$$= \rho^n \left(\frac{\rho}{a} \right)^2 \sum_{k'=0}^{n+2} \left(\frac{a}{\rho} \right)^{k'} = \rho^n \left(\frac{\rho}{a} \right)^2 \frac{1 - (a/\rho)^{n+3}}{1 - a/\rho}$$

$$= a^{-2} \left(\frac{\rho^{n+3} - a^{n+3}}{\rho - a} \right) u[n+2]$$

笔记：

3.5.2　卷积和的性质

如表 3.1 所示，卷积和具有一些性质，利用这些性质也可以计算卷积和。这里，对于这些性质均不证明，只通过具体的例子来说明实际的应用。

表 3.1　卷积和的性质

	$x[n] * h[n] = h[n] * x[n]$
代数性质	$x[n] * (h_1[n] * h_2[n]) = (x[n] * h_1[n]) * h_2[n]$
	$x[n] * (h_1[n] + h_2[n]) = x[n] * h_1[n] + x[n] * h_2[n]$
延迟性质	若 $y[n] = x[n] * h[n]$，则 $y[n - n_1 - n_2] = x[n - n_1] * h[n - n_2]$

例 3.15 考虑 1.7 节描述的 3 点移动平均系统

$$y[n] = \frac{1}{3}\sum_{k=0}^{2} x[n-k]$$

计算该系统对信号 $x[n] = u[n] - u[n-6]$ 的响应。

解： 该移动平均系统的单位脉冲响应为

$$h[n] = \frac{1}{3}\sum_{k=0}^{2} \delta[n-k] = \frac{1}{3}(u[n] - u[n-3])$$

所以有

$$x[n] * h[n] = (u[n] - u[n-6]) * \frac{1}{3}(u[n] - u[n-3])$$

$$= \frac{1}{3}(u[n] * u[n]) - \frac{1}{3}(u[n] * u[n-3]) -$$

$$\frac{1}{3}(u[n-6] * u[n]) + \frac{1}{3}(u[n-6] * u[n-3])$$

$$= \frac{1}{3}(n+1)u[n] - \frac{1}{3}(n-2)u[n-3] -$$

$$\frac{1}{3}(n-5)u[n-6] + \frac{1}{3}(n-8)u[n-9]$$

$$= \{1/3,\ 2/3,\ 1,\ 1,\ 1,\ 1,\ 2/3,\ 1/3,\ 0 \le n \le 7\}$$

例 3.16 考虑 1.7 节描述的双径传输信道，如果非直接路径的强度为 $a = 0.5$，则有

$$y[n] = x[n] + 0.5x[n-1]$$

计算该系统对信号 $x[n] = \{1, 2, 1,\ n = 0, 1, 2\}$ 的响应。

解： 该双径传输信道的单位脉冲响应为

$$h[n] = \delta[n] + 0.5\delta[n-1] = \{1, 0.5,\ n = 0, 1\}$$

输入信号 $x[n] = \delta[n] + 2\delta[n-1] + \delta[n-2]$，根据卷积和的性质：

$$x[n] * h[n]$$

$$= (\delta[n] + 0.5\delta[n-1]) * (\delta[n] + 2\delta[n-1] + \delta[n-2])$$

$$= (\delta[n] + 2\delta[n-1] + \delta[n-2]) +$$

$$(0.5\delta[n-1] + \delta[n-2] + 0.5\delta[n-3])$$

$$= \delta[n] + 2.5\delta[n-1] + 2\delta[n-2] + 0.5\delta[n-3]$$

$$= \{1, 2.5, 2, 0.5,\ 0 \le n \le 3\}$$

在 MATLAB 中，LTI 离散时间系统的零状态响应可以用工具箱函数 filter(·) 产生。在调用该函数时，也需要用向量对离散时间系统进行表示。该函数的调用方法是 filter(**b**, **a**, **x**)。其中，**a** 为输出端的系数，**b** 为输入端的系数，**x** 为输入信号。例如，对于例 3.16，可用 MATLAB 求解如下。

```
%example3.16
a=[1];
```

```
b=[1,0.5];
x=[1,2,1]
y=filter(b,a,x)
```

结果为：`y =`

```
1.0000    2.5000    2.0000    0.5000
```

指数信号的卷积和会经常遇到，因此表 3.2 列出了几个常见的指数信号的卷积和公式。

表 3.2　指数信号的卷积和公式

$a^n u[n] * b^n u[n] = \frac{1}{b-a}\left(b^{n+1} - a^{n+1}\right)u[n]$，$a \neq b$
$a^n u[n] * u[n] = \frac{1}{a-1}\left(a^{n+1} - 1\right)u[n]$
$a^n u[n] * a^n u[n] = (n+1)a^n u[n]$
$u[n] * u[n] = (n+1)u[n]$

3.5.3　不进位长乘法计算卷积和

现在假设输入信号 $x[n]$ 和单位脉冲响应 $h[n]$ 均为有限长度的离散时间信号，假设

$$x[n] = \{a_P, a_{P+1}, \cdots, a_Q\}，\quad h[n] = \{b_M, b_{M+1}, \cdots, b_N\}$$

则

$$\begin{aligned} x[n] * h[n] = &(a_P\delta[n-P] + a_{P+1}\delta[n-P-1] + \cdots + a_Q\delta[n-Q]) * \\ &(b_M\delta[n-M] + b_{M+1}\delta[n-M-1] + \cdots + b_N\delta[n-N]) \end{aligned}$$

根据卷积和的性质，上式分别用

$$a_P\delta[n-P]、\cdots、a_Q\delta[n-Q] \text{ 与 } b_M\delta[n-M]、\cdots、b_N\delta[n-N]$$

进行卷积，再合并序号相同的单位脉冲信号。这个求解过程可以归纳成如图 3.2 所示的不进位长乘法：首先，将 $h[n]$ 的值按照序号从小到大排成一行，$x[n]$ 的值也按照序号从小到大排成一行，两行右对齐排列；其次，用第 2 行的每位去乘第 1 行，所得结果置于对应的位置；再次，对位相加，当和超过 10 时不进位；最后，将结果从左到右列出，结果信号的序号从 $P+M$ 到 $Q+N$。

$$\begin{array}{ccccccc}
 & & & a_P & a_{P+1} & \cdots & a_Q \\
\times & & & b_M & b_{M+1} & \cdots & b_N \\
\hline
 & & & a_P b_N & a_{P+1} b_N & \cdots & a_Q b_N \\
 & & a_P b_{M+1} & \cdots & a_Q b_{M+1} & & \\
+ & a_P b_M & \cdots & a_Q b_M & & & \\
\hline
 & a_P b_M & & a_P b_N + \cdots + a_Q b_M & & & a_Q b_N
\end{array}$$

图 3.2　不进位长乘法

例 3.17 对例 3.16，采用不进位长乘法计算系统响应。

 笔记：

解： 该双径传输信道的单位脉冲响应为

$$h[n] = \delta[n] + 0.5\delta[n-1] = \{1, 0.5 \mid n = 0, 1\}$$

该响应是有限长信号。所以，根据不进位长乘法有

```
            1   0.5
    ×   1   2   1
        ─────────────
            1   0.5
        2   1
    1   0.5
  + ─────────────
    1   2.5  2   0.5
```

$$x[n] * h[n] = \{1, 2.5, 2, 0.5, \ 0 \leqslant n \leqslant 3\}$$

在 MATLAB 中，对有限长离散时间信号，可以用工具箱函数 conv(·) 计算卷积和。例如，对于例 3.17，可用 MATLAB 求解如下。

```
%example3.17
h=[1,0.5];
x=[1,2,1];
y=conv(x,h)
```

结果为：y =

```
    1.0000    2.5000    2.0000    0.5000
```

3.6 LTI 离散时间系统的互联

图 1.23 给出了 3 种连续时间系统的互联方式，对于离散时间系统也有类似的结论。设算符 T_1 为

$$T_1(x[n]) = x[n] * h_1[n]$$

算符 T_2 为

$$T_2(x[n]) = x[n] * h_2[n]$$

这里 $h_1[n]$ 和 $h_2[n]$ 为两个子系统的单位脉冲响应。下面将推导整个系统的单位脉冲响应与子系统单位脉冲响应的关系。

1. 级联系统

对于级联系统，有

$$y[n] = T_2(T_1(x[n]))$$

根据卷积和的代数性质，有

$$y[n] = T_2(x[n] * h_1[n]) = (x[n] * h_1[n]) * h_2[n] = x[n] * (h_1[n] * h_2[n])$$

所以级联系统的算符为

$$T = x[n] * h[n] = x[n] * (h_1[n] * h_2[n])$$

由此可知

$$h[n] = h_1[n] * h_2[n]$$

即级联系统的单位脉冲响应为子系统单位脉冲响应的卷积。

2.　并联系统

对于并联系统，有

$$y[n] = T_1(x[n]) + T_2(x[n])$$

根据卷积和的代数性质，有

$$y[n] = T_1(x[n]) + T_2(x[n]) = x[n] * h_1[n] + x[n] * h_2[n] = x[n] * (h_1[n] + h_2[n])$$

所以并联系统的算符为

$$T = x[n] * h[n] = x[n] * (h_1[n] + h_2[n])$$

由此可知

$$h[n] = h_1[n] + h_2[n]$$

即并联系统的单位脉冲响应为子系统单位脉冲响应的和。

3.　反馈系统

对于反馈系统，有

$$y[n] = \frac{T_1}{1 - T_1(T_2)} x[n]$$

即

$$[1 - T_1(T_2)]y[n] = T_1(x[n])$$

所以有

$$y[n] - (h_1[n] * h_2[n]) * y[n] = x[n] * h_1[n]$$

整理为

$$y[n] * (\delta[n] - h_1[n] * h_2[n]) = x[n] * h_1[n]$$

利用 z 变换后，上式可以转化为

$$Y(z) = \frac{H_1(z)}{1 - H_1(z)H_2(z)} X(z)$$

因此，反馈系统的单位脉冲响应为

$$h[n] = Z^- \left[\frac{H_1(z)}{1 - H_1(z)H_2(z)} \right] \tag{3.23}$$

其中，符号 Z^- 表示 z 反变换。

例 3.18　计算如图 3.3 所示系统的单位脉冲响应。

笔记：

已知 $h_1[n] = u[n-1]$，$h_2[n] = 0.5^n u[n]$。

解：

$$\begin{aligned}
h[n] &= \left(\delta[n] + h_1[n] \right) * h_2[n] \\
&= (\delta[n] + u[n-1]) * h_2[n] \\
&= u[n] * 0.5^n u[n] \\
&= 2(1 - 0.5^{n+1})u[n]
\end{aligned}$$

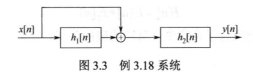

图 3.3 例 3.18 系统

3.7 用单位脉冲响应表征 LTI 离散时间系统特性

单位脉冲响应是系统的固有属性，其完全表征了 LTI 离散时间系统的输入、输出关系，因此系统的记忆性、因果性、稳定性、可逆性等特性均与单位脉冲响应相联系。

3.7.1 无记忆系统的单位脉冲响应

系统的输出只由当前时刻的输入决定，称为无记忆系统。由于 LTI 离散时间系统输入与输出的关系为

$$y[n] = h[n] * x[n] = \sum_{k=-\infty}^{\infty} h[k]x[n-k]$$

$$= \cdots + h[-1]x[n+1] + h[0]x[n] + h[1]x[n-1] + \cdots$$

对于无记忆系统， $y[n]$ 只由 $x[n]$ 决定，因此上式中除 $h[0]x[n]$ 外，其余的项均为零。所以有

$$h[n] = c\delta[n]$$

反之，如果 LTI 离散时间系统的单位冲激响应为

$$h[n] = c\delta[n]$$

则

$$y[n] = h[n] * x[n] = c\delta[n] * x[n] = cx[n]$$

系统输出只与系统输入有关，因此该系统为无记忆系统。

◆ 离散时间线性时不变系统为无记忆系统的充要条件是该系统的单位脉冲响应为脉冲信号，即 $h[n] = c\delta[n]$。也就是说，无记忆系统仅对输入信号执行幅度变换运算。

3.7.2 因果系统的单位脉冲响应

因果系统的输出仅取决于当前时刻和以前时刻的输入，与未来时刻的输入无关。由于 LTI 离散时间系统

$$y[n] = h[n] * x[n] = \sum_{k=-\infty}^{\infty} h[k]x[n-k]$$

$$= \cdots + h[-1]x[n+1] + h[0]x[n] + h[1]x[n-1] + \cdots$$

上式与未来时刻输入信号有关的项是 $x[n-k]$（$k < 0$）。因此，若系统是因果系统，则要求当 $k < 0$ 时，$h[k] = 0$。

反之，若当 $k<0$ 时，$h[k]=0$，则有

$$y[n]=h[n]*x[n]=\sum_{k=0}^{\infty}h[k]x[n-k]$$
$$=h[0]x[n]+h[1]x[n-1]+\cdots$$

此时，系统的输出只与当前时刻和以前时刻的输入有关，故该系统为因果系统。

◆ 离散时间线性时不变系统为因果系统的充要条件是该系统的单位脉冲响应满足条件 $h[n]=0$（$n<0$）。

根据上述结论，可知离散时间系统

$$y[n]+a_1y[n-1]+\cdots+a_{N-1}y[n-N+1]+a_Ny[n-N]$$
$$=b_0x[n]+b_1x[n-1]+\cdots+b_{M-1}x[n-M+1]+b_Mx[n-M]$$

该离散时间系统为因果系统要求 $N\geqslant M$。否则，在单位脉冲响应中必然存在如下项，即

$$\sum_{i=0}^{M-N-1}k_i\delta[n+(M-N-i)]$$

即当 $n<0$ 时，$h[n]\neq0$。

3.7.3　稳定系统的单位脉冲响应

若系统对任意的有界输入都会产生有界的输出，则该系统称为在 BIBO 意义下的稳定系统。假设 $|x[n]|\leqslant M$ 对所有时刻均成立，则对于 LTI 离散时间系统

$$|y[n]|=|h[n]*x[n]|=\left|\sum_{k=-\infty}^{\infty}h[k]x[n-k]\right|$$

$$\leqslant\sum_{k=-\infty}^{\infty}|h[k]x[n-k]|=\sum_{k=-\infty}^{\infty}|h[k]||x[n-k]|$$

$$\leqslant M\sum_{k=-\infty}^{\infty}|h[k]|$$

因此，若系统是稳定的，则要求

$$\sum_{k=-\infty}^{\infty}|h[k]|=S<\infty$$

反之，若上式是成立的，则对于任意的有界输入 $|x[n]|\leqslant M$，有

$$|y[n]|=|h[n]*x[n]|=\left|\sum_{k=-\infty}^{\infty}h[k]x[n-k]\right|$$

$$\leqslant\sum_{k=-\infty}^{\infty}|h[k]x[n-k]|=\sum_{k=-\infty}^{\infty}|h[k]||x[n-k]|$$

$$\leqslant MS<\infty$$

即输出也是有界的，所以该系统为 BIBO 稳定系统。

◆ 离散时间线性时不变系统为 BIBO 稳定系统的充要条件是该系统的单位脉冲响应满足绝对可和的条件，即 $\sum_{k=-\infty}^{\infty}|h[k]|=S<\infty$。

注意，系统稳定的条件是单位脉冲响应绝对可和，与单位脉冲响应自身是否有界没有关系。例如，系统为 $y[n] = \sum_{k=-\infty}^{n} x[k]$，该系统的单位脉冲响应为 $h[n] = u[n]$，显然 $h[n]$ 是有界的，但 $h[n]$ 不是绝对可和的，因而该系统是不稳定系统。

3.7.4　可逆系统的单位脉冲响应

可逆系统的输入可由输出确定。设 LTI 离散时间系统存在可逆系统，且可逆系统的单位脉冲响应为 $h^{\text{inv}}[n]$，则

$$y[n] * h^{\text{inv}}[n] = x[n]$$

由于 $y[n] = x[n] * h[n]$，所以

$$(x[n] * h[n]) * h^{\text{inv}}[n] = x[n] * (h[n] * h^{\text{inv}}[n]) = x[n]$$

由上式可得

$$h[n] * h^{\text{inv}}[n] = \delta[n] \tag{3.24}$$

◆　离散时间线性时不变系统存在可逆系统的条件是存在 $h^{\text{inv}}[n]$，满足 $h[n] * h^{\text{inv}}[n] = \delta[n]$。

例 3.19 已知一阶递归系统的单位脉冲响应为 $h[n] = \rho^n u[n]$，判断该系统是否为无记忆系统、因果系统、稳定系统？

📝 **笔记：**

解： 根据判别条件，该系统为记忆系统、因果系统。

当 $|\rho| \geqslant 1$ 时，有

$$\sum_{k=-\infty}^{\infty} |h[k]| = \sum_{k=0}^{\infty} |\rho|^n \to \infty$$

当 $|\rho| < 1$ 时，有

$$\sum_{k=-\infty}^{\infty} |h[k]| = \sum_{k=0}^{\infty} |\rho|^n = \frac{1}{1 - |\rho|} < \infty$$

所以，当 $|\rho| < 1$ 时，该系统为稳定系统。

例 3.20 对于双径传输信道，设计一个因果可逆系统来消除失真，并判断该系统的稳定性。

解： 双径传输信道的系统模型为

$$y[n] = x[n] + ax[n-1]$$

单位脉冲响应为

$$h[n] = \delta[n] + a\delta[n-1]$$

由于

$$h[n] * h^{\text{inv}}[n] = \delta[n]$$

所以，可逆系统的单位脉冲响应满足

$$h^{\text{inv}}[n] + ah^{\text{inv}}[n-1] = \delta[n]$$

故双径系统的因果可逆系统为

$$y[n] + ay[n-1] = x[n]$$

该系统的单位脉冲响应为

$$h^{\text{inv}}[n] = (-a)^n u[n]$$

根据例 3.19，当 $|a| < 1$ 时，可逆系统为稳定系统。这意味着，非主路径的信号分量 $ax[n-1]$ 弱于主路径的信号分量 $x[n]$ 时，可逆系统是稳定的。

笔记：

3.8　LTI 离散时间系统的框图表示

LTI 离散时间系统的输入、输出关系可以用线性常系数差分方程表示为

$$y[n] + a_1 y[n-1] + \cdots + a_{N-1} y[n-N+1] + a_N y[n-N]$$
$$= b_0 x[n] + b_1 x[n-1] + \cdots + b_{M-1} x[n-M+1] + b_M x[n-M]$$

在上式中有 3 种运算关系，即加法、标量乘法和延时，因此可以用如图 3.4 所示的 3 种基本运算部件来表示差分方程，这种表示形式称为系统的**时域框图表示**。系统框图表示描述了系统内部是如何组织并按次序进行运算的。框图表示有直接型、级联型和并联型，本节只介绍直接型框图表示，其他框图表示将在第 9 章介绍。

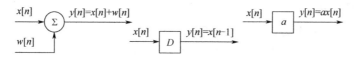

图 3.4　系统框图表示的 3 种基本运算

现在用移序算子表示差分方程，即

$$D(S)y[n] = N(S)x[n]$$

引入中间变量 $q[n]$，满足

$$\begin{cases} x[n] = D(S)q[n] \\ y[n] = N(S)q[n] \end{cases} \tag{3.25}$$

则

$$\begin{cases} x[n] - a_1 q[n-1] - \cdots - a_N q[n-N] = q[n] \\ y[n] = b_0 q[n] + b_1 q[n-1] + \cdots + b_M q[n-M] \end{cases}$$

当 $N \geq M$ 时，上式可以表示为如图 3.5 所示的直接型框图表示。该框图表示共有 N 个延时器，表示系统差分方程的最大阶数。另外，该框图表示有两个加法器和一系列的标量乘法器，分别表示系统输入与中间变量的关系及系统输出与中间变量的关系。中间轴是延时器，在中间轴以下的部分是系统输入与中间变量的关系，中间轴以上的部分是系统输出

与中间变量的关系。

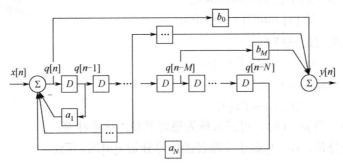

图 3.5　LTI 离散时间系统的直接型框图表示

例 3.21 将系统

$$y[n] + 0.5y[n-1] - y[n-3] = x[n] + 2x[n-2]$$

用直接型框图表示。

解：该系统的移序算子为

$$(1 + 0.5S^{-1} - S^{-3})y[n] = (1 + 2S^{-2})x[n]$$

引入中间变量 $q[n]$，满足

$$\begin{cases} x[n] = D(S)q[n] = q[n] + 0.5q[n-1] - q[n-3] \\ y[n] = N(S)q[n] = q[n] + 2q[n-2] \end{cases}$$

整理可得

$$\begin{cases} x[n] - 0.5q[n-1] + q[n-3] = q[n] \\ y[n] = q[n] + 2q[n-2] \end{cases}$$

所以，该系统的框图表示如图 3.6 所示。

例 3.22 已知某 LTI 离散时间系统的框图表示如图 3.7 所示，计算该系统的单位脉冲响应。

解：根据框图表示，可得

$$\begin{cases} x[n] - 3q[n-1] - 2q[n-2] = q[n] \\ y[n] = 2q[n-1] + q[n-2] \end{cases}$$

整理可得，该系统的差分方程为

$$y[n] + 3y[n-1] + 2y[n-2] = 2x[n-1] + x[n-2]$$

可得移序算子为

$$H(S) = \frac{2S^{-1} + S^{-2}}{1 + 3S^{-1} + 2S^{-2}} = \frac{2S + 1}{S^2 + 3S + 2}$$

$$= 0.5 + \frac{S}{S+1} - 1.5\frac{S}{S+2}$$

所以，该系统的单位脉冲响应为

$$h[n] = 0.5\delta[n] + \left((-1)^n - 1.5 \times (-2)^n\right)u[n]$$

笔记：

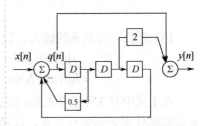

图 3.6　例 3.21 框图表示

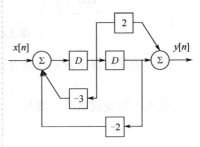

图 3.7　例 3.22 框图表示

最后，通过两个例子将本章学习的 LTI 离散时间系统的时域分析方法进行总结。

> **例 3.23** 已知某 LTI 离散时间系统的移序算子为
>
> $$H(S) = \frac{S(7S - 2)}{(S - 0.5)(S - 0.2)}$$
>
> 当输入信号为 $u[n]$ 时，初始条件为 $y[0] = 9$，$y[1] = 13.9$。计算该系统对 $u[n]$ 的全响应。

 笔记：

解： 因为初始条件为 $y[0] = 9$，$y[1] = 13.9$，则这组条件是完全响应的条件，因此需要先计算零状态响应，再计算零输入响应。

根据

$$H(S) = \frac{S(7S - 2)}{(S - 0.5)(S - 0.2)}$$

$$= \frac{5S}{S - 0.5} + \frac{2S}{S - 0.2}$$

可知

$$h[n] = \left(5 \times 0.5^n + 2 \times 0.2^n\right) u[n]$$

所以

$$y_{zs}[n] = u[n] * \left(5 \times 0.5^n + 2 \times 0.2^n\right) u[n]$$

$$= \left[12.5 - 5 \times 0.5^n - 0.5 \times 0.2^n\right] u[n]$$

由上式可得，$y_{zs}[0] = 7$，$y_{zs}[1] = 9.9$，所以

$$y_{zi}[0] = y[0] - y_{zs}[0] = 2$$
$$y_{zi}[1] = y[1] - y_{zs}[1] = 4$$

零输入响应为

$$y_{zi}[n] = \left(c_1 0.5^n + c_2 0.2^n\right) u[n]$$

求解方程组

$$\begin{cases} y_{zi}[0] = c_1 + c_2 = 2 \\ y_{zi}[1] = 0.5c_1 + 0.2c_2 = 4 \end{cases}$$

可得

$$c_1 = 12, \quad c_2 = -10$$

所以

$$y_{zi}[n] = \left(12 \times 0.5^n - 10 \times 0.2^n\right) u[n]$$

全响应为

$$y[n] = y_{zi}[n] + y_{zs}[n]$$

$$= (12.5 + 7 \times 0.5^n - 10.5 \times 0.2^n) u[n]$$

例 3.24 已知某 LTI 离散时间系统

$$y[n] - 5[n-1] + 6y[n-2] = x[n-1] + x[n-2]$$

初始条件为 $y[-1] = 0$，$y[-2] = 1$，输入信号为 $(-1)^n u[n]$。计算：

（1）单位脉冲响应；

（2）零输入响应、零状态响应和全响应；

（3）判断系统的稳定性；

（4）画出该系统的框图表示。

 笔记：

解：（1）移序算子

$$H(S) = \frac{S^{-1} + S^{-2}}{1 - 5S^{-1} + 6S^{-2}} = \frac{S+1}{S^2 - 5S + 6}$$

$$= \frac{1}{6} - \frac{3}{2}\frac{S}{S-2} + \frac{4}{3}\frac{S}{S-3}$$

所以，该系统的单位脉冲响应为

$$h[n] = \frac{1}{6}\delta[n] + \left(-\frac{3}{2} \times 2^n + \frac{4}{3} \times 3^n\right)u[n]$$

（2）零输入响应为

$$y_{zi}[n] = c_1 2^n + c_2 3^n$$

$$y[-1] = \frac{1}{2}c_1 + \frac{1}{3}c_2 = 0$$

$$y[-2] = \frac{1}{4}c_1 + \frac{1}{9}c_2 = 1$$

可得

$$c_1 = 12, \quad c_2 = -18$$

所以

$$y_{zi}[n] = \left(12 \times 2^n - 18 \times 3^n\right)u[n]$$

零状态响应为

$$y_{zs}[n] = x[n] * h[n]$$

$$= (-1)^n u[n] * \left[\frac{1}{6}\delta[n] + \left(-\frac{3}{2} \times 2^n + \frac{4}{3} \times 3^n\right)u[n]\right]$$

$$= \left(-2^n + 3^n\right)u[n]$$

全响应为

$$y[n] = y_{zi}[n] + y_{zs}[n] = \left(11 \times 2^n - 17 \times 3^n\right)u[n]$$

（3）系统的两个特征根均大于 1，单位脉冲响应不满足绝对可和的条件，所以系统不稳定。

（4）引入中间变量 $q[n]$，有

$$\begin{cases} x[n] + 5q[n-1] - 6q[n-2] = q[n] \\ y[n] = q[n-1] + q[n-2] \end{cases}$$

系统框图表示如图 3.8 所示。

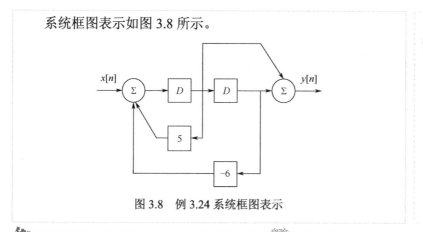

图 3.8　例 3.24 系统框图表示

习题

3.1　已知一阶递归系统 $y[n]-0.5y[n-1]=x[n]$。设输入 $x[n]=2^n u[n]$，初始条件为 $y[-1]=1$，计算 $y[0]$、$y[1]$、$y[2]$ 和 $y[3]$。

3.2　求下列离散时间 LTI 系统的移序算子及零输入响应。

（1）$y[n]-0.25y[n-2]=x[n]+x[n-2]$，$y[-1]=1$，$y[-2]=0$；

（2）$y[n]+3y[n-1]-4y[n-2]=x[n-1]$，$y[-1]=-2$，$y[-2]=3$；

（3）$y[n]+2y[n-1]+y[n-2]=4x[n-1]+x[n-2]$，$y[-1]=1$，$y[-2]=-2$；

（4）$y[n+2]-5y[n+1]+6y[n]=x[n+2]+2x[n+1]$，$y_{zi}[0]=1$，$y_{zi}[1]=-2$；

（5）$y[n+2]-5y[n+1]+6y[n]=x[n+2]+2x[n+1]$，$y[-1]=1$，$y[-2]=-2$。

3.3　已知离散时间 LTI 系统的移序算子为 $H(S)=\dfrac{S+2}{S^2+5S+6}$，求系统输入输出方程，并计算在 $y_{zi}[0]=1$，$y_{zi}[1]=0$ 条件下的零输入响应。

3.4　求下列离散时间系统的单位脉冲响应。

（1）$y[n+2]+3y[n+1]+2y[n]=x[n+1]+2x[n]$；

（2）$y[n+2]+4y[n+1]+4y[n]=2x[n+1]+x[n]$；

（3）$y[n]-5y[n-1]-6y[n-2]=x[n]+2x[n-1]+3x[n-2]$。

3.5　已知某 LTI 离散时间系统的单位脉冲响应为 $h[n]=\{-1,1,2,\ n=-1,0,1\}$，求该系统对信号 $x[n]=\delta[n-1]+2\delta[n+2]$ 的响应，并画图表示。

3.6　已知某 LTI 离散时间系统的单位阶跃响应为 $g[n]=\{-1,1,2,\ n=-1,0,1\}$，求该系统对信号 $x[n]=\delta[n-1]+2\delta[n+2]$ 的响应，并画图表示。

3.7　已知 LTI 离散时间系统的单位脉冲响应，求单位阶跃响应。

（1）$h[n]=\left(-\dfrac{1}{3}\right)^n u[n]$；　　　　　　（2）$h[n]=\delta[n]-\delta[n-3]$；

（3）$h[n]=(-1)^n(u[n+1]-u[n-1])$。

3.8 计算卷积和。

（1） $y[n] = 0.5^n u[n-2] * u[n]$ ；

（2） $x[n] = u[n+4] - u[n-1]$ ， $h[n] = n(u[n+4] - u[n-5])$ ；

（3） $y[n] = 0.25^n u[n] * u[n+2]$ ；

（4） $y[n] = (-1)^n u[n] * 2^n u[-n+1]$ ；

（5） $x[n] = \{1,1,-1,-1, \ -1 \leqslant n \leqslant 2\}$ ， $h[n] = \{-1,0,1,2,3,2, -2 \leqslant n \leqslant 3\}$ 。

3.9 对下列各单位脉冲响应，判断其对应的系统是否为无记忆系统、因果系统和稳定系统。

（1） $h[n] = 2^n u[-n]$ ；　　　　　　　　（2） $h[n] = 0.5^n u[n]$ ；

（3） $h[n] = 0.5^{|n|}$ ；　　　　　　　　　（4） $h[n] = \sin(0.5\pi n)$ 。

3.10 假设双径传输信道的系统模型为 $y[n] = x[n] + ax[n-k]$ ，求其逆系统的单位脉冲响应。

3.11 分别画出由以下差分方程描述的系统的直接型框图表示。

（1） $y[n] + 2y[n-2] = x[n-1]$ ；

（2） $y[n] + 0.5y[n-1] - 0.25y[n-2] = x[n] + 2x[n-1]$ 。

3.12 分别写出如图 3.9 所示的两个系统的差分方程。

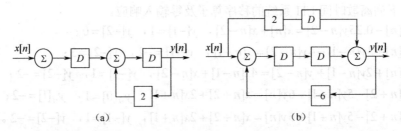

（a）　　　　　　　　　　　　　　　（b）

图 3.9　习题 3.12 系统

3.13 已知 LTI 离散时间系统的移序算子为 $H(S) = \dfrac{S^2 + S}{S^2 + 3S + 2}$ ，输入信号为 $(-2)^n u[n]$ 时，初始条件 $y[0] = 1$ ， $y[1] = 4$ 。计算零输入响应、零状态响应和全响应。

3.14 已知 LTI 离散时间系统 $y[n] + 3y[n-1] + 2y[n-2] = x[n]$ ，初始条件为 $y[-1] = 0$ ， $y[-2] = 0.5$ ，输入信号为 $u[n]$ 。计算：

（1） 单位脉冲响应；

（2） 零输入响应、零状态响应和全响应；

（3） 判断系统的稳定性；

（4） 画出直接型框图表示。

3.15 假设某 LTI 离散时间系统在初始条件 $y_{zi}[0] = 2$ ， $y_{zi}[1] = 1$ ，输入信号为 $u[n]$ 时的全响应为 $y[n] = \left(0.5 + 4 \times 2^n - 2.5 \times 3^n\right) u[n]$ 。确定该系统的输入输出方程。

3.16 考虑如图 3.10 所示系统。已知条件如下。

$$S_1: w[n] = 0.5w[n-1] + x[n] ; \quad S_2: y[n] = ay[n-1] + bw[n]$$

若该系统的差分方程为 $y[n] - 0.75y[n-1] + 0.125y[n-2] = x[n]$ ，确定参数 a 和 b 。

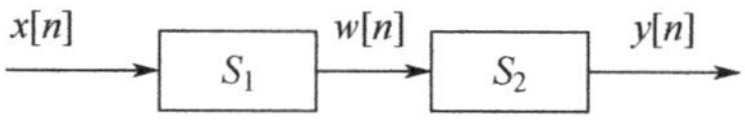

$$x[n] \xrightarrow{\quad} \boxed{S_1} \xrightarrow{w[n]} \boxed{S_2} \xrightarrow{y[n]}$$

图 3.10　习题 3.16 系统

备选习题

更多习题请扫右方二维码获取。

仿真实验题

3.1　用 MATLAB 计算系统 $y[n]-1.5y[n-1]+y[n-2]=2x[n-2]$ 的单位脉冲响应和激励信号分别为 $x[n]=2^n u[n]$ 和 $x[n]=\{1,2,-1,\ n=1,2,3\}$ 时的零状态响应。

3.2　用 MATLAB 计算 $\{1,2,3,4,5,\ -1\leqslant n\leqslant 3\}*\{-1,5,3,-2,1,\ -2\leqslant n\leqslant 2\}$。

3.3　用 MATLAB 验证习题 3.8 的结果。

课程项目：股票走势预测

利用信号与系统的知识可以解决社会与经济问题。分析社会与经济中存在的各种问题，采集得到一定的数据，或者通过建立模型的方式得到相应的数据，随后可利用信号与系统的方法进行处理。

本项目要求设计一个股票走势预测系统，设计一个离散时间有限冲激响应滤波器（离散时间系统），能够通过过去的股票价格预测将来的股票价格，即

$$\hat{x}[n]=\sum_{i=1}^{N} a_i x[n-i]$$

式中，$\hat{x}[n]$ 是 $x[n]$ 的预测值。给定固定的阶数 N，预测的问题就是要确定一组滤波器的系数 a_1、a_2、$\cdots$、a_N，使得预测误差 E 最小，其中

$$E=\sum_{n=1}^{N} |e[n]|^2 = \sum_{n=1}^{N} |x[n]-\hat{x}[n]|^2$$

针对腾讯公司的股票，有

（1）给定滤波器的阶数 $N=3$，确定一组滤波器的系数，并给出股票走势的预测；

（2）计算并画出预测误差 E 关于 N 的函数，由此确定最合适的阶数 N，使得预测误差最小；

（3）寻求更佳的预测模型。

第 4 章　连续时间傅里叶级数与傅里叶变换

学习目标

通过本章的学习，学生应具备以下能力：

◆ 会正确表示连续时间周期信号的三角傅里叶级数和指数傅里叶级数；
◆ 会正确画出连续时间周期信号的线谱；
◆ 会利用傅里叶级数的性质计算连续时间周期信号的傅里叶级数；
◆ 会正确表示连续时间非周期信号的傅里叶变换及其频谱；
◆ 会利用傅里叶变换的性质计算连续时间非周期信号的傅里叶变换及反变换；
◆ 会利用能量守恒定律或功率守恒定律计算信号的能量或功率；
◆ 能正确区分周期信号的频谱、非周期信号的频谱和周期信号的傅里叶变换；
◆ 会利用部分分式展开法求傅里叶反变换；
◆ 会用 MATLAB 求解傅里叶级数、傅里叶变换并绘制频谱图。

　　线性时不变（LTI）系统的时域分析方法是，首先将激励信号分解为基本信号 $\delta(t)$ 或 $\delta[n]$ 的线性组合，然后计算基本信号的系统响应。根据 LTI 系统的特性，利用激励信号与系统单位冲激响应或单位脉冲响应卷积，即可求得 LTI 系统的零状态响应。由此可见，LTI 系统的特性完全可以由其单位冲激响应或单位脉冲响应来表征，通过对 LTI 系统单位冲激响应或单位脉冲响应的研究就可以分析 LTI 系统的特性。

　　线性时不变系统的频域分析方法也是将激励信号分解为基本信号 $e^{j\omega t}$ 或 $e^{j\Omega n}$，这种信号称为**特征函数**。特征函数 $\varphi_k(t)$ 的定义是线性时不变系统对特征函数的响应只有幅度的改变，即

$$\varphi_k(t) \rightarrow \lambda_k \varphi_k(t)$$

因此，如果信号可以用特征函数来表达，即

$$x(t) = \sum_k a_k \varphi_k(t)$$

则根据 LTI 系统的特性，$x(t)$ 的响应为

$$y(t) = \sum_k a_k \lambda_k \varphi_k(t)$$

　　例如，假设 LTI 连续时间系统的单位冲激响应为 $h(t)$，则信号 e^{st} 的响应为

$$y(t) = e^{st} * h(t) = \int_{-\infty}^{\infty} h(\tau) e^{s(t-\tau)} \, d\tau$$

$$= \left[\int_{-\infty}^{\infty} h(\tau) e^{-s\tau} \, d\tau \right] e^{st} = H(s) e^{st}$$

因此，信号 e^{st} 为特征函数，特征值为 $H(s)$。若

$$x(t) = \sum_k a_k \mathrm{e}^{s_k t}$$

则

$$y(t) = \sum_k a_k H(s_k) \mathrm{e}^{s_k t}$$

因此，计算系统响应的卷积运算 $x(t) * h(t)$ 变成了乘法运算 $a_k H(s_k)$。当 s 为虚数 $\mathrm{j}\omega$ 时，将信号分解为不同频率的虚指数信号。这里讨论的信号主要与频率有关，将信号表示为频率的函数，而不是时间的函数，因此上述分析方法就称之为系统频域分析方法。由于这套理论是由 Joseph Fourier 建立的，也称为傅里叶分析[①]方法。

本书将介绍 4 种不同的傅里叶表示，每种适用于不同类型的信号，具体的形式取决于信号的周期性，以及信号在时域中是连续的或离散的。表 4.1 列出了这 4 种傅里叶表示及在工程上广泛使用的离散傅里叶变换。由表 4.1 可以看到，在时域上周期的信号，其频域一定是离散的；在时域上非周期的信号，其频域一定是连续的。在时域上连续的信号，其频域一定是非周期的；在时域上离散的信号，其频域一定是周期的。

表 4.1　信号的傅里叶表示

时 域 特 征	傅里叶表示及信号频域分解	频 域 特 征
连续时间周期信号，周期为 T	$X_k = \dfrac{1}{T}\int_T x(t)\mathrm{e}^{-\mathrm{j}k\omega_0 t}\mathrm{d}t$ $x(t) = \sum\limits_{k=-\infty}^{\infty} X_k \mathrm{e}^{\mathrm{j}k\omega_0 t}$	傅里叶级数 FS：离散，$\omega_0 = \dfrac{2\pi}{T}$
离散时间周期信号，周期为 N	$X_k = \dfrac{1}{N}\sum\limits_{n=0}^{N-1} x[n]\mathrm{e}^{-\mathrm{j}k\Omega_0 n}$ $x[n] = \sum\limits_{n=0}^{N-1} X_k \mathrm{e}^{\mathrm{j}k\Omega_0 n}$	离散时间傅里叶级数 DTFS：离散、周期，$\Omega_0 = \dfrac{2\pi}{T}$，周期为 N
连续时间非周期信号	$X(\mathrm{j}\omega) = \int_{-\infty}^{\infty} x(t)\mathrm{e}^{-\mathrm{j}\omega t}\mathrm{d}t$ $x(t) = \dfrac{1}{2\pi}\int_{-\infty}^{\infty} X(\mathrm{j}\omega)\mathrm{e}^{\mathrm{j}\omega t}\mathrm{d}\omega$	傅里叶变换 FT：连续
离散时间非周期信号	$X\left(\mathrm{e}^{\mathrm{j}\Omega}\right) = \sum\limits_{n=-\infty}^{\infty} x[n]\mathrm{e}^{-\mathrm{j}\Omega n}$ $x[n] = \dfrac{1}{2\pi}\int_{-\pi}^{\pi} X\left(\mathrm{e}^{\mathrm{j}\Omega}\right)\mathrm{e}^{\mathrm{j}\Omega n}\mathrm{d}\Omega$	离散时间傅里叶变换 DTFT：连续、周期，周期为 2π
离散时间周期信号，周期为 N	$X_k = \sum\limits_{n=0}^{N-1} x[n]W_N^{kn}, \quad k=0,1,\cdots,N-1$ $x[n] = \dfrac{1}{N}\sum\limits_{k=0}^{N-1} X_k W_N^{-kn}, \quad n=0,1,\cdots,N-1$ $W_N = \mathrm{e}^{-\mathrm{j}\frac{2\pi}{N}}$	离散傅里叶变换 DFT：离散、周期，周期为 N

本章讨论连续时间信号的频域分解问题。基本的结论是，在符合狄利克莱条件的情况下，周期信号可以表示为不同频率的余弦信号的加权和（傅里叶级数），非周期信号可以

[①] 让·巴普蒂斯·约瑟夫·傅里叶傅里叶（Baron Jean Baptiste Joseph Fourier，1768—1830），法国数学家和物理学家，主要贡献是创立了一套数学理论，研究《热的分析理论》。以其命名的傅里叶变换是工程领域最著名的变换，LTE 采用的 OFDM 就是傅里叶变换的结果。

表示为不同频率的虚指数信号的积分（傅里叶变换）。离散时间信号的频域分解问题将在第 6 章介绍。

4.1 连续时间周期信号的傅里叶级数表示

4.1.1 连续时间周期信号的频域分量表示

考虑连续时间信号

$$x(t) = \sum_{k=1}^{N} A_k \cos(k\omega_0 t + \theta_k) \tag{4.1}$$

式中，$A_k \cos(k\omega_0 t + \theta_k)$ 称为信号 $x(t)$ 的频率分量；$A_k \geq 0$ 为频率分量的幅度，$k\omega_0$ 为频率分量的角频率（在不引起混乱的情况下通常称为频率，单位是弧度/秒），θ_k 为频率分量的相位。很显然，式（4.1）所代表的信号完全由频率分量的幅度、频率和相位决定。

信号 $x(t)$ 频率分量的幅度 A_k 随着频率序数 k 的变化称为信号 $x(t)$ 的**幅度谱**，相位 θ_k 随着频率序数 k 的变化称为信号 $x(t)$ 的**相位谱**。由于幅度谱和相位谱在图形上是由一些离散时刻的点线构成的，因此也称为**线谱**。

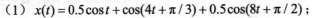 画出下列信号的线谱：

（1）$x(t) = 0.5\cos t + \cos(4t + \pi/3) + 0.5\cos(8t + \pi/2)$；

（2）$x(t) = \cos t + \cos(4t + \pi/3) + \cos(8t + \pi/2)$。

例 4.1 的信号的线谱如图 4.1 和图 4.2 所示。图 4.1 的 MATLAB 实现方式如下。

```
%figure4.1
t = 0:20/400:20;
w1 = 1; w2 = 4; w3 = 8; w = [w1 w2 w3];
A1 = 0.5; A2 = 1; A3 = 0.5; A = [A1 A2 A3];
theta1 = 0; theta2 = pi/3; theta3 = pi/2;
theta = [theta1 theta2 theta3];
x=A1*cos(w1*t+theta1)+A2*cos(w2*t+theta2)+A3*cos(w3*t+theta3);
clf
subplot(311),plot(t,x,'k')
ylabel('x(t)')
xlabel('t(s)')
subplot(312),stem(w,A,'fill','k')
v = [0 10 0 1.2*max([A1,A2,A3])];
axis(v);
ylabel('A_k')
xlabel('\omega (rad/s)')
subplot(313),stem(w,theta,'fill','k')
v = [0 10 0 1.2*max([theta1,theta2,theta3])];
axis(v);
```

```
ylabel('\theta_k')
xlabel('\omega (rad/s)')
```

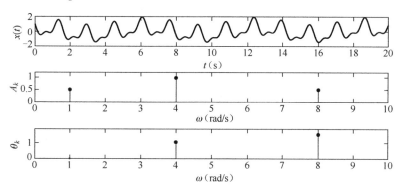

图 4.1 例 4.1（1）信号的线谱

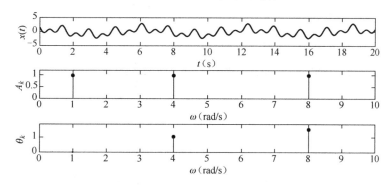

图 4.2 例 4.1（2）信号的线谱

由例 4.1 可见，仅给定时域信号的波形是很难写出时域的一般表达式的，但给定频域的幅度谱和相位谱就很容易写出该信号的表达式。这个结论具有普遍性，其代表了信号在频域的分解问题。

4.1.2 指数傅里叶级数

设 $x(t)$ 是周期为 T 的连续时间周期信号，令 $\omega_0 = \dfrac{2\pi}{T}$，将 $x(t)$ 在特征函数集

$$\{\mathrm{e}^{jk\omega_0 t} | k = 0, \pm 1, \cdots\}$$

上进行分解，即用

$$\hat{x}(t) = \sum_{k=-\infty}^{\infty} X_k \mathrm{e}^{jk\omega_0 t}$$

来表示 $x(t)$。注意到，特征函数集 $\{\mathrm{e}^{jk\omega_0 t} | k = 0, \pm 1, \cdots\}$ 是一个完备正交函数集，这里正交的含义是，当 $m \neq n$ 时，有

$$\int_T \left(\mathrm{e}^{jn\omega_0 t}\right)\left(\mathrm{e}^{jm\omega_0 t}\right)^* \mathrm{d}t = 0$$

完备的含义是在上述正交函数集之外，找不到另外一个非零函数与该函数集中每个函

数都正交。要使信号 $x(t)$ 无限接近 $\sum_{k=-\infty}^{\infty} X_k \mathrm{e}^{\mathrm{j}k\omega_0 t}$ ，需要

$$\varepsilon_\Delta(t) = x(t) - \sum_{k=-\infty}^{\infty} X_k \mathrm{e}^{\mathrm{j}k\omega_0 t}$$

的误差无限小，即要求

$$\frac{\partial \overline{\varepsilon_\Delta(t)^2}}{\partial X_k} = \frac{\partial}{\partial X_k} \frac{1}{T} \int_T \left| x(t) - \sum_{k=-\infty}^{\infty} X_k \mathrm{e}^{\mathrm{j}k\omega_0 t} \right|^2 \mathrm{d}t$$

$$= \frac{\partial}{\partial X_k} \frac{1}{T} \int_T \left(x(t) - \sum_{k=-\infty}^{\infty} X_k \mathrm{e}^{\mathrm{j}k\omega_0 t} \right) \left(x(t) - \sum_{k=-\infty}^{\infty} X_k \mathrm{e}^{\mathrm{j}k\omega_0 t} \right)^* \mathrm{d}t = 0$$

此时

$$X_k = \frac{\int_T x(t) \mathrm{e}^{-\mathrm{j}k\omega_0 t} \mathrm{d}t}{\int_T \mathrm{e}^{\mathrm{j}k\omega_0 t} \mathrm{e}^{-\mathrm{j}k\omega_0 t} \mathrm{d}t} = \frac{1}{T} \int_T x(t) \mathrm{e}^{-\mathrm{j}k\omega_0 t} \mathrm{d}t$$

由此可得连续时间周期信号的指数傅里叶级数表示。

设 $x(t)$ 是周期为 T 的连续时间周期信号，令 $\omega_0 = \dfrac{2\pi}{T}$ ，则

$$x(t) = \sum_{k=-\infty}^{\infty} X_k \mathrm{e}^{\mathrm{j}k\omega_0 t} \tag{4.2}$$

$$X_k = \frac{1}{T} \int_T x(t) \mathrm{e}^{-\mathrm{j}k\omega_0 t} \mathrm{d}t \tag{4.3}$$

式中，ω_0 称为 $x(t)$ 的**基频**，第 k 个指数信号的频率是 $k\omega_0$ ，称这个指数信号为**谐波**，即 $\mathrm{e}^{\mathrm{j}k\omega_0 t}$ 是 $\mathrm{e}^{\mathrm{j}\omega_0 t}$ 的 k 次谐波；X_k 是傅里叶级数的系数，称为**谱系数**，其中，X_0 为直流分量，$X_{\pm 1}$ 为基波或一次谐波，$X_{\pm N}$ 为 N 次谐波。上述关系表示为 $x(t) \xleftrightarrow{\text{FS}} X_k$ 。

谱系数 X_k 称为信号 $x(t)$ 的**频域表示**。变量 k 的值决定了和 X_k 对应的指数信号的频率，因此 X_k 是频率的函数。注意到，谱系数 X_k 为复数，设 $X_k = a_k + \mathrm{j}b_k$ 。由式（4.3）可得，当 $x(t)$ 为实信号时，$X_{-k} = X_k^*$ ，可得 $X_{-k} = a_k - \mathrm{j}b_k$ ，所以有

$$|X_k| = |X_{-k}|, \quad k = 1, 2, \cdots$$

$$\angle X_{-k} = -\angle X_k \tag{4.4}$$

X_k 的幅度记为 $|X_k|$ ，表示为关于频率序数 k 的图形，称为 $x(t)$ 的**幅度谱**。X_k 的相位记为 $\angle X_k$ ，表示为关于频率序数 k 的图形，称为 $x(t)$ 的**相位谱**。由式（4.2）和式（4.4）可知，周期信号指数形式的频谱是**双边谱**，实信号的幅度谱是偶函数，即幅度谱关于 Y 轴对称；相位谱是奇函数，即相位谱关于原点对称。

式（4.2）并非对所有的周期信号都收敛，当信号满足下述**狄利克莱条件**时，式（4.2）才成立：① 在一个周期内，$x(t)$ 绝对可积；② 在一个周期内，$x(t)$ 存在有限个极值点；③ 在一个周期内，$x(t)$ 是连续的或存在有限个间断点。在电气技术中，周期信号大都满足该条件，因此今后一般不进行特别说明。

由式（4.2）可知，在指数傅里叶级数中出现了负频率。负频率在物理上并不存在，是伴随复指数出现的，是一种数学方法。但是，一个实数信号的指数博里叶级数，正频率和

负频率存在对偶关系。从式（4.2）可以看出，正频率、负频率的傅里叶系数的实部相等、虚部相反，或者说幅度相等、相位相反，是一对共轭复数。由于存在这种共轭关系，它们互相可以决定对方，因此正频率和负频率所承载的信息是一样的。

例 4.2 计算周期性冲激信号

$$\delta_T(t) = \sum_{n=-\infty}^{\infty} \delta(t - nT)$$

的傅里叶级数系数，并画出该信号的频谱图。

 笔记：

解： $\delta_T(t)$ 是周期为 T 的信号，由式（4.3）可知

$$X_k = \frac{1}{T}\int_{-T/2}^{T/2} \delta(t)\, \mathrm{d}t = \frac{1}{T}$$

幅度谱如图 4.3 所示，相位谱为零。

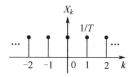

图 4.3　例 4.2 周期性冲激信号的频谱图（傅里叶级数系数）

例 4.3 计算如图 4.4 所示周期方波信号 $G(t)$ 的傅里叶级数系数。

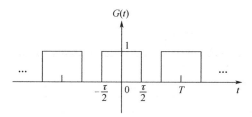

图 4.4　例 4.3 周期方波信号的频谱图（傅里叶级数系数）

解： $G(t)$ 是周期为 T 的信号，由式（4.3）可知

当 $k = 0$ 时，有

$$X_0 = \frac{1}{T}\int_{-\tau/2}^{\tau/2} 1\, \mathrm{d}t = \frac{\tau}{T}$$

当 $k \neq 0$ 时，有

$$X_k = \frac{1}{T}\int_{-T/2}^{T/2} x(t)\mathrm{e}^{-\mathrm{j}k\omega_0 t}\mathrm{d}t$$

$$= \frac{1}{T}\int_{-\tau/2}^{\tau/2} \mathrm{e}^{-\mathrm{j}k\omega_0 t}\mathrm{d}t = \frac{-1}{\mathrm{j}Tk\omega_0}\bigg|_{-\tau/2}^{\tau/2}$$

$$= \frac{2\sin\left(\dfrac{k\omega_0\tau}{2}\right)}{2\pi k} = \frac{\tau}{T}\mathrm{Sa}\left(\frac{k\omega_0\tau}{2}\right)$$

由于

$$\lim_{k \to 0} \frac{2 \sin\left(\dfrac{k\omega_0 \tau}{2}\right)}{2\pi k} = \frac{\tau}{T} = X_0$$

所以，占空比为 $\dfrac{\tau}{T}$ 的周期方波信号的傅里叶级数系数为

$$X_k = \frac{\tau}{T} \mathrm{Sa}\left(\frac{k\omega_0 \tau}{2}\right)$$

笔记：

周期方波信号的傅里叶级数系数 X_k 为实数，当 $k\omega_0\tau/2 = n\pi$（$n = \pm1, \pm2, \cdots$）时，即

$$k = \frac{nT}{\tau}$$

$X_k = 0$，这样的点称为**过零点**。由于正弦信号在第一象限、第二象限为正，在第三象限、第四象限为负，所以 $\angle X_k$ 在第一象限、第二象限为 0 相位，在第三象限、第四象限为 π 相位。

图 4.5 绘出了当 $\dfrac{\tau}{T} = 0.125$ 时的周期方波信号的幅度谱和相位谱。第一幅图为幅度谱，$|X_k| > 0$，当 $k = \pm8, \pm16, \cdots$ 时，$X_k = 0$。第二幅图为相位谱，为了画图方便，这里相位的值为 $0.02\angle X_k$，当 $0 \leqslant k \leqslant 8$ 时，$\angle X_k$ 在第一象限、第二象限为 0 相位；当 $9 \leqslant k \leqslant 16$ 时，$\angle X_k$ 在第三象限、第四象限为 π 相位；相位谱是奇对称的，所以当 $-16 \leqslant k \leqslant -9$ 时，$\angle X_k$ 为 $-\pi$ 相位。第三幅图将幅度谱和相位谱合在一起，用 X_k 的正负表示相位的变化，当 $X_k > 0$ 时为 0 相位，当 $X_k < 0$ 时为 π（$-\pi$）相位。

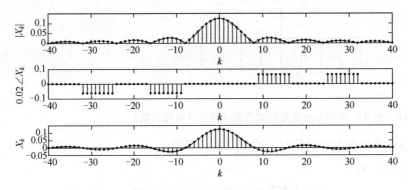

图 4.5 占空比为 1/8 的周期方波信号的双边谱

将包含信号主要谐波分量的这段正频率范围称为信号的有效频带宽度，简称**有效带宽**，周期方波信号的有效带宽是第一个过零点。图 4.6 描绘了占空比 $\dfrac{\tau}{T}$ 分别为 1/2、1/8 和 1/32 的频谱，信号的第一个过零点分别为 $k = 2$，$k = 8$，$k = 32$，所以有效带宽分别为 $B = 2\omega_0$，$B = 8\omega_0$，$B = 32\omega_0$。从图中可以看出，信号的有效带宽与信号时域的持续时间成反比，即时域越窄，频域越宽，时域越宽，频域越窄。信号的有效带宽是信号频率特性的重要指标，具有实际应用意义。在信号的有效带宽内，集中了信号的绝大部分谐波分量。若信号丢失有效带宽以外的谐波成分，不会对信号产生明显影响。同样，任何系统也有其

有效带宽。当信号通过系统时，信号与系统的有效带宽必须"匹配"。若信号的有效带宽大于系统的有效带宽，则当信号通过此系统时，就会损失许多重要成分而产生较大失真；若信号的有效带宽远小于系统的有效带宽，则信号可以顺利通过，但对系统资源会造成很大浪费。

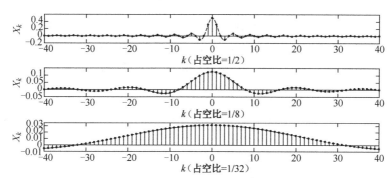

图 4.6　占空比分别为 1/2、1/8、1/32 的周期方波信号的频谱

4.1.3　三角傅里叶级数

周期信号的傅里叶级数还可以表示成三角形式。根据欧拉公式，式（4.2）可以表示为

$$x(t) = \sum_{k=-\infty}^{\infty} X_k e^{jk\omega_0 t}$$

$$= \sum_{k=-\infty}^{\infty} X_k [\cos(k\omega_0 t) + j\sin(k\omega_0 t)]$$

$$= X_0 + \sum_{k=1}^{\infty} \left[(X_k + X_{-k})\cos(k\omega_0 t) + j(X_k - X_{-k})\sin(k\omega_0 t) \right]$$

$$= X_0 + \sum_{k=1}^{\infty} \left[a_k \cos(k\omega_0 t) + b_k \sin(k\omega_0 t) \right]$$

由式（4.3）可得

$$a_k = X_k + X_{-k}$$

$$= \frac{1}{T} \int_T x(t) \left(e^{-jk\omega_0 t} + e^{jk\omega_0 t} \right) dt$$

$$= \frac{2}{T} \int_T x(t) \cos(k\omega_0 t) \, dt$$

当 $k = 0$ 时，$a_k = \dfrac{2}{T} \int_T x(t) \, dt = 2X_0$。

$$b_k = j(X_k - X_{-k})$$

$$= \frac{j}{T} \int_T x(t) \left(e^{-jk\omega_0 t} - e^{jk\omega_0 t} \right) dt$$

$$= \frac{2}{T} \int_T x(t) \sin(k\omega_0 t) \, dt$$

所以，周期为 T 的连续时间信号的三角傅里叶级数为

$$x(t) = \frac{a_0}{2} + \sum_{k=1}^{\infty} \left[a_k \cos(k\omega_0 t) + b_k \sin(k\omega_0 t) \right] \tag{4.5}$$

$$a_k = \frac{2}{T} \int_T x(t) \cos(k\omega_0 t)\, \mathrm{d}t, \quad b_k = \frac{2}{T} \int_T x(t) \sin(k\omega_0 t)\, \mathrm{d}t \tag{4.6}$$

根据上述的推导过程可知，三角傅里叶级数与指数傅里叶级数的关系是

$$\begin{array}{c} a_0 = 2X_0, \ \ a_k = X_k + X_{-k}, \ \ b_k = \mathrm{j}(X_k - X_{-k}) \\ X_0 = 0.5a_0, \ \ X_k = 0.5(a_k - \mathrm{j}b_k), \ \ X_{-k} = 0.5(a_k + \mathrm{j}b_k) \end{array} \tag{4.7}$$

式（4.8）为标准的三角傅里叶级数，即

$$x(t) = \frac{A_0}{2} + \sum_{k=1}^{\infty} A_k \cos(k\omega_0 t + \theta_k) \tag{4.8}$$

$$A_0 = a_0, \quad A_k = \sqrt{a_k^2 + b_k^2} \ (k=1,2,\cdots)$$

$$\theta_k = \begin{cases} \arctan\left(-\dfrac{b_k}{a_k}\right), & a_k > 0 \ (k=1,2,\cdots) \\[3mm] \pi + \arctan\left(-\dfrac{b_k}{a_k}\right), & a_k < 0 \ (k=1,2,\cdots) \end{cases} \tag{4.9}$$

这里标准的含义是傅里叶级数的系数 A_k 均大于或等于零。

将频率为 $k\omega_0$ 的余弦信号的幅度 A_k 和相位 θ_k 表示为关于频率序数 k 的图形，也称为信号 $x(t)$ 的幅度谱和相位谱。由式（4.7）和式（4.8）可知，周期信号三角形式的频谱是单边谱，双边谱与单边谱的关系是

$$|X_k| = \frac{A_k}{2} \ (k=0,1,2,\cdots)$$

即双边谱的谐波分量是单边谱的谐波分量的一半。

例 4.4 将如图 4.4 所示的周期方波信号 $G(t)$ 用三角形式的傅里叶级数表示。

> **笔记：**

解法一： 由例 4.3，占空比为 $\dfrac{\tau}{T}$ 的周期方波信号的指数傅里叶级数系数为

$$X_k = \frac{\tau}{T} \mathrm{Sa}\left(\frac{k\omega_0 \tau}{2}\right)$$

由式（4.7）可得

$$a_k = X_k + X_{-k} = \frac{2\tau}{T} \mathrm{Sa}\left(\frac{k\omega_0 \tau}{2}\right), \quad b_k = 0$$

所以

$$x(t) = \frac{\tau}{T} + \frac{2\tau}{T}\sum_{k=1}^{\infty}\mathrm{Sa}\left(\frac{k\omega_0\tau}{2}\right)\cos(k\omega_0 t)$$

$$= \frac{\tau}{T} + \frac{2\tau}{T}\sum_{k=1}^{\infty}\left|\mathrm{Sa}\left(\frac{k\omega_0\tau}{2}\right)\right|\cos(k\omega_0 t + \theta_k)$$

当 $\dfrac{k\omega_0\tau}{2}$ 位于第一象限、第二象限时，$\theta_k = 0$，当 $\dfrac{k\omega_0\tau}{2}$ 位于第三象限、第四象限时，$\theta_k = \pi$。

解法二：

$$a_k = \frac{2}{T}\int_T x(t)\cos(k\omega_0 t)\mathrm{d}t$$

$$= \frac{2}{T}\int_{-\tau/2}^{\tau/2}\cos(k\omega_0 t)\mathrm{d}t$$

$$= \frac{2}{k\omega_0 T}\sin(k\omega_0 t)\Big|_{-\tau/2}^{\tau/2}$$

$$= \frac{4}{k\omega_0 T}\sin\left(\frac{k\omega_0\tau}{2}\right)$$

$$= \frac{2\tau}{T}\mathrm{Sa}\left(\frac{k\omega_0\tau}{2}\right)$$

$$b_k = \frac{2}{T}\int_T x(t)\sin(k\omega_0 t)\mathrm{d}t$$

$$= \frac{2}{T}\int_{-\tau/2}^{\tau/2}\sin(k\omega_0 t)\mathrm{d}t$$

$$= -\frac{2}{k\omega_0 T}\cos(k\omega_0 t)\Big|_{-\tau/2}^{\tau/2}$$

$$= 0$$

笔记：

图 4.7 描绘了占空比为 1/8 的周期方波信号的幅度谱、相位谱，以及幅度加注相位的单边谱。

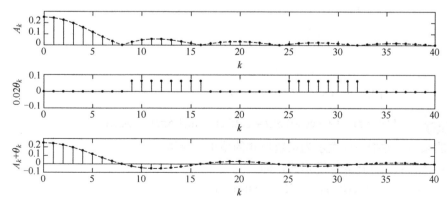

图 4.7　占空比为 1/8 的周期方波信号的单边谱

例 4.5 已知周期为 $T=1$ 的信号

$$x(t) = \sum_{k=-3}^{3} X_k e^{jk2\pi t}$$

$$X_0 = 1, \quad X_1 = X_{-1} = 0.25$$

$$X_2 = -X_{-2} = 0.5j, \quad X_3 = X_{-3} = 1$$

求信号的三角傅里叶级数，并画出该信号的双边谱和单边谱。

笔记：

解： $\omega_0 = \dfrac{2\pi}{T} = 2\pi$，根据欧拉公式有

$$
\begin{aligned}
x(t) &= \sum_{k=-3}^{3} X_k e^{jk2\pi t} \\
&= e^{-j6\pi t} + (-0.5je^{-j4\pi t}) + 0.25e^{-j2\pi t} + 1 + \\
&\quad e^{j6\pi t} + (0.5je^{j4\pi t}) + 0.25e^{j2\pi t} \\
&= e^{-j6\pi t} + (0.5e^{-j(4\pi t + 0.5\pi)}) + 0.25e^{-j2\pi t} + 1 + \\
&\quad e^{j6\pi t} + (0.5e^{j(4\pi t + 0.5\pi)}) + 0.25e^{j2\pi t} \\
&= 1 + 0.5\cos(2\pi t) + \cos(4\pi t + 0.5\pi) + 2\cos(6\pi t)
\end{aligned}
$$

双边谱和单边谱如图 4.8 所示。

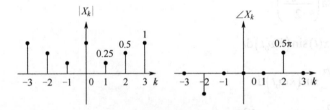

（a）双边谱

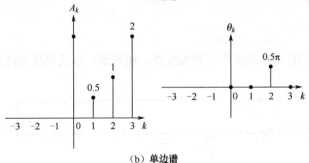

（b）单边谱

图 4.8　例 4.5 信号的双边谱与单边谱

例 4.6 已知 $x(t) = 1 + 3\cos(0.5\pi t + 0.25\pi) - \sin(1.5\pi t)$，画出该信号的频谱，并把 $x(t)$ 表示为指数形式的傅里叶级数。

解： 首先将 $x(t)$ 化为标准形式，即

$$
\begin{aligned}
x(t) &= 1 + 3\cos(0.5\pi t + 0.25\pi) - \sin(1.5\pi t) \\
&= 1 + 3\cos(0.5\pi t + 0.25\pi) + \cos(1.5\pi t + 0.5\pi)
\end{aligned}
$$

信号 $\cos(0.5\pi t + 0.25\pi)$ 的周期为 $T_1 = 4$，信号 $\cos(1.5\pi t + 0.5\pi)$ 的周期为 $T_2 = 4/3$，$T_1 : T_2 = 3 : 1$，所以由 1.2 节的结论可知，$x(t)$ 是周期为 $T = 4$ 的信号，可得基波频率为 $\omega_0 = 0.5\pi$。因此，$\cos(0.5\pi t + 0.25\pi)$ 为一次谐波，$\cos(1.5\pi t + 0.5\pi)$ 为三次谐波。信号的频谱如图 4.9 所示。

笔记：

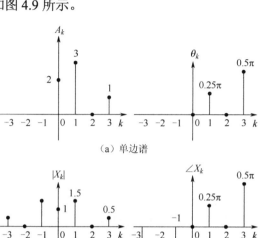

（a）单边谱

（b）双边谱

图 4.9　例 4.6 信号的单边谱与双边谱

由双边谱可得

$$x(t) = 0.5e^{j(-1.5\pi t - 0.5\pi)} + 1.5e^{j(-0.5\pi t - 0.25\pi)} + 1 +$$
$$0.5e^{j(1.5\pi t + 0.5\pi)} + 1.5e^{j(0.5\pi t + 0.25\pi)}$$
$$= -0.5je^{-j1.5\pi t} + 1.5e^{-j0.25\pi}e^{-j0.5\pi t} + 1 +$$
$$0.5je^{j1.5\pi t} + 1.5e^{j0.25\pi}e^{j0.5\pi t}$$

例 4.7　已知周期为 $T = 2$ 的信号傅里叶级数系数为
$$X_k = 2\delta[k+3] + j\delta[k+2] - j\delta[k-2] + 2\delta[k-3]$$

求 $x(t)$。

解：

$$x(t) = \sum_{k=-3}^{3} X_k e^{jk\omega_0 t} = 2e^{-j3\pi t} + je^{-j2\pi t} - je^{j2\pi t} + 2e^{j3\pi t}$$
$$= 4\cos(3\pi t) + 2\sin(2\pi t)$$

由上述几个例子可知，连续时间周期信号的频谱由幅度谱和相位谱组成。连续时间周期信号的频谱具有离散性和谐波性。**离散性**的意思是频谱是由一系列的谱线组成的，信号周期越大，谱线的间隔越小，反之信号周期越小，谱线的间隔就越大。**谐波性**是指谱线出现的位置只能在基波频率的整数倍频上。

4.1.4　吉布斯现象

对于式（4.8），用傅里叶级数的部分和 $\hat{x}(t)$ 近似 $x(t)$，有

$$\hat{x}(t) = \frac{A_0}{2} + \sum_{k=1}^{N} A_k \cos(k\omega_0 t + \theta_k) \tag{4.10}$$

显然所选项数越多，傅里叶级数的部分和越逼近原信号，即均方误差越小。

在例 4.4 中，取 $T=2$，$\tau=1$，则 $\omega_0 = \pi$，根据例 4.4 的结论可得

$$
\begin{aligned}
\hat{x}(t) &= 0.5 + \frac{2}{k\pi} \sum_{k=1}^{N} \sin(0.5k\pi)\cos(k\pi t) \\
&= 0.5 + \frac{2}{k\pi} \sum_{\substack{k=1 \\ k\text{奇数}}}^{N} \sin(0.5k\pi)\cos(k\pi t) \\
&= 0.5 + \frac{2}{\pi} \sum_{\substack{k=1 \\ k\text{奇数}}}^{N} \frac{1}{k} \sin(0.5k\pi)\cos(k\pi t) \\
&= 0.5 + \frac{2}{\pi}\left[\cos(\pi t) + \frac{1}{3}\cos(3\pi t + \pi) + \frac{1}{5}\cos(5\pi t) + \cdots\right]
\end{aligned}
$$

图 4.10（a）、图 4.10（b）和图 4.10（c）分别描绘了当 $N=3$、$N=9$、$N=39$ 时傅里叶级数的部分和的近似值。可以得出如下结论。

（1）当信号 $x(t)$ 为周期方波信号时，其高频分量主要影响方波的跳变沿，而低频分量主要影响方波的顶部。所以，**信号波形变化越剧烈，所包含的高频分量越丰富；信号波形变化越缓慢，所包含的低频分量越丰富**。

（2）在不连续点的每一边近似值都会出现波纹。当 N 增大时，傅里叶级数的部分和对原始波形的近似程度不断提高，部分和近似值的波纹也会越来越集中于不连续点附近，但波纹的最大高度不会改变。可以证明，对于任意的 N，最大波纹近似于不连续信号的 9%。这种用有限次谐波分量近似原信号，在不连续点出现波纹，波纹的最大值不随谐波分量增加而消失的现象，称为吉布斯现象。

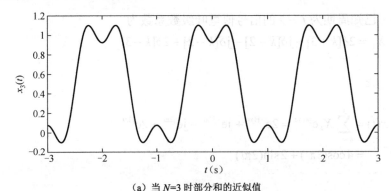

（a）当 $N=3$ 时部分和的近似值

图 4.10　傅里叶级数的部分和的近似值

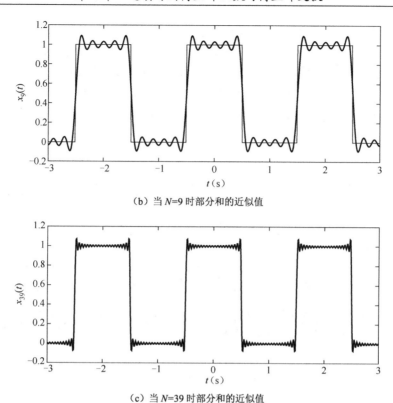

（b）当 N=9 时部分和的近似值

（c）当 N=39 时部分和的近似值

图 4.10　傅里叶级数的部分和的近似值（续）

图 4.10 可以用下述 MATLAB 命令产生。

```
%figure4.10
t = -3:0.01:3;
x=rectpuls(t+2,1)+rectpuls(t,1)+rectpuls(t-2,1);
N=input('谐波的个数N=')
c0=0.5;
w0=pi;
xN=c0*ones(1,length(t));
for k=1:N,
    ck=2/k/pi*sin(k*pi/2);
    xN=xN+ck*cos(k*w0*t);
end
plot(t,x,'k');
hold
plot(t,xN,'k','LineWidth',1)
axis([-3 3 -0.2 1.2])
```

4.1.5　相位谱的作用

图 4.11 解释了相位谱在信号 $x(t)$ 合成过程中的作用。为了使合成的信号在不连续点有瞬时跳变，谐波的相位将使各谐波分量的幅度在不连续点前几乎都取相同的符号，

在不连续点后各谐波分量的幅度都取相反的符号。这样，各次谐波合成的结果才能使信号在不连续点附近存在急剧变化。图 4.11 中画出了周期方波信号的 3 个谐波分量的波形，其中，第三幅图中实线是三次谐波 $\cos(3\pi t + \pi)$，虚线是 $\cos(3\pi t)$。相位使得在不连续点 $t = 0.5$ 前各谐波分量信号的幅度为正，$t = 0.5$ 后各谐波分量信号的幅度为负，其他不连续点的情况类似。所有谐波幅度的这种符号变化产生的影响叠加在一起就产生了信号的不连续点。可以看到，在第一幅图中虚线由于忽略了相位谱，重建的信号失去了原有信号的特征。

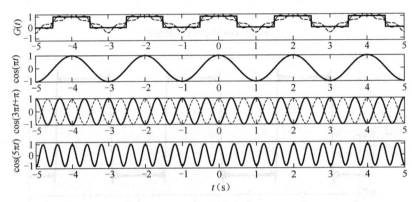

图 4.11　相位谱的作用

4.1.6　傅里叶级数表示的重要性

为什么要这么麻烦地把信号表达成傅里叶级数的形式？这是因为三角函数作为线性系统的输入具有频率不变的特性，这个特性为系统特性的描述，以及一些问题的解决带来了很大的方便。

举一个简单的例子，假如一个线性系统的输入信号为 $x(t) = \cos(\omega t)$，输出信号为 $y(t) = x(t) + k \cdot x(t - t_0)$，即输出信号是由输入信号和一个延时成分叠加得到，则

$$y(t) = \cos(\omega t) + k \cdot \cos(\omega t - \omega t_0)$$
$$= (1 + k \cdot \cos \omega t_0)\cos \omega t + k \cdot \sin \omega t_0 \sin \omega t = A\cos(\omega t - \theta)$$

其中，$A = \sqrt{(1 + k\cos\omega t_0)^2 + (k\sin\omega t_0)^2}$，$\theta = \arctan[k\sin\omega t_0 / (1 + k\cos\omega t_0)]$。

从这个例子可以看出，输入是一个正弦信号，输出也是一个正弦信号，只是幅度和相位有了一定的改变。其他任何一种周期信号，如方波或三角波，都不具备这种波形保持特性。这种由系统引起的正弦信号幅度和相位的改变，反映了线性系统的特征，叫作系统的**幅频特性**和**相频特性**，统称**频率特性**。这种描述系统的方法非常简洁，因此获得了广泛的应用。

4.2　连续时间周期信号傅里叶级数的性质

连续时间周期信号傅里叶级数的基本性质如表 4.2 所示，表中，$x(t) \xleftrightarrow{\text{FS}} X_k$，$y(t) \xleftrightarrow{\text{FS}} Y_k$。

表 4.2　连续时间周期信号傅里叶级数的基本性质

性　　质	周　期　信　号	傅里叶级数系数
线性性质	$ax(t) + by(t)$	$aX_k + bY_k$
共轭对称性	$x^*(t) = x(t)$　（实信号）	$X_k^* = X_{-k}$
	$x^*(t) = x(-t)$　（实偶信号）	$X_k^* = X_k$
	$x^*(t) = -x(-t)$　（实奇信号）	$X_k^* = -X_k$
	$x^*(t) = -x(t)$　（纯虚信号）	$X_k^* = -X_{-k}$
时移特性	$x(t - t_0)$	$\mathrm{e}^{-jk\omega_0 t_0} X_k$
频移特性	$\mathrm{e}^{jk_0\omega_0 t} x(t)$	X_{k-k_0}
尺度变换特性	$x(at),\ a > 0$	X_k
微分特性	$\dfrac{\mathrm{d}}{\mathrm{d}t} x(t)$	$jk\omega_0 X_k$
卷积特性	$x(t) * y(t)$　（周期卷积）	$T X_k Y_k$
乘积特性	$x(t) y(t)$	$X_k * Y_k$
Parseval 功率守恒	$P = \dfrac{1}{T}\displaystyle\int_T |x(t)|^2\ \mathrm{d}t = \sum_{k=-\infty}^{\infty} |X_k|^2 = \left(\dfrac{A_0}{2}\right)^2 + \dfrac{1}{2}\sum_{k=1}^{\infty} A_k^2$	

1. 共轭对称性

首先，考虑

$$X_k^* = \left(\frac{1}{T}\int_T x(t)\mathrm{e}^{-jk\omega_0 t}\ \mathrm{d}t\right)^* = \frac{1}{T}\int_T x^*(t)\mathrm{e}^{jk\omega_0 t}\ \mathrm{d}t \tag{4.11}$$

若 $x(t)$ 为实信号，即 $x^*(t) = x(t)$，代入式（4.11），可得

$$X_k^* = \frac{1}{T}\int_T x(t)\mathrm{e}^{-j(-k)\omega_0 t}\ \mathrm{d}t$$

上式表明 $X_k^* = X_{-k}$。因此 X_k 是复共轭对称的，即如果 $x(t)$ 为实信号，则傅里叶级数系数的实部是频率的偶函数，虚部是频率的奇函数。这也表明，幅度谱为偶函数，相位谱为奇函数。

若 $x(t)$ 为纯虚信号，即 $x^*(t) = -x(t)$，代入式（4.11），可得

$$X_k^* = -\frac{1}{T}\int_T x(t)\mathrm{e}^{-j(-k)\omega_0 t}\ \mathrm{d}t$$

上式表明 $X_k^* = -X_{-k}$。因此，如果 $x(t)$ 为纯虚信号，则傅里叶级数系数的实部具有奇对称性，虚部具有偶对称性。

若 $x(t)$ 为实偶信号，此时信号波形相对于纵坐标轴是对称的，即满足 $x^*(t) = x(t)$，$x(t) = x(-t)$，所以 $x^*(t) = x(-t)$。代入式（4.11），可得

$$X_k^* = \frac{1}{T}\int_T x(-t)\mathrm{e}^{-jk\omega_0(-t)}\ \mathrm{d}t = \frac{1}{T}\int_T x(\tau)\mathrm{e}^{-jk\omega_0 \tau}\ \mathrm{d}\tau$$

上式表明 $X_k^* = X_k$。因此 X_k 的虚部为零，即如果 $x(t)$ 为实偶信号，则傅里叶级数系数为实

偶函数。这说明对实偶信号，其三角傅里叶级数展开式（4.5）中只有直流分量和余弦分量。

若连续时间周期信号 $x(t)$ 为实偶信号，则其三角傅里叶级数展开式中只有直流分量和余弦分量，即

$$x(t) = \frac{a_0}{2} + \sum_{k=1}^{\infty} a_k \cos(k\omega_0 t)$$

若 $x(t)$ 为实奇信号，此时信号波形相对于纵坐标轴是反对称的，即满足 $x^*(t) = x(t)$，$x(t) = -x(-t)$，所以 $x^*(t) = -x(-t)$。代入式（4.11），可得

$$X_k^* = -\frac{1}{T}\int_T x(-t)e^{-jk\omega_0(-t)}\,dt = -\frac{1}{T}\int_T x(\tau)e^{-jk\omega_0\tau}\,d\tau$$

上式表明 $X_k^* = -X_k$。因此 X_k 的实部为零，即如果 $x(t)$ 为实奇信号，则傅里叶级数系数为纯虚函数。这说明对实奇信号，其三角傅里叶级数展开式（4.5）中只有正弦分量。

若连续时间周期信号 $x(t)$ 为实奇信号，则其三角傅里叶级数展开式中只有正弦分量，即

$$x(t) = \sum_{k=1}^{\infty} b_k \sin(k\omega_0 t)$$

2. 时移特性

令 $x_1(t) = x(t - t_0)$，则

$$X_{1k} = \frac{1}{T}\int_T x(t-t_0)e^{-jk\omega_0 t}dt = e^{-jk\omega_0 t_0}\frac{1}{T}\int_T x(\tau)e^{-jk\omega_0\tau}\,d\tau = e^{-jk\omega_0 t_0}X_k$$

由于 $|X_{1k}| = |X_k|$，$\angle X_{1k} = \angle X_k - k\omega_0 t_0$，由此可知时移没有改变幅度谱，相位谱产生线性相移。

3. 频移特性

令 $x_1(t)$ 的傅里叶级数系数为 X_{k-k_0}，则

$$x_1(t) = \sum_{k=-\infty}^{\infty} X_{k-k_0}e^{jk\omega_0 t} = \sum_{k'=-\infty}^{\infty} X_{k'}e^{j(k'+k_0)\omega_0 t} = e^{jk_0\omega_0 t}\sum_{k'=-\infty}^{\infty} X_{k'}e^{jk'\omega_0 t} = e^{jk_0\omega_0 t}x(t)$$

因此，频移对应于在时域内信号乘以频率等于频移量的虚指数信号。频移特性与时移特性是对偶关系，无论是频移还是时移，都会导致在另一个域内乘以一个虚指数信号。

设 $x(t)$ 是周期为 T 的连续时间信号，且 $x(t) = x(t \pm T/2)$，即信号 $x(t)$ 平移半个周期后与原波形重合，称 $x(t)$ 为半波重叠信号（偶谐信号）。根据时移特性，有

$$X_k = e^{\pm jk\omega_0 T/2}X_k = e^{\pm jk\pi}X_k$$

当 k 为奇数时，上式为 $X_k = -X_k$，所以 $X_k = 0$，即半波重叠信号的傅里叶级数只有直流分量和偶次谐波分量，而无奇次谐波分量。

若连续时间周期信号 $x(t)$ 为半波重叠信号，则其三角傅里叶级数展开式中只有直流分量和偶次谐波分量，即

$$x(t) = \frac{a_0}{2} + \sum_{k=1}^{\infty}\left[a_{2k}\cos(2k\omega_0 t) + b_{2k}\sin(2k\omega_0 t)\right]$$

设 $x(t)$ 是周期为 T 的连续时间信号，且 $x(t) = -x(t \pm T/2)$，即信号 $x(t)$ 平移半个周期后

与原波形镜像对称，称 $x(t)$ 为**半波镜像信号**（奇谐信号）。根据时移特性，有

$$X_k = -\mathrm{e}^{\pm jk\omega_0 T/2} X_k = -\mathrm{e}^{\pm jk\pi} X_k$$

当 k 为偶数时，上式为 $X_k = -X_k$，所以 $X_k = 0$，即半波镜像信号的傅里叶级数只有奇次谐波分量，而无偶次谐波分量和直流分量。

若连续时间周期信号 $x(t)$ 为半波镜像信号，则其三角傅里叶级数展开式中只有奇次谐波分量，即

$$x(t) = \sum_{k=1}^{\infty} \left[a_{2k-1} \cos[(2k-1)\omega_0 t] + b_{2k-1} \sin[(2k-1)\omega_0 t] \right]$$

4. 尺度变换特性

若 $x(t)$ 的基本周期为 T，则 $x(at)$ 也是周期信号，其周期为 T/a。因此，如果 $x(t)$ 的基频为 ω_0，则 $x(at)$ 的基频为 $a\omega_0$，则 $x(at)$ 的傅里叶级数系数为

$$\frac{a}{T} \int_0^{T/a} x(at) \mathrm{e}^{jka\omega_0 t} \mathrm{d}t = \frac{1}{T} \int_0^T x(\tau) \mathrm{e}^{jk\omega_0 \tau} \mathrm{d}\tau = X_k$$

即 $x(t)$ 和 $x(at)$ 的傅里叶级数系数是相同的，尺度变换仅改变了谐波频率，即把 ω_0 替换为了 $a\omega_0$。

5. 微分特性

$$x(t) = \sum_{k=-\infty}^{\infty} X_k \mathrm{e}^{jk\omega_0 t}$$

对上式两边求微分，可得

$$\frac{\mathrm{d}}{\mathrm{d}t} x(t) = \sum_{k=-\infty}^{\infty} (jk\omega_0) X_k \mathrm{e}^{jk\omega_0 t}$$

所以，$\dfrac{\mathrm{d}}{\mathrm{d}t} x(t) \xleftrightarrow{\ \mathrm{FS}\ } jk\omega_0 X_k$。

例 4.8　已知如图 4.12 所示的周期信号 $x(t)$，求其傅里叶级数。

笔记：

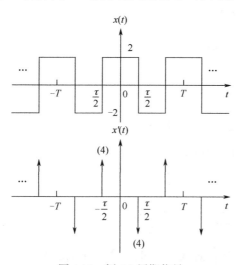

图 4.12　例 4.8 周期信号

解法一：

$$x(t) = 4G(t) - 2$$

已知 $G(t)$ 的傅里叶级数系数为

$$\frac{\tau}{T}\text{Sa}\left(\frac{k\omega_0\tau}{2}\right)$$

则根据线性性质，有

$$X_k = \frac{4\tau}{T}\text{Sa}\left(\frac{k\omega_0\tau}{2}\right) - 2\delta[k]$$

解法二： 信号 $x'(t)$ 在一个周期内为

$$4\delta(t + \tau/2) - 4\delta(t - \tau/2)$$

当 $k \neq 0$ 时，对应的傅里叶级数系数为

$$X'_k = \frac{1}{T}\int_{-\tau/2}^{\tau/2} 4\left[\delta\left(t + \frac{\tau}{2}\right) - \delta\left(t - \frac{\tau}{2}\right)\right]\text{e}^{-jk\omega_0 t}\,\text{d}t$$

$$= \frac{1}{T}\left(4\text{e}^{jk\omega_0\tau/2} - 4\text{e}^{-jk\omega_0\tau/2}\right) = \frac{8j}{T}\sin\left(\frac{k\omega_0\tau}{2}\right)$$

当 $k = 0$ 时，$X'_0 = 0$。

根据微分特性，当 $k \neq 0$ 时，$x(t)$ 的傅里叶级数系数为

$$\frac{1}{jk\omega_0}\frac{8j}{T}\sin\left(\frac{k\omega_0\tau}{2}\right) = \frac{4\tau}{T}\text{Sa}\left(\frac{k\omega_0\tau}{2}\right)$$

当 $k = 0$ 时，X_0 是 $x(t)$ 的平均值，有

$$X_0 = \frac{2}{T}\int_0^{\tau/2} 2\,\text{d}\tau + \frac{1}{T}\int_{\tau/2}^{T-\tau/2}(-2)\,\text{d}\tau = \frac{4\tau}{T} - 2$$

所以有

$$X_k = \begin{cases} -2 + \dfrac{4\tau}{T}, & k = 0 \\[2mm] \dfrac{4\tau}{T}\text{Sa}\left(\dfrac{k\omega_0\tau}{2}\right), & k \neq 0 \end{cases}$$

$$x(t) = \left(-2 + \frac{4\tau}{T}\right) + \sum_{k \neq 0}\frac{4\tau}{T}\text{Sa}\left(\frac{k\omega_0\tau}{2}\right)\text{e}^{jk\omega_0 t}$$

6. 卷积特性

假设 $x(t)$ 和 $y(t)$ 的周期都为 T，定义周期卷积为

$$x(t) * y(t) = \int_0^T x(\tau)y(t - \tau)\,\text{d}\tau \tag{4.12}$$

则

$$x(t) * y(t) = \int_0^T x(\tau)\left(\sum_{k=-\infty}^{\infty} Y_k \text{e}^{jk\omega_0(t-\tau)}\right)\text{d}\tau$$

$$= \sum_{k=-\infty}^{\infty} Y_k \text{e}^{jk\omega_0 t}\int_0^T x(\tau)\text{e}^{-jk\omega_0\tau}\,\text{d}\tau = \sum_{k=-\infty}^{\infty} TX_k Y_k \text{e}^{jk\omega_0 t}$$

所以，$x(t)$ 和 $y(t)$ 周期卷积信号的傅里叶级数系数为 $x(t) * y(t) \xleftrightarrow{\text{FS}} TX_k Y_k$。

例 4.9 已知如图 4.13 所示的周期信号 $x(t)$，求其傅里叶级数。

笔记：

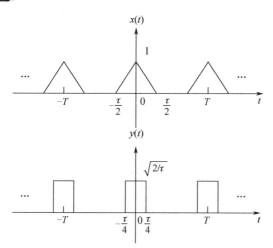

图 4.13　例 4.9 的周期信号

解： 由例 2.14 可知，$x(t)$ 可由 $y(t)$ 通过周期卷积获得，即 $x(t) = y(t) * y(t)$。已知

$$Y_k = \frac{\sqrt{2\tau}}{2T} \text{Sa}\left(\frac{k\omega_0\tau}{4}\right)$$

根据周期卷积特性可得

$$X_k = TY_k Y_k = \frac{\tau}{2T}\text{Sa}^2\left(\frac{k\omega_0\tau}{4}\right)$$

$$x(t) = \sum_{k=-\infty}^{\infty} \frac{\tau}{2T}\text{Sa}^2\left(\frac{k\omega_0\tau}{4}\right)\mathrm{e}^{jk\omega_0 t}$$

例 4.10 求信号 $x(t) = 2\cos 2\pi t + \sin 4\pi t$ 与周期为 1、占空比为 50% 的周期方波 $G(t)$ 的周期卷积。

解： 信号 $y(t)$ 和 $G(t)$ 的周期均为 1，令 $y(t) = x(t) * G(t)$，由周期卷积特性可得 $Y_k = X_k G_k$。已知

$$X_k = \begin{cases} 1, & k = \pm 1 \\ -0.5\mathrm{j}, & k = 2 \\ 0.5\mathrm{j}, & k = -2 \\ 0, & \text{其他} \end{cases}$$

当 $T = 1$，$\tau = 0.5$ 时，有

$$G_k = \frac{1}{2}\text{Sa}\left(\frac{k\pi}{2}\right)$$

所以有

$$Y_k = X_k G_k = \begin{cases} 1/\pi, & k = \pm 1 \\ 0, & \text{其他} \end{cases}$$

由此可知

$$x(t) * G(t) = \frac{2}{\pi} \cos(2\pi t)$$

7. 乘积特性

假设 $x(t)$ 和 $y(t)$ 的周期都为 T，则

$$x(t) = \sum_{k=-\infty}^{\infty} X_k e^{jk\omega_0 t}$$

$$y(t) = \sum_{k=-\infty}^{\infty} Y_k e^{jk\omega_0 t}$$

则

$$x(t)y(t) = \sum_{l=-\infty}^{\infty} \sum_{m=-\infty}^{\infty} X_l Y_m e^{j(l+m)\omega_0 t}$$

令 $l + m = k$，则

$$x(t)y(t) = \sum_{k=-\infty}^{\infty} \left(\sum_{l=-\infty}^{\infty} X_l Y_{k-l} \right) e^{jk\omega_0 t} = \sum_{k=-\infty}^{\infty} \left(X_k * Y_k \right) e^{jk\omega_0 t}$$

所以，$x(t)$ 和 $y(t)$ 乘积信号的傅里叶级数系数为 $x(t)y(t) \overset{\text{FS}}{\longleftrightarrow} X_k * Y_k$。

4.3 连续时间周期信号的功率谱

周期信号都是功率信号，周期信号 $x(t)$ 在 1Ω 电阻上消耗的平均功率为

$$\begin{aligned}
P &= \frac{1}{T} \int_T |x(t)|^2 \, dt \\
&= \frac{1}{T} \int_T x(t) x^*(t) dt = \frac{1}{T} \int_T x^*(t) \left(\sum_{k=-\infty}^{\infty} X_k e^{jk\omega_0 t} \right) dt \\
&= \frac{1}{T} \sum_{k=-\infty}^{\infty} X_k \int_T x^*(t) e^{jk\omega_0 t} dt = \sum_{k=-\infty}^{\infty} X_k \left(\frac{1}{T} \int_T x(t) e^{-jk\omega_0 t} dt \right)^* \\
&= \sum_{k=-\infty}^{\infty} X_k X_k^* = \sum_{k=-\infty}^{\infty} |X_k|^2
\end{aligned} \tag{4.13}$$

而 $x(t)$ 的 k 次谐波分量 $X_k e^{jk\omega_0 t}$ 的平均功率为

$$P_k = \frac{1}{T} \int_T \left| X_k e^{jk\omega_0 t} \right|^2 dt = \frac{1}{T} \int_T \left(X_k e^{jk\omega_0 t} \right) \left(X_k^* e^{-jk\omega_0 t} \right) dt = |X_k|^2$$

所以式（4.13）说明，周期信号的平均功率可以在频域中用频域分量的平均功率确定。功率 $|X_k|^2$ 关于频率序数 k 的函数称为周期信号的功率频谱，简称**功率谱**。

根据指数傅里叶级数与三角傅里叶级数的关系，可知

$$P = \sum_{k=-\infty}^{\infty} \left| X_k \right|^2 = \left(\frac{A_0}{2}\right)^2 + \frac{1}{2}\sum_{k=1}^{\infty} A_k^2$$

Parseval 功率守恒定律：连续时间周期信号 $x(t)$ 的平均功率等于其频域分量平均功率的和，即

$$P = \sum_{k=-\infty}^{\infty} \left| X_k \right|^2 = \left(\frac{A_0}{2}\right)^2 + \frac{1}{2}\sum_{k=1}^{\infty} A_k^2$$

例 4.11　求信号 $x(t) = 1 + 3\cos 5t + 4\cos 10t$ 的平均功率。

解：根据 Parseval 功率守恒定律，有
$$P = 1^2 + 0.5 \times (3^2 + 4^2) = 13.5$$

例 4.12　设 $G(t)$ 是周期为 1/4 的方波信号，占空比为 20%，计算在其有效带宽内谐波分量的平均功率占整个信号平均功率的百分比。

解：根据题意可知，$\tau = 1/20$，$\omega_0 = 8\pi$。由例 4.3 可知

$$G_k = \frac{\tau}{T}\mathrm{Sa}\left(\frac{k\omega_0\tau}{2}\right) = 0.2\mathrm{Sa}\left(\frac{k\pi}{5}\right)$$

周期方波信号的有效带宽是第一个过零点的范围，第一个过零点 $k = T/\tau = 5$，所以有效带宽为

$$B = k\omega_0 = 40\pi$$

在有效带宽内，包含直流分量和 4 个谐波分量。信号的平均功率为

$$P = \frac{1}{T}\int_{-\tau/2}^{\tau/2} \left| G(t) \right|^2 \mathrm{d}t = 0.2$$

由 Parseval 功率守恒定律，包含在有效带宽内的各谐波平均功率之和为

$$P_1 = \sum_{k=-4}^{4} \left| X_k \right|^2 = 0.1806$$

所以

$$\frac{P_1}{P} = 90\%$$

笔记：

4.4　连续时间非周期信号的傅里叶变换表示

傅里叶变换可以把连续时间非周期信号 $x(t)$ 表示为

$$x(t) = \frac{1}{2\pi} \int_{-\infty}^{\infty} X(j\omega) e^{j\omega t} d\omega \qquad (4.14)$$

其中，

$$X(j\omega) = \int_{-\infty}^{\infty} x(t) e^{-j\omega t} dt \qquad (4.15)$$

$X(j\omega)$ 是信号 $x(t)$ 的傅里叶变换。上述关系表示为 $x(t) \xleftrightarrow{\ FT\ } X(j\omega)$。傅里叶变换将信号 $x(t)$ 表示为频率 ω 的函数，称为 $x(t)$ 的频域表示。式（4.14）称为傅里叶反变换，其物理意义是连续时间非周期信号可以分解为无数个频率为 ω、复振幅为 $\dfrac{X(j\omega)}{2\pi} d\omega$ 的虚指数信号 $e^{j\omega t}$ 的线性组合。

通常 $X(j\omega)$ 为复数，可以表示为 $X(j\omega) = |X(j\omega)| e^{j\angle X(j\omega)}$ 的形式。$X(j\omega)$ 的幅度为 $|X(j\omega)|$，表示为关于频率 ω 的图形，称为 $x(t)$ 的**幅度谱**。$X(j\omega)$ 的相位 $\angle X(j\omega)$，表示为关于频率 ω 的图形，称为 $x(t)$ 的**相位谱**。令 $X(j\omega) = R(\omega) + jI(\omega)$，根据欧拉公式，有

$$R(\omega) = \int_{-\infty}^{\infty} x(t) \cos\omega t \, dt$$

$$I(\omega) = \int_{-\infty}^{\infty} x(t) \sin\omega t \, dt$$

所以有

$$|X(j\omega)| = \sqrt{R^2(\omega) + I^2(\omega)}$$

$$\angle X(j\omega) = \begin{cases} \arctan \dfrac{I(\omega)}{R(\omega)}, & R(\omega) > 0 \\[2mm] \pi + \arctan \dfrac{I(\omega)}{R(\omega)}, & R(\omega) < 0 \end{cases}$$

当 $x(t)$ 为实信号时，有

$$X^*(j\omega) = \left(\int_{-\infty}^{\infty} x(t) e^{-j\omega t} dt \right)^* = \int_{-\infty}^{\infty} x^*(t) e^{j\omega t} dt = \int_{-\infty}^{\infty} x(t) e^{-j(-\omega)t} dt = X(-j\omega)$$

即 $X^*(j\omega) = X(-j\omega)$，由于 $X^*(j\omega) = |X(j\omega)| e^{-j\angle X(j\omega)}$，可知

$$|X(-j\omega)| = |X(j\omega)|$$

$$\angle X(-j\omega) = -\angle X(j\omega)$$

所以，连续时间非周期信号的幅度谱为偶函数，相位谱为奇函数。

对于非周期信号，当 $x(t)$ 满足如下狄利克莱条件时，傅里叶变换才存在：

（1）$x(t)$ 是绝对可积的，即 $\int_{-\infty}^{\infty} |x(t)| \, dt < \infty$；

（2）在任意有限区间内，$x(t)$ 有有限个极值点和间断点；

（3）每个不连续区间的长度是有限的。

几乎所有的工程上的信号都满足第二个条件和第三个条件。

根据连续时间周期信号 $x_T(t)$ 的傅里叶级数系数

$$X_k = \frac{1}{T} \int_T x_T(t) e^{-jk\omega_0 t} dt$$

当 $T \to \infty$ 时，$\omega_0 \to 0$，周期 $x_T(t)$ 变为非周期信号，$X_k \to 0$。现在令

$$X(jk\omega_0) = TX_k$$

当 $T \to \infty$ 时，即可得式（4.15）。因此，连续时间周期信号的频谱为离散频谱，连续时间非周期信号的频谱为连续频谱。连续频谱与离散频谱的关系为

$$X(j\omega) = \lim_{T \to \infty} TX_k \tag{4.16}$$

表 4.3 给出了几个常见信号的傅里叶变换。

表 4.3 常见信号的傅里叶变换

信 号	傅里叶变换
$e^{-bt}u(t), \ b > 0$	$\dfrac{1}{b + j\omega}$
$e^{-b|t|}, \ b > 0$	$\dfrac{2b}{\omega^2 + b^2}$
$te^{-bt}u(t), \ b > 0$	$\dfrac{1}{(b + j\omega)^2}$
$G_\tau(t)$	$\tau \mathrm{Sa}\left(\dfrac{\omega\tau}{2}\right)$
$\tau \mathrm{Sa}\left(\dfrac{\tau}{2}t\right)$	$2\pi G_\tau(\omega)$
$\delta(t)$	1
1	$2\pi\delta(\omega)$
$u(t)$	$\pi\delta(\omega) + \dfrac{1}{j\omega}$
$\mathrm{sgn}(t)$	$\dfrac{2}{j\omega}$
$\cos(\omega_0 t)$	$\pi\left[\delta(\omega - \omega_0) + \delta(\omega + \omega_0)\right]$
$\sin(\omega_0 t)$	$j\pi\left[-\delta(\omega - \omega_0) + \delta(\omega + \omega_0)\right]$
$e^{-bt}\cos(\omega_0 t)u(t), \ b > 0$	$\dfrac{b + j\omega}{(b + j\omega)^2 + \omega_0^2}$
$e^{-bt}\sin(\omega_0 t)u(t), \ b > 0$	$\dfrac{\omega_0}{(b + j\omega)^2 + \omega_0^2}$

例 4.13 求指数信号 $e^{-bt}u(t)$ 的傅里叶变换，并画出频谱图。

解： 当 $b \leqslant 0$ 时，$e^{-bt}u(t)$ 不满足绝对可积的条件，因此傅里叶变换不存在。

当 $b > 0$ 时，$e^{-bt}u(t)$ 满足绝对可积的条件，即

$$X(j\omega) = \int_{-\infty}^{\infty} e^{-bt}u(t)e^{-j\omega t}dt = \int_{0}^{\infty} e^{-(b+j\omega)t}dt = \frac{1}{b + j\omega}$$

可得，$\left|X(j\omega)\right| = \dfrac{1}{\sqrt{\omega^2 + b^2}}$，$\angle X(j\omega) = -\arctan\left(\dfrac{\omega}{b}\right)$。图 4.14 为当 $b = 8$ 时单边指数信号的频谱图。

 笔记：

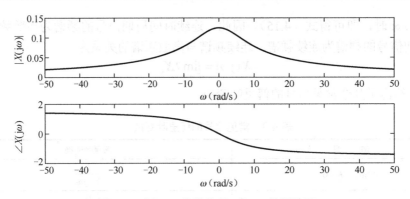

图 4.14　例 4.13 指数信号 $e^{-8t}u(t)$ 的频谱图

图 4.14 可以用如下的 MATLAB 命令产生。

```
%figure4.14
w=-50:0.2:50;
b=8;
X=1./(b+j*w);
subplot(211)
plot(w,abs(X),'k','LineWidth',1);
xlabel('\omega (rad/s)')
ylabel('|X(j\omega)|')
axis([-50 50 0 0.15])
subplot(212)
plot(w,angle(X),'k','LineWidth',1);
xlabel('\omega (rad/s)')
ylabel('\angle X(j\omega)')
axis([-50 50 -2 2])
```

例 4.14　求双边指数信号 $e^{-b|t|}$ $(b>0)$ 的傅里叶变换，并画出频谱图。

 笔记：

解：$e^{-b|t|} = e^{-bt}u(t) + e^{bt}u(-t)$，由例 4.13 已知

$$e^{-bt}u(t) \overset{FT}{\longleftrightarrow} \frac{1}{b+j\omega}$$

$e^{bt}u(-t)$ 的傅里叶变换为

$$\int_{-\infty}^{\infty} e^{bt}u(-t)e^{-j\omega t}dt = \int_{-\infty}^{0} e^{(b-j\omega)t}dt = \frac{1}{b-j\omega}$$

所以，$e^{-b|t|}$ $(b>0)$ 的傅里叶变换为

$$X(j\omega) = \frac{1}{b+j\omega} + \frac{1}{b-j\omega} = \frac{2b}{b^2+\omega^2}$$

可得

$$|X(j\omega)| = \frac{2b}{b^2+\omega^2}, \quad \angle X(j\omega) = 0$$

图 4.15 为当 $b=8$ 时双边指数信号的频谱图。

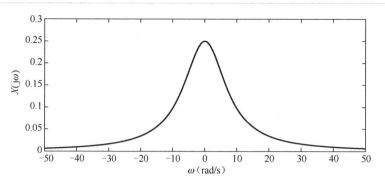

图 4.15　例 4.14 双边指数信号 $e^{-8|t|}$ 的频谱图

例 4.15　求方波脉冲信号 $G_\tau(t)$ 的傅里叶变换，并画出频谱图。

解： $G_\tau(t) = \begin{cases} 1, & -\dfrac{\tau}{2} \leqslant t \leqslant \dfrac{\tau}{2} \\ 0, & \text{其他} \end{cases}$ ，$G_\tau(t)$ 满足绝对可积条件，所以有

$$X(\mathrm{j}\omega) = \int_{-\infty}^{\infty} G_\tau(t) e^{-\mathrm{j}\omega t} \mathrm{d}t = \int_{-\tau/2}^{\tau/2} e^{-\mathrm{j}\omega t} \mathrm{d}t$$

$$= \frac{e^{\mathrm{j}\omega\tau/2} - e^{-\mathrm{j}\omega\tau/2}}{\mathrm{j}\omega} = \tau\mathrm{Sa}\left(\frac{\omega\tau}{2}\right)(\omega \neq 0)$$

当 $\omega = 0$ 时，有

$$X(0) = \tau$$

根据洛必达法则，有

$$\lim_{\omega \to 0} \tau\mathrm{Sa}\left(\frac{\omega\tau}{2}\right) = \tau$$

所以，方波脉冲信号 $G_\tau(t)$ 的傅里叶变换为

$$X(\mathrm{j}\omega) = \tau\mathrm{Sa}\left(\frac{\omega\tau}{2}\right)$$

可得

$$\left|X(\mathrm{j}\omega)\right| = 2\left|\frac{\sin\left(\omega\tau/2\right)}{\omega}\right|$$

$$\angle X(\mathrm{j}\omega) = \begin{cases} 0, & \dfrac{\sin\left(\omega\tau/2\right)}{\omega} > 0 \\ \pi, & \dfrac{\sin\left(\omega\tau/2\right)}{\omega} < 0 \end{cases}$$

设 $\tau = \pi$ ，则

$$X(\mathrm{j}\omega) = \pi\mathrm{Sa}(0.5\pi\omega)$$

过零点为 $\dfrac{2k\pi}{\tau} = 2k\,(k = \pm1, \pm2, \cdots)$ 。

当 $0 \leqslant \omega \leqslant 2$ 时，$\dfrac{\sin(\omega\tau/2)}{\omega} > 0$ ，相位为 0 ；

笔记：

当 $2 \leqslant \omega \leqslant 4$ 时，$\dfrac{\sin(\omega\tau/2)}{\omega} < 0$，相位为 π；

当 $-2 \leqslant \omega \leqslant 0$ 时，$\dfrac{\sin(\omega\tau/2)}{\omega} > 0$，相位为 0；

当 $-4 \leqslant \omega \leqslant -2$ 时，$\dfrac{\sin(\omega\tau/2)}{\omega} < 0$，由对称性可知相位为 $-\pi$。

图 4.16 分别描绘了方波脉冲信号的幅度谱、相位谱及幅度与相位合在一起的频谱。

图 4.17 分别描绘了当 $\tau = 1$、π、3π 时的方波脉冲信号的频谱。

由图 4.17 可知，信号 $x(t)$ 的持续时间与其傅里叶变换 $X(j\omega)$ 的带宽成反比。随着信号脉冲宽度 τ 的增加，其对应的频谱宽度越来越窄，更集中在频域原点附近。

时限信号是指在时域的有限区间内定义，而在有限区间之外恒等于零的信号。方波脉冲信号即为时限信号，由图 4.17 可知，时限信号在频域中是无限延伸的。

相应地，**带限信号**是在频域内占据一定的带宽，而在频域之外恒等于零的信号，又称频限信号。带限信号在时域中是无限延伸的。

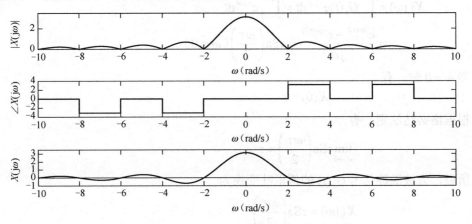

图 4.16　例 4.15 脉宽为 π 的方波脉冲信号的频谱图

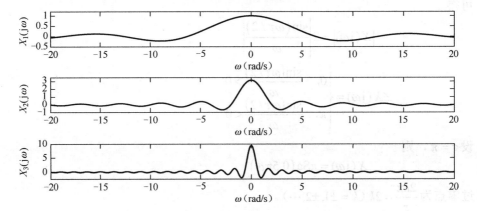

图 4.17　连续时间非周期信号时域与频域的关系

傅里叶变换可以用 MATLAB 的工具箱函数 int( )来计算，函数调用的形式是 int(f*exp(-i*w*x),t,-inf,inf)。例如，宽度为 1、幅度为 1 的三角波的傅里叶变换可以用如下的命令产生。

```
syms x t w X
tau = 1;
x = 1-2*abs(t)/tau;
X = int(x*exp(-i*w*t),t,-tau/2,tau/2);
X=simplify(X)
```

结果为：X =-(4*(cos(w/2) - 1))/w^2。

所以，相对于方波脉冲信号，在时域中三角波变化比较平缓，对应的频域中方波脉冲信号按 $1/n$ 的速度收敛，三角波按 $1/n^2$ 的速度收敛，即方波脉冲信号在频域中比三角波变化平缓。因此，信号变化越平缓，其高次谐波成分就越少，幅度谱衰减就越快；反之，幅度谱衰减就越慢。

图 4.18 展示了这种时频域的关系，第一幅图为方波脉冲信号的频谱，第二幅图为三角波的频谱。很明显，方波脉冲信号包含的高频部分更多。

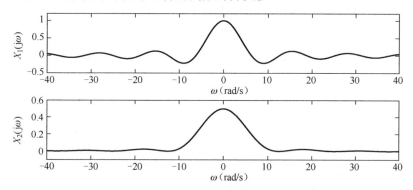

图 4.18　连续时间非周期信号时域与频域的关系

例 4.16　计算方波脉冲信号 $G_\tau(\omega)$ 的傅里叶反变换。

笔记：

解： $G_\tau(\omega) = \begin{cases} 1, & -\dfrac{\tau}{2} \leqslant \omega \leqslant \dfrac{\tau}{2}, \\ 0, & \text{其他} \end{cases}$

所以有

$$x(t) = \frac{1}{2\pi}\int_{-\infty}^{\infty} G_\tau(\omega)\mathrm{e}^{\mathrm{j}\omega t}\mathrm{d}\omega = \frac{1}{2\pi}\int_{-\tau/2}^{\tau/2}\mathrm{e}^{\mathrm{j}\omega t}\mathrm{d}\omega$$

$$= \frac{\mathrm{e}^{\mathrm{j}t\tau/2} - \mathrm{e}^{-\mathrm{j}t\tau/2}}{\mathrm{j}2\pi t} = \frac{\tau}{2\pi}\mathrm{Sa}\left(\frac{t\tau}{2}\right)(t \neq 0)$$

当 $t = 0$ 时，有

$$x(0) = \frac{\tau}{2\pi}$$

根据洛必达法则，有

$$\lim_{t \to 0} \frac{\tau}{2\pi} \mathrm{Sa}\left(\frac{t\tau}{2}\right) = \frac{\tau}{2\pi}$$

所以，$G_\tau(\omega)$ 的傅里叶反变换为

$$x(t) = \frac{\tau}{2\pi} \mathrm{Sa}\left(\frac{\tau}{2}t\right)$$

例 4.17　求 $x(t) = \delta(t)$ 的傅里叶变换。

解：根据定义，有

$$X(\mathrm{j}\omega) = \int_{-\infty}^{\infty} \delta(t)\mathrm{e}^{-\mathrm{j}\omega t}\mathrm{d}t = \int_{-\infty}^{\infty} \delta(t)\mathrm{d}t = 1$$

例 4.18　求 $x(t) = 1$ 的傅里叶变换。

解：信号 $x(t)$ 不满足绝对可积的条件，但该信号存在**广义傅里叶变换**。采用极限方法求广义傅里叶变换。

构造一个函数序列 $x_n(t)$，满足 $x(t) = \lim\limits_{n \to \infty} x_n(t)$。$x_n(t)$ 存在傅里叶变换 $X_n(\mathrm{j}\omega)$，且 $X_n(\mathrm{j}\omega)$ 极限收敛，则 $x(t)$ 的傅里叶变换为

$$X(\mathrm{j}\omega) = \lim_{n \to \infty} X_n(\mathrm{j}\omega)$$

对于本例，取 $x_b(t) = \mathrm{e}^{-b|t|}$（$b > 0$），$x(t) = \lim\limits_{b \to 0} x_b(t)$。由例 4.14 可知

$$\lim_{b \to 0} X_b(\mathrm{j}\omega) = \frac{2b}{b^2 + \omega^2} = \begin{cases} \infty, & \omega = 0 \\ 0, & \omega \neq 0 \end{cases}$$

又有

$$\int_{-\infty}^{\infty} \frac{2b}{b^2 + \omega^2} \mathrm{d}\omega = 2\arctan\left(\frac{\omega}{b}\right)\Big|_{-\infty}^{\infty} = 2\pi$$

所以有

$$X(\mathrm{j}\omega) = 2\pi\delta(\omega)$$

类似地，符号函数

$$\mathrm{sgn}(t) = \begin{cases} 1, & t > 0 \\ -1, & t < 0 \end{cases}$$

也不符合狄利克莱条件，令

$$x(t) = \mathrm{e}^{-bt}u(t) - \mathrm{e}^{bt}u(-t)\,(b > 0)$$

则

$$\mathrm{sgn}(t) = \lim_{b \to 0} x(t)$$

由于

$$x(t) \xleftarrow{\quad\mathrm{FT}\quad} \frac{1}{b + \mathrm{j}\omega} - \frac{1}{b - \mathrm{j}\omega} = \frac{-2\mathrm{j}\omega}{b^2 + \omega^2}$$

笔记：

所以

$$\mathrm{sgn}(t) \xleftarrow{\ \mathrm{FT}\ } \lim_{b \to 0} \frac{-2\mathrm{j}\omega}{b^2 + \omega^2} = \frac{2}{\mathrm{j}\omega}$$

4.5　连续时间非周期信号傅里叶变换的性质

傅里叶变换与傅里叶级数的性质非常类似，连续时间非周期信号傅里叶变换的基本性质如表 4.4 所示，表中，$x(t) \xleftarrow{\ \mathrm{FT}\ } X(\mathrm{j}\omega)$，$y(t) \xleftarrow{\ \mathrm{FT}\ } Y(\mathrm{j}\omega)$。

表 4.4　连续时间非周期信号傅里叶变换的基本性质

性　　质	非周期信号	傅里叶变换
线性性质	$ax(t) + by(t)$	$aX(\mathrm{j}\omega) + bY(\mathrm{j}\omega)$
共轭对称性	$x^*(t) = x(t)$（实信号）	$X^*(\mathrm{j}\omega) = X(-\mathrm{j}\omega)$
	$x^*(t) = x(-t)$（实偶信号）	$X^*(\mathrm{j}\omega) = X(\mathrm{j}\omega)$
	$x^*(t) = -x(-t)$（实奇信号）	$X^*(\mathrm{j}\omega) = -X(\mathrm{j}\omega)$
	$x^*(t) = -x(t)$（纯虚信号）	$X^*(\mathrm{j}\omega) = -X(-\mathrm{j}\omega)$
时移特性	$x(t - t_0)$	$\mathrm{e}^{-\mathrm{j}\omega t_0} X(\mathrm{j}\omega)$
频移特性	$\mathrm{e}^{\mathrm{j}\omega_0 t} x(t)$	$X(\mathrm{j}(\omega - \omega_0))$
	$x(t)\cos(\omega_0 t)$	$\frac{1}{2}[X(\mathrm{j}(\omega + \omega_0)) + X(\mathrm{j}(\omega - \omega_0))]$
尺度变换特性	$x(at)$	$\frac{1}{|a|} X\left(\frac{\mathrm{j}\omega}{a}\right)$
对偶特性	$X(\mathrm{j}t)$	$2\pi x(-\omega)$
微分特性	$\dfrac{\mathrm{d}^n}{\mathrm{d}t^n} x(t)$	$(\mathrm{j}\omega)^n X(\mathrm{j}\omega)$
	$(-\mathrm{j}t)^n x(t)$	$\dfrac{\mathrm{d}^n}{\mathrm{d}\omega^n} X(\mathrm{j}\omega)$
积分特性	$\displaystyle\int_{-\infty}^{t} x(\tau)\,\mathrm{d}\tau$	$\dfrac{X(\mathrm{j}\omega)}{\mathrm{j}\omega} + \pi X(\mathrm{j}0)\delta(\omega)$
	$\dfrac{1}{-\mathrm{j}t} x(t) + \pi x(0)\delta(t)$	$\displaystyle\int_{-\infty}^{\omega} X(\mathrm{j}\xi)\,\mathrm{d}\xi$
卷积特性	$x(t) * y(t)$	$X(\mathrm{j}\omega)Y(\mathrm{j}\omega)$
乘积特性	$x(t)y(t)$	$\dfrac{1}{2\pi} X(\mathrm{j}\omega) * Y(\mathrm{j}\omega)$
Parseval 能量守恒	$W = \displaystyle\int_{-\infty}^{\infty} |x(t)|^2\,\mathrm{d}t = \frac{1}{2\pi}\int_{-\infty}^{\infty} |X(\mathrm{j}\omega)|^2\,\mathrm{d}\omega$	

1. 共轭对称性

首先，考虑

$$X^*(\mathrm{j}\omega) = \left(\int_{-\infty}^{\infty} x(t)\mathrm{e}^{-\mathrm{j}\omega t}\,\mathrm{d}t\right)^* = \int_{-\infty}^{\infty} x^*(t)\mathrm{e}^{\mathrm{j}\omega t}\,\mathrm{d}t \tag{4.17}$$

若 $x(t)$ 为实信号，即 $x^*(t) = x(t)$，代入式（4.17），可得

$$X^*(j\omega) = \int_{-\infty}^{\infty} x(t)e^{-j(-\omega)t}dt$$

上式表明 $X^*(j\omega) = X(-j\omega)$。因此 $X(j\omega)$ 是复共轭对称的，即如果 $x(t)$ 为实信号，则傅里叶变换的实部是频率的偶函数，虚部是频率的奇函数。这也表明，幅度谱为偶函数，相位谱为奇函数。

若 $x(t)$ 为纯虚信号，即 $x^*(t) = -x(t)$，代入式（4.17），可得

$$X^*(j\omega) = -\int_{-\infty}^{\infty} x(t)e^{-j(-\omega)t}dt$$

上式表明 $X^*(j\omega) = -X(-j\omega)$。因此，如果 $x(t)$ 为纯虚信号，则傅里叶变换的实部具有奇对称性，虚部具有偶对称性。

若 $x(t)$ 为实偶信号，即 $x^*(t) = x(t)$，$x(t) = x(-t)$，所以 $x^*(t) = x(-t)$。代入式（4.17），可得

$$X^*(j\omega) = \int_{-\infty}^{\infty} x(-t)e^{-j\omega(-t)}dt = \int_{-\infty}^{\infty} x(\tau)e^{-j\omega\tau}d\tau$$

上式表明 $X^*(j\omega) = X(j\omega)$。因此 $X(j\omega)$ 的虚部为零，即如果 $x(t)$ 为实偶信号，则傅里叶变换也为实偶函数。

若 $x(t)$ 为实奇信号，即 $x^*(t) = x(t)$，$x(t) = -x(-t)$，所以 $x^*(t) = -x(-t)$。代入式（4.17），可得

$$X^*(j\omega) = -\int_{-\infty}^{\infty} x(-t)e^{-j\omega(-t)}dt = -\int_{-\infty}^{\infty} x(\tau)e^{-j\omega\tau}d\tau$$

上式表明 $X^*(j\omega) = -X(j\omega)$。因此 $X(j\omega)$ 的实部为零，即如果 $x(t)$ 为实奇信号，则傅里叶变换为纯虚函数。

2. 时移特性

令 $x_1(t) = x(t - t_0)$，则

$$X_1(j\omega) = \int_{-\infty}^{\infty} x(t - t_0)e^{-j\omega t}dt = e^{-j\omega t_0}\int_{-\infty}^{\infty} x(\tau)e^{-j\omega\tau}d\tau = e^{-j\omega t_0}X(j\omega)$$

由于

$$|X_1(j\omega)| = |X(j\omega)|, \quad \angle X_1(j\omega) = \angle X(j\omega) - \omega t_0$$

由此可知，时移没有改变幅度谱，相位谱产生线性相移。

3. 频移特性

令 $x_1(t)$ 的傅里叶变换为 $X_1(j\omega) = X(j(\omega - \omega_0))$，则

$$x_1(t) = \frac{1}{2\pi}\int_{-\infty}^{\infty} X(j(\omega - \omega_0))e^{j\omega t}d\omega = \frac{1}{2\pi}\int_{-\infty}^{\infty} X(j\eta)e^{j(\eta + \omega_0)t}d\eta$$

$$= e^{j\omega_0 t}\frac{1}{2\pi}\int_{-\infty}^{\infty} X(j\eta)e^{j\eta t}d\eta = e^{j\omega_0 t}x(t)$$

因此，频移对应于在时域内信号乘以频率等于频移量的虚指数信号。频移特性与时移特性是对偶关系，无论是频移还是时移，都导致在另一个域内乘以一个虚指数信号。

例 4.19　求信号 $x(t) = \begin{cases} \mathrm{e}^{\mathrm{j}3t}, & |t| < 2 \\ 0, & |t| > 2 \end{cases}$ 的傅里叶变换。

笔记：

解：

$$x(t) = \mathrm{e}^{\mathrm{j}3t} G_4(t)$$

已知 $G_4(t)$ 的傅里叶变换为 $4\mathrm{Sa}(2\omega)$，则根据频移特性

$$X(\mathrm{j}\omega) = 4\mathrm{Sa}\left[2(\omega - 3)\right]$$

在实际应用中，通常用信号与余弦函数相乘，根据欧拉公式：

$$x(t)\cos(\omega_0 t) \xleftrightarrow{\text{FT}} \frac{1}{2}\left[X(\mathrm{j}(\omega + \omega_0)) + X(\mathrm{j}(\omega - \omega_0))\right]$$

$$x(t)\sin(\omega_0 t) \xleftrightarrow{\text{FT}} \frac{\mathrm{j}}{2}\left[X(\mathrm{j}(\omega + \omega_0)) - X(\mathrm{j}(\omega - \omega_0))\right]$$

可见信号在时域与余弦相乘，其频谱是原来信号频谱向左、向右搬移 ω_0 后相加，然后幅度减半的结果。因此，频移特性也称为**调制性质**。关于调制性质的应用将在第 5 章重点介绍。

4. 尺度变换特性

令 $x_1(t) = x(at)$，则 $x(at)$ 的傅里叶变换为

$$X_1(\mathrm{j}\omega) = \int_{-\infty}^{\infty} x(at)\mathrm{e}^{-\mathrm{j}\omega t}\mathrm{d}t = \begin{cases} \dfrac{1}{a}\displaystyle\int_{-\infty}^{\infty} x(\tau)\mathrm{e}^{-\mathrm{j}\frac{\omega}{a}\tau}\mathrm{d}\tau, & a > 0 \\[2mm] \dfrac{1}{a}\displaystyle\int_{\infty}^{-\infty} x(\tau)\mathrm{e}^{-\mathrm{j}\frac{\omega}{a}\tau}\mathrm{d}\tau, & a < 0 \end{cases} = \frac{1}{|a|}X\left(\mathrm{j}\frac{\omega}{a}\right)$$

也就是说，时域信号的尺度变换会引起频域表示的尺度逆变换。因此，时域压缩，频域会展宽；时域扩展，频域会压缩。

例 4.20　求信号 $x(at - t_0)$ 的傅里叶变换。

解： 令 $y(t) = x(t - t_0)$，则

$$y(at) = x(at - t_0)$$

由时延特性，有

$$Y(\mathrm{j}\omega) = \mathrm{e}^{-\mathrm{j}\omega t_0} X(\mathrm{j}\omega)$$

由尺度变换特性，$x(at - t_0)$ 的傅里叶变换为

$$\frac{1}{|a|}\mathrm{e}^{-\mathrm{j}\frac{\omega}{a}t_0} X\left(\mathrm{j}\frac{\omega}{a}\right)$$

笔记：

例 4.21　若信号 $x(t)$ 的带宽为 B，求信号 $x(4t - 6)$ 的带宽。

解： 时延不会影响信号的幅度谱，所以 $x(4t - 6)$ 与 $x(4t)$ 的带宽相同。根据尺度变换特性，$x(4t)$ 时域压缩，对应的频域会扩展，所以 $x(4t - 6)$ 的带宽为 $4B$。

5. 对偶特性

对偶特性是指信号时域和频域表示之间的对称性，即时间和频率可以交换的特性，因

此也称为互易对称性。

$$x(t) = \frac{1}{2\pi} \int_{-\infty}^{\infty} X(\mathrm{j}\omega) \mathrm{e}^{\mathrm{j}\omega t} \mathrm{d}\omega$$

令 $\omega = \eta$ ，则

$$x(t) = \frac{1}{2\pi} \int_{-\infty}^{\infty} X(\mathrm{j}\eta) \mathrm{e}^{\mathrm{j}\eta t} \mathrm{d}\eta$$

令 $t = -\omega$ ，则

$$x(-\omega) = \frac{1}{2\pi} \int_{-\infty}^{\infty} X(\mathrm{j}x) \mathrm{e}^{-\mathrm{j}\omega x} \mathrm{d}x$$

再次令 $x = t$ ，则

$$x(-\omega) = \frac{1}{2\pi} \int_{-\infty}^{\infty} X(\mathrm{j}t) \mathrm{e}^{-\mathrm{j}\omega t} \mathrm{d}t$$

所以， $X(\mathrm{j}t) \leftrightarrow 2\pi x(-\omega)$ 。

根据共轭对称性，若 $x(t)$ 为实偶信号，则 $X(\mathrm{j}\omega)$ 也是实偶信号，即

$$x(t) \xleftarrow{\quad\mathrm{FT}\quad} R(\omega)$$

此时有

$$R(t) \xleftarrow{\quad\mathrm{FT}\quad} 2\pi X(\omega)$$

若 $x(t)$ 为实奇信号，则 $X(\mathrm{j}\omega)$ 是纯虚信号，即

$$x(t) \xleftarrow{\quad\mathrm{FT}\quad} \mathrm{j}I(\omega)$$

此时有

$$\mathrm{j}I(t) \xleftarrow{\quad\mathrm{FT}\quad} -2\pi X(\omega)$$

例如，时域的方波脉冲信号对应频域的 Sa 函数，频域的方波脉冲对应时域的 Sa 函数；时域冲激信号变换成频域的常数，时域常数变换成频域的一个冲激信号等。

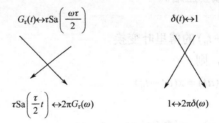

$$G_\tau(t) \leftrightarrow \tau \mathrm{Sa}\left(\frac{\omega\tau}{2}\right) \qquad \delta(t) \leftrightarrow 1$$

$$\tau \mathrm{Sa}\left(\frac{\tau}{2}t\right) \leftrightarrow 2\pi G_\tau(\omega) \qquad 1 \leftrightarrow 2\pi\delta(\omega)$$

例 4.22 求信号 $x(t) = \dfrac{1}{\pi t}$ 的傅里叶变换。

笔记：

解：已知 $\mathrm{sgn}(t) \xleftarrow{\quad\mathrm{FT}\quad} \dfrac{2}{\mathrm{j}\omega}$ 。根据对偶特性，有

$$\frac{2}{\mathrm{j}t} \xleftarrow{\quad\mathrm{FT}\quad} 2\pi \mathrm{sgn}(-\omega)$$

整理可得

$$X(\mathrm{j}\omega) = -\mathrm{j}[\mathrm{sgn}(\omega)]$$

例 4.23 求信号 $x(t) = \dfrac{1}{1+t^2}$ 的傅里叶变换。

解： 已知 $\mathrm{e}^{-b|t|} \xleftrightarrow{\ \text{FT}\ } \dfrac{2b}{b^2+\omega^2}$ ，取 $b=1$ ，则

$$\mathrm{e}^{-|t|} \xleftrightarrow{\ \text{FT}\ } \dfrac{2}{1+\omega^2}$$

根据对偶特性，有

$$\dfrac{1}{1+t^2} \xleftrightarrow{\ \text{FT}\ } \pi\mathrm{e}^{-|\omega|}$$

6. 微分特性

$$x(t) = \dfrac{1}{2\pi}\int_{-\infty}^{\infty} X(\mathrm{j}\omega)\mathrm{e}^{\mathrm{j}\omega t}\,\mathrm{d}\omega$$

对上式两边求微分，可得

$$\dfrac{\mathrm{d}}{\mathrm{d}t}x(t) = \dfrac{1}{2\pi}\int_{-\infty}^{\infty} \mathrm{j}\omega X(\mathrm{j}\omega)\mathrm{e}^{\mathrm{j}\omega t}\,\mathrm{d}\omega$$

所以有

$$\dfrac{\mathrm{d}}{\mathrm{d}t}x(t) \xleftrightarrow{\ \text{FT}\ } \mathrm{j}\omega X(\mathrm{j}\omega)$$

类似地，可以证明

$$\dfrac{\mathrm{d}^n}{\mathrm{d}t^n}x(t) \xleftrightarrow{\ \text{FT}\ } (\mathrm{j}\omega)^n X(\mathrm{j}\omega)$$

微分特性表明，在时域对信号的微分对应于在频域用 $\mathrm{j}\omega$ 乘以它的傅里叶变换。因此，微分使信号的高频分量增强。

由于连续时间非周期信号在频域是连续的，因此在频域上也可求微分。

$$X(\mathrm{j}\omega) = \int_{-\infty}^{\infty} x(t)\mathrm{e}^{-\mathrm{j}\omega t}\,\mathrm{d}t$$

对上式两边求频域微分，可得

$$\dfrac{\mathrm{d}}{\mathrm{d}\omega}X(\mathrm{j}\omega) = \int_{-\infty}^{\infty} (-\mathrm{j}t)x(t)\mathrm{e}^{-\mathrm{j}\omega t}\,\mathrm{d}t$$

所以有

$$(-\mathrm{j}t)x(t) \xleftrightarrow{\ \text{FT}\ } \dfrac{\mathrm{d}}{\mathrm{d}\omega}X(\mathrm{j}\omega)$$

类似地，可以证明

$$(-\mathrm{j}t)^n x(t) \xleftrightarrow{\ \text{FT}\ } \dfrac{\mathrm{d}^n}{\mathrm{d}\omega^n}X(\mathrm{j}\omega)$$

例 4.24 求信号 $x(t) = \dfrac{1}{t^2}$ 的傅里叶变换。

解： 已知 $\mathrm{sgn}(t) \xleftrightarrow{\ \text{FT}\ } \dfrac{2}{\mathrm{j}\omega}$ ，由对偶特性可得

$$\frac{2}{jt} \xleftrightarrow{\text{FT}} 2\pi[\text{sgn}(-\omega)]$$

即

$$\frac{1}{t} \xleftrightarrow{\text{FT}} -j\pi[\text{sgn}(\omega)]$$

再由时域微分特性，可得

$$\frac{d}{dt}\frac{1}{t} \xleftrightarrow{\text{FT}} -(j\omega)j\pi[\text{sgn}(\omega)] = \pi\omega[\text{sgn}(\omega)] = \pi|\omega|$$

所以

$$\frac{1}{t^2} \xleftrightarrow{\text{FT}} -\pi|\omega|$$

例 4.25 求信号 $x(t) = te^{-bt}u(t)\,(b > 0)$ 的傅里叶变换。

解： 已知

$$e^{-bt}u(t) \xleftrightarrow{\text{FT}} \frac{1}{b+j\omega}$$

根据频域微分特性，有

$$(-jt)e^{-bt}u(t) \xleftrightarrow{\text{FT}} \frac{d}{d\omega}\left(\frac{1}{b+j\omega}\right)$$

整理可得

$$X(j\omega) = \frac{1}{(b+j\omega)^2}$$

7. 积分特性

$$\int_{-\infty}^{t} x(\tau)\,d\tau = x(t) * u(t)$$

由卷积性质，对上式两边求傅里叶变换，可得

$$\int_{-\infty}^{t} x(\tau)\,d\tau \xleftrightarrow{\text{FT}} X(j\omega)\left(\frac{1}{j\omega} + \pi\delta(\omega)\right) = \frac{X(j\omega)}{j\omega} + \pi X(j0)\delta(\omega)$$

类似地，对于频域积分，有

$$\int_{-\infty}^{\omega} X(j\xi)\,d\xi = X(j\omega) * u(\omega)$$

由对偶性质，有

$$\frac{1}{jt} + \pi\delta(t) \xleftrightarrow{\text{FT}} 2\pi u(-\omega)$$

而 $u(\omega) = 1 - u(-\omega)$，所以有

$$\delta(t) - \frac{1}{j2\pi t} - \frac{1}{2}\delta(t) \xleftrightarrow{\text{FT}} 1 - u(-\omega) = u(\omega)$$

由乘积性质，可得

$$2\pi\left(\frac{1}{2}\delta(t) - \frac{1}{j2\pi t}\right)x(t) \xleftrightarrow{\text{FT}} \int_{-\infty}^{\omega} X(j\xi)\,d\xi$$

笔记：

所以

$$-\frac{1}{\mathrm{j}t}x(t) + \pi x(0)\delta(t) \xleftarrow{\ \mathrm{FT}\ } \int_{-\infty}^{\omega} X(\mathrm{j}\xi)\,\mathrm{d}\xi$$

由折线组成的信号，其导函数的傅里叶变换易求。此时可以利用积分性质，但应注意由导函数通过积分所得的信号与原信号之间可能相差一个积分常数。因此傅里叶变换中可能相差冲激信号。

若 $x(t) \xleftarrow{\ \mathrm{FT}\ } X(\mathrm{j}\omega)$，记 $\dfrac{\mathrm{d}}{\mathrm{d}t}x(t) \xleftarrow{\ \mathrm{FT}\ } X_1(\mathrm{j}\omega)$，则

$$X(\mathrm{j}\omega) = \frac{X_1(\mathrm{j}\omega)}{\mathrm{j}\omega} + \pi[x(\infty) + x(-\infty)]\delta(\omega) \tag{4.18}$$

证明： 由于

$$x(t) = \int_{-\infty}^{t} x'(\tau)\,\mathrm{d}\tau + x(-\infty)$$

则根据积分性质

$$X(\mathrm{j}\omega) = F\left[\int_{-\infty}^{t} x'(\tau)\,\mathrm{d}\tau\right] + 2\pi x(-\infty)\delta(\omega)$$

$$= \frac{X_1(\mathrm{j}\omega)}{\mathrm{j}\omega} + \pi\left(\int_{-\infty}^{\infty} x'(\tau)\,\mathrm{d}\tau\right)\delta(\omega) + 2\pi x(-\infty)\delta(\omega)$$

$$= \frac{X_1(\mathrm{j}\omega)}{\mathrm{j}\omega} + \pi[x(\infty) + x(-\infty)]\delta(\omega)$$

例 4.26 求信号 $x(t) = u(t)$ 的傅里叶变换。

解： 已知 $u(t) = \displaystyle\int_{-\infty}^{t}\delta(\tau)\,\mathrm{d}\tau$，且 $\delta(t) \xleftarrow{\ \mathrm{FT}\ } 1$。由式（4.18）得

$$X(\mathrm{j}\omega) = \frac{F[\delta(t)]}{\mathrm{j}\omega} + \pi(x(\infty) + x(-\infty))\delta(\omega) = \frac{1}{\mathrm{j}\omega} + \pi\delta(\omega)$$

例 4.27 求如图 4.19 所示三角脉冲信号的傅里叶变换。

解： 如图所示，有

$$\frac{\mathrm{d}}{\mathrm{d}t}x(t) = \frac{2}{\tau}\left[G_{\tau/2}\left(t + \frac{\tau}{4}\right) - G_{\tau/2}\left(t - \frac{\tau}{4}\right)\right]$$

由时移性质，有

$$G_{\tau/2}\left(t + \frac{\tau}{4}\right) \xleftarrow{\ \mathrm{FT}\ } \mathrm{e}^{\frac{\mathrm{j}\omega\tau}{4}} \frac{\tau}{2}\mathrm{Sa}\left(\frac{\omega\tau}{4}\right)$$

$$G_{\tau/2}\left(t - \frac{\tau}{4}\right) \xleftarrow{\ \mathrm{FT}\ } \mathrm{e}^{-\frac{\mathrm{j}\omega\tau}{4}} \frac{\tau}{2}\mathrm{Sa}\left(\frac{\omega\tau}{4}\right)$$

可知 $\dfrac{\mathrm{d}}{\mathrm{d}t}x(t) \xleftarrow{\ \mathrm{FT}\ } 2\mathrm{j}\sin\left(\dfrac{\omega\tau}{4}\right)\mathrm{Sa}\left(\dfrac{\omega\tau}{4}\right)$。再由式（4.18）可得

$$x(t) \xleftarrow{\ \mathrm{FT}\ } \frac{2\mathrm{j}\sin\left(\dfrac{\omega\tau}{4}\right)\mathrm{Sa}\left(\dfrac{\omega\tau}{4}\right)}{\mathrm{j}\omega} = \frac{\tau}{2}\mathrm{Sa}^2\left(\frac{\omega\tau}{4}\right)$$

笔记：

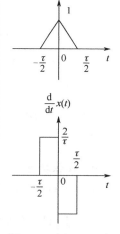

图 4.19 例 4.27 三角脉冲信号

8. 卷积特性

两个非周期连续时间信号 $x(t)$ 和 $h(t)$ 的卷积为

$$x(t) * h(t) = \int_{-\infty}^{\infty} h(\tau) x(t-\tau) \, \mathrm{d}\tau$$

则

$$
\begin{aligned}
x(t) * h(t) &= \int_{-\infty}^{\infty} h(\tau) \left(\frac{1}{2\pi} \int_{-\infty}^{\infty} X(\mathrm{j}\omega) \mathrm{e}^{\mathrm{j}\omega(t-\tau)} \mathrm{d}\omega \right) \mathrm{d}\tau \\
&= \frac{1}{2\pi} \int_{-\infty}^{\infty} X(\mathrm{j}\omega) \left(\int_{-\infty}^{\infty} h(\tau) \mathrm{e}^{-\mathrm{j}\omega\tau} \mathrm{d}\tau \right) \mathrm{e}^{\mathrm{j}\omega t} \mathrm{d}\omega \\
&= \frac{1}{2\pi} \int_{-\infty}^{\infty} X(\mathrm{j}\omega) H(\mathrm{j}\omega) \mathrm{e}^{\mathrm{j}\omega t} \mathrm{d}\omega
\end{aligned}
$$

所以，非周期连续时间信号 $x(t)$ 和 $h(t)$ 的卷积信号的傅里叶变换为

$$x(t) * h(t) \xleftrightarrow{\text{FT}} X(\mathrm{j}\omega) H(\mathrm{j}\omega)$$

例 4.28 已知 $x(t) = 3\mathrm{e}^{-t} u(t+2)$，$h(t) = 2\mathrm{e}^{-2t} u(t)$，求 $x(t) * h(t)$ 的傅里叶变换。

解： 根据卷积性质

$$x(t) * h(t) \xleftrightarrow{\text{FT}} X(\mathrm{j}\omega) H(\mathrm{j}\omega)$$

由于

$$x(t) = 3\mathrm{e}^2 \mathrm{e}^{-(t+2)} u(t+2) \xleftrightarrow{\text{FT}} \frac{3\mathrm{e}^2 \mathrm{e}^{\mathrm{j}2\omega}}{1+\mathrm{j}\omega}, \quad h(t) \xleftrightarrow{\text{FT}} \frac{2}{2+\mathrm{j}\omega}$$

所以

$$x(t) * h(t) \xleftrightarrow{\text{FT}} \frac{6\mathrm{e}^2 \mathrm{e}^{\mathrm{j}2\omega}}{(1+\mathrm{j}\omega)(2+\mathrm{j}\omega)}$$

例 4.29 已知 $X(\mathrm{j}\omega) = \dfrac{4}{\omega^2} \sin^2(\omega)$，求 $x(t)$。

解： $X(\mathrm{j}\omega) = 2\mathrm{Sa}(\omega) \times 2\mathrm{Sa}(\omega)$，且 $G_2(t) \xleftrightarrow{\text{FT}} 2\mathrm{Sa}(\omega)$。根据卷积性质可知

$$x(t) = G_2(t) * G_2(t) = \begin{cases} t+2, & -2 \leqslant t < 0 \\ -t+2, & 0 \leqslant t \leqslant 2 \end{cases}$$

9. 乘积特性

假设 $x(t)$ 和 $y(t)$ 都是连续时间非周期信号，$x(t)y(t)$ 的傅里叶变换为

$$
\begin{aligned}
\int_{-\infty}^{\infty} [x(t)y(t)] \, \mathrm{e}^{-\mathrm{j}\omega t} \mathrm{d}t &= \int_{-\infty}^{\infty} y(t) \mathrm{e}^{-\mathrm{j}\omega t} \left(\frac{1}{2\pi} \int_{-\infty}^{\infty} X(\mathrm{j}\xi) \mathrm{e}^{\mathrm{j}\xi t} \mathrm{d}\xi \right) \mathrm{d}t \\
&= \frac{1}{2\pi} \int_{-\infty}^{\infty} X(\mathrm{j}\xi) \, \mathrm{d}\xi \left(\int_{-\infty}^{\infty} y(t) \mathrm{e}^{-\mathrm{j}(\omega-\xi)t} \mathrm{d}t \right) \\
&= \frac{1}{2\pi} \int_{-\infty}^{\infty} X(\mathrm{j}\xi) Y(\mathrm{j}(\omega-\xi)) \mathrm{d}\xi \\
&= \frac{1}{2\pi} X(\mathrm{j}\omega) * Y(\mathrm{j}\omega)
\end{aligned}
$$

笔记：

所以，$x(t)$ 和 $y(t)$ 乘积信号的傅里叶变换为

$$x(t)y(t) \xleftarrow{\text{FT}} \frac{1}{2\pi} X(j\omega) * Y(j\omega)$$

例 4.30　求单边信号 $x(t)$ 的傅里叶变换。

解： $x(t)$ 为单边信号，有 $x(t) = x(t)u(t)$

根据乘积性质，有

$$x(t)u(t) \xleftarrow{\text{FT}} \frac{1}{2\pi} X(j\omega) * \left(\frac{1}{j\omega} + \pi\delta(\omega) \right)$$

所以，$X(j\omega) = \dfrac{X(j\omega)}{2} + \left(\dfrac{1}{j2\pi\omega} * X(j\omega) \right)$。即

$$X(j\omega) = \frac{1}{j\pi\omega} * X(j\omega)$$

令 $X(j\omega) = X_R(j\omega) + jX_I(j\omega)$，代入上式有

$$X_R(j\omega) + jX_I(j\omega) = \frac{1}{\pi\omega} * X_I(j\omega) - j\frac{1}{\pi\omega} * X_R(j\omega)$$

可得

$$X_R(j\omega) = \frac{1}{\pi\omega} * X_I(j\omega), \quad X_I(j\omega) = -\frac{1}{\pi\omega} * X_R(j\omega)$$

由例 4.30 可知，单边信号的傅里叶变换实部可以被虚部唯一确定，反过来也一样。若信号 $x(t)$ 满足

$$x(t) = x(t)u(t)$$

且 $x(t)$ 的傅里叶变换为

$$X(j\omega) = X_R(j\omega) + jX_I(j\omega)$$

满足

$$X_R(j\omega) = \frac{1}{\pi\omega} * X_I(j\omega), \quad X_I(j\omega) = -\frac{1}{\pi\omega} * X_R(j\omega)$$

则 $X_R(j\omega)$ 与 $X_I(j\omega)$ 之间构成**希尔伯特变换对**。

4.6　连续时间非周期信号的能量谱密度

连续时间非周期信号的能量为

$$E = \int_{-\infty}^{\infty} |x(t)|^2 \mathrm{d}t = \int_{-\infty}^{\infty} x(t)x^*(t)\,\mathrm{d}t$$

$$= \int_{-\infty}^{\infty} x^*(t)\left(\frac{1}{2\pi}\int_{-\infty}^{\infty} X(\mathrm{j}\omega)\mathrm{e}^{\mathrm{j}\omega t}\mathrm{d}\omega\right)\mathrm{d}t \qquad (4.19)$$

$$= \frac{1}{2\pi}\int_{-\infty}^{\infty} X(\mathrm{j}\omega)\left(\int_{-\infty}^{\infty} x(t)\mathrm{e}^{-\mathrm{j}\omega t}\mathrm{d}t\right)^* \mathrm{d}\omega$$

$$= \frac{1}{2\pi}\int_{-\infty}^{\infty} X(\mathrm{j}\omega)X^*(\mathrm{j}\omega)\,\mathrm{d}\omega = \frac{1}{2\pi}\int_{-\infty}^{\infty} |X(\mathrm{j}\omega)|^2\,\mathrm{d}\omega$$

式（4.19）说明，非周期信号的能量可以在频域中用信号的频域描述 $X(\mathrm{j}\omega)$ 确定。$|X(\mathrm{j}\omega)|^2$ 关于频率 ω 的函数称为非周期信号的能量谱密度函数，简称**能量谱**。

> **Parseval 能量守恒定律**：连续时间非周期信号 $x(t)$ 在时域中的能量等于其在频域中的能量，即
>
> $$E = \frac{1}{2\pi}\int_{-\infty}^{\infty} |X(\mathrm{j}\omega)|^2\mathrm{d}\omega = \int_{-\infty}^{\infty} |X(\mathrm{j}2\pi f)|^2\mathrm{d}f$$

例 4.31 计算 $E = \int_{-\infty}^{\infty}\left(\dfrac{\sin t}{t}\right)^2\mathrm{d}t$。

笔记：

解： 令 $x(t) = \dfrac{\sin t}{t}$，根据 Parseval 能量守恒定律，有

$$E = \frac{1}{2\pi}\int_{-\infty}^{\infty} |X(\mathrm{j}\omega)|^2\,\mathrm{d}\omega$$

已知 $X(\mathrm{j}\omega) = \pi G_2(\omega)$，则

$$E = \frac{1}{2\pi}\int_{-1}^{1}\pi^2\mathrm{d}\omega = \pi$$

例 4.32 求信号 $x(t) = 2\cos(997t)\dfrac{\sin 5t}{\pi t}$ 的能量。

解： 信号 $x(t)$ 的能量在时域不易计算，可以利用能量守恒定律，转换为计算频域的能量。

已知

$$\frac{\sin 5t}{\pi t} = \frac{5}{\pi}\mathrm{Sa}(5t) \xleftrightarrow{\text{FT}} G_{10}(\omega)$$

根据调制性质，有

$$X(\mathrm{j}\omega) = G_{10}(\omega+997) + G_{10}(\omega-997)$$

所以有

$$E = 2\times\frac{1}{2\pi}\int_{992}^{1002} 1\,\mathrm{d}\omega = \frac{10}{\pi}$$

例 4.33　设 $x(t) = \mathrm{e}^{-bt}u(t)$ $(b > 0)$，定义指数信号的有效带宽 ω_B 为

$$\frac{\dfrac{1}{\pi}\displaystyle\int_0^{\omega_B} | X(\mathrm{j}\omega) |^2 \mathrm{d}\omega}{E_x} = 0.9$$

求 ω_B。

解： 信号 $x(t)$ 的总能量为

$$E_x = \int_{-\infty}^{\infty} | x(t) |^2 \mathrm{d}t = \int_0^{\infty} \mathrm{e}^{-2bt} \mathrm{d}t = \frac{1}{2b}$$

在有效带宽内的能量为

$$E_{\omega_B} = \frac{1}{2\pi}\int_{-\omega_B}^{\omega_B} | X(\mathrm{j}\omega) |^2 \mathrm{d}\omega = \frac{1}{\pi}\int_0^{\omega_B} \frac{1}{| b + \mathrm{j}\omega |^2} \mathrm{d}\omega$$

$$= \frac{1}{\pi}\int_0^{\omega_B} \frac{1}{b^2 + \omega^2} \mathrm{d}\omega = \frac{\arctan(\omega_B / b)}{\pi b}$$

根据条件可得

$$\frac{\dfrac{1}{\pi}\displaystyle\int_0^{\omega_B} | X(\mathrm{j}\omega) |^2 \mathrm{d}\omega}{E_x} = \frac{2\arctan(\omega_B / b)}{\pi} = 0.9$$

即 $\omega_B = b\tan(0.45\pi) = 6.314b$。

4.7　连续时间周期信号的傅里叶变换

周期为 $T = \dfrac{2\pi}{\omega_0}$ 的连续时间周期信号 $x(t)$ 在频域中可以用傅里叶级数表示为

$$x(t) = \sum_{k=-\infty}^{\infty} X_k \mathrm{e}^{\mathrm{j}k\omega_0 t}$$

现对上式取傅里叶变换，由傅里叶变换的线性性质，有

$$X(\mathrm{j}\omega) = \sum_{k=-\infty}^{\infty} X_k F\left[\mathrm{e}^{\mathrm{j}k\omega_0 t} \right]$$

已知 $1 \xleftarrow{\ \mathrm{FT}\ } 2\pi\delta(\omega)$，由频移特性，$\mathrm{e}^{\mathrm{j}\omega_0 t} \xleftarrow{\ \mathrm{FT}\ } 2\pi\delta(\omega - \omega_0)$，代入上式可得

$$X(\mathrm{j}\omega) = \sum_{k=-\infty}^{\infty} X_k F\left[\mathrm{e}^{\mathrm{j}k\omega_0 t} \right] = 2\pi\sum_{k=-\infty}^{\infty} X_k \delta\left(\omega - k\omega_0\right) \tag{4.20}$$

所以，连续时间周期信号的傅里叶变换是一系列以 ω_0 为间隔的冲激信号，$\omega = k\omega_0$ 频点的冲激信号的强度为 $(2\pi X_k)$。式（4.20）给出了如何在连续时间周期信号的傅里叶变换和傅里叶级数之间进行转换的方法。

由式（4.20）可得，三角函数信号的傅里叶变换为

$$\cos(\omega_0 t) = \frac{1}{2}\left(\mathrm{e}^{-\mathrm{j}\omega_0 t} + \mathrm{e}^{\mathrm{j}\omega_0 t} \right) \xleftarrow{\ \mathrm{FT}\ } \pi\left[\delta\left(\omega + \omega_0\right) + \delta\left(\omega - \omega_0\right) \right]$$

$$\sin(\omega_0 t) = \frac{\mathrm{j}}{2}\left(\mathrm{e}^{-\mathrm{j}\omega_0 t} - \mathrm{e}^{\mathrm{j}\omega_0 t}\right) \xleftrightarrow{\text{FT}} \mathrm{j}\pi\left[\delta(\omega+\omega_0) - \delta(\omega-\omega_0)\right]$$

例 4.34 计算 $\delta_T(t) = \displaystyle\sum_{n=-\infty}^{\infty} \delta(t-nT)$ 的傅里叶变换。

 笔记：

解：由例 4.2 可知，$\delta_T(t)$ 的傅里叶级数系数为

$$X_k = \frac{1}{T}$$

由式（4.20）可得，$\delta_T(t)$ 的傅里叶变换为

$$X(\mathrm{j}\omega) = 2\pi \sum_{k=-\infty}^{\infty} X_k \delta(\omega - k\omega_0)$$

$$= \omega_0 \sum_{k=-\infty}^{\infty} \delta(\omega - k\omega_0) = \omega_0 \delta_{\omega_0}(\omega)$$

下面再次考虑傅里叶变换的乘积特性，若 $x(t)$ 为连续时间周期信号，其傅里叶级数的系数为 X_k，则乘积信号 $x(t)y(t)$ 的傅里叶变换为

$$\frac{1}{2\pi} X(\mathrm{j}\omega) * Y(\mathrm{j}\omega) = Y(\mathrm{j}\omega) * \sum_{k=-\infty}^{\infty} X_k \delta(\omega - k\omega_0) = \sum_{k=-\infty}^{\infty} X_k Y\left(\mathrm{j}(\omega - k\omega_0)\right)$$

即

$$x(t)y(t) \xleftrightarrow{\text{FT}} \sum_{k=-\infty}^{\infty} X_k Y\left(\mathrm{j}(\omega - k\omega_0)\right) \tag{4.21}$$

上式说明，$y(t)$ 与周期信号 $x(t)$ 的乘积的傅里叶变换是由 $y(t)$ 的傅里叶变换的频移加权和构成的，频移的位置为 $x(t)$ 的各次谐波频率。

例 4.35 计算 $\delta_T(t) = \displaystyle\sum_{n=-\infty}^{\infty} \delta(t-nT)$ 与 $\mathrm{Sa}(\pi t)$ 的乘积信号的傅里叶变换。

 笔记：

解：$\mathrm{Sa}(\pi t)\delta_T(t)$ 表示对 $\mathrm{Sa}(\pi t)$ 的采样。已知

$$\mathrm{Sa}(\pi t) \xleftrightarrow{\text{FT}} G_{2\pi}(\omega)$$

由例 4.34 及式（4.21）可知，乘积信号的傅里叶变换为

$$X(\mathrm{j}\omega) = \frac{1}{T} \sum_{k=-\infty}^{\infty} G_{2\pi}(\omega - k\omega_0)$$

4.8 利用部分分式展开法求傅里叶反变换

设信号 $x(t)$ 的傅里叶变换为有理分式，即

$$X(\mathrm{j}\omega) = \frac{b_m(\mathrm{j}\omega)^m + b_{m-1}(\mathrm{j}\omega)^{m-1} + \cdots + b_1(\mathrm{j}\omega) + b_0}{(\mathrm{j}\omega)^n + a_{n-1}(\mathrm{j}\omega)^{n-1} + \cdots + a_1(\mathrm{j}\omega) + a_0} = \frac{N(\mathrm{j}\omega)}{D(\mathrm{j}\omega)}$$

则可以通过部分分式展开法求出 $x(t)$。

设 $m < n$，令分母 $D(\mathrm{j}\omega) = 0$，若根为 n 个不相同的单根 λ_1、λ_2、$\cdots$、λ_n，则

$$X(\mathrm{j}\omega) = \sum_{i=1}^{n} \frac{k_i}{\mathrm{j}\omega - \lambda_i}$$

其中 $k_i = (\mathrm{j}\omega - \lambda_i) X(\mathrm{j}\omega)\big|_{\mathrm{j}\omega = \lambda_i}$。由于

$$\mathrm{e}^{-bt} u(t) \xleftrightarrow{\mathrm{FT}} \frac{1}{b + \mathrm{j}\omega} \quad (b > 0)$$

所以，当 $\lambda_i < 0 \,(i = 1, 2, \cdots, n)$ 时，

$$x(t) = \sum_{i=1}^{n} k_i \mathrm{e}^{\lambda_i t} u(t) \xleftrightarrow{\mathrm{FT}} X(\mathrm{j}\omega) = \sum_{i=1}^{n} \frac{k_i}{\mathrm{j}\omega - \lambda_i}$$

若分母 $D(\mathrm{j}\omega) = 0$ 的根存在重根的情况，以简单情形为例，假设存在二重根，则在 $X(\mathrm{j}\omega)$ 的分解式中存在 $\dfrac{1}{(b + \mathrm{j}\omega)^2} \, (b > 0)$，其对应的傅里叶反变换为 $t\mathrm{e}^{-bt} u(t)$。

设 $m \geqslant n$，先利用长除法把 $X(\mathrm{j}\omega)$ 表示为

$$X(\mathrm{j}\omega) = \sum_{l=0}^{m-n} A_l (\mathrm{j}\omega)^l + \frac{\overline{N}(\mathrm{j}\omega)}{D(\mathrm{j}\omega)}$$

其中，$\dfrac{\overline{N}(\mathrm{j}\omega)}{D(\mathrm{j}\omega)}$ 为真分式，可以利用前述方法计算反变换。$\displaystyle\sum_{l=0}^{m-n} A_l (\mathrm{j}\omega)^l$ 的反变换可以利用微分特性得到

$$\sum_{l=0}^{m-n} A_l \delta^l(t) \xleftrightarrow{\mathrm{FT}} \sum_{l=0}^{m-n} A_l (\mathrm{j}\omega)^l$$

例 4.36　求下列傅里叶变换对应的时域信号。

笔记：

（1）$X(\mathrm{j}\omega) = \dfrac{-\mathrm{j}\omega}{(\mathrm{j}\omega)^2 + 3\mathrm{j}\omega + 2}$；

（2）$X(\mathrm{j}\omega) = \dfrac{(\mathrm{j}\omega)^3 + 6(\mathrm{j}\omega)^2 + 10(\mathrm{j}\omega) + 6}{(\mathrm{j}\omega + 1)^2 (\mathrm{j}\omega + 2)}$。

解：

（1）$X(\mathrm{j}\omega) = \dfrac{-\mathrm{j}\omega}{(\mathrm{j}\omega)^2 + 3\mathrm{j}\omega + 2} = \dfrac{A}{\mathrm{j}\omega + 1} + \dfrac{B}{\mathrm{j}\omega + 2}$

其中，

$$A = (\mathrm{j}\omega + 1) X(\mathrm{j}\omega)\big|_{\mathrm{j}\omega = -1} = \frac{-\mathrm{j}\omega}{\mathrm{j}\omega + 2}\bigg|_{\mathrm{j}\omega = -1} = 1$$

$$B = (\mathrm{j}\omega + 2) X(\mathrm{j}\omega)\big|_{\mathrm{j}\omega = -2} = \frac{-\mathrm{j}\omega}{\mathrm{j}\omega + 1}\bigg|_{\mathrm{j}\omega = -2} = -2$$

所以有

$$x(t) = e^{-t}u(t) - 2e^{-2t}u(t)$$

（2）

$$X(j\omega) = 1 + \frac{2(j\omega)^2 + 5(j\omega) + 4}{(j\omega + 1)^2(j\omega + 2)} = 1 + \overline{X}(j\omega)$$

$$= 1 + \frac{A}{j\omega + 2} + \frac{B}{(j\omega + 1)^2} + \frac{C}{j\omega + 1}$$

其中，

$$A = (j\omega + 2)\overline{X}(j\omega)\Big|_{j\omega = -2} = \frac{2(j\omega)^2 + 5(j\omega) + 4}{(j\omega + 1)^2}\Big|_{j\omega = -2} = 2$$

$$B = (j\omega + 1)^2 \overline{X}(j\omega)\Big|_{j\omega = -1} = \frac{2(j\omega)^2 + 5(j\omega) + 4}{j\omega + 2}\Big|_{j\omega = -1} = 1$$

C 可以利用系数平衡法来计算，即

$$\frac{2(j\omega)^2 + 5(j\omega) + 4}{(j\omega + 1)^2(j\omega + 2)} = \frac{2}{j\omega + 2} + \frac{1}{(j\omega + 1)^2} + \frac{C}{j\omega + 1}$$

可得 $C = 0$ 。所以

$$X(j\omega) = 1 + \frac{2}{j\omega + 2} + \frac{1}{(j\omega + 1)^2}$$

$$x(t) = \delta(t) + 2e^{-2t}u(t) + te^{-t}u(t)$$

习题

4.1 已知连续时间信号 $x(t)$ 的周期为 $T = 8$ 。非零傅里叶级数的系数为 $X_1 = X_{-1} = 2$ ，$X_3 = X_{-3}^* = 4j$ ，将 $x(t)$ 表示为三角傅里叶级数。

4.2 设 $x(t) = 2 + \cos\left(\frac{2\pi}{3}t\right) + 4\sin\left(\frac{5\pi}{3}t\right)$ ，确定基波频率，将 $x(t)$ 表示为指数傅里叶级数，画出该信号的单边谱和双边谱。

4.3 已知周期为 $T = 2$ 的连续时间信号在一个周期内的定义为

$$x(t) = \begin{cases} 1.5, & 0 \leqslant t < 1 \\ -1.5, & 1 \leqslant t < 2 \end{cases}$$

求该信号的指数傅里叶级数。

4.4 求信号 $x(t) = \sum_{n=-\infty}^{\infty}[\delta(t - 2n) - \delta(t - (2n+1))]$ 的傅里叶级数，画出该信号的频谱。

4.5 根据傅里叶级数的定义求傅里叶级数系数所描述的时域信号。

（1） $X_k = \left(\frac{1}{3}\right)^{|k|}$ ， $\omega_0 = 1$ ；

（2）$X_k = -\mathrm{j}\delta[k-1] + \mathrm{j}\delta[k+1] + \delta[k-3] + \delta[k+3]$，$\omega_0 = 4\pi$；

（3）A_k 和 θ_k 如图 4.20（a）所示，$\omega_0 = 2\pi$；

（4）X_k 的幅度谱和相位谱如图 4.20（b）所示，$\omega_0 = \pi$。

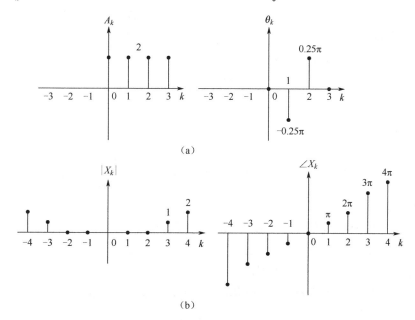

图 4.20　习题 4.5 信号

4.6　已知 $x(t)$ 是周期为 π 的连续时间信号，且 $x(t) \xleftrightarrow{\ \text{FS}\ } X_k = k \times 2^k$，确定下列信号的傅里叶级数。

（1）$y(t) = x(t-1)$；　　（2）$y(t) = x(2t)$；　　（3）$y(t) = x(t) * x(t+1)$；

（4）$y(t) = \dfrac{\mathrm{d}}{\mathrm{d}t} x(t)$；　　（5）$y(t) = \cos(2t) x(t)$。

4.7　求下列信号的傅里叶变换。

（1）$x(t) = \mathrm{e}^{-2t} u(t-3)$；

（2）$x(t) = \operatorname{sgn}(t)$；

（3）$x(t) = u(t+2) - 2u(t) + u(t-2)$；

（4）$x(t) = \sin(2\pi t)\mathrm{e}^{-t} u(t)$；

（5）$x(t) = \left(\dfrac{\sin t}{\pi t}\right) * \dfrac{\mathrm{d}}{\mathrm{d}t}\left(\dfrac{\sin 2t}{\pi t}\right)$；

（6）$x(t) = \dfrac{\sin 2\pi(t-2)}{t-2}$；

（7）$x(t) = t\mathrm{e}^{-t} u(t)$；

（8）$x(t) = \mathrm{e}^{-t}\cos(4t) u(t)$；

（9）$x(t) = \dfrac{1}{a + \mathrm{j}t}$；

（10）$x(t) = \dfrac{4}{\pi^2 t^2}\sin^2(2t)$。

4.8　计算傅里叶反变换。

（1）$X(\mathrm{j}\omega) = -\dfrac{2}{\omega^2}$；

（2）$X(\mathrm{j}\omega) = \dfrac{\mathrm{j}\omega}{(1 + \mathrm{j}\omega)^2}$；

（3）$X(\mathrm{j}\omega) = \dfrac{1}{\mathrm{j}\omega(2 + \mathrm{j}\omega)} - \pi\delta(\omega)$；

（4）$X(\mathrm{j}\omega) = \dfrac{4\sin^2(\omega)}{\omega^2}$；

（5）$X(\mathrm{j}\omega) = \cos(4\omega)$；

（6）$X(\mathrm{j}\omega) = G_4(\omega)\cos(\pi\omega)$。

4.9 计算：

（1）$\displaystyle\int_{-\infty}^{\infty} t^2 \left(\frac{\sin t}{\pi t}\right)^4 \mathrm{d}t$；

（2）$\displaystyle\int_{-\infty}^{\infty} \frac{8}{(\omega^2+4)^2} \mathrm{d}\omega$；

（3）$\displaystyle\int_{-\infty}^{\infty} \frac{2}{(\mathrm{j}\omega+2)^2} \mathrm{d}\omega$；

（4）$\displaystyle\sum_{k=-\infty}^{\infty} \frac{\sin^2(k\pi/8)}{k^2}$。

4.10 已知信号 $x(t)$ 的傅里叶变换为

$$X(\mathrm{j}\omega) = \frac{1}{\mathrm{j}}\left[\operatorname{sinc}\left(\frac{2\omega}{\pi} - \frac{1}{2}\right) - \operatorname{sinc}\left(\frac{2\omega}{\pi} + \frac{1}{2}\right)\right]$$

（1）求 $x(t)$；（2）设 $y(t) = \displaystyle\sum_{k=-\infty}^{\infty} x(t-16k)$，计算 $Y(\mathrm{j}\omega)$。

4.11 设信号 $x(t)$ 和 $y(t)$ 的傅里叶变换分别为 $X(\mathrm{j}\omega) = \begin{cases} 2, & |\omega| < \pi \\ 0, & \text{其他} \end{cases}$，$Y(\mathrm{j}\omega) = X(\mathrm{j}(\omega-3)) + X(\mathrm{j}(\omega+3))$，求 $x(t)$ 和 $y(t)$。

4.12 如图 4.21 所示的傅里叶变换 $X(\mathrm{j}\omega)$，计算 $x(0)$。

4.13 计算如图 4.4 所示的方波周期信号的傅里叶变换。

4.14 求对应下列傅里叶变换的时域信号 $x(t)$。

$$X(\mathrm{j}\omega) = 4\pi\delta(\omega-\pi) + \mathrm{j}\pi\delta(\omega-3\pi) + 4\pi\delta(\omega+\pi) - \mathrm{j}\pi\delta(\omega+3\pi)$$

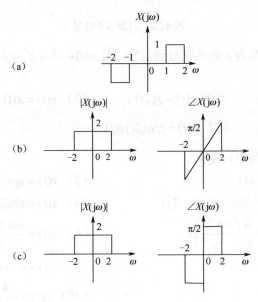

图 4.21　习题 4.12 的傅里叶变换

4.15 求下列傅里叶变换对应的时域信号：

（1）$X(\mathrm{j}\omega) = \dfrac{5\mathrm{j}\omega+12}{(\mathrm{j}\omega)^2+5\mathrm{j}\omega+6}$；

（2）$X(\mathrm{j}\omega) = \dfrac{2(\mathrm{j}\omega)^2+12\mathrm{j}\omega+14}{(\mathrm{j}\omega)^2+6\mathrm{j}\omega+5}$；

（3）$X(\mathrm{j}\omega) = \dfrac{\mathrm{j}\omega+3}{(\mathrm{j}\omega+1)^2}$；

（4）$X(\mathrm{j}\omega) = \dfrac{(\mathrm{j}\omega)^3+5(\mathrm{j}\omega)^2+8(\mathrm{j}\omega)+3}{(\mathrm{j}\omega+1)^2(\mathrm{j}\omega+2)}$。

备选习题

更多习题请扫右方二维码获取。

仿真实验题

4.1　设 $x(t) = G(t - 0.5\tau)$，当 $T = 2$，$\tau = 0.5$ 时，画出该信号的频谱，并用傅里叶级数的部分和逼近 $x(t)$，解释吉布斯现象。

4.2　用 MATLAB 画出下列信号的频谱。

（1）$x(t) = \left[e^{-5t} u(t) \right] \cos 50t$ ；（2）$x(t) = (1 - |t|) G_2(t) \cos 10t$ 。

4.3　计算宽度为 2、幅度为 1 的三角波在 10Hz 范围内的能量。

第 5 章　连续时间系统频域分析

学习目标

通过本章的学习，学生应具备以下能力：

◆ 会正确计算频率响应函数；

◆ 会利用频域分析方法分析和计算非周期信号的系统响应；

◆ 会正确计算周期信号特别是三角信号的系统响应；

◆ 理解无失真传输系统、连续时间理想滤波器和因果滤波器的概念；

◆ 会利用 RC、RL 和 RCL 电路构造低通、高通和带通滤波器，理解电路参数对滤波特性的影响；

◆ 会正确分析理想抽样和自然抽样的过程，会正确应用时域抽样定理的内容；

◆ 会正确分析全调幅、双边带抑制载波调制和脉冲幅度调制的系统框架；

◆ 理解频分复用和时分复用的原理；

◆ 会用 MATLAB 分析信号的调制与解调。

第 4 章解决了连续时间信号在频域的分解问题，通过傅里叶级数和傅里叶变换可以将符合狄利克莱条件的连续时间周期信号用傅里叶级数表示，将连续时间非周期信号用傅里叶变换表示。

本章在上述基础上讨论连续时间系统的频域分析方法，介绍频率响应的概念、系统零状态响应的计算方法、无失真传输系统、理想滤波器、采样定理，以及频域分析法在通信系统中的应用等问题。

5.1　连续时间系统的傅里叶分析

5.1.1　连续时间系统频域分析法与频率响应函数

设 LTI 连续时间系统的单位冲激响应为 $h(t)$ ，系统输入激励为 $x(t)$ 。假设 $x(t)$ 和 $h(t)$ 均是绝对可积的，即存在傅里叶变换，则 $x(t)$ 可以分解为

$$x(t) = \frac{1}{2\pi} \int_{-\infty}^{\infty} X(j\omega) e^{j\omega t} d\omega$$

虚指数信号 $e^{j\omega t}$ 的零状态响应为

$$T\left\{e^{j\omega t}\right\} = e^{j\omega t} * h(t) = \int_{-\infty}^{\infty} h(\tau) e^{j\omega(t-\tau)} d\tau = e^{j\omega t} H(j\omega)$$

其中

$$H(j\omega) = \int_{-\infty}^{\infty} h(t) e^{-j\omega t} dt \tag{5.1}$$

$H(j\omega)$ 为单位冲激响应的傅里叶变换，称为系统的**频率响应函数**，简称**频率响应**。

另外，由 LTI 系统的线性时不变特性，激励 $x(t)$ 零状态响应为

$$y_{zs}(t) = T\{x(t)\} = \frac{1}{2\pi}\int_{-\infty}^{\infty} X(j\omega)T\{e^{j\omega t}\}d\omega$$

$$= \frac{1}{2\pi}\int_{-\infty}^{\infty} X(j\omega)H(j\omega)e^{j\omega t}d\omega$$

上式表示零状态响应的傅里叶变换为

$$Y_{zs}(j\omega) = X(j\omega)H(j\omega) \tag{5.2}$$

式（5.2）表明，对于输入信号中的任何一个频率成分，线性时不变系统的作用就是把这个频率成分进行幅度和相位的改变，即乘以 $H(j\omega)$。这个频率成分的能量不会泄漏到其他频率成分上。如果输出信号中包含了输入信号中没有的频率成分，则这个系统就不是线性时不变系统。

强调一点，频率特性只适合线性时不变系统。非线性系统或线性时变系统都不能用这个方法来描述，这是因为这样的系统对正弦信号不具备波形保持特性。线性时变系统在实际应用中往往被处理成短时间内的线性时不变系统。在这种情况下，也可以用频率特性来描述，但是其同时隐含了对信号进行周期化的处理过程。

式（5.2）给出了 LTI 连续时间系统的傅里叶分析方法。

LTI 连续时间系统傅里叶分析方法:
◆　首先，求输入信号和单位冲激响应的傅里叶变换 $X(j\omega)$ 和 $H(j\omega)$；
◆　然后，计算乘积 $X(j\omega)H(j\omega)$；
◆　最后，计算乘积的傅里叶反变换 $F^{-1}[X(j\omega)H(j\omega)]$。

事实上，式（5.2）也可以直接由傅里叶变换的卷积特性得到。由于 LTI 连续时间系统的零状态响应为

$$y_{zs}(t) = x(t) * h(t)$$

对上式两边取傅里叶变换，并利用卷积特性，即可得

$$Y_{zs}(j\omega) = X(j\omega)H(j\omega)$$

现在将频率响应 $H(j\omega)$ 用极坐标表示，即

$$H(j\omega) = |H(j\omega)|e^{j\angle H(j\omega)}$$

则由式（5.2）可得

$$|Y_{zs}(j\omega)| = |X(j\omega)||H(j\omega)|$$

$$\angle Y_{zs}(j\omega) = \angle X(j\omega) + \angle H(j\omega) \tag{5.3}$$

也就是说，系统通过 $|H(j\omega)|$ 改变输入信号的幅度，通过 $\angle H(j\omega)$ 改变输入信号的相位。因此，$H(j\omega)$ 反映了系统对输入信号不同频率分量的传输特性，系统特性完全由 $|H(j\omega)|$ 和 $\angle H(j\omega)$ 决定，称 $|H(j\omega)|$ 为系统的**幅频响应**，称 $\angle H(j\omega)$ 为系统的**相频响应**。由傅里叶变换的共轭对称性质，当单位冲激响应 $h(t)$ 为实信号时，幅频响应关于纵坐标轴对称为偶函数，相频响应关于原点对称为奇函数。

考虑式（2.1）表示的 LTI 连续时间系统，有

$$y^{(n)}(t) + a_{n-1}y^{(n-1)}(t) + \cdots + a_0 y(t) = b_m x^{(m)}(t) + b_{m-1}x^{(m-1)}(t) + \cdots + b_0 x(t)$$

对等式的左右两边取傅里叶变换，利用傅里叶变换的微分性质，可得

$$(j\omega)^n Y(j\omega) + a_{n-1}(j\omega)^{n-1} Y(j\omega) + \cdots + a_0 Y(j\omega)$$
$$= b_m(j\omega)^m X(j\omega) + b_{m-1}(j\omega)^{m-1} X(j\omega) + \cdots + b_0 X(j\omega)$$

令 $a_n = 1$，整理可得

$$\sum_{k=0}^{n} a_k(j\omega)^k Y(j\omega) = \sum_{l=0}^{m} b_l(j\omega)^l X(j\omega)$$

所以

$$H(j\omega) = \frac{Y(j\omega)}{X(j\omega)} = \frac{\displaystyle\sum_{l=0}^{m} b_l(j\omega)^l}{\displaystyle\sum_{k=0}^{n} a_k(j\omega)^k} = \frac{N(j\omega)}{D(j\omega)} = H(p)\big|_{p=j\omega} \tag{5.4}$$

式（5.4）表明频率响应函数与转移算子是相同的。式（5.1）、式（5.2）和式（5.4）给出了计算频率响应函数的 3 种方法。

例 5.1 求系统

$$y''(t) + 3y'(t) + 2y(t) = x(t)$$

的频率响应函数和单位冲激响应。

 笔记：

解： 转移算子

$$H(p) = \frac{1}{p^2 + 3p + 2}$$

所以，频率响应函数为

$$H(j\omega) = \frac{1}{(j\omega)^2 + 3(j\omega) + 2} = \frac{1}{j\omega + 1} - \frac{1}{j\omega + 2}$$

单位冲激响应为

$$h(t) = \left(e^{-t} - e^{-2t}\right) u(t)$$

例 5.2 已知某 LTI 连续时间系统的单位冲激响应为

$$h(t) = \left(e^{-t} - e^{-2t}\right) u(t)$$

确定该系统的微分方程。

解： 由单位冲激响应与频率响应函数的关系可知

$$H(j\omega) = \frac{1}{j\omega + 1} - \frac{1}{j\omega + 2} = \frac{1}{(j\omega)^2 + 3(j\omega) + 2}$$

所以，系统微分方程表示为

$$y''(t) + 3y'(t) + 2y(t) = x(t)$$

例 5.3 已知某 LTI 连续时间系统对激励 $x(t) = e^{-3t} u(t)$ 的响应为

$$y_{zs}(t) = \left(0.5e^{-t} + 2e^{-2t} - 2.5e^{-3t}\right) u(t)$$

求该系统的频率响应函数。

解： $H(j\omega) = \dfrac{Y_{zs}(j\omega)}{X(j\omega)} = \dfrac{3j\omega + 4}{(j\omega + 1)(j\omega + 2)}$

5.1.2　连续时间周期信号的响应

如果输入信号 $x(t)$ 为周期信号，其傅里叶级数的系数为 X_n，由式（4.20）可知

$$X(j\omega) = 2\pi \sum_{n=-\infty}^{\infty} X_n \delta(\omega - n\omega_0)$$

设 LTI 连续时间系统的单位冲激响应为 $h(t)$，对应的频率响应为 $H(j\omega)$，由式（5.2）可知

$$Y_{zs}(j\omega) = X(j\omega)H(j\omega) = 2\pi \sum_{n=-\infty}^{\infty} X_n H(j\omega) \delta(\omega - n\omega_0)$$

$$= 2\pi \sum_{n=-\infty}^{\infty} X_n H(jn\omega_0) \delta(\omega - n\omega_0) \tag{5.5}$$

因此，周期信号 $x(t)$ 的响应 $y_{zs}(t)$ 仍然是周期的，其周期与 $x(t)$ 相同。

假设 $x(t) = A\cos(\omega_0 t + \theta)$，则其傅里叶变换为

$$X(j\omega) = A\pi[e^{-j\theta}\delta(\omega + \omega_0) + e^{j\theta}\delta(\omega - \omega_0)]$$

代入式（5.5），可得

$$Y_{zs}(j\omega) = A\pi[e^{-j\theta}\delta(\omega + \omega_0) + e^{j\theta}\delta(\omega - \omega_0)]H(j\omega)$$

取反变换可得

$$y(t) = A|H(j\omega_0)|\cos(\omega_0 t + \theta + \angle H(j\omega_0)) \tag{5.6}$$

即 LTI 连续时间系统对余弦信号的响应仍然是同频率的余弦信号，幅值为原信号的幅值乘以对应频率的幅频响应，相位为原信号的相位与对应频率的相频响应之和。

更一般地，设 $x(t)$ 为周期信号，则

$$x(t) = \frac{A_0}{2} + \sum_{n=1}^{\infty} A_n \cos(n\omega_0 t + \theta_n)$$

该信号对 LTI 连续时间系统的响应为

$$y(t) = \frac{A_0}{2}H(0) + \sum_{n=1}^{\infty} A_n |H(jn\omega_0)|\cos(n\omega_0 t + \theta_n + \angle H(jn\omega_0)) \tag{5.7}$$

由式（5.7）可知，系统输入信号与输出信号的傅里叶级数系数之间的关系为

$$A_n^y = A_n^x |H(jn\omega_0)|, \quad \theta_n^y = \theta_n^x + \angle H(jn\omega_0) \tag{5.8}$$

对应地，有

$$|X_n^y| = \frac{1}{2}A_n^x |H(jn\omega_0)|, \quad \angle X_n^y = \theta_n^x + \angle H(jn\omega_0) \tag{5.9}$$

例 5.4　设 LTI 连续时间系统的单位冲激响应为 $h(t) = \mathrm{Sa}(\pi t)$。求该系统对如图 4.4 所示方波周期信号的响应，这里取 $T = 4$，$\tau = 2$。

笔记：

解： 频率响应函数为

$$H(j\omega) = F[h(t)] = G_{2\pi}(\omega)$$

当 $T = 4$，$\tau = 2$ 时，由例 4.3 的结果可知

$$X_n = \frac{2}{4}\text{Sa}\left(\frac{n\omega_0\tau}{2}\right) = \frac{1}{2}\text{Sa}\left(\frac{n\pi}{2}\right)$$

所以由式（5.5），输出响应的傅里叶变换为

$$Y(j\omega) = 2\pi\sum_{n=-\infty}^{\infty} X_n H(jn\omega_0)\delta(\omega - n\omega_0)$$

$$= 2\pi\sum_{n=-\infty}^{\infty}\frac{1}{2}\text{Sa}\left(\frac{n\pi}{2}\right)H\left(j\frac{n\pi}{2}\right)\delta\left(\omega - n\frac{\pi}{2}\right)$$

$$= 2\delta\left(\omega + \frac{\pi}{2}\right) + \pi\delta(\omega) + 2\delta\left(\omega - \frac{\pi}{2}\right)$$

由此得到输出为

$$y(t) = \frac{1}{2} + \frac{2}{\pi}\cos\left(\frac{\pi}{2}t\right)$$

例 5.5 已知某 LTI 连续时间系统的单位冲激响应为 $h(t) = e^{-2t}u(t)$，求信号 $1 + 4\cos(2t)$ 的响应。

解： 系统的频率响应函数为

$$H(j\omega) = F[h(t)] = \frac{1}{2 + j\omega}$$

该系统对周期信号 $1 + 4\cos(2t)$ 的响应为

$$y(t) = H(0) + 4\,|H(j2)|\cos(2t + \angle H(j2))$$

由于

$$H(0) = \frac{1}{2}, \quad H(j2) = \frac{1}{2 + 2j} = \frac{\sqrt{2}}{4}e^{-j\frac{\pi}{4}}$$

所以

$$y(t) = \frac{1}{2} + \sqrt{2}\cos\left(2t - \frac{\pi}{4}\right)$$

例 5.6 考虑如图 1.24（a）所示一阶系统，求：

（1）当 $RC = 0.001$ 时，系统对信号

$$x(t) = \sin(100\pi t) + \sin(2000\pi t)$$

的响应。

（2）当 RC 分别取 1、0.1、0.01 时，该系统对如图 4.4 所示方波周期信号的响应，这里取 $T = 4$，$\tau = 2$。

解：（1）如图 1.24（a）所示系统的微分方程为

$$y'(t) + \frac{1}{RC}y(t) = \frac{1}{RC}x(t)$$

频率响应函数为

$$H(j\omega) = \frac{1/RC}{j\omega + 1/RC}$$

当 $RC = 0.001$ 时，有

 笔记：

%利用MATLAB求幅值和相位

```
RC=0.001;
w=100;
H=(1/RC)./(j*w+
1/RC);
magH=abs(H)
angH=180*angle(
H)/pi
```

$$H(\mathrm{j}\omega) = \frac{1000}{\mathrm{j}\omega + 1000}$$

由式（5.6），信号

$$x(t) = \sin(100\pi t) + \sin(2000\pi t)$$

的响应为

$$y(t) = |H(\mathrm{j}100)| \sin\left(100\pi t + \angle H(\mathrm{j}100)\right) + \\ |H(\mathrm{j}2000)| \sin\left(2000\pi t + \angle H(\mathrm{j}2000)\right)$$

利用 MATLAB 可以求出：

$$|H(\mathrm{j}100)| = 0.9950, \quad \angle H(\mathrm{j}100) = -5.7°$$

$$|H(\mathrm{j}2000)| = 0.4472, \quad \angle H(\mathrm{j}2000) = -63.4°$$

所以，当 $RC = 0.001$ 时，该系统保留了低频分量，衰减了高频分量。图 5.1 描绘了输入信号和对应的输出信号。

（2）由例 4.3 的结果可知，方波周期信号的傅里叶级数系数为

$$X_n = \frac{2}{4}\mathrm{Sa}\left(\frac{n\omega_0\tau}{2}\right) = \frac{1}{2}\mathrm{Sa}\left(\frac{n\pi}{2}\right)$$

所以

$$A_0^x = 2X_0 = 1$$

$$A_n^x = \left|\mathrm{Sa}\left(\frac{n\pi}{2}\right)\right| = \begin{cases} \dfrac{2}{n\pi}, & n = 1,3,5,\cdots \\ 0, & n = 2,4,6,\cdots \end{cases}$$

$$\theta_n^x = \begin{cases} \pi, & n = 3,7,11,\cdots \\ 0, & \text{其他} \end{cases}$$

由式（5.8），频率响应为

$$H(\mathrm{j}n\omega_0) = H\left(\mathrm{j}\frac{n}{2}\pi\right) = \frac{1/RC}{\mathrm{j}n\pi/2 + 1/RC}$$

所以

$$|H(\mathrm{j}n\pi/2)| = \frac{1/RC}{\sqrt{(n\pi/2)^2 + (1/RC)^2}}$$

$$\angle H(\mathrm{j}n\pi/2) = -\arctan(n\pi RC/2)$$

可得输出信号的傅里叶级数系数为

$$A_0^y = A_0^x H(0) = 1$$

$$A_n^y = \begin{cases} \dfrac{2}{n\pi}\dfrac{1/RC}{\sqrt{(n\pi/2)^2 + (1/RC)^2}}, & n = 1,3,5,\cdots \\ 0, & n = 2,4,6,\cdots \end{cases}$$

$$\theta_n^y = \begin{cases} \pi - \arctan(n\pi RC/2), & n = 3,7,11,\cdots \\ -\arctan(n\pi RC/2), & \text{其他} \end{cases}$$

📑 笔记：

```
%利用MATLAB求输出
响应
RC=1;w0=0.5*pi;
A0=0.5;
H0=1;N=50;
t=-6:0.01:6;
k=0:50;
y=A0*H0*ones(1,
length(t));
 for k=1:2:N,

Ak=2/pi/k*(-1)^((
k-1)/2);

H=(1/RC)/(j*k*w0+
1/RC);

y=y+Ak*abs(H)*cos(
k*w0*t+angle(H));
 end
```

笔记：

所以，输出信号为

$$y(t) = 0.5 + \sum_{\substack{n=1 \\ n为奇数}}^{\infty} \frac{2}{n\pi} \frac{1/RC}{\sqrt{(n\pi/2)^2 + (1/RC)^2}} \cos\left(\frac{n\pi}{2}t + \theta_n^y\right)$$

注意到

$$\cos\left(\frac{n\pi}{2}t + \theta_n^y\right) = (-1)^{\frac{n-1}{2}} \cos\left(\frac{n\pi}{2}t - \arctan\frac{n\pi RC}{2}\right)$$

则

$$y(t) = 0.5 + \sum_{\substack{n=1 \\ n为奇数}}^{\infty} \frac{2}{n\pi}(-1)^{\frac{n-1}{2}} \frac{1/RC}{\sqrt{(n\pi/2)^2 + (1/RC)^2}}$$

$$\cos\left(\frac{n\pi}{2}t - \arctan\left(\frac{n\pi RC}{2}\right)\right)$$

图 5.2、图 5.3 和图 5.4 分别描绘了当 RC 分别取 1、0.1、0.01 时的系统响应及其对应的傅里叶系数。

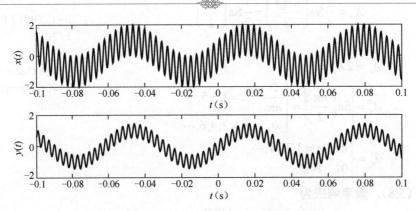

图 5.1　例 5.6（1）当 RC=0.001 时的输入信号与输出信号

由图 5.1 可知，如图 1.24（a）所示一阶系统允许低频分量通过，而对于高频分量会起到消除抑制的作用，因此该系统为一个低通滤波器。

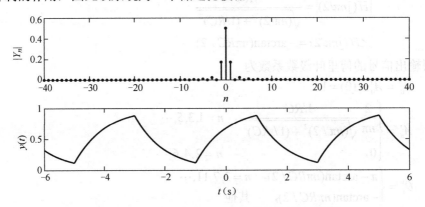

图 5.2　例 5.6（2）当 RC=1 时的输出信号及其频谱

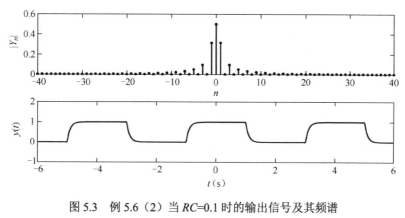

图 5.3　例 5.6（2）当 RC=0.1 时的输出信号及其频谱

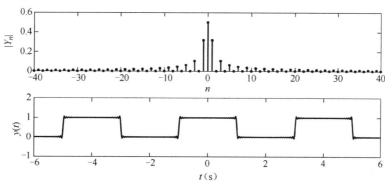

图 5.4　例 5.6（2）当 RC=0.01 时的输出信号及其频谱

由图 5.2、图 5.3 和图 5.4 可知，随着 RC 的减小，系统允许通过的频率分量会逐渐增多，因此，从频谱的角度分析输出信号的频谱就与输入信号的频谱越来越接近，故输出响应的失真也就越来越小。

实际上，上述的现象与低通滤波器的截止频率有关。本部分内容将在 5.3 节详细介绍。

5.1.3　电路系统的响应

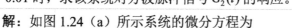

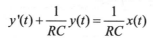 考虑如图 1.24（a）所示一阶系统。当 RC 分别取 1、0.1、0.01 时，求该系统对方波脉冲信号 $G_2(t)$ 的响应。

 笔记：

解：如图 1.24（a）所示系统的微分方程为

$$y'(t) + \frac{1}{RC} y(t) = \frac{1}{RC} x(t)$$

频率响应函数为

$$H(\mathrm{j}\omega) = \frac{1/RC}{\mathrm{j}\omega + 1/RC}$$

方波脉冲信号的傅里叶变换为

$$G_2(t) \xleftarrow{\text{FT}} 2\mathrm{Sa}(\omega)$$

所以，输出信号的傅里叶变换为

$$Y_{zs}(j\omega) = X(j\omega)H(j\omega) = 2Sa(\omega)\frac{1/RC}{j\omega+1/RC}$$

所以，输出信号为

$$y(t) = F^{-1}\left[2Sa(\omega)\frac{1/RC}{j\omega+1/RC}\right]$$

图 5.5、图 5.6 和图 5.7 分别描绘了当 RC 分别取 1、0.1、0.01 时的系统响应及其对应的傅里叶变换。

```
%利用MATLAB求输出
响应
syms X H Y y w
X=2*sin(w)./w;
H=(1/RC)./(j*w+
1/RC);
Y=X.*H;
y=ifourier(Y);
```

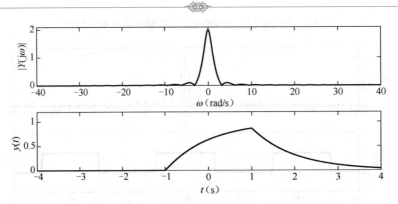

图 5.5　当 RC=1 时的输出信号及其频谱

由图 5.5、图 5.6 和图 5.7 可知，随着 RC 的减小，系统的时间常数逐渐减小，因此，从频谱可以看出 RC 越小， $H(j\omega)$ 的通带就越宽，滤波作用越弱，反映出图形就比较接近。

关键：正弦脉冲通过低通滤波器，其响应的正确性，不随着内容改变而变化。

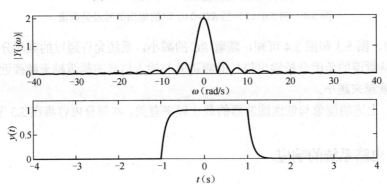

图 5.6　当 RC=0.1 时的输出信号及其频谱

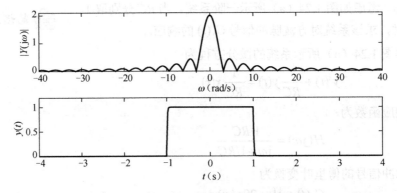

图 5.7　当 RC=0.01 时的输出信号及其频谱

由图 5.5、图 5.6、图 5.7 可以看出，随着 RC 的减小，输出信号相对于输入信号的失真越来越小。这是因为当 RC 减小时，系统允许通过的频率分量增多，输出信号的频谱越来越接近于输入信号的频谱。

在上面的例子中，电路系统通过基尔霍夫定律和伏安特性建立系统的微分方程，再利用傅里叶变换来求系统的频率响应。下面介绍另一种方法：首先，对电路中的基本元件建立**频域模型**，得出基本元件的广义阻抗；然后，直接利用电路的基本原理求出电路系统的频率响应。表 5.1 列出了电阻、电感和电容的时域模型和对应的频域模型及广义阻抗。

表 5.1　电路的时域模型、频域模型及广义阻抗

时 域 模 型	频 域 模 型	广 义 阻 抗
$v_R(t) = R i_R(t)$	$V_R(j\omega) = R I_R(j\omega)$	R
$v_L(t) = L i_L'(t)$	$V_L(j\omega) = j\omega L I_L(j\omega)$	$j\omega L$
$i_C(t) = C v_C'(t)$	$I_C(j\omega) = j\omega C V_C(j\omega)$	$1/j\omega C$

如图 1.24（a）所示的一阶系统，其频域模型如图 5.8 所示。由电路的基本原理有

$$H(j\omega) = \frac{Y(j\omega)}{X(j\omega)} = \frac{\dfrac{1}{j\omega C}}{R + \dfrac{1}{j\omega C}} = \frac{1/RC}{j\omega + 1/RC}$$

上述结果与从微分方程获得的频率响应完全相同。

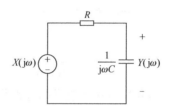

图 5.8　RC 电路的频域模型

例 5.8　如图 5.9 所示 RLC 电路系统，求该系统的频率响应函数。

笔记：

解：如图 5.9（a）所示为 RLC 串联电路，根据频域电路模型

$$Y(j\omega) = \frac{R}{R + j\omega L + 1/j\omega C} X(j\omega)$$

所以，RLC 串联电路的频率响应函数为

$$H(j\omega) = \frac{Y(j\omega)}{X(j\omega)} = \frac{R}{R + j\omega L + 1/j\omega C}$$

整理后可得

$$H(j\omega) = \frac{j\omega \dfrac{R}{L}}{(j\omega)^2 + (j\omega)\dfrac{R}{L} + \dfrac{1}{LC}}$$

同样地，如图 5.9（b）所示为 RLC 并联电路，根据频域电路模型

$$H(\mathrm{j}\omega) = \frac{Y(\mathrm{j}\omega)}{X(\mathrm{j}\omega)} = \frac{1/R}{1/R + 1/\mathrm{j}\omega L + \mathrm{j}\omega C}$$

整理后可得

$$H(\mathrm{j}\omega) = \frac{\mathrm{j}\omega \dfrac{1}{RC}}{(\mathrm{j}\omega)^2 + (\mathrm{j}\omega)\dfrac{1}{RC} + \dfrac{1}{LC}}$$

笔记：

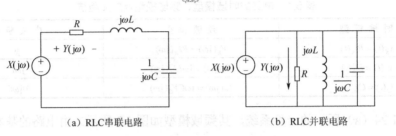

（a）RLC 串联电路　　　　　　　（b）RLC 并联电路

图 5.9　RLC 电路的频域模型

由式（5.4）可知，$H(\mathrm{j}\omega) = \dfrac{Y(\mathrm{j}\omega)}{X(\mathrm{j}\omega)}$，根据可逆系统的定义，输入可以由输出确定出来，令 $H^{\mathrm{inv}}(\mathrm{j}\omega)$ 表示可逆系统的频率响应，则

$$X(\mathrm{j}\omega) = H^{\mathrm{inv}}(\mathrm{j}\omega)Y(\mathrm{j}\omega)$$

所以由此可得

$$H^{\mathrm{inv}}(\mathrm{j}\omega) = \frac{1}{H(\mathrm{j}\omega)}$$

逆系统称为均衡器，从输出信号恢复输入信号的过程称为**均衡**。

例 5.9　如图 1.24（a）所示的一阶低通滤波器，计算其逆系统的单位冲激响应。

笔记：

解： 如图 1.24（a）所示的一阶低通滤波器的频率响应为

$$H(\mathrm{j}\omega) = \frac{1/RC}{\mathrm{j}\omega + 1/RC}$$

所以，可逆系统的频率响应函数为

$$H^{\mathrm{inv}}(\mathrm{j}\omega) = RC(\mathrm{j}\omega + 1/RC) = 1 + \mathrm{j}\omega RC$$

可逆系统的单位冲激响应为：

$$h^{\mathrm{inv}}(t) = \delta(t) + RC\delta'(t)$$

对应地，可逆系统为

$$y(t) = x(t) + RCx'(t)$$

连续时间系统频域分析法的优点是，在计算零状态响应时，可以直观地观察信号通过系统时频谱的变换，解释激励与响应时域波形的差异。其缺点是，一方面零输入响应仍然

需要用时域的方法计算，另一方面并不是所有的信号都存在傅里叶变换。解决这两个问题的方法是利用拉普拉斯变换，采用系统复频域的分析方法。

5.2　无失真传输系统

在信号传输时，总希望在信号通过系统时，信号无任何失真。无失真传输的含义是指，输出信号与输入信号相比，输出信号只在信号幅度和出现时间上相对于输入信号有变化，二者的波形是相同的。也就是说，若输入信号为 $x(t)$，则无失真传输系统的输出信号为

$$y(t) = Kx(t - t_0) \tag{5.10}$$

其中，常数 $K > 0$ 表示幅度变换，常数 t_0 表示传输时延。

由式（5.10）可知，无失真传输系统的单位冲激响应满足

$$h(t) = K\delta(t - t_0) \tag{5.11}$$

对式（5.11）求傅里叶变换可得无失真传输系统的频率响应函数为

$$H(j\omega) = Ke^{-j\omega t_0} \tag{5.12}$$

图 5.10 描绘了无失真传输系统的幅频响应和相频响应。由此可知，无失真传输系统应满足两个条件：一是幅频响应在整个频率范围内应为常数 K，即 $|H(j\omega)| = K$；二是相频响应在整个频率范围内应与 ω 成线性关系，是一条过原点的斜率为 $-t_0$ 的直线。

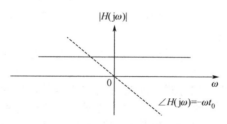

图 5.10　无失真传输系统的幅频响应和相频响应

以上两个条件是信号无失真传输的理想条件。当传输有限带宽的信号时，只需要在输入信号频带范围内满足上述特性即可。

例 5.10　已知某 LTI 连续时间系统的频率响应为

$$H(j\omega) = \frac{1 - j\omega}{1 + j\omega}$$

判断该系统是否为无失真传输系统。

解：由于

$$H(j\omega) = e^{-2j[\arctan(\omega)]}$$

幅频响应和相频响应分别为

$$|H(j\omega)| = 1, \quad \angle H(j\omega) = -2j[\arctan(\omega)]$$

相频响应不符合条件，因此该系统不是无失真传输系统。

　笔记：

例 5.11 已知某 LTI 连续时间系统的频率响应如图 5.11 所示，判断下列信号通过该系统时是否会失真。

（1）$x(t) = \cos t + \cos 6t$；

（2）$x(t) = \mathrm{Sa}(4t)$。

解： 该系统在 $|\omega| \leqslant 5$ 时符合无失真传输系统的条件。

（1）$\cos t$ 通过系统不失真，但 $\cos 6t$ 通过系统会发生失真，因此信号 $x(t)$ 通过系统会失真。

（2）$x(t)$ 的傅里叶变换为

$$X(\mathrm{j}\omega) = \frac{\pi}{4} G_8(\omega)$$

因此该信号的频带宽度为 4，所以信号 $x(t)$ 不会失真。

笔记：

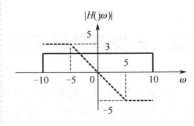

图 5.11　例 5.11

5.3　连续时间滤波器

通常，含有一定信息的信号频谱占据一定的有限频带。例如，语音信号的频率为 300～3400Hz。为了提取语音信号的信息，需要频率选择系统，即滤波器。作为一种频率选择装置，滤波器可以将信号的频谱范围限制在某个特定的频带范围内。在无线电收音机、电视机与移动电话系统中，滤波器用于将不同的广播频率相互分离。

系统对输入信号进行滤波，是指对不同频率的输入信号分量产生不同的响应，是频域上相乘的结果。滤波表示输入信号的一些频率分量被滤除，而其他的频率分量可以通过系统。根据系统对输入信号滤波的方式，连续时间滤波器可以分为低通、高通、带通和带阻 4 种类型。**低通滤波器**是允许通过低频分量而衰减高频分量的系统，**高通滤波器**是允许通过高频分量而衰减低频分量的系统，**带通滤波器**是允许信号某一特定频率范围的频率分量通过而衰减其他频率分量的系统，**带阻滤波器**与带通滤波器的概念相对。图 5.12 描绘了理想滤波器的幅频响应。

滤波器的**通带**定义为能通过系统的频率范围，**阻带**是指被系统衰减的频率范围。

（1）理想低通滤波器的通带为 $0 \sim \omega_c$，阻带为 $\omega_c \sim \infty$。

（2）理想高通滤波器的通带为 $\omega_c \sim \infty$，阻带为 $0 \sim \omega_c$。

（3）理想带通滤波器的通带为 $\omega_1 \sim \omega_2$，阻带为 $0 \sim \omega_1$ 和 $\omega_2 \sim \infty$。

（4）理想带阻滤波器的通带为 $0 \sim \omega_1$ 和 $\omega_2 \sim \infty$，阻带为 $\omega_1 \sim \omega_2$。

ω_c 和 ω_1、ω_2 分别称为对应滤波器的**截止频率**。理想滤波器通带和阻带之间不存在过渡带。

下面仅考虑理想低通滤波器，其他理想滤波器的分析是类似的。

5.3.1　理想低通滤波器

理想低通滤波器的频率响应函数为

$$H(\mathrm{j}\omega) = \begin{cases} \mathrm{e}^{-\mathrm{j}\omega t_0}, & |\omega| \leqslant \omega_c \\ 0, & |\omega| > \omega_c \end{cases} \tag{5.13}$$

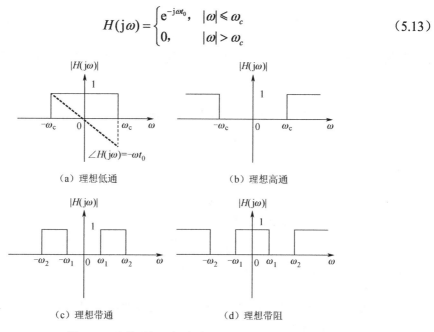

（a）理想低通　　　　　　　　　　　（b）理想高通

（c）理想带通　　　　　　　　　　　（d）理想带阻

图 5.12　连续时间理想滤波器的 4 种类型

　　由于理想低通滤波器的通带范围是有限的，所以称为**带限系统**。信号在通过带限系统时，如果输入信号的频带宽度与理想低通滤波器不匹配，则会产生失真。如果输入信号的频带宽度与理想低通滤波器匹配，则理想低通滤波器成为无失真传输系统，信号就不会失真。

　　对式（5.13）取傅里叶反变换，可得

$$h(t) = \frac{1}{2\pi} \int_{-\omega_c}^{\omega_c} \mathrm{e}^{-\mathrm{j}\omega t_0} \mathrm{e}^{\mathrm{j}\omega t} \mathrm{d}\omega = \frac{\sin(\omega_c(t - t_0))}{\pi(t - t_0)}$$

　　图 5.13 描绘了当 $\omega_c = 2$，$t_0 = 3$ 时的理想低通滤波器的单位冲激响应。相关结论如下。

　　（1）冲激响应的波形是一个抽样信号，与输入信号——单位冲激信号相比，产生了较大的失真。原因是理想低通滤波器为带限系统，而单位冲激信号的频谱为常数 1，频带宽度为无穷大，因此只有一部分频率通过了系统。

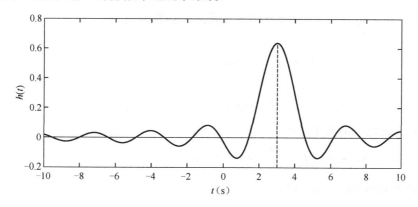

图 5.13　理想低通滤波器的单位冲激响应

（2）单位冲激响应有一个中心位于时刻 t_0 的峰值 $\dfrac{\omega_c}{\pi}$，比输入信号 $\delta(t)$ 的作用时间延迟了时间 t_0，它是理想低通滤波器相频响应的斜率。单位冲激响应的主瓣宽度为 $\dfrac{2\pi}{\omega_c}$，因此减小失真的办法是增大截止频率，当 $\omega_c \to \infty$ 时，系统变为无失真传输系统。

（3）当 $t < 0$ 时，$h(t) \neq 0$，即理想低通滤波器为非因果系统，因而在物理上是不可实现的系统。

例 5.12 已知某理想低通滤波器的频率响应为
$$H(j\omega) = e^{-j\omega t_0}, \ |\omega| \leqslant \omega_c$$
求信号 $x(t) = \mathrm{Sa}(t)\cos(2t)$ 的响应。

> 笔记：

解：（1）当 $\omega_c > 3$ 时，输入信号的全部频率分量均通过系统，因此输出信号无失真，但存在时延，时延大小为相频响应。也就是，$y(t) = x(t - t_0)$。

（2）当 $\omega_c < 1$ 时，输入信号的全部频率分量均被滤除。也就是，$Y(j\omega) = 0$，此时 $y(t) = 0$。

（3）当 $1 \leqslant \omega_c \leqslant 3$ 时，输入信号频率为 $1 \sim \omega_c$ 的频率分量能通过系统。此时，输出信号的频谱为带通型方波信号。信号的幅度为 0.5π，信号的中心频率为 $\dfrac{\omega_c + 1}{2}$，信号带宽为 $\omega_c - 1$。此时，输出信号为

$$y(t) = \frac{\omega_c - 1}{2} \mathrm{Sa}\left[\frac{\omega_c - 1}{2}(t - t_0)\right] \cos\frac{\omega_c + 1}{2}(t - t_0)$$

例 5.13 已知某系统的频率响应为
$$H(j\omega) = e^{-j\omega t_0}, \ |\omega| > \omega_c$$

（1）求单位冲激响应 $h(t)$；

（2）输入信号 $x(t) = 2e^{-t}u(t)$，若输出信号的能量占输入信号能量的 50%，求截止频率 ω_c。

解：（1）高通滤波器可以用全通滤波器减去低通滤波器得到，即

$$H(j\omega) = e^{-j\omega t_0} - H_r(j\omega)$$

其中

$$H_r(j\omega) = e^{-j\omega t_0}, |\omega| \leqslant \omega_c$$

所以，高通滤波器的单位冲激响应为

$$h(t) = \delta(t - t_0) - \frac{\omega_c}{\pi}\mathrm{Sa}[\omega_c(t - t_0)]$$

（2）根据 Parseval 能量守恒定律，有

$$E_y = \frac{1}{2\pi}\int_{-\infty}^{\infty}\left|X(j\omega)H(j\omega)\right|^2 \mathrm{d}\omega = \frac{1}{\pi}\int_{\omega_c}^{\infty}\left|X(j\omega)\right|^2 \mathrm{d}\omega$$

$$E_x = \int_{-\infty}^{\infty} x^2(t)\,\mathrm{d}t = \int_{-\infty}^{\infty} 4e^{-2t}\,\mathrm{d}t = 2$$

由此

$$E_y = \frac{1}{\pi}\int_{\omega_c}^{\infty}|X(\mathrm{j}\omega)|^2\,\mathrm{d}\omega = \frac{1}{\pi}\int_{\omega_c}^{\infty}\left|\frac{2}{1+\mathrm{j}\omega}\right|^2\,\mathrm{d}\omega$$

$$= \frac{4}{\pi}\int_{\omega_c}^{\infty}\frac{1}{1+\omega^2}\,\mathrm{d}\omega = \frac{4}{\pi}\arctan\omega\Big|_{\omega_c}^{\infty} = 1$$

所以 $\omega_c = 1\,\mathrm{rad/s}$。

 笔记：

5.3.2　因果滤波器

图 5.14 描绘了非理想（因果）滤波器的幅频响应。工程上使用的非理想滤波器存在从通带到阻带的逐渐过渡的过程，这种过渡过程的频率范围称为**过渡带**。

因果滤波器的幅度响应通常以**分贝（dB）**为单位，定义为

$$20\lg|H(\mathrm{j}\omega)|$$

当 $|H(\mathrm{j}\omega)|=1$ 时，对应 0dB。因此，滤波器通带中的幅频响应通常应接近 0dB。通带的边缘定义为-3dB，此时对应于幅频响应为 $\sqrt{2}/2$ 的频率，称之为-3dB 点。由于

$$|Y(\mathrm{j}\omega)|^2 = |X(\mathrm{j}\omega)H(\mathrm{j}\omega)|^2 = |X(\mathrm{j}\omega)|^2|H(\mathrm{j}\omega)|^2$$

所以，-3dB 点对应于只有一半输入能量能通过滤波器的频率点，这个频率点称为因果滤波器的**截止频率**。

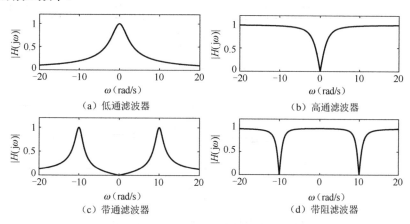

图 5.14　连续时间因果滤波器的 4 种类型

如图 1.24（a）所示的一阶 RC 串联电路构成的系统，当输出为电容两端的电压时，系统的频率响应函数为

$$H(\mathrm{j}\omega) = \frac{1/RC}{\mathrm{j}\omega + 1/RC} \tag{5.14}$$

图 5.15 画出了时间常数 RC=1、0.1、0.01 时的幅频响应曲线，可见此时该系统为低通

滤波器。由于当 $\omega = 1/RC$ 时，$|H(j\omega)| = \sqrt{2}/2$，此时对应的截止频率分别为 1、10、100。因此，随着时间常数的减小，滤波器的截止频率增大，允许通过的输入信号的低频分量也就会增多，因此滤波器的失真会减小。这就解释了例 5.6 和例 5.7 的现象。

如图 1.24（b）所示的一阶 RC 串联电路构成的系统，当输出为负载电阻两端的电压时，系统的频率响应函数为

$$H(j\omega) = \frac{j\omega}{j\omega + 1/RC} \tag{5.15}$$

图 5.16 画出了时间常数 $RC=0.1$ 时的幅频响应曲线和相频响应曲线，可见此时该系统为高通滤波器。由于当 $\omega = 1/RC$ 时，$|H(j\omega)| = \sqrt{2}/2$，此时对应的截止频率为 10。

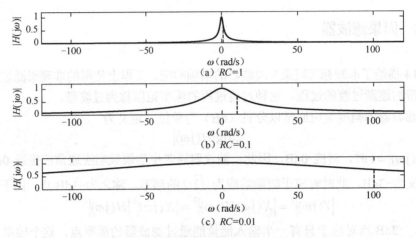

图 5.15　低通滤波器的幅频响应：一阶 RC 电路

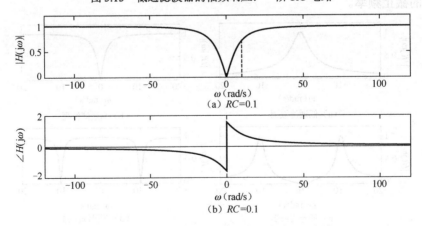

图 5.16　高通滤波器的频率响应：一阶 RC 电路

5.3.3　滤波器的应用

低通滤波器和高通滤波器的一个典型应用是交叉网络，它可以将音频**放大器的输**出耦合至低频扬声器和高频扬声器，如图 5.17（a）所示。交叉网络主要由一个高通 RC 滤波器

和一个低通 RL 滤波器组成，将高于预定交叉频率 f_c 的高频信号送至高频扬声器（高音喇叭），而将低于预定交叉频率 f_c 的低频信号送至低频扬声器（低音喇叭）。低频扬声器是重现信号低频部分的低音喇叭，其最高频率约 3kHz，高音喇叭则重现 3～20kHz 的音频信号。两类扬声器组合在一起即可重现整个音频范围的信号。

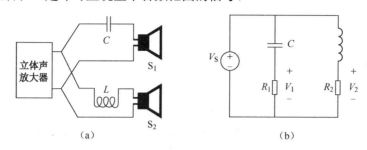

（a）　　　　　　　　　　　　　（b）

图 5.17　滤波器应用：交叉网络

利用电压源代替放大器即可得到如图 5.17（b）所示的交叉网路的近似等效电路，图中扬声器的电路模型为电阻器。由式（5.15）可知，RC 支路构成高通滤波器，高通滤波器的频率响应函数为

$$H_1(\mathrm{j}\omega) = \frac{\mathrm{j}\omega R_1 C}{1 + \mathrm{j}\omega R_1 C}$$

截止频率为 $\omega_c = 1/R_1 C$。RL 支路的频率响应函数为

$$H_2(\mathrm{j}\omega) = \frac{R_2}{R_2 + \mathrm{j}\omega L}$$

对比式（5.14）可知，RL 支路构成低通滤波器，截止频率为 $\omega_c = R_2 / L$。选择 R_1、R_2、L 和 C 的值，可以使两个滤波器具有相同的截止频率，称为**交叉频率**。

例 5.14　在如图 5.17 所示的交叉网络中，假定各扬声器的等效电阻为 6Ω，计算交叉频率取 2.5kHz 时 C 和 L 的值。

 笔记：

解：对于高通滤波器，有

$$\omega_c = 2\pi f_c = \frac{1}{R_1 C}$$

$$C = \frac{1}{2\pi f_c R_1} = \frac{1}{2\pi \times 2.5 \times 10^3 \times 6} = 10.61\mu\mathrm{F}$$

对于低通滤波器，有

$$\omega_c = 2\pi f_c = \frac{R_2}{L}$$

$$L = \frac{R_2}{2\pi f_c} = \frac{6}{2\pi \times 2.5 \times 10^3} = 382\mu\mathrm{H}$$

在第 1 章中，利用 Multisim 仿真说明了 RLC 串联电路的频率选择特性。当选择合适的参数时，RLC 串联电路和 RLC 并联电路均构成带通滤波器。例 5.8 给出了如图 5.9（a）所示的 RLC 串联电路的频率响应函数为

$$H(j\omega) = \frac{j\omega\dfrac{R}{L}}{(j\omega)^2 + (j\omega)\dfrac{R}{L} + \dfrac{1}{LC}} \tag{5.16}$$

此时输出为负载电阻的电压。如图 5.9（b）所示 RLC 并联电路的频率响应函数为

$$H(j\omega) = \frac{j\omega\dfrac{1}{RC}}{(j\omega)^2 + (j\omega)\dfrac{1}{RC} + \dfrac{1}{LC}} \tag{5.17}$$

此时输出为负载电阻的电流。

由电路理论可知，如图 5.9 所示的 RLC 电路为谐振电路。谐振电路频率响应最重要的特性是其幅频响应中所呈现的谐振峰。谐振峰对应的频率称为**谐振频率**，谐振是存储能量从一种形式转换为另一种形式的振荡产生的根源，这种现象在通信网络中可以用于频率选择。表 5.2 列出了谐振电路的频率选择特性，可见谐振电路的通带为

$$\omega_0 - \frac{B}{2} \sim \omega_0 + \frac{B}{2}$$

表 5.2 谐振电路的频率选择特性

特　性	串 联 谐 振	并 联 谐 振
谐振频率 ω_0	$\dfrac{1}{\sqrt{LC}}$	$\dfrac{1}{\sqrt{LC}}$
带宽 B	$\dfrac{R}{L}$	$\dfrac{1}{RC}$
半功率频率 ω_1、ω_2	$\omega_0 \pm \dfrac{B}{2}$	$\omega_0 \pm \dfrac{B}{2}$

图 5.18 描绘了当频率响应函数为

$$H(j\omega) = \frac{2j\omega}{(j\omega)^2 + 2(j\omega) + 100}$$

时的幅频响应和相频响应。

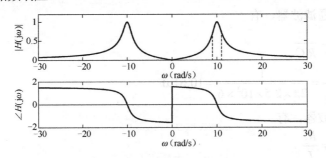

图 5.18 带通滤波器的频率响应

带通滤波器的应用十分广泛，尤其在电子、电力系统及通信系统中的应用更为突出。收音机和电视接收机通常使用串联谐振电路和并联谐振电路来调台，以及从射频载波中提取音频信号。图 5.19 是超外差式调幅收音机接收机的框架，入射的调幅无线电波由天线接收，由于信号一般都很微弱，因此需要多级放大，以便产生可以听得见的音频信号。通常，使用 **RF** 射频放大器放大选中的广播信号，使用 **IF** 中频放大器放大由 **RF** 信号所决定的内

部产生的信号，使用音频放大器放大音频信号。这样，每级放大器都必须调谐到输入信号的频率，每级必须有多个调谐电路来覆盖全部的 AM 波段（530～1600kHz）。为了避免出现多个谐振电路，采用混频器或者外差电路，以产生同样的 IF 信号（455kHz），并且保留加载在输入信号上的音频信号。要产生固定的中频信号，需要将两个分离变量电容的旋转器机械地耦合在一起，以便通过单次控制使他们同时旋转，称为同轴调谐。本地振荡器与 RF 放大器联动在一起产生 RF 信号，该信号又与入射的无线电波结合在一起通过混频器产生输出信号。输出信号同时包含两个信号的和频与差频。例如，如果谐振电路要调谐到接收 800kHz 的输入信号，则本地振荡器需要产生 1255kHz 的信号，使得在混频器的输出端出现 2055kHz 和频和 455kHz 差频（关于调幅的原理将在 5.5 节介绍）。无论调到哪个电台，这个差频是所有中级放大器唯一的谐振频率。在检波器那一级选出原始的音频信号。检波器的主要功能是去除 IF 信号，保留音频信号。音频信号被放大后驱动扬声器。

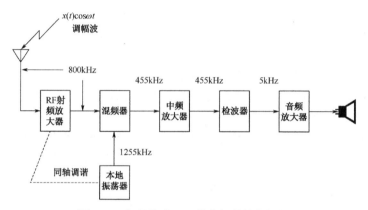

图 5.19　超外差式 AM 收音机的简化框架

例 5.15　图 5.20 为一台 AM 收音机的谐振电路。给定 $L = 1\mu H$，要使谐振频率可由 AM 频段的一端调整到另一端，计算 C 值的范围。

笔记：

解： AM 广播的频率为 530～1600kHz，需要计算该频段的低端和高端。并联谐振电路的谐振频率为

$$\omega_0 = 2\pi f_0 = \frac{1}{\sqrt{LC}}$$

即

$$C = \frac{1}{4\pi^2 f_0^2 L}$$

对 AM 频段的高端，$f_0 = 1600kHz$，与其对应的 C 为

$$C_1 = \frac{1}{4\pi^2 \times 1600^2 \times 10^6 \times 10^{-6}} = 9.9nF$$

对 AM 频段的低端，$f_0 = 530kHz$，与其对应的 C 为

$$C_2 = \frac{1}{4\pi^2 \times 530^2 \times 10^6 \times 10^{-6}} = 90.18nF$$

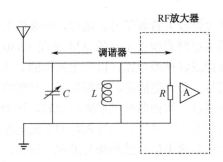

图 5.20　AM 收音机的谐振电路

5.4　时域抽样定理

5.4.1　理想抽样

抽样是从连续时间信号产生离散时间信号的方法，经常出现在通信、控制和信号处理等系统中。抽样后的离散时间信号应该包含原信号的全部信息。时域抽样定理给出了抽样后的信号包含原信号全部信息的条件。

设 $x(t)$ 为连续时间信号，定义 $x[n] = x(nT_s)$ 为以 T_s 为间隔的抽样信号。该信号可以表示为原始信号 $x(t)$ 与周期冲激序列 $\delta_{T_s}(t)$ 的乘积［见图 5.21（a）］，即

$$x_s(t) = x(t)\delta_{T_s}(t) = x(t)\sum_{n=-\infty}^{\infty}\delta(t-nT_s) = \sum_{n=-\infty}^{\infty}x(nT_s)\delta(t-nT_s) \tag{5.18}$$

上述抽样的过程称为**理想抽样**。为了确定抽样间隔，对式（5.18）取傅里叶变换，由例 4.34 的结果，则抽样信号的傅里叶变换为

$$X_s(\mathrm{j}\omega) = \frac{1}{2\pi}X(\mathrm{j}\omega) * \omega_s\delta_{\omega_s}(\omega) = \frac{1}{T_s}\sum_{n=-\infty}^{\infty}X(\mathrm{j}(\omega-n\omega_s)) \tag{5.19}$$

上式说明抽样信号的频谱是原信号频谱的周期性拓延，幅度为 $\dfrac{1}{T_s}$，周期为 $\omega_s = \dfrac{2\pi}{T_s}$。

T_s 称为**抽样间隔**，$\omega_s = \dfrac{2\pi}{T_s}$ 称为**抽样角频率**或**抽样速率**，$f_s = \dfrac{1}{T_s}$ 称为**抽样频率**。

若信号 $x(t)$ 为带限信号，带宽为 ω_m，原始信号和抽样信号的频谱如图 5.21（b）和图 5.21（c）所示。抽样信号的频谱根据 ω_s 和 ω_m 的关系，会产生 3 种情况：

（1）当 $\omega_s > 2\omega_m$ 时，原始信号的频谱和其相邻周期的频移不会发生混叠现象；

（2）当 $\omega_s < 2\omega_m$ 时，原始信号的频谱和其相邻周期的频移会发生混叠现象；

（3）当 $\omega_s = 2\omega_m$ 时，为是否发生混叠现象的临界点。

可见，当 $\omega_s > 2\omega_m$ 时，抽样信号 $x_s(t)$ 包含了原信号 $x(t)$ 的全部信息，因此可以从抽样信号恢复原信号；当 $\omega_s < 2\omega_m$ 时，抽样信号 $x_s(t)$ 的频谱发生了混叠现象，因此 $x_s(t)$ 丢失了原信号的部分信息，这时不可能从抽样信号恢复原信号。这表明抽样的间隔必须满足

$$T_s < \frac{\pi}{\omega_m}$$

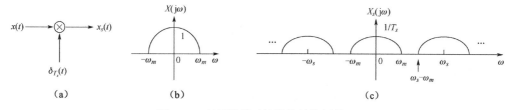

图 5.21　理想抽样及抽样信号的频谱

时域抽样定理：若带限信号的最高角频率为 ω_m，当 $\omega_s > 2\omega_m$ 时，则 $x(t)$ 由其样本 $x(nT_s)$ 唯一确定。这里，$\omega_s = 2\pi/T_s$。

最小抽样速率 $2\omega_m$ 称为**奈奎斯特**[①]**抽样速率**，最大抽样间隔 π/ω_m 称为**奈奎斯特抽样间隔**，最小抽样频率 ω_m / π 称为**奈奎斯特抽样频率**。

例 5.16　对信号 $x(t) = \mathrm{Sa}(10\pi t)$ 进行抽样，确定奈奎斯特抽样频率。

笔记：

解： 由于 $x(t) \xleftarrow{\ \mathrm{FT}\ } 0.1G_{20\pi}(\omega)$，所以信号 $x(t)$ 为带限信号，带宽为 $\omega_m = 10\pi$。根据抽样定理，奈奎斯特抽样频率为

$$f_s = \frac{\omega_s}{2\pi} = \frac{\omega_m}{2\pi} = 10\mathrm{Hz}$$

从抽样信号 $x_s(t)$ 中恢复原信号 $x(t)$ 的过程，称为**信号重建**。图 5.22（a）是信号重建的原理示意，由于信号可以用频谱表示，所以只要能够获得原信号的频谱，通过求解傅里叶反变换即可恢复原信号。由图 5.21 可知，当 $\omega_s > 2\omega_m$ 时，可以用一个理想低通滤波器 $H_r(\mathrm{j}\omega)$ 对抽样信号进行滤波。理想低通滤波器的幅频响应在通带内为常数 T_s，截止频率为 $\omega_s / 2$，即

$$H_r(\mathrm{j}\omega) = \begin{cases} T_s, & |\omega| \leqslant \omega_s / 2 \\ 0, & |\omega| > \omega_s / 2 \end{cases}$$

此时，滤波器的输出为 $X_r(\mathrm{j}\omega) = X_s(\mathrm{j}\omega)H_r(\mathrm{j}\omega) = X(\mathrm{j}\omega)$，所以由抽样信号可复原原信号。

设理想低通滤波器 $H_r(\mathrm{j}\omega)$ 的单位冲激响应为 $h_r(t)$，则

$$x_r(t) = x_s(t) * h_r(t)$$

$$= h_r(t) * \sum_{n=-\infty}^{\infty} x(nT_s)\delta(t - nT_s)$$

$$= \sum_{n=-\infty}^{\infty} x[n]h_r(t - nT_s) = x(t)$$

由 5.3 节的结论可知

① 奈奎斯特（Harry Nyquist，1889—1976），美国物理学家。1917 年获得耶鲁大学哲学博士学位，之后进入美国 AT&T 公司，1934 年在贝尔实验室任职，1954 年从贝尔实验室退休。奈奎斯特总结的奈奎斯特采样定理是通信与信号处理学科中的一个重要基本结论。

$$h_r(t) = \frac{T_s \sin\left(\dfrac{\omega_s}{2}t\right)}{\pi t}$$

代入前式可得

$$x(t) = \sum_{n=-\infty}^{\infty} x[n]\mathrm{sinc}\left(\frac{\omega_s(t-nT_s)}{2\pi}\right) \tag{5.20}$$

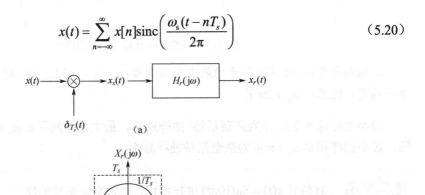

图 5.22　抽样信号的理想重建

式（5.20）称为内插公式，是时域中的理想重建方法。但是由于理想低通滤波器是非因果的，所以在实际中采用零阶保持器件来重构原信号。零阶保持器件能在 T_s 秒内保持 $x[n] = x(nT_s)$ 的值。图 5.23（a）为零阶保持重构的系统原理示意。

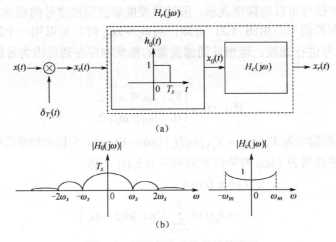

图 5.23　零阶保持重构的系统原理

令 $h_0(t) = G_{T_s}(t - T_s/2)$，则

$$x_0(t) = x_s(t) * h_0(t)$$

$$= h_0(t) * \sum_{n=-\infty}^{\infty} x(nT_s)\delta(t-nT_s)$$

$$= \sum_{n=-\infty}^{\infty} x(nT_s)h_0(t-nT_s)$$

可见 $h_0(t)$ 为零阶保持器的单位冲激响应。由于

$$G_{T_s}(t) \xleftarrow{\text{FT}} T_s \text{Sa}\left(\frac{\omega T_s}{2}\right)$$

所以零阶保持器的频率响应为

$$H_0(j\omega) = e^{-j\frac{T_s}{2}\omega} T_s \text{Sa}\left(\frac{\omega T_s}{2}\right)$$

对比理想重建与零阶保持重构的原理示意，当满足抽样定理的条件时，可知当

$$H_0(j\omega)H_c(j\omega) = H_r(j\omega)$$

时，能从抽样信号恢复原信号。所以

$$H_c(j\omega) = \frac{H_r(j\omega)}{H_0(j\omega)} = \frac{e^{j\omega T_s/2}H_r(j\omega)}{T_s \text{Sa}(T_s\omega/2)} = \begin{cases} \dfrac{e^{j\omega T_s/2}}{\text{Sa}(T_s\omega/2)}, & |\omega| \le \omega_m \\ 0, & |\omega| > \omega_m \end{cases}$$

例 5.17　对信号 $x(t) = \cos\omega_0 t$ 进行理想抽样，抽样速率为 ω_s。用如图 5.22（a）所示的理想重建方法，求输出信号 $x_r(t)$。

（1）$\omega_0 = \dfrac{\omega_s}{6}$；（2）$\omega_0 = \dfrac{2\omega_s}{6}$；（3）$\omega_0 = \dfrac{4\omega_s}{6}$。

笔记：

解：由于

$$x(t) \xleftarrow{\text{FT}} \pi[\delta(\omega + \omega_0) + \delta(\omega - \omega_0)]$$

所以，信号 $x(t)$ 为带限信号，带宽为 $\omega_m = \omega_0$。根据抽样定理，奈奎斯特抽样速率为 $\omega_s = 2\omega_0$。

（1）当 $\omega_0 = \dfrac{\omega_s}{6}$ 时，$\omega_s = 6\omega_0 > 2\omega_0$。此时，抽样信号的频谱如图 5.24（a）所示，用理想低通滤波器重建信号，有

$$X_r(j\omega) = X(j\omega)$$

所以

$$x_r(t) = x(t) = \cos\omega_0 t$$

（2）当 $\omega_0 = \dfrac{2\omega_s}{6}$ 时，$\omega_s = 3\omega_0 > 2\omega_0$。此时，抽样信号的频谱如图 5.24（b）所示，用理想低通滤波器重建信号，有

$$X_r(j\omega) = X(j\omega)$$

所以

$$x_r(t) = x(t) = \cos\omega_0 t$$

（3）当 $\omega_0 = \dfrac{4\omega_s}{6}$ 时，$\omega_s = 1.5\omega_0 < 2\omega_0$。此时，抽样信号的频谱如图 5.24（c）所示，用理想低通滤波器重建信号有，

$$X_r(j\omega) = \pi[\delta(\omega + 0.5\omega_0) + \delta(\omega - 0.5\omega_0)]$$

所以

$$x_r(t) = \cos 0.5\omega_0 t \ne x(t)$$

例 5.18 对信号 $x(t) = \cos(\omega_0 t + \theta)$ 进行理想抽样，抽样速率为 $\omega_s = 2\omega_0$。用如图 5.22(a) 所示的理想重建方法，求输出信号 $x_r(t)$。

笔记：

解： 由于

$$x(t) \xleftrightarrow{\text{FT}} \pi e^{-j\theta} \delta(\omega + \omega_0) + \pi e^{j\theta} \delta(\omega - \omega_0)$$

所以，采用理想重建的方法，理想低通滤波器的增益为 $1/2T_s$，当 $\omega_s = 2\omega_0$ 时，有

$$X_r(j\omega) = 0.5\pi\, e^{-j\theta} \delta(\omega + \omega_0) + 0.5\pi\, e^{j\theta} \delta(\omega - \omega_0) +$$
$$0.5\pi\, e^{-j\theta} \delta(\omega - \omega_0) + 0.5\pi\, e^{j\theta} \delta(\omega + \omega_0)$$
$$= (\cos\theta)\pi[\delta(\omega + \omega_0) + \delta(\omega - \omega_0)]$$

所以

$$x_r(t) = \cos\theta \cos\omega_0 t$$

可见，只有当 $\theta = 2k\pi$ 时，$x_r(t) = x(t)$；当 $\theta = 2k\pi + \pi/2$ 时，$x_r(t) = 0$。

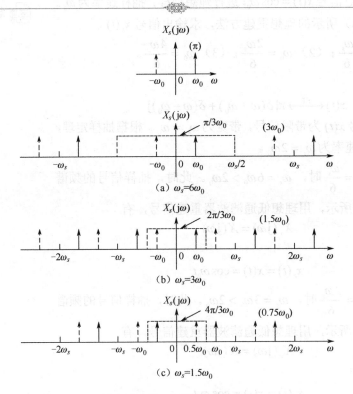

图 5.24　例 5.17 抽样信号频谱

以上讨论的时域抽样定理，均假定输入信号为带限信号。根据傅里叶变换的性质，信号在频域上有限，则在时域上是无限延展的。但在实际工程应用中，输入信号都是时限信号，所以相应地在频域上是无限延展的。此时，无论如何选取抽样频率，抽样信号的频谱均会出现混叠现象，因此抽样信号在还原后总是存在失真现象。例如，对于语音信号，其频谱为 300～3400Hz，通常按照不同的应用场景采用不同的抽样频率；对于电话应用，当

抽样频率为 8000Hz 时，可以达到人们讲话的声音质量；无线电广播的抽样频率为 22.05kHz；人耳能够感觉到的最高频率为 20kHz，因此为满足人耳的听觉要求，CD 和 MP3 音频的抽样频率为 44.1kHz；数字电视、DVD、电影所用的抽样频率为 48kHz；蓝光音轨采用的抽样频率为 96kHz；等等。

5.4.2　自然抽样

如果将图 5.22（a）的周期冲激串 $\delta_{T_s}(t)$ 替换为如图 4.4 所示的周期窄脉冲信号 $G(t)$，周期为 T_s，脉冲宽度为 τ，则 $x_s(t) = x(t)G(t)$ 称为**自然抽样**。与理想抽样相同的分析方法，已知周期窄脉冲信号 $G(t)$ 的傅里叶级数系数为

$$X_n = \frac{\tau}{T_s}\mathrm{Sa}\left(\frac{n\omega_s\tau}{2}\right)$$

可知

$$G(t)\xleftrightarrow{\ \mathrm{FT}\ }\frac{2\pi\tau}{T_s}\sum_{n=-\infty}^{\infty}\mathrm{Sa}\left(\frac{n\omega_s\tau}{2}\right)\delta(\omega-n\omega_s)$$

所以

$$X_s(\mathrm{j}\omega) = \frac{1}{2\pi}X(\mathrm{j}\omega)*G(\mathrm{j}\omega) = \frac{\tau}{T_s}\sum_{n=-\infty}^{\infty}\mathrm{Sa}\left(\frac{n\omega_s\tau}{2}\right)X(\mathrm{j}(\omega-n\omega_s)) \tag{5.21}$$

同样的分析方法，当 $\omega_s > 2\omega_m$ 时，抽样信号的频谱不会出现混叠现象。此时，采用滤波器

$$H_r(\mathrm{j}\omega) = \begin{cases} T_s/\tau, & |\omega| \leqslant \omega_s/2 \\ 0, & |\omega| > \omega_s/2 \end{cases}$$

即可恢复原信号。

5.4.3　频域抽样

类似地，在频域上也可以进行抽样。如果对信号 $x(t)$ 的连续频谱 $X(\mathrm{j}\omega)$ 在频域中用间隔为 ω_0 的冲激串 $\delta_{\omega_0}(\omega)$ 进行抽样，即

$$X_1(\mathrm{j}\omega) = X(\mathrm{j}\omega)\delta_{\omega_0}(\omega) = X(\mathrm{j}\omega)\sum_{n=-\infty}^{\infty}\delta(\omega-n\omega_0)$$

由例 4.34 可知

$$\delta_T(t)\xleftrightarrow{\ \mathrm{FT}\ }\omega_0\delta_{\omega_0}(\omega),\ \ T = \frac{2\pi}{\omega_0}$$

所以

$$x_1(t) = x(t)*\frac{1}{\omega_0}\delta_T(t) = \frac{1}{\omega_0}\sum_{n=-\infty}^{\infty}x(t-nT)$$

也就是说，对信号 $x(t)$ 的频域抽样，在时域中等效于 $x(t)$ 以 $T = \dfrac{2\pi}{\omega_0}$ 为周期重复。所以，

当 $x(t)$ 为时限信号时，它集中在 $-t_m < t < t_m$ 的时间范围内，在频域中以不大于 $\dfrac{\pi}{t_m}$ 的频率间隔对 $x(t)$ 的频谱 $X(j\omega)$ 进行抽样，则抽样后的频谱 $X_1(j\omega)$ 可以唯一地表示原信号。这就是**频域抽样定理**。

5.5　调制与解调

5.5.1　调制类型

调制是指使载波的某一特性随消息信号而变化。消息信号称为**调制波或基带信号**，调制的结果称为**已调波**。通信系统使用调制的目的如下。

（1）使用调制将消息信号的频谱搬移到通信信道的工作频带内。

例如，目前第五代移动通信的试验频率资源为 3.5GHz。为实现电话通信，在发送端需要将语音信号的频谱搬移到规定的子频带内，在接收端再将频谱搬回原来的频带。

从通信原理来看，无线通信最大信号带宽约为载波频率的 5%，因此载波频率越高，可实现的信号带宽也就越大。对于 3.5GHz 的 5G 中频段，可用频谱带宽约为 175MHz，相对于 4G-LTE（最高频率约为 2GHz）的 100MHz 可用频谱带宽有 75%的提升；而在毫米波频段中，28GHz 与 60GHz 是最有望应用在 5G 通信中的两个频段，可用频谱带宽可分别达到 1GHz 和 2GHz。因此，使用毫米波频段，频谱带宽可达 4G 可用频谱带宽的 10 倍和 20倍，传输速率也将更快。

（2）提高通信系统抗干扰性能。

在通信系统中，接收信号受噪声的影响会变差。调频和脉冲编码调制方式可以扩展信号带宽，提高系统抗干扰、抗衰落能力，进而提高传输的信噪比。

（3）允许多路复用。

调制可以把多个基带信号分别搬移到不同的载波频率处，以实现信道的多路复用，提高信道利用率。

（4）减小接收天线的尺寸。

在无线传输中，信号是以电磁波的形式通过天线辐射到空间的。为了获得较高的辐射效率，天线的尺寸一般应大于发射信号波长的 1/4。由于波长与频率成反比，基带信号包含的较低频率分量的波长较长，致使天线过长而难以实现。如通常语音信号的频率在几 kHz 量级，假设是 10kHz，则波长为 30km（ $c = \lambda \cdot f$ ，其中， c 是波速， λ 是波长， f 是频率），这么大的天线是制造不出来的。通过调制，把基带信号的频谱搬移至较高的载波频率上，可以大大减小辐射天线的尺寸。

在通信系统中采用的调制类型由所采用的载波决定。最常用的载波形式是正弦波和周期脉冲信号，对应的两种调制类型是连续波调制和脉冲调制。

连续波调制的载波信号是

$$c(t) = A_c \cos(\varphi(t))$$

若载波振幅随消息信号变化，称为**幅度调制**；若载波相角随消息信号变化，称为**角度**

调制，其包含调频和调相两种调制形式。调幅可以不同的形式来实现，如全调幅、双边带抑制载波调制、单边带调制、残留边带调制等。

脉冲调制的载波信号是

$$c(t) = \sum_{n=-\infty}^{\infty} G_\tau(t - nT_s)$$

其载波信号为一个窄脉冲信号，脉冲宽度为 τ。根据调制实现的方式，脉冲调制分为模拟脉冲调制和数字脉冲调制。模拟脉冲调制使载波信号的幅度、宽度或脉冲位置随消息信号连续地变化，分别对应脉冲调幅、脉冲调宽、脉冲调位。数字脉冲调制的调制信号以编码形式表示，这种表示能用不同长度的数字来实现。本书仅介绍幅度调制中的全调幅、双边带抑制载波调制、单边带调制和脉冲幅度调制等。

5.5.2 全调幅

考虑正弦载波

$$c(t) = A_c \cos(\omega_c t)$$

设调制波为 $x(t)$，代表消息信号。定义**全调幅**（AM）为

$$s(t) = [1 + k_a x(t)]c(t) \tag{5.22}$$

式中，k_a 为常数，称为调制器的**振幅灵敏度因子**；$s(t)$ 称为**全调幅波**。

$$a(t) = A_c |1 + k_a x(t)| \tag{5.23}$$

称为调幅波 $s(t)$ 的**包络**。根据 $k_a x(t)$ 的大小，会出现两种情况：

（1）$|k_a x(t)| \leqslant 1$，此时 $a(t) = A_c[1 + k_a x(t)] \geqslant 0$，称为**欠调制**；

（2）$|k_a x(t)| > 1$，此时 $a(t) = A_c |1 + k_a x(t)|$，称为**过调制**。

$100 \times \max\{|k_a x(t)|\}$ 称为**百分比调制**。对于第一种情况，百分比调制小于或等于 100%；对于第二种情况，百分比调制超过 100%。

现在设消息信号为 $x(t) = \sin(t)$，载波信号为 $c(t) = \cos(10t)$，图 5.25（a）描绘了百分比调制为 66.7% 的调幅波，图 5.25（b）描绘了百分比调制为 166.7% 的调幅波。可见，只有当百分比调制小于或等于 100% 时，才存在调幅波的波形与消息信号的波形一一对应的关系。

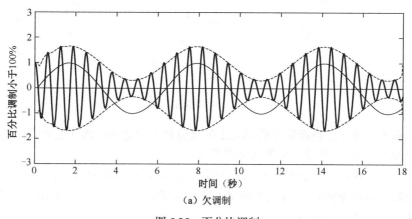

（a）欠调制

图 5.25 百分比调制

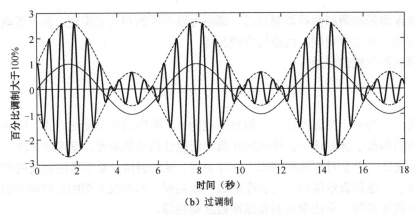

（b）过调制

图 5.25　百分比调制（续）

式（5.22）可以改写为

$$s(t) = k_a[x(t) + B]A_c\cos(\omega_c t) \tag{5.24}$$

式中，常数 $B = 1/k_a$，表示消息信号 $x(t)$ 的偏置，所以产生全调幅波的方式如图 5.26 所示，包含一个加法器和一个乘法器。通过调节偏置 B 就可以控制百分比调制，为避免过调制，B 应大于或等于 $\max\{|x(t)|\}$。

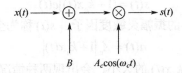

图 5.26　产生全调幅波的系统

现在对式（5.22）取傅里叶变换，根据傅里叶变换的性质可知，调幅波的频谱为

$$\begin{aligned}S(\mathrm{j}\omega) = {} & \pi A_c[\delta(\omega+\omega_c) + \delta(\omega-\omega_c)] + \\ & 0.5k_a A_c[X(\mathrm{j}(\omega+\omega_c)) + X(\mathrm{j}(\omega-\omega_c))]\end{aligned} \tag{5.25}$$

设消息信号 $x(t)$ 为带限信号，最高频率为 ω_m，图 5.27 描绘了消息信号和调幅波的频谱。

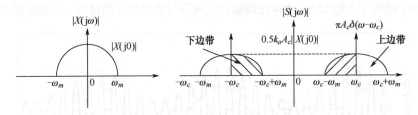

图 5.27　全调幅的频谱

对于正频率，调幅波频谱落在载频之上的部分称为**上边带**，落在载频之下的部分称为**下边带**。可见 $\omega_c > \omega_m$ 是边带不重叠的必要条件。

对于正频率，调幅波的最高频率分量为 $\omega_c + \omega_m$，最低频率分量为 $\omega_c - \omega_m$。频率之差定义为调幅波的**传输带宽** ω_T，可见全调幅的传输带宽为 $\omega_T = 2\omega_m$。正是由于在图 5.27 中，载波、上边带和下边带完整地展示出来，这种调制方式被称为"全调幅"。

考虑调制波 $A_0 \cos \omega_0 t$，正弦载波为 $A_c \cos \omega_c t$，调幅波为
$$s(t) = A_c[1 + \mu \cos(\omega_0 t)]\cos(\omega_c t)$$
式中
$$\mu = k_a A_0$$

μ 称为**调制指数**，当用百分比表示时等于百分比调制。为避免包络失真，应满足 $\mu < 1$。
此时有
$$\frac{A_{\max}}{A_{\min}} = \frac{A_c(1+\mu)}{A_c(1-\mu)}$$
所以
$$\mu = \frac{A_{\max} - A_{\min}}{A_{\max} + A_{\min}}$$

由式（5.25）可得，调幅波的频谱为
$$S(j\omega) = \pi A_c[\delta(\omega + \omega_c) + \delta(\omega - \omega_c)] +$$
$$0.5\pi\mu A_c[\delta(\omega - \omega_c - \omega_0)) + \delta(\omega + \omega_c + \omega_0)] +$$
$$0.5\pi\mu A_c[\delta(\omega - \omega_c + \omega_0)) + \delta(\omega + \omega_c - \omega_0)]$$

根据 Parseval 功率守恒定律，可以计算载波功率为 $0.5A_c^2$，上边频功率为 $0.125\mu^2 A_c^2$，
下边频功率为 $0.125\mu^2 A_c^2$。所以，已调波中上、下边频总功率与发射总功率的比为
$$\frac{0.125\mu^2 A_c^2 \times 2}{0.5A_c^2 + 0.125\mu^2 A_c^2 \times 2} = \frac{\mu^2}{2 + \mu^2} = \frac{1}{1 + 2/\mu^2}$$

由此可见，随着调制指数的增加，上、下边频总功率与发射总功率的比也会增加。当
采用 100% 调制时，这个比值为 1/3。

在全调幅方式下，可以采用如图 5.28 所示的**包络检波器**对窄带调幅信号进行解调。这
里，"窄带"的意思是相对于消息信号的带宽来说载波频率是高的。

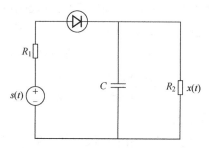

图 5.28　全调幅的解调：包络检波器

包络检波器由一个二极管和一个阻容滤波器组成。其工作原理是：在输入信号的正半周，
二极管正偏，电容 C 迅速充电到输入信号的峰值；当输入信号下降到低于该值时，二极管变
为反偏，电容 C 通过负载电阻 R_2 缓慢放电，放电过程一直持续到下一个正半周。负载电阻 R_2
比 R_1 大得多，在充电过程中，时间常数 R_1C 要远小于载波周期，即 $R_1C \ll \frac{2\pi}{\omega_c}$。当二极管导
通时，电容 C 迅速充电到输入信号的峰值。当二极管反偏时，放电时间常数为 R_2C，这个值
需要足够大，以保证在载波的正峰期间电容通过负载电阻 R_2 缓慢放电，但这个时间常数也

不能太大，否则电容将不能以调制波的最大变化速率放电，即 $\dfrac{2\pi}{\omega_c} \ll R_2 C \ll \dfrac{2\pi}{\omega_m}$。当包络检波器的参数符合这些条件时，包络检波器的输出与调幅波包络非常相似。

5.5.3　双边带抑制载波调制

在全调幅中，载波 $c(t)$ 与消息信号完全无关，这表明载波传输是一种功率浪费。**双边带抑制载波调制**（DSB-SC）是抑制掉已调波中的载波分量的调制方法。正弦载波 $c(t) = A_c \cos(\omega_c t)$，设调制波为 $x(t)$，代表消息信号。双边带抑制载波调制为

$$s(t) = x(t) \times A_c \cos(\omega_c t) \tag{5.26}$$

对式（5.26）取傅里叶变换，根据傅里叶变换的性质可知，已调波的频谱为

$$S(\mathrm{j}\omega) = 0.5 A_c [X(\mathrm{j}(\omega + \omega_c)) + X(\mathrm{j}(\omega - \omega_c))] \tag{5.27}$$

图 5.29 描绘了消息信号和已调波的频谱，可见双边带抑制载波调制所需的传输带宽和全调幅相同，均为 2 倍的信号带宽。

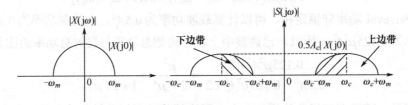

图 5.29　双边带抑制载波已调波的频谱

再次考虑调制波 $A_0 \cos(\omega_0 t)$，正弦载波为 $A_c \cos(\omega_c t)$，已调波为

$$s(t) = A_c A_0 \cos(\omega_0 t) \cos(\omega_c t)$$
$$= 0.5 A_c A_0 \cos((\omega_c + \omega_0)t) + 0.5 A_c A_0 \cos((\omega_c - \omega_0)t)$$

根据 Parseval 功率守恒定律，可以计算发射功率为 $0.5 A_0^2$，上边频功率为 $0.125 A_0^2 A_c^2$，下边频功率为 $0.125 A_0^2 A_c^2$。所以，已调波中上、下边频总功率与发射总功率的比为

$$\frac{0.125 A_0^2 A_c^2 \times 2}{0.5 A_0^2} = \frac{A_c^2}{2}$$

当 $A_c = 1$ 时，这个比值为 1/2。

双边带抑制载波调制的解调方法是相干检波或同步解调。将已调信号用 $\cos(\omega_c t + \theta)$ 进行再次调制，则

$$y(t) = s(t) \cos(\omega_c t + \theta) = A_c \cos(\omega_c t) \cos(\omega_c t + \theta) x(t)$$
$$= (0.5 A_c \cos\theta) x(t) + (0.5 A_c \cos(2\omega_c t + \theta)) x(t)$$

第一项 $(0.5 A_c \cos\theta) x(t)$ 与原信号 $x(t)$ 成比例；第二项代表新的双边带抑制载波已调信号，载波频率为 $2\omega_c$。图 5.30 为相干检波器输出信号的频谱。

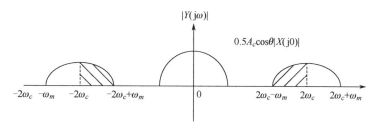

图 5.30　相干检波器输出信号的频谱

为使频谱不发生混叠现象，要求 $2\omega_c - \omega_m > \omega_m$，即 $\omega_c > \omega_m$。从 $y(t)$ 获取原信号 $x(t)$ 的方法是利用低通滤波器去滤除在 $y(t)$ 中不需要的第二项，则滤波器的截止频率 $\omega_m \leqslant \omega \leqslant 2\omega_c - \omega_m$。此时，低通滤波器的输出为 $x_1(t) = (0.5A_c \cos\theta)x(t)$。当相位差 θ 为常数时，$x_1(t)$ 正比于 $x(t)$。当 $\theta = 0$ 时，该解调信号的幅度最大；当 $\theta = \pm\pi/2$ 时，输出为零，表示该相干检波器的正交零效应。在实际中，由于通信信道中随机变量的影响，相位差 θ 也是随机变量，因此输出信号 $x_1(t)$ 也随时间而随机变化。因此，接收机中的电路必须能在频率和相位上与发射机中的载波信号保持完全同步。结果就是，为了节省发射机的功率抑制载波，增加了接收机的复杂性。

双边带抑制载波调制和解调系统的原理如图 5.31 所示。

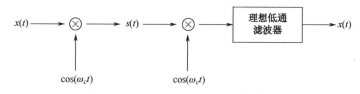

图 5.31　双边带抑制载波调制和解调系统原理

上述两种调制方式的传输带宽均为信号带宽的 2 倍，因此浪费了信道的带宽。对于实信号，上边带和下边带是相互独立且关于载频对称的，给定任意边带的幅度和相位，就可以唯一确定另一边带的幅度和相位。因此，就传输信息而言，只需要一个边带即可。如果仅发送一个边带，则称为**单边带调制**。例 5.19 即为单边带调制和解调系统。

例 5.19　如图 5.32 所示系统，已知信号 $x(t)$ 的频谱。画出 A、B、C、D、E 各点的频谱图，并求输出信号 $y(t)$。

笔记：

解：A、B、C、D、E 各点的频谱图如图 5.33 所示。由于 $Y(j\omega) = X_E(j\omega) = \dfrac{1}{4}X(j\omega)$，所以 $y(t) = \dfrac{1}{4}x(t)$。

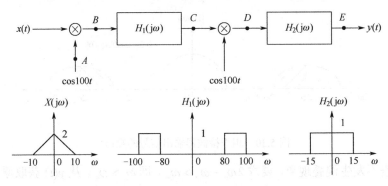

图 5.32 单边带调制和解调系统

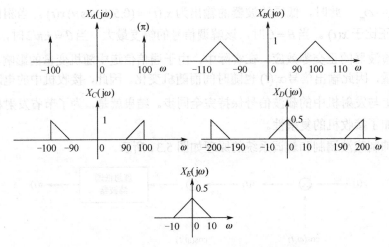

图 5.33 A、B、C、D、E 各点的频谱

5.5.4 脉冲幅度调制

脉冲调制的载波信号为窄脉冲信号，即

$$c(t) = \sum_{n=-\infty}^{\infty} G_\tau(t - nT_s)$$

该信号的脉冲宽度为 τ。脉冲调幅是脉冲调制的一种形式，脉冲载波幅度随消息信号的瞬时样本值而变化。设调制波为 $x(t)$，代表消息信号。脉冲调幅定义为

$$s(t) = x(t)c(t) \tag{5.28}$$

可见，脉冲调幅为自然抽样的过程，因此，已调信号的频谱为自然抽样信号的频谱，与式（5.21）相同，即

$$S(j\omega) = \frac{1}{2\pi} X(j\omega) * G(j\omega) = \frac{\tau}{T_s} \sum_{n=-\infty}^{\infty} Sa\left(\frac{n\omega_s\tau}{2}\right) X(j(\omega - n\omega_s)) \tag{5.29}$$

可见，脉冲调幅的过程也是频域上频谱搬移的过程，调制信号的频谱搬移无数次，搬移的位置为 $n\omega_s = 2\pi n / T_s$。若要从 $S(j\omega)$ 恢复 $x(t)$，需要频谱在搬移过程中不能出现混叠现象，因此要求 $\omega_s - \omega_m > \omega_m$，即 $\omega_s > 2\omega_m$ 或 $T_s < \pi / \omega_m$。此时只需要将已调信号通过一个截止频率为 $\omega_s / 2$ 的低通滤波器即可。

同时，由式（5.29）可知，脉冲调幅只对窄脉冲信号的周期 T_s 进行了约束，与脉冲持续时间 τ 无关。调制信号的带宽越宽，脉冲载波信号的周期应越小。在满足此约束的前提下，τ 可以任意小。当周期 T_s 一定时，较短的持续时间 τ，意味着信号占空比较低，可在时分复用中获得较高的信道复用率。在实际工程中，随着脉冲持续时间的缩短，脉冲调制产生的已调信号的能量就越低，在传输时易受噪声干扰。因此，在缩短脉冲持续时间的同时，应增大窄脉冲信号的幅度，使其功率基本保持不变。

5.6　多路复用

本节介绍频分复用和时分复用两种信道复用的方式。

5.6.1　频分复用

频分复用是指以连续波调制技术为基础，通过分配不同的频段给多路信号实现多路通信的方法。如图 5.34 所示，首先在发送端用低通滤波器将信号中不需要的频率滤除；然后，将待发送的各路信号以不同频率的载波信号进行调制，各路已调信号的频谱分别位于不同的频段，这些频段互不重叠；最后，将它们送入同一信道进行传输。在接收端可采用一些不同中心频率的带通滤波器将各路信号从中提取出来，分别进行解调，即可复原各路原信号。根据调制方式不同，频分复用对应分为双边带频分复用和单边带频分复用。图 5.35 是频分复用的原理示意，图中消息信号的频谱是经低通滤波器处理后的频谱。

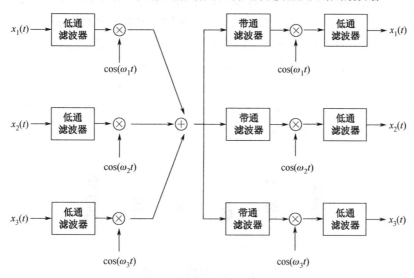

图 5.34　频分复用系统框架

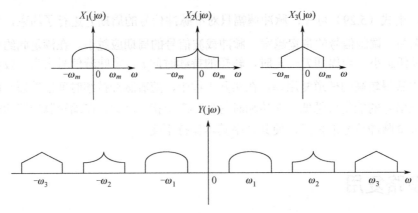

图 5.35　频分复用原理示意

5.6.2　时分复用

时分复用是指将提供给整个信道传输信息的时间划分成若干时间片（简称时隙），并将这些时隙分配给每个信号源使用以实现多路通信的方法。时分复用以脉冲调制技术为基础。时分复用的工作基础是抽样定理，即当每路抽样脉冲占据较短时间时，在抽样脉冲之间就留出了时隙，利用这种时隙便可以传输其他信号的抽样值。

图 5.36 是时分复用的原理示意，图 5.37 是时分复用系统框架。首先，用低通滤波器将信号中不需要的频率滤除，使每个信号限制在带宽之内；其次，将低通滤波器的输出作用于转换器上，转换器的作用是从每路信号中获取抽样样本，抽样频率不低于 ω_c / π，ω_c 为低通滤波器的截止频率，并将每个样本按次序插入抽样间隔之内；再次，复用信号作用到脉冲调制器上，在系统接收端，信号作用到脉冲解调器上产生窄样本输出；最后，利用多路分离装置将输出分配在适当的低通重构滤波器上，注意多路分离装置应与发射机的转换器同步工作。同步的方法是有规则地在每个抽样间隙插入一个附加脉冲。所有的脉冲调幅信号与同步脉冲信号组合在一起称为一帧。由于脉冲调幅用于调制的消息信号的特征是其振幅，因此接收机鉴别同步脉冲序列的简单方法就是让同步脉冲信号的恒定幅度足够大，超过每个脉冲调幅信号的幅度。

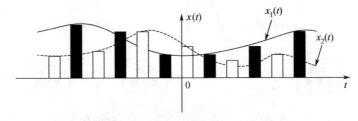

图 5.36　时分复用原理示意

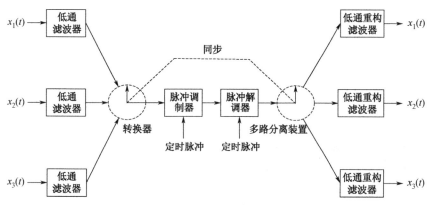

图 5.37　时分复用系统框架

例 5.20　一个频分复用系统用于复用 4 个独立语音信号，采用单边带调制方式。已知每路信号的带宽为 4kHz，计算信道的总传输带宽。

解： 单边带调制传输每个语音信号需要 4kHz 带宽，因此信道的总传输带宽为 $4 \times 4 = 16$kHz 带宽。

例 5.21　一个时分复用系统用于复用 4 个使用脉冲调幅的语音信号。每个信号都以 8kHz 的速率被抽样。为正常工作，系统加入同步脉冲序列。计算时分复用系统的信道传输带宽，并与使用单边带调制的频分复用系统进行比较。

解： 已知抽样速率为 8kHz，所以抽样间隔为

$$T_s = \frac{1}{8000} = 125\mu s$$

需要分配给 4 个语音信号和同步序列，因此分配给每个信号的时隙为

$$T_0 = \frac{T_s}{5} = 25\mu s$$

由于脉冲宽度与所需的信道传输带宽成反比，信道总传输带宽为 $1/T_0 = 40$kHz。

采用单边带调制的频分复用系统所要求的信道传输带宽为 16kHz，所以使用脉冲调幅——时分复用系统所需要的信道带宽是单边带调制——频分复用系统的 2.5 倍。

📄 **笔记：**

作为一个典型的应用，GSM 移动通信系统上行链路的工作频率为 890～915MHz，下行链路的工作频率为 935～960MHz，带宽为 25MHz。采用频分复用的方法把 25MHz 带宽按频道间隔 200kHz 划分为 125 个频道；同时，采用时分复用的方法又把每个频道划分为 8 个时分复用信道，所以 GSM 的信道总数为 1000 个。

习题

5.1 设系统输入为 $x(t)$，在零状态下的输出为 $y(t)$。根据下列给出的 $x(t)$ 和 $y(t)$，求系统的频率响应、单位冲激响应和系统方程。

（1） $x(t) = \mathrm{e}^{-t}u(t)$，$y(t) = \mathrm{e}^{-2t}u(t) + \mathrm{e}^{-3t}u(t)$；

（2） $x(t) = \mathrm{e}^{-2t}u(t)$，$y(t) = 2t\mathrm{e}^{-2t}u(t)$；

（3） $x(t) = \mathrm{e}^{-t}u(t)$，$y(t) = t\mathrm{e}^{-2t}u(t) + \mathrm{e}^{-3t}u(t)$。

5.2 根据下列系统方程和输入信号，确定系统的频率响应和零状态响应。

（1） $y'(t) + 3y(t) = x(t)$，$x(t) = \mathrm{e}^{-2t}u(t)$；

（2） $y''(t) + 5y'(t) + 6y(t) = x'(t)$，$x(t) = \mathrm{e}^{-3t}u(t)$；

（3） $y''(t) + 3y'(t) + 2y(t) = x'(t) + 3x(t)$，$x(t) = \mathrm{e}^{-3t}u(t)$。

5.3 根据下列冲激响应，确定系统方程。

（1） $h(t) = 2\mathrm{e}^{-2t}u(t) - 2t\mathrm{e}^{-2t}u(t)$；   （2） $h(t) = \mathrm{e}^{-t}u(t) + 2\mathrm{e}^{-2t}u(t)$；

（3） $h(t) = \mathrm{e}^{-t}u(t) + 2t\mathrm{e}^{-2t}u(t)$。

5.4 已知 LTI 连续时间系统的频率响应为

$$H(\mathrm{j}\omega) = \frac{1}{1 + \mathrm{j}\omega}$$

求信号 $x(t) = \cos\left(t + \dfrac{\pi}{4}\right)$ 的响应。

5.5 已知某 LTI 连续时间系统的频率响应为

$$H(\mathrm{j}\omega) = \begin{cases} 1, & 2 \leqslant |\omega| \leqslant 7 \\ 0, & \text{其他} \end{cases}$$

求下列信号的响应：

（1） $x(t) = 2 + 3\cos(3t) - 5\sin(6t - 30°) + 4\cos(13t - 20°)$；

（2）如图 4.4 所示方波周期信号，$T = 2$，$\tau = 1$。

5.6 线性时不变系统具有冲激响应

$$h(t) = 2\frac{\sin(2\pi t)}{\pi t}\cos(7\pi t)$$

求下列信号的输出响应：

（1） $x(t) = \cos(2\pi t) + \sin(6\pi t)$；

（2） $x(t) = \displaystyle\sum_{n=-\infty}^{\infty} \delta(t - n)$；

（3）如图 4.4 所示方波周期信号，$T = 0.5$，$\tau = 0.125$。

5.7 如图 5.38 所示系统，已知输入信号的频谱 $X(\mathrm{j}\omega)$ 和 $h_1(t) = 6\mathrm{Sa}(6\pi t)$、$h_2(t) = 2\mathrm{Sa}(2\pi t)$。画出 A，B，C 各点的频谱，求出系统响应 $y(t)$。

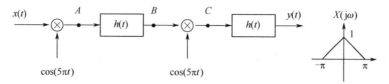

图 5.38 习题 5.7 系统

5.8 如图 5.39 所示系统，已知 $h(t) = 11\text{Sa}(11\pi t)$，输入信号为

$$x_1(t) = \sum_{k=1}^{\infty} \frac{1}{k^2}\cos(k5\pi t), \quad x_2(t) = \sum_{k=1}^{10}\cos(k8\pi t)$$

求 $y(t)$。

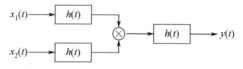

图 5.39 习题 5.8 系统

5.9 已知周期为 $T = 2$ 的信号的傅里叶系数为

$$X_n = \begin{cases} 0, & n = 0 \\ 0, & n = 2k \\ 1, & n = 2k+1 \end{cases}$$

求该信号对如图 5.40 所示系统的输出。

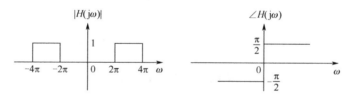

图 5.40 习题 5.9 系统

5.10 如图 5.41 所示，系统对信号 $x(t)$ 的输出为 $y(t)$，求该系统的频率响应。

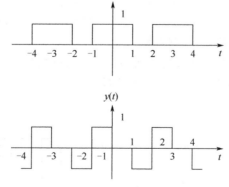

图 5.41 习题 5.10 系统输入与输出

5.11 已知理想低通滤波器的频率响应为

$$H(j\omega) = e^{j\omega}, \ |\omega| \leqslant 2$$

计算滤波器对下列输入的响应：

（1） $x(t) = 5\mathrm{Sa}(1.5t)$ ；

（2） $x(t) = \sum_{k=1}^{\infty} \dfrac{1}{k}\cos\left(\dfrac{k\pi}{2}t + \dfrac{\pi}{6}\right)$。

5.12 已知理想高通滤波器的频率响应函数为

$$H(j\omega) = 6e^{-j2\omega}, \ |\omega| \geqslant 3$$

求单位冲激响应及对信号 $x(t) = 5\mathrm{Sa}(5t)$ 的响应。

5.13 已知理想带通滤波器的频率响应为

$$H(j\omega) = 10e^{-j4\omega}, \ 2 \leqslant |\omega| \leqslant 4$$

求系统对下列信号的响应。

（1） $x(t) = \mathrm{Sa}(2t)$ ；　　　　　　　　（2） $x(t) = \mathrm{Sa}(3t)$ ；

（3） $x(t) = \mathrm{Sa}(2t)\cos 3t$ ；　　　　　（4） $x(t) = \mathrm{Sa}^2(t)\cos 2t$ 。

5.14 如图 5.42 所示系统，求频率响应函数，并分析当该系统作为滤波器时的特性。求该系统对方波脉冲信号 $G_2(t)$ 的响应。

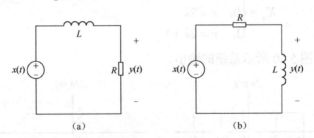

（a）　　　　　　　　　　　（b）

图 5.42　习题 5.14 系统

5.15 如果在图 5.17 中各扬声器的电阻为 8Ω，且 $C = 10\mu\mathrm{F}$，计算 L 与交叉频率的值。

5.16 一个调频收音机，接收波的频率为 88～108MHz，其谐振电路为如图 5.20 所示的并联 RLC 电路，其电感是 $L = 4\mu\mathrm{H}$。如果本地振荡器频率必须保持在载波频率上，为 10.7MHz，计算覆盖全部频段需要使用的可变电容器的范围。（答案：0.543～0.817pF）

5.17 对信号 $x(t) = 2\mathrm{Sa}(2\pi t)$ 进行抽样，计算奈奎斯特抽样频率，并分别画出抽样间隔为 $T_s = 1/8$ 和 $T_s = 2/3$ 的抽样信号的频谱。

5.18 如图 5.43 所示系统，设 $x(t)$ 为带限信号，最高角频率为 ω_m。确定最大的 T 值，使得能用 $y(t)$ 重建 $x(t)$，并给出相应的重建系统。

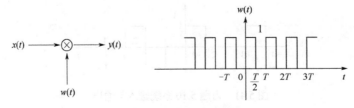

图 5.43　习题 5.18 系统

5.19　已知 $x(t)$ 的频谱 $X(\mathrm{j}\omega)$ 如图 5.21（b）所示，这里 $\omega_m = 8$。

（1）确定信号 $x(0.5t)$ 和 $x(2t)$ 的奈奎斯特抽样间隔；

（2）若用周期冲激信号

$$\delta_T(t) = \sum_{n=-\infty}^{\infty} \delta\left(t - \frac{n\pi}{8}\right)$$

进行抽样，画出 $x(0.5t)$、$x(t)$ 和 $x(2t)$ 的抽样信号的频谱。

5.20　考虑自然抽样系统。已知周期窄脉冲信号的周期为 T，用于重构的理想低通滤波器为 $H(\mathrm{j}\omega) = TG_2(\omega)$，求 $y(t)$。

（1）$x(t) = \mathrm{Sa}^2\left(\dfrac{t}{2}\right)$，$T = \pi$；　　　　　　　（2）$x(t) = \mathrm{Sa}^2\left(\dfrac{t}{2}\right)$，$T = 2\pi$。

5.21　考虑理想抽样的系统。

（1）$x(t) = 1 + \cos 15\pi t$，抽样间隔 $T = 0.1\mathrm{s}$。画出抽样信号的频谱 $\left|X_s(\mathrm{j}\omega)\right|$，并确定 $y(t)$；

（2）$X(\mathrm{j}\omega) = \dfrac{1}{1+\mathrm{j}\omega}$，抽样间隔 $T = 1\mathrm{s}$。画出抽样信号的频谱 $\left|X_s(\mathrm{j}\omega)\right|$。

5.22　假设对 $A_0\cos(\omega_0 t)$ 进行全调幅，百分比调制为 20%。计算载波功率、上边频功率、下边频功率。

5.23　正弦调制信号 $x(t) = A_0\cos(\omega_0 t)$，采用全调幅，载波为 $A_c\cos(\omega_c t)$。已知已调波包络的最大值为 9.75V，最小值为 0.25V。求上、下边频总功率与发射总功率的百分比。

5.24　如图 5.44 所示系统，画出 A、B、C 各点的频谱图。

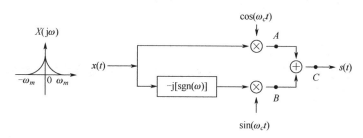

图 5.44　习题 5.24 系统

5.25　12 个不同的消息信号被复用传输，每个信号都具有 10kHz 带宽，计算每种复用方法所需的最小传输带宽。

（1）单边带频分复用；

（2）时分复用。

5.26　已知 3 个带限信号的最高角频率分别为 100Hz、200Hz 和 400Hz。对此 3 个信号进行脉冲幅度调制形成时分复用，计算窄脉冲载波信号的最大周期。

5.27　图 5.45 是正交幅度调制的框架，可以实现正交多路复用。设调制信号 $x_1(t)$ 和 $x_2(t)$ 均为带限信号，最高角频率为 ω_m。若 $\omega_c > \omega_m$，证明 $y_1(t) = x_1(t)$，$y_2(t) = x_2(t)$。

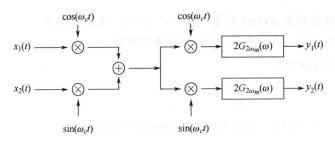

图 5.45 习题 5.27 正交幅度调制的框架

备选习题

更多习题请扫右方二维码获取。

仿真实验题

5.1 已知 $x(t) = \mathrm{Sa}(2t)$，以 f_s 为抽样频率，对 $x(t)$ 进行抽样得到 $x_s(t)$，观察随着 f_s 由小变大，$x_s(t)$ 频谱的变化，得出 $x_s(t)$ 与 $x(t)$ 频谱之间的关系。

5.2 已知消息信号为 $x(t) = \dfrac{1}{1+t^2}$，绘出已调波形：

（1）50%百分比调制；

（2）双边带抑制载波调制。

5.3 调制信号为一个正弦信号，其频率为 1kHz。设载波信号的频率为 20kHz，利用 MATLAB 分析调制信号的频谱。

课程项目：移动通信系统调研及仿真

工业和信息化部发布的《信息通信行业发展规划（2016—2020 年）》提出，2020 年启动 5G 商用服务。2019 年 6 月 6 日，工业和信息化部正式向中国电信、中国移动、中国联通和中国广电发放 5G 商用牌照。调查 5G 移动通信系统的国内外发展状况和国内相关技术的发展和应用。

完成以下的课程项目设计。

（1）录制 3 段语音并进行限带（0～4kHz），对信号进行双边带抑制载波调制。观察调制前后的波形和频谱；完成信号的同步解调。

（2）设计 3 路单边带频分复用通信系统，信道部分加入噪声。观察调制信号、复用信号和解调信号的波形和频谱。

（3）对上述语音信号，设计时分复用系统，信道部分加入噪声。

课程项目：单边带信号调制

双边带抑制载波调制 $s(t) = x(t) \times A_c \cos(\omega_c t)$ 方法，由于基带信号 $x(t)$ 总是实信号，由傅里叶变换的对称性可知，其频谱幅度是偶函数，相位是奇函数。基带信号的频谱是关于零点对称的，负频率只有数学上的意义，并不实际占用带宽。但是，基带信号调制到射频之后，形成了关于载频 ω_c 的对称频谱，原来的负频率占用了频率资源，造成频率资源的浪费。

本项目探究单边信号带调制的方法，完成通信链路（系统框图）设计及仿真。

（1）基带信号 $x(t)$ 的单边带信号的频谱为 $2X(j\omega)u(\omega)$，确定时域信号，并利用虚指数载波信号 $e^{j\omega_c t}$ 进行调制，给出单边带信号的发射与接收方案。提示：发射已调信号的实部或虚部即可。

（2）分析上述方案的优缺点。

（3）对两路基带信号 $x(t)$ 和 $y(t)$ 进行 IQ（同相正交，采用两路频率相同相位相差 $90°$ 的载波）调制，即 IQ 调制后的信号为

$$x(t)\cos(\omega_c t) - y(t)\sin(\omega_c t)$$

给出两路信号的发射与接收方案。

第6章　离散时间傅里叶级数与
傅里叶变换

学习目标

通过本章的学习，学生应具备以下能力：

◆ 会正确表示离散时间周期信号的傅里叶级数；

◆ 会利用傅里叶级数的性质计算离散时间周期信号的傅里叶级数；

◆ 会正确表示离散时间非周期信号的傅里叶变换及其频谱；

◆ 会利用离散时间傅里叶变换的性质计算离散时间非周期信号的傅里叶变换及反变换；

◆ 会正确计算离散傅里叶变换及其反变换，理解离散傅里叶变换的意义；

◆ 能利用快速傅里叶变换（FFT）算法计算傅里叶变换；

◆ 会用 FFT 分析连续时间信号的频谱，计算离散时间信号的卷积。

离散时间信号的频域分析法与连续时间信号的频域分析法基本类似，本章将介绍离散时间傅里叶级数、离散时间傅里叶变换、离散傅里叶变换、快速傅里叶变换等内容。

6.1　离散时间周期信号的傅里叶级数表示

设 $x[n]$ 是周期为 N 的离散时间周期信号，令

$$\Omega_0 = \frac{2\pi}{N}$$

则可以用离散时间傅里叶级数（DTFS）表示该信号为

$$x[n] = \sum_{k=0}^{N-1} X_k e^{jk\Omega_0 n} \tag{6.1}$$

其中

$$X_k = \frac{1}{N} \sum_{n=0}^{N-1} x[n] e^{-jk\Omega_0 n} \tag{6.2}$$

式中，Ω_0 称为 $x[n]$ 的**基频**，第 k 个指数信号的频率是 $k\Omega_0$，每个这样的信号都有相同的周期 N；X_k 是信号 $x[n]$ 的离散时间傅里叶级数的系数；$x[n]$ 和 X_k 是一个离散时间傅里叶级数对。式（6.2）所示关系表示为 $x[n] \xleftrightarrow{\text{DTFS}} X_k$。

X_k 称为信号 $x[n]$ 的**频域表示**。变量 k 的值决定了和 X_k 对应的指数信号的频率，因此 X_k 是频率的函数。注意到系数 X_k 为复数，设 $X_k = a_k + jb_k$。由式（6.2），当 $x[n]$ 为实值

信号时，$X_{-k} = X_k^*$，可得 $X_{-k} = a_k - \mathrm{j}b_k$。所以有

$$|X_k| = |X_{-k}|, \quad k = 1, 2, \cdots$$
$$\angle X_k = \angle X_{-k}, \quad k = 1, 2, \cdots \tag{6.3}$$

X_k 的幅度记为 $|X_k|$，表示为关于频率序数 k 的图形，称为 $x[n]$ 的**幅度谱**；X_k 的相位记为 $\angle X_k$，表示为关于频率序数 k 的图形，称为 $x[n]$ 的**相位谱**。由式（6.2）可得

$$\begin{aligned}
X_{k+N} &= \frac{1}{N}\sum_{n=0}^{N-1} x[n]\mathrm{e}^{-\mathrm{j}(k+N)\Omega_0 n} \\
&= \frac{1}{N}\sum_{n=0}^{N-1} x[n]\mathrm{e}^{-\mathrm{j}k\Omega_0 n}\mathrm{e}^{-\mathrm{j}N\Omega_0 n} \\
&= \frac{1}{N}\sum_{n=0}^{N-1} x[n]\mathrm{e}^{-\mathrm{j}k\Omega_0 n}\mathrm{e}^{-\mathrm{j}2\pi n} \\
&= \frac{1}{N}\sum_{n=0}^{N-1} x[n]\mathrm{e}^{-\mathrm{j}k\Omega_0 n} = X_k
\end{aligned}$$

即系数 X_k 也是周期为 N 的。再由式（6.3）可知，离散时间周期信号指数形式的频谱是**周期性的双边谱**，若信号为实值信号，则幅度谱是偶函数，即幅度谱关于 Y 轴对称；相位谱是奇函数，即相位谱关于原点对称。

由于

$$\mathrm{e}^{\mathrm{j}(N+k)\Omega_0 n} = \mathrm{e}^{\mathrm{j}N\Omega_0 n}\mathrm{e}^{\mathrm{j}k\Omega_0 n} = \mathrm{e}^{\mathrm{j}2\pi n}\mathrm{e}^{\mathrm{j}k\Omega_0 n} = \mathrm{e}^{\mathrm{j}k\Omega_0 n}$$

因此式（6.1）和式（6.2）中可以任意选择 N 个连续的值，使得计算得到简化。例如，若 $x[n]$ 为偶信号或奇信号，当 N 为奇数时可以取 $-\dfrac{N-1}{2} \sim \dfrac{N-1}{2}$ 的 N 个连续的值。

例 6.1　求如图 6.1（a）所示离散时间信号 $x[n]$ 的离散时间傅里叶级数系数 X_k，并画出该信号的频谱图。

笔记：

解：$x[n]$ 是周期为 6 的信号，$\Omega_0 = 2\pi/6 = \pi/3$。

$$\begin{aligned}
X_k &= \frac{1}{6}\sum_{n=-1}^{4} x[n]\mathrm{e}^{-\mathrm{j}k\frac{\pi}{3}n} = \frac{1}{6}\left(2\mathrm{e}^{\mathrm{j}k\frac{\pi}{3}} + 1 + 2\mathrm{e}^{-\mathrm{j}k\frac{\pi}{3}}\right) \\
&= \frac{1}{6}\left(1 + 4\cos\left(\frac{k\pi}{3}\right)\right) = \frac{1}{6} + \frac{2}{3}\cos\left(\frac{k\pi}{3}\right)
\end{aligned}$$

所以

$$x[n] \xleftrightarrow{\text{DTFS}} X_k = \begin{cases}
5/6, & k = 0 \\
1/2, & k = 1 \\
-1/6, & k = 2 \\
-1/2, & k = 3 \\
-1/6, & k = 4 \\
1/2, & k = 5
\end{cases}$$

在图 6.1（b）中画出了该信号的频谱图。X_k 为实数，正值相位为 0，负值相位为 π。

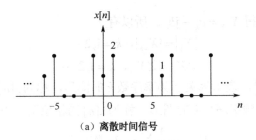

（a）离散时间信号

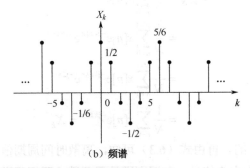

（b）频谱

图 6.1 例 6.1 离散时间信号及其频谱

例 6.2 求信号

$$x[n] = \sum_{l=-\infty}^{\infty} \delta[n - lN]$$

的离散时间傅里叶级数系数。

> **解**：$x[n]$ 是周期为 N 的信号，则
>
> $$X_k = \frac{1}{N}\sum_{n=0}^{N-1} x[n]\mathrm{e}^{-jk\Omega_0 n} = \frac{1}{N}\sum_{n=0}^{N-1} \delta[n]\mathrm{e}^{-jk\Omega_0 n} = \frac{1}{N}$$

例 6.3 求信号

$$x[n] = \cos\left(\frac{\pi n}{30}\right) + 2\sin\left(\frac{\pi n}{90}\right)$$

的离散时间傅里叶级数系数。

> **解**：$\cos\left(\dfrac{\pi n}{30}\right)$ 的周期为 60，$2\sin\left(\dfrac{\pi n}{90}\right)$ 的周期为 180，所以 $x[n]$
>
> 是周期为 180 的信号，$\Omega_0 = \dfrac{\pi}{90}$。
>
> 利用欧拉公式，有
>
> $$x[n] = \frac{\mathrm{e}^{j\frac{\pi n}{30}} + \mathrm{e}^{-j\frac{\pi n}{30}}}{2} + \frac{\mathrm{e}^{j\frac{\pi n}{90}} - \mathrm{e}^{-j\frac{\pi n}{90}}}{j}$$
>
> $$= \frac{1}{2}\mathrm{e}^{-j3\Omega_0 n} + j\mathrm{e}^{-j\Omega_0 n} - j\mathrm{e}^{j\Omega_0 n} + \frac{1}{2}\mathrm{e}^{j3\Omega_0 n}$$

笔记：

对比式（6.2），可得在一个周期内 $-89 \leqslant k \leqslant 90$ 的非零系数

$$x[n] \xleftarrow{\text{DTFS}} \begin{cases} \mathrm{j}, & k = -1 \\ -\mathrm{j}, & k = 1 \\ 1/2, & k = \pm 3 \end{cases}$$

例 6.4 已知如图 6.2 所示离散时间周期信号的傅里叶级数系数，求信号 $x[n]$。

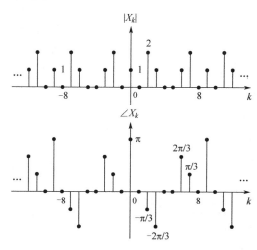

图 6.2 例 6.4 离散时间周期信号

解：X_k 的周期为 $N = 9$，$\Omega_0 = \dfrac{2\pi}{9}$。

$$x[n] = \sum_{k=-4}^{4} X_k \mathrm{e}^{\mathrm{j}k\Omega_0 n}$$

$$= \mathrm{e}^{\mathrm{j}\frac{2\pi}{3}} \mathrm{e}^{-\mathrm{j}\frac{6\pi}{9}n} + 2\mathrm{e}^{\mathrm{j}\frac{\pi}{3}} \mathrm{e}^{-\mathrm{j}\frac{4\pi}{9}n} + \mathrm{e}^{\mathrm{j}\pi}\mathrm{e}^{\mathrm{j}0} + 2\mathrm{e}^{-\mathrm{j}\frac{\pi}{3}} \mathrm{e}^{\mathrm{j}\frac{4\pi}{9}n} + \mathrm{e}^{-\mathrm{j}\frac{2\pi}{3}} \mathrm{e}^{\mathrm{j}\frac{6\pi}{9}n}$$

$$= 2\cos\left(\frac{6n\pi}{9} - \frac{2\pi}{3}\right) + 4\cos\left(\frac{4n\pi}{9} - \frac{\pi}{3}\right) - 1$$

例 6.5 $G[n]$ 是周期为 N、宽度为 $2M + 1$（$N > 2M + 1$）、高度为 1 的方波周期信号，即

$$G[n] = \begin{cases} 1, & |n| \leqslant M \\ 0, & M < n < N - M \\ 0, & -N + M < n < -M \end{cases}$$

求其离散时间傅里叶级数系数。

解：

$$X_k = \frac{1}{N} \sum_{n=-M}^{N-M-1} x[n] \mathrm{e}^{-\mathrm{j}k\Omega_0 n} = \frac{1}{N} \sum_{n=-M}^{M} \mathrm{e}^{-\mathrm{j}k\Omega_0 n}$$

$$= \frac{1}{N} \sum_{m=0}^{2M} \mathrm{e}^{-\mathrm{j}k\Omega_0(m-M)} = \frac{1}{N} \mathrm{e}^{\mathrm{j}k\Omega_0 M} \sum_{m=0}^{2M} \mathrm{e}^{-\mathrm{j}k\Omega_0 m}$$

📝 **笔记：**

当 $k = 0, \pm N, \pm 2N, \cdots$ 时，有

$$X_k = \frac{1}{N} e^{jk\Omega_0 M} \sum_{m=0}^{2M} e^{-jk\Omega_0 m} = \frac{1}{N} \sum_{m=0}^{2M} 1 = \frac{2M+1}{N}$$

对其余的 k，利用等比级数求和可得

$$X_k = \frac{1}{N} e^{jk\Omega_0 M} \sum_{m=0}^{2M} e^{-jk\Omega_0 m} = \frac{e^{jk\Omega_0 M}}{N} \sum_{m=0}^{2M} e^{-jk\Omega_0 m}$$

$$= \frac{e^{jk\Omega_0 M}}{N} \left(\frac{1 - e^{-jk\Omega_0(2M+1)}}{1 - e^{-jk\Omega_0}} \right)$$

$$= \frac{1}{N} \left(\frac{e^{jk\Omega_0(2M+1)/2}}{e^{jk\Omega_0/2}} \right) \left(\frac{1 - e^{-jk\Omega_0(2M+1)}}{1 - e^{-jk\Omega_0}} \right)$$

$$= \frac{1}{N} \left(\frac{e^{jk\Omega_0(2M+1)/2} - e^{-jk\Omega_0(2M+1)/2}}{e^{jk\Omega_0/2} - e^{-jk\Omega_0/2}} \right)$$

$$= \frac{1}{N} \frac{\sin(k\Omega_0(2M+1)/2)}{\sin(k\Omega_0/2)}$$

利用洛必达法则，有

$$\lim_{k \to 0, \pm N, \cdots} X_k = \lim_{k \to 0, \pm N, \cdots} \frac{1}{N} \frac{\sin(k\Omega_0(2M+1)/2)}{\sin(k\Omega_0/2)} = \frac{2M+1}{N}$$

所以，离散方波周期信号的傅里叶级数系数为

$$X_k = \frac{1}{N} \frac{\sin(k\Omega_0(2M+1)/2)}{\sin(k\Omega_0/2)}$$

笔记：

MATLAB 命令 fft 和 ifft 可以用来计算离散时间傅里叶级数系数。

用长度为 N 的向量 $\boldsymbol{x}$ 表示信号 $x[n]$ 的一个周期，则 fft($\boldsymbol{x}$)/N 即可计算傅里叶级数系数。例 6.1 可以用如下命令产生。

```
%example6.1
N=6;
x=[1 2 0 0 0 2];
X=fft(x)/N

X =
 0.8333   0.5000
-0.1667  -0.5000
-0.1667   0.5000
```

根据例 6.5 的结果，离散时间方波信号的离散时间傅里叶级数系数具有偶对称性，即 $X_k = X_{-k}$。因此，可以将该信号的谱系数写成余弦信号的形式。当 N 为偶数时，有

$$x[n] = \sum_{k=-N/2+1}^{N/2} X_k e^{jk\Omega_0 n}$$

$$= X_0 + X_{N/2} e^{jN\Omega_0 n/2} + \sum_{m=1}^{N/2-1} \left(X_m e^{jm\Omega_0 n} + X_{-m} e^{-jm\Omega_0 n} \right)$$

$$= X_0 + X_{N/2} e^{j\pi n} + \sum_{m=1}^{N/2-1} 2X_m \left(\frac{e^{jm\Omega_0 n} + e^{-jm\Omega_0 n}}{2} \right)$$

$$= X_0 + X_{N/2} \cos(\pi n) + \sum_{m=1}^{N/2-1} 2X_m \cos(m\Omega_0 n)$$

定义

$$B_k = \begin{cases} X_k, & k = 0, N/2 \\ 2X_k, & k = 1, 2, \cdots, N/2-1 \end{cases}$$

则

$$x[n] = \sum_{k=0}^{N/2} B_k \cos(k\Omega_0 n)$$

类似地，当 N 为奇数时，定义

$$B_k = \begin{cases} X_k, & k=0 \\ 2X_k, & k=1,2,\cdots,(N-1)/2 \end{cases}$$

则

$$x[n] = \sum_{k=0}^{(N-1)/2} B_k \cos(k\Omega_0 n)$$

6.2　离散时间周期信号傅里叶级数的性质

离散时间周期信号傅里叶级数的基本性质如表 6.1 所示，表中 $x[n] \xleftarrow{\text{DTFS}} X_k$，$y[n] \xleftarrow{\text{DTFS}} Y_k$。

表中，离散时间信号**周期卷积**的定义是：假设 $x[n]$ 和 $y[n]$ 的周期都为 N，则

$$x[n] * y[n] = \sum_{m=0}^{N-1} x[m]y[n-m] \tag{6.4}$$

表 6.1　离散时间周期信号傅里叶级数的基本性质

性　　质	离散时间周期信号	离散时间傅里叶级数系数
线性性质	$ax[n]+by[n]$	$aX_k + bY_k$
共轭对称性	$x^*[n]=x[n]$（实信号）	$X_k^* = X_{-k}$
	$x^*[n]=x[-n]$（实偶信号）	$X_k^* = X_k$
	$x^*[n]=-x[-n]$（实奇信号）	$X_k^* = -X_k$
	$x^*[n]=-x[n]$（纯虚信号）	$X_k^* = -X_{-k}$
时移特性	$x[n-n_0]$	$\mathrm{e}^{-jk\Omega_0 n_0} X_k$
频移特性	$\mathrm{e}^{jk_0\Omega_0 n} x[n]$	X_{k-k_0}
卷积特性	$x[n]*y[n]$（周期卷积）	NX_kY_k
乘积特性	$x[n]y[n]$	$X_k * Y_k$（周期卷积）
对偶特性	$X[n]$	$\dfrac{1}{N}x[-k]$
帕斯瓦尔（Parseval）功率守恒	$P=\dfrac{1}{N}\sum\limits_{n=0}^{N-1}\lvert x[n]\rvert^2 = \sum\limits_{k=0}^{N-1}\lvert X_k\rvert^2$	

与连续时间周期信号傅里叶级数相比，由于离散时间周期信号的傅里叶级数也是离散的，所以离散时间周期信号傅里叶级数不具备微积分性质。同时，对离散时间周期信号的尺度变换会丢失信号信息，因此离散时间周期信号傅里叶级数也不讨论尺度变换性质。在乘积特性中，时域的乘积在频域上的卷积为周期卷积。除以上性质外，其余的性质均与连续时间周期信号傅里叶级数的性质类似。因此，这里不再对相关性质进行证明，仅通过几个例子说明如何利用如表 6.1 所示的性质来计算离散时间周期信号的傅里叶级数系数。

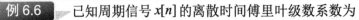

例 6.6 已知周期信号 $x[n]$ 的离散时间傅里叶级数系数为

$$X_k = \frac{e^{-j4k\pi/5}}{10}$$

信号周期为 $N = 10$ 。求 $x[n]$ 。

解： 基频 $\Omega_0 = 2\pi/10$ ，根据时移性质， $x[n]$ 是具有傅里叶级数系数 $Y_k = 1/10$ 的信号 $y[n]$ 向右平移 4 个单位的结果。

由例 6.2， $y[n] = \sum_{l=-\infty}^{\infty} \delta[n-10l]$ ，所以 $x[n] = y[n-4]$ 。

例 6.7 求

$$x[n] = \frac{\sin(11\pi n/20)}{\sin(\pi n/20)}$$

的离散时间傅里叶级数系数 X_k ，并计算 $y[n]$ 。

（1） $Y_k = X_k * X_k$ ；（2） $Y_k = \cos\left(\frac{k\pi}{5}\right)X_k$ 。

解： 周期为 $N = 20$ 、宽度为 $2M+1 = 11$ 的方波周期信号 $z[n]$ 对应的离散时间傅里叶级数系数为

$$Z_k = \frac{1}{20}\frac{\sin(11\pi k/20)}{\sin(\pi k/20)}$$

根据互易对称性，有

$$Z[n] \xleftarrow{\text{DTFS}} \frac{1}{N}z[-k]$$

可知 $x[n] = 20Z[n]$ 对应的离散时间傅里叶级数系数为

$$X_k = z[-k] = z[k]$$

（1） $Y_k = X_k * X_k$ ，根据乘积特性， $y[n] = x[n]x[n]$ 。

（2）

$$Y_k = \cos\left(\frac{k\pi}{5}\right)X_k = \frac{e^{jk\pi/5} + e^{-jk\pi/5}}{2}X_k$$

$$= \frac{1}{2}e^{jk\pi/5}X_k + \frac{1}{2}e^{-jk\pi/5}X_k$$

根据时移性质， $y[n] = \frac{1}{2}x[n+2] + \frac{1}{2}x[n-2]$ 。

例 6.8 计算 $P = \sum_{k=0}^{29}\frac{\sin^2(11\pi k/30)}{\sin^2(\pi k/30)}$ 。

解： 令

$$X_k = \frac{1}{30}\frac{\sin(11\pi k/30)}{\sin(\pi k/30)}$$

则由例 6.5 可知，与 X_k 对应的信号 $x[n]$ 是周期为 $N = 30$ 、宽度为 $2M+1 = 11$ 的方波周期信号。

所以，根据表 6.1，有

$$P = \frac{1}{30}\sum_{k=-5}^{5} 30^2 = 330\mathrm{W}$$

6.3　离散时间非周期信号的傅里叶变换表示

离散时间傅里叶变换（DTFT）可以把离散时间非周期信号 $x[n]$ 表示为

$$x[n] = \frac{1}{2\pi}\int_{-\pi}^{\pi} X\left(\mathrm{e}^{\mathrm{j}\Omega}\right)\mathrm{e}^{\mathrm{j}\Omega n}\mathrm{d}\Omega \tag{6.5}$$

其中，

$$X\left(\mathrm{e}^{\mathrm{j}\Omega}\right) = \sum_{n=-\infty}^{\infty} x[n]\mathrm{e}^{-\mathrm{j}\Omega n} \tag{6.6}$$

是信号 $x[n]$ 的离散时间傅里叶变换。上述关系表示为 $x[n] \xleftrightarrow{\text{DTFT}} X\left(\mathrm{e}^{\mathrm{j}\Omega}\right)$。离散时间傅里叶变换将信号 $x[n]$ 表示为频率 Ω 的连续函数，称为 $x[n]$ 的频域表示。式（6.5）称为离散时间傅里叶反变换，其物理意义是离散时间非周期信号可以分解为无数个频率为 Ω、复振幅为 $\dfrac{X\left(\mathrm{e}^{\mathrm{j}\Omega}\right)}{2\pi}\mathrm{d}\Omega$ 的虚指数信号 $\mathrm{e}^{\mathrm{j}\Omega n}$ 的线性组合。

由于

$$X\left(\mathrm{e}^{\mathrm{j}(\Omega+2\pi)}\right) = \sum_{n=-\infty}^{\infty} x[n]\mathrm{e}^{-\mathrm{j}(\Omega+2\pi)n} = \sum_{n=-\infty}^{\infty} x[n]\mathrm{e}^{-\mathrm{j}\Omega n} = X\left(\mathrm{e}^{\mathrm{j}\Omega}\right)$$

所以离散时间傅里叶变换是周期的，周期为 2π。

通常 $X\left(\mathrm{e}^{\mathrm{j}\Omega}\right)$ 为复数，可以表示为

$$X\left(\mathrm{e}^{\mathrm{j}\Omega}\right) = \left|X\left(\mathrm{e}^{\mathrm{j}\Omega}\right)\right|\mathrm{e}^{\mathrm{j}\angle X\left(\mathrm{e}^{\mathrm{j}\Omega}\right)}$$

$X\left(\mathrm{e}^{\mathrm{j}\Omega}\right)$ 的幅度 $\left|X\left(\mathrm{e}^{\mathrm{j}\Omega}\right)\right|$，表示为关于频率 Ω 的图形，称为 $x[n]$ 的**幅度谱**。$X\left(\mathrm{e}^{\mathrm{j}\Omega}\right)$ 的相位 $\angle X\left(\mathrm{e}^{\mathrm{j}\Omega}\right)$，表示为关于频率 Ω 的图形，称为 $x[n]$ 的**相位谱**。

当 $x[n]$ 为实信号时，有

$$X^*\left(\mathrm{e}^{\mathrm{j}\Omega}\right) = \left(\sum_{n=-\infty}^{\infty} x[n]\mathrm{e}^{-\mathrm{j}\Omega n}\right)^* = \sum_{n=-\infty}^{\infty} x[n]\mathrm{e}^{\mathrm{j}\Omega n} = \sum_{n=-\infty}^{\infty} x[n]\mathrm{e}^{-\mathrm{j}(-\Omega)n} = X\left(\mathrm{e}^{-\mathrm{j}\Omega}\right)$$

即

$$X^*\left(\mathrm{e}^{\mathrm{j}\Omega}\right) = X\left(\mathrm{e}^{-\mathrm{j}\Omega}\right)$$

由

$$X^*\left(\mathrm{e}^{\mathrm{j}\Omega}\right) = \left|X\left(\mathrm{e}^{\mathrm{j}\Omega}\right)\right|\mathrm{e}^{-\mathrm{j}\angle X\left(\mathrm{e}^{\mathrm{j}\Omega}\right)}$$

可知

$$\left| X\left(e^{-j\Omega}\right)\right| = \left| X\left(e^{j\Omega}\right)\right|$$

$$\angle X\left(e^{-j\Omega}\right) = -\angle X\left(e^{j\Omega}\right)$$

所以，离散时间非周期信号的幅度谱为偶函数，相位谱为奇函数。

对于离散时间非周期信号，当 $x[n]$ 的持续时间和幅度有限时，离散时间傅里叶变换才存在。如果 $x[n]$ 是无限宽度的，离散时间傅里叶变换仅对某些类型的信号存在，如满足绝对可和条件的信号，即

$$\sum_{n=-\infty}^{\infty} |x[n]| < \infty$$

或者，满足能量有限的信号等。

表 6.2 给出了几个常见信号的离散时间傅里叶变换。

表 6.2　常见信号的离散时间傅里变换

信　　号	离散时间傅里叶变换
$\delta[n]$	1
1	$\displaystyle\sum_{k=-\infty}^{\infty} 2\pi\delta(\Omega - 2k\pi)$
$a^n u[n]\,(\,|a|<1)$	$\dfrac{1}{1-ae^{-j\Omega}}$
$u[n]$	$\dfrac{1}{1-e^{-j\Omega}} + \displaystyle\sum_{k=-\infty}^{\infty} \pi\delta(\Omega - 2k\pi)$
$G_{2M+1}[n]$	$\dfrac{\sin\left(\dfrac{2M+1}{2}\Omega\right)}{\sin\left(\dfrac{\Omega}{2}\right)}$
$\dfrac{M}{\pi}\mathrm{Sa}(Mn)$	$\displaystyle\sum_{k=-\infty}^{\infty} G_{2M}(\Omega - 2k\pi)$
$e^{j\Omega_0 n}$	$\displaystyle\sum_{k=-\infty}^{\infty} 2\pi\delta(\Omega - \Omega_0 - 2k\pi)$
$\cos(\Omega_0 n)$	$\displaystyle\sum_{k=-\infty}^{\infty} \pi[\delta(\Omega - \Omega_0 - 2k\pi) + \delta(\Omega + \Omega_0 - 2k\pi)]$
$\sin(\Omega_0 n)$	$\displaystyle\sum_{k=-\infty}^{\infty} j\pi[-\delta(\Omega - \Omega_0 - 2k\pi) + \delta(\Omega + \Omega_0 - 2k\pi)]$

例 6.9　求信号 $\delta[n]$ 和 $\delta[n-n_0]$ 的离散时间傅里叶变换。

笔记：

解：

（1）$X\left(e^{j\Omega}\right) = \displaystyle\sum_{n=-\infty}^{\infty} x[n]e^{-j\Omega n} = \sum_{n=-\infty}^{\infty} \delta[n]e^{-j\Omega n} = 1$

（2）$X\left(e^{j\Omega}\right) = \displaystyle\sum_{n=-\infty}^{\infty} x[n]e^{-j\Omega n} = \sum_{n=-\infty}^{\infty} \delta[n-n_0]e^{-j\Omega n} = e^{-j\Omega n_0}$

例 6.10　求 $a^n u[n]$（$|a|<1$）的离散时间傅里叶变换，并画出频谱图。

解:

$$X\left(\mathrm{e}^{\mathrm{j}\Omega}\right) = \sum_{n=-\infty}^{\infty} x[n]\mathrm{e}^{-\mathrm{j}\Omega n} = \sum_{n=-\infty}^{\infty} a^n \mathrm{e}^{-\mathrm{j}\Omega n}$$

$$= \sum_{n=-\infty}^{\infty} \left(a\mathrm{e}^{-\mathrm{j}\Omega}\right)^n = \frac{1}{1-a\mathrm{e}^{-\mathrm{j}\Omega}} = \frac{1}{1-a\cos\Omega+\mathrm{j}a\sin\Omega}$$

$$\left|X\left(\mathrm{e}^{\mathrm{j}\Omega}\right)\right| = \frac{1}{\sqrt{a^2+1-2a\cos\Omega}}$$

$$\angle X\left(\mathrm{e}^{\mathrm{j}\Omega}\right) = -\arctan\left(\frac{a\sin\Omega}{1-a\cos\Omega}\right)$$

当 $\Omega=0$ 时，$\left|X\left(\mathrm{e}^{\mathrm{j}\Omega}\right)\right| = \dfrac{1}{1-a}$。

当 $\Omega=\pi$ 时，$\left|X\left(\mathrm{e}^{\mathrm{j}\Omega}\right)\right| = \dfrac{1}{1+a}$。

图 6.3 描绘了当 $a=0.5$ 时的幅度谱和相位谱。图 6.4 描绘了当 $a=-0.5$ 时的幅度谱和相位谱。

笔记：

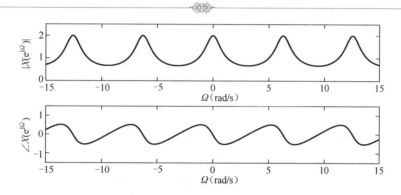

图 6.3　离散时间指数信号的频谱：$a=0.5$

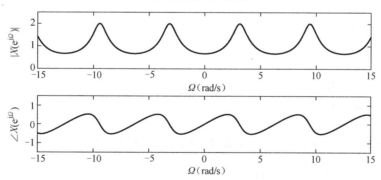

图 6.4　离散时间指数信号的频谱：$a=-0.5$

图 6.4 可以用如下的 MATLAB 命令产生。

```
%figure6.4
W=-15:0.01:15;
a=-0.5;
```

```
X=1./(1-a*exp(-j*W));
subplot(211)
plot(W,abs(X),'k','LineWidth',1);
xlabel('\Omega (rad/s)')
ylabel('|X(e^{j\Omega})|')
axis([-15 15 0 2.5])
subplot(212)
plot(W,angle(X),'k','LineWidth',1);
xlabel('\Omega (rad/s)')
ylabel('\angle X(e^{j\Omega})')
axis([-15 15 -1.5 1.5])
```

例 6.11 $G_{2M+1}[n]$ 是宽度为 $2M+1$、高度为 1 的离散时间方波信号，即

$$G_{2M+1}[n] = \begin{cases} 1, & |n| \leqslant M \\ 0, & |n| > M \end{cases}$$

计算该信号的离散时间傅里叶变换。

笔记：

解：当 $\Omega \neq 0$、$\pm 2\pi$、$\pm 4\pi$、$\cdots$ 时，有

$$X\left(e^{j\Omega}\right) = \sum_{n=-M}^{M} e^{-j\Omega n} = \sum_{m=0}^{2M} e^{-j\Omega(m-M)}$$

$$= e^{j\Omega M} \sum_{m=0}^{2M} e^{-j\Omega m} = e^{j\Omega M} \frac{1 - e^{-j\Omega(2M+1)}}{1 - e^{-j\Omega}}$$

$$= e^{j\Omega M} \frac{e^{-j\Omega(2M+1)/2} \left(e^{j\Omega(2M+1)/2} - e^{-j\Omega(2M+1)/2} \right)}{e^{-j\Omega/2} \left(e^{j\Omega/2} - e^{-j\Omega/2} \right)}$$

$$= \frac{\left(e^{j\Omega(2M+1)/2} - e^{-j\Omega(2M+1)/2} \right)}{\left(e^{j\Omega/2} - e^{-j\Omega/2} \right)} = \frac{\sin(\Omega(2M+1)/2)}{\sin(\Omega/2)}$$

当 $\Omega = 0$、$\pm 2\pi$、$\pm 4\pi$、$\cdots$ 时，有

$$X\left(e^{j\Omega}\right) = \sum_{n=-M}^{M} e^{-j\Omega n} = 2M+1$$

根据洛必达法则，有

$$\lim_{\Omega = 0, \pm 2\pi, \cdots} \frac{\sin(\Omega(2M+1)/2)}{\sin(\Omega/2)} = 2M+1$$

所以，离散时间方波信号 $G_{2M+1}[n]$ 的离散时间傅里叶变换为

$$X\left(e^{j\Omega}\right) = \frac{\sin(\Omega(2M+1)/2)}{\sin(\Omega/2)}$$

图 6.5 分别描绘了当 M 为 4、8 时的离散时间方波信号的频谱。由图 6.5 可知，信号 $x[n]$ 的持续时间与其傅里叶变换 $X\left(e^{j\Omega}\right)$ 的带宽成反比。随着信号宽度 $2M+1$ 的增加，其对应的频谱宽度越来越窄，更集中在频域原点附近。

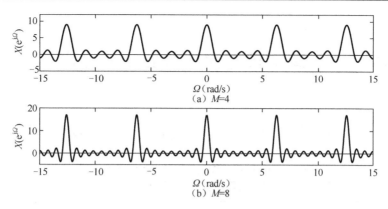

图 6.5　离散时间方波信号的频谱

例 6.12　求矩形

$$G_{2M}(\Omega) = \begin{cases} 1, & |\Omega| < M \\ 0, & M \leqslant |\Omega| < \pi \end{cases}$$

的离散时间傅里叶反变换。

解：当 $n \neq 0$ 时，有

$$x[n] = \frac{1}{2\pi}\int_{-\pi}^{\pi} X\left(e^{j\Omega}\right) e^{j\Omega n}\,d\Omega = \frac{1}{2\pi}\int_{-M}^{M} e^{j\Omega n}\,d\Omega$$

$$= \frac{e^{j\Omega M} - e^{-j\Omega M}}{j2\pi n} = \frac{\sin(Mn)}{\pi n}$$

当 $n = 0$ 时，有

$$x[0] = \frac{1}{2\pi}\int_{-\pi}^{\pi} X\left(e^{j\Omega}\right)\,d\Omega = \frac{1}{2\pi}\int_{-M}^{M} 1\,d\Omega = \frac{M}{\pi}$$

根据洛必达法则，有

$$\lim_{n \to 0}\frac{\sin(Mn)}{\pi n} = \frac{M}{\pi}$$

所以，$G_{2M}(\Omega)$ 的离散时间傅里叶反变换为

$$x[n] = \frac{\sin(Mn)}{\pi n} = \frac{M}{\pi}\mathrm{Sa}(Mn)$$

例 6.13　求 $X\left(e^{j\Omega}\right) = \delta(\Omega)$ $(-\pi < \Omega \leqslant \pi)$ 的离散时间傅里叶反变换。

解：

$$x[n] = \frac{1}{2\pi}\int_{-\pi}^{\pi} X\left(e^{j\Omega}\right) e^{j\Omega n}\,d\Omega = \frac{1}{2\pi}\int_{-M}^{M} \delta(\Omega)e^{j\Omega n}\,d\Omega = \frac{1}{2\pi}$$

注：本例中 $X\left(e^{j\Omega}\right) = \sum_{k=-\infty}^{\infty} \delta(\Omega - 2k\pi)$ 是另外一种等价的定义方式。

6.4　离散时间非周期信号傅里叶变换的性质

离散时间非周期信号傅里叶变换与连续时间非周期信号傅里叶变换的性质非常类似，基本性质如表 6.3 所示，表中 $x[n] \xleftrightarrow{\text{DTFT}} X\left(e^{j\Omega}\right)$，$y[n] \xleftrightarrow{\text{DTFT}} Y\left(e^{j\Omega}\right)$。

表 6.3　离散时间非周期信号傅里叶变换的性质

性　质	非周期信号	傅里叶变换
线性性质	$ax[n] + by[n]$	$aX\left(e^{j\Omega}\right) + bY\left(e^{j\Omega}\right)$
共轭对称性	$x^*[n] = x[n]$ （实信号）	$X^*\left(e^{j\Omega}\right) = X\left(e^{-j\Omega}\right)$
	$x^*[n] = x[-n]$ （实偶信号）	$X^*\left(e^{j\Omega}\right) = X\left(e^{j\Omega}\right)$
	$x^*[n] = -x[-n]$ （实奇信号）	$X^*\left(e^{j\Omega}\right) = -X\left(e^{j\Omega}\right)$
	$x^*[n] = -x[n]$ （纯虚信号）	$X^*\left(e^{j\Omega}\right) = -X\left(e^{-j\Omega}\right)$
时移特性	$x[n - n_0]$	$e^{-j\Omega n_0} X\left(e^{j\Omega}\right)$
频移特性	$e^{j\Omega_0 n} x[n]$	$X\left(e^{j(\Omega - \Omega_0)}\right)$
	$x[n]\cos(\Omega_0 n)$	$\dfrac{1}{2}\left[X\left(e^{j(\Omega + \Omega_0)}\right) + X\left(e^{j(\Omega - \Omega_0)}\right)\right]$
对偶特性	$X(jt)$	$x[-n]$ （傅里叶级数）
微分特性	$-jnx[n]$	$\dfrac{\mathrm{d}}{\mathrm{d}\Omega} X\left(e^{j\Omega}\right)$
卷积特性	$x[n] * y[n]$	$X\left(e^{j\Omega}\right) Y\left(e^{j\Omega}\right)$
乘积特性	$x[n]y[n]$	$\dfrac{1}{2\pi} X\left(e^{j\Omega}\right) * Y\left(e^{j\Omega}\right)$ （周期卷积）
Parseval 能量守恒	$E = \displaystyle\sum_{n=-\infty}^{\infty} \lvert x[n]\rvert^2 = \frac{1}{2\pi}\int_{-\pi}^{\pi} \left\lvert X\left(e^{j\Omega}\right)\right\rvert^2 \mathrm{d}\Omega$	

注：由于离散时间傅里叶变换是连续的，在对偶特性中，将频率 Ω 替换为时间 t 后，得到连续时间周期信号，当对该信号取傅里叶级数时对应的傅里叶级数的系数为 $x[-n]$。因此，连续时间傅里叶级数与离散时间傅里叶变换具有对偶特性。

下面通过几个例子说明离散时间非周期信号傅里叶变换性质的运用。

 例 6.14　已知

 笔记：

$$G_{2M}(\Omega) = \begin{cases} 1, & |\Omega| < M \\ 0, & M \leqslant |\Omega| < \pi \end{cases}$$

求 $x[n]$。

解：令 $X\left(e^{j\Omega}\right) = Y\left(e^{j\Omega}\right) Z\left(e^{j\Omega}\right)$，根据卷积性质，有

$$x[n] = y[n] * z[n]$$

笔记：

已知

$$0.5^n u[n] \xleftrightarrow{\text{DTFT}} Y\left(e^{j\Omega}\right), \quad (-0.5)^n u[n] \xleftrightarrow{\text{DTFT}} Z\left(e^{j\Omega}\right)$$

所以

$$x[n] = y[n] * z[n] = 0.5^n u[n] * (-0.5)^n u[n]$$

$$= \sum_{k=0}^{n} 0.5^k (-0.5)^{n-k} = (-0.5)^n \sum_{k=0}^{n} (-1)^k$$

$$= \begin{cases} 0, & n < 0, \ n = 1,3,5\cdots \\ 0.5^n, & n = 0,2,4\cdots \end{cases}$$

例 6.15　求信号

$$x[n] = (n+1)a^n u[n], \quad |a| < 1$$

的离散时间傅里叶变换。

解：$x[n] = (n+1)a^n u[n] = na^n u[n] + a^n u[n]$

$$a^n u[n] \xleftrightarrow{\text{DTFT}} \frac{1}{1-ae^{-j\Omega}}$$

由频域微分性质，有

$$-jna^n u[n] \xleftrightarrow{\text{DTFT}} \frac{\mathrm{d}}{\mathrm{d}\Omega}\left(\frac{1}{1-ae^{-j\Omega}}\right) = \frac{-jae^{-j\Omega}}{\left(1-ae^{-j\Omega}\right)^2}$$

所以有

$$x[n] \xleftrightarrow{\text{DTFT}} \frac{1}{\left(1-ae^{-j\Omega}\right)^2}$$

例 6.16　求信号

$$x[n] = ne^{jn\pi/8} a^{n-3} u[n-3]$$

的离散时间傅里叶变换。

解：信号 $x[n]$ 是由 $y[n] = a^n u[n]$，先进行时移，再进行频移，最后进行频域微分后得到的。

$$y[n] = a^n u[n] \xleftrightarrow{\text{DTFT}} \frac{1}{1-ae^{-j\Omega}}$$

$$y[n-3] \xleftrightarrow{\text{DTFT}} \frac{e^{-j3\Omega}}{1-ae^{-j\Omega}}$$

$$e^{jn\pi/8} y[n-3] \xleftrightarrow{\text{DTFT}} \frac{e^{-j3(\Omega-\pi/8)}}{1-ae^{-j(\Omega-\pi/8)}}$$

$$-jne^{jn\pi/8} y[n-3] \xleftrightarrow{\text{DTFT}} \frac{\mathrm{d}}{\mathrm{d}\Omega}\left(\frac{e^{-j3(\Omega-\pi/8)}}{1-ae^{-j(\Omega-\pi/8)}}\right)$$

所以有

$$x[n] \xleftrightarrow{\text{DTFT}} j\frac{\mathrm{d}}{\mathrm{d}\Omega}\left(\frac{e^{-j3(\Omega-\pi/8)}}{1-ae^{-j(\Omega-\pi/8)}}\right)$$

例 6.17 已知

$$x[n] = \frac{\sin(Mn)}{\pi n}$$

计算 $\sum_{n=-\infty}^{\infty} |x[n]|^2$。

解：由表 6.3 得

$$E = \sum_{n=-\infty}^{\infty} |x[n]|^2 = \frac{1}{2\pi} \int_{-\pi}^{\pi} \left| X\left(e^{j\Omega}\right) \right|^2 d\Omega$$

由例 6.12 的结果，有

$$\sum_{n=-\infty}^{\infty} |x[n]|^2 = \frac{1}{2\pi} \int_{-M}^{M} 1^2 d\Omega = \frac{M}{\pi}$$

 笔记：

6.5 离散时间周期信号的傅里叶变换

周期为 $N = \dfrac{2\pi}{\Omega_0}$ 的离散时间信号 $x[n]$ 在频域中可以用离散时间傅里叶级数表示，即

$$x[n] = \sum_{k=0}^{N-1} X_k e^{jk\Omega_0 n}$$

现对上式取离散时间傅里叶变换，由傅里叶变换的线性性质，得

$$X\left(e^{j\Omega}\right) = \sum_{k=0}^{N-1} X_k F\left[e^{jk\Omega_0 n}\right]$$

已知

$$1 \xleftarrow{\text{DTFT}} \sum_{k=-\infty}^{\infty} 2\pi\delta(\Omega - 2k\pi)$$

由频移特性，有

$$e^{jk\Omega_0 n} \xleftarrow{\text{DTFT}} \sum_{l=-\infty}^{\infty} 2\pi\delta(\Omega - k\Omega_0 - 2l\pi)$$

代入上式可得

$$X\left(e^{j\Omega}\right) = \sum_{k=0}^{N-1} X_k \sum_{l=-\infty}^{\infty} 2\pi\delta(\Omega - k\Omega_0 - 2l\pi)$$

由于 X_k 以 N 为周期，且 $N\Omega_0 = 2\pi$，所以有

$$X\left(e^{j\Omega}\right) = 2\pi \sum_{k=-\infty}^{\infty} X_k \delta(\Omega - k\Omega_0) \tag{6.7}$$

所以，离散时间周期信号的傅里叶变换是一系列的、以 Ω_0 为间隔的冲激信号，$\Omega = k\Omega_0$ 频点的冲激信号的强度为 $2\pi X_k$。式（6.7）给出了如何在离散时间周期信号的傅里叶变换和离散傅里叶级数之间进行转换。

例 6.18　计算 $x[n] = \sum\limits_{l=-\infty}^{\infty} \delta[n-lN]$ 的离散时间傅里叶变换。

解：由例 6.2 可知，$x[n]$ 的离散时间傅里叶级数系数为

$$X_k = \frac{1}{N}$$

由式（6.7）可得 $x[n]$ 的傅里叶变换为

$$X\left(\mathrm{e}^{\mathrm{j}\Omega}\right) = 2\pi \sum_{k=-\infty}^{\infty} X_k \delta(\Omega - k\Omega_0) = \Omega_0 \sum_{k=-\infty}^{\infty} \delta(\Omega - k\Omega_0)$$

下面再次考虑离散时间傅里叶变换的乘积特性，若 $x[n]$ 为离散时间周期信号，其离散时间傅里叶级数系数为 X_k，则乘积信号 $x[n]y[n]$ 的离散时间傅里叶变换为

$$\frac{1}{2\pi} X\left(\mathrm{e}^{\mathrm{j}\Omega}\right) * Y\left(\mathrm{e}^{\mathrm{j}\Omega}\right) = \frac{1}{2\pi} \int_{-\pi}^{\pi} X\left(\mathrm{e}^{\mathrm{j}\theta}\right) Y\left(\mathrm{e}^{\mathrm{j}(\Omega-\theta)}\right) \mathrm{d}\theta$$

$$= \int_{-\pi}^{\pi} \sum_{k=-\infty}^{\infty} X_k \delta(\theta - k\Omega_0) Y\left(\mathrm{e}^{\mathrm{j}(\Omega-\theta)}\right) \mathrm{d}\theta$$

$$= \sum_{k=0}^{N-1} X_k \int_{-\pi}^{\pi} \delta(\theta - k\Omega_0) Y\left(\mathrm{e}^{\mathrm{j}(\Omega-\theta)}\right) \mathrm{d}\theta$$

$$= \sum_{k=0}^{N-1} X_k \int_{-\pi}^{\pi} Y\left(\mathrm{e}^{\mathrm{j}(\Omega-k\Omega_0)}\right) \delta(\theta - k\Omega_0) \mathrm{d}\theta$$

$$= \sum_{k=0}^{N-1} X_k Y\left(\mathrm{e}^{\mathrm{j}(\Omega-k\Omega_0)}\right)$$

即

$$x[n]y[n] \xleftrightarrow{\ \mathrm{DTFT}\ } \sum_{k=0}^{N-1} X_k Y\left(\mathrm{e}^{\mathrm{j}(\Omega-k\Omega_0)}\right) \tag{6.8}$$

式（6.8）是乘积信号的离散时间傅里叶变换在一个周期内的结果。

例 6.19　如图 6.6 所示，已知 $x[n]$ 为离散时间非周期信号，$z[n] = (-1)^n$。求输出 $y[n]$ 的离散时间傅里叶变换。

解：由图可见

$$y[n] = x[n] + x[n]z[n]$$

$z[n] = (-1)^n$ 是周期为 2 的周期信号，离散时间傅里叶级数系数为

$$Z_k = \frac{1}{2} \sum_{n=0}^{1} z[n] \mathrm{e}^{-\mathrm{j}k\pi n} = \frac{1 - \cos k\pi + \mathrm{j}\sin k\pi}{2}$$

所以

$$Y\left(\mathrm{e}^{\mathrm{j}\Omega}\right) = X\left(\mathrm{e}^{\mathrm{j}\Omega}\right) + \sum_{k=0}^{1} Z_k X\left(\mathrm{e}^{\mathrm{j}(\Omega-k\pi)}\right) = X\left(\mathrm{e}^{\mathrm{j}\Omega}\right) + X\left(\mathrm{e}^{\mathrm{j}(\Omega-\pi)}\right)$$

笔记：

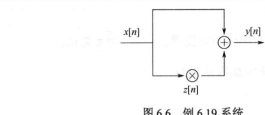

图 6.6　例 6.19 系统

笔记：

6.6　利用部分分式展开法求离散时间傅里叶反变换

设信号 $x[n]$ 的离散时间傅里叶变换 $X\left(\mathrm{e}^{\mathrm{j}\varOmega}\right)$ 为关于 $\mathrm{e}^{\mathrm{j}\varOmega}$ 的有理分式，则

$$X\left(\mathrm{e}^{\mathrm{j}\varOmega}\right)=\frac{b_M\mathrm{e}^{-\mathrm{j}\varOmega M}+b_{M-1}\mathrm{e}^{-\mathrm{j}\varOmega(M-1)}+\cdots+b_1\mathrm{e}^{-\mathrm{j}\varOmega}+b_0}{a_N\mathrm{e}^{-\mathrm{j}\varOmega N}+a_{N-1}\mathrm{e}^{-\mathrm{j}\varOmega(N-1)}+\cdots+a_1\mathrm{e}^{-\mathrm{j}\varOmega}+1}=\frac{N\left(\mathrm{e}^{\mathrm{j}\varOmega}\right)}{D\left(\mathrm{e}^{\mathrm{j}\varOmega}\right)}$$

可以通过部分分式展开法求出 $x[n]$。

注意，分母多项式 $D\left(\mathrm{e}^{\mathrm{j}\varOmega}\right)$ 的常数项归一化为 1。将 $D\left(\mathrm{e}^{\mathrm{j}\varOmega}\right)$ 分解为

$$D\left(\mathrm{e}^{\mathrm{j}\varOmega}\right)=\prod_{i=1}^{N}\left(1-d_i\mathrm{e}^{-\mathrm{j}\varOmega}\right)$$

用变量 υ 代替 $\mathrm{e}^{\mathrm{j}\varOmega}$，求解多项式的根 d_i。

$$\upsilon^n+a_1\upsilon^{n-1}+\cdots+a_{N-1}\upsilon+a_N=0$$

假设 $M<N$，所有的根 d_i 均为单根，则可把 $X\left(\mathrm{e}^{\mathrm{j}\varOmega}\right)$ 表示为

$$X\left(\mathrm{e}^{\mathrm{j}\varOmega}\right)=\sum_{i=1}^{N}\frac{k_i}{1-d_i\mathrm{e}^{-\mathrm{j}\varOmega}}$$

其中 $k_i=\left(1-d_i\mathrm{e}^{-\mathrm{j}\varOmega}\right)X\left(\mathrm{e}^{\mathrm{j}\varOmega}\right)\Big|_{\mathrm{e}^{-\mathrm{j}\varOmega}=d_i^{-1}}$。由于

$$d_i^n u[n]\xleftarrow{\ \mathrm{DTFT}\ }\frac{1}{1-d_i\mathrm{e}^{-\mathrm{j}\varOmega}}\ \left(|d_i|<1\right)$$

所以有

$$x[n]=\sum_{i=1}^{N}k_i(d_i)^n u[n]$$

对于存在复根等复杂情况，可以利用 z 变换的方法求解，这里不再介绍。

笔记：

例 6.20　求下列离散时间傅里叶变换对应的时域信号。

$$X\left(\mathrm{e}^{\mathrm{j}\varOmega}\right)=\frac{-\dfrac{5}{6}\mathrm{e}^{-\mathrm{j}\varOmega}+5}{1+\dfrac{1}{6}\mathrm{e}^{-\mathrm{j}\varOmega}-\dfrac{1}{6}\mathrm{e}^{-2\mathrm{j}\varOmega}}$$

解： 多项式

$$v^2 + \frac{1}{6}v - \frac{1}{6} = 0$$

的根为 $d_1 = -1/2$ 和 $d_2 = 1/3$。

$$X\left(\mathrm{e}^{\mathrm{j}\Omega}\right) = \frac{k_1}{1+\dfrac{1}{2}\mathrm{e}^{-\mathrm{j}\Omega}} + \frac{k_2}{1-\dfrac{1}{3}\mathrm{e}^{-\mathrm{j}\Omega}}$$

$$k_1 = \left(1+\frac{1}{2}\mathrm{e}^{-\mathrm{j}\Omega}\right)X\left(\mathrm{e}^{\mathrm{j}\Omega}\right)\bigg|_{\mathrm{e}^{-\mathrm{j}\Omega}=-2} = 4$$

$$k_2 = \left(1-\frac{1}{3}\mathrm{e}^{-\mathrm{j}\Omega}\right)X\left(\mathrm{e}^{\mathrm{j}\Omega}\right)\bigg|_{\mathrm{e}^{-\mathrm{j}\Omega}=3} = 1$$

所以有

$$x[n] = 4(-1/2)^n u[n] + (1/3)^n u[n]$$

笔记：

6.7 离散时间信号的傅里叶变换

首先，建立连续时间频率 ω 与离散时间频率 Ω 的关系。令 $x(t) = \mathrm{e}^{\mathrm{j}\omega t}$，$x[n] = \mathrm{e}^{\mathrm{j}\Omega n}$，并且 $x[n] = x(nT_s)$，则

$$\mathrm{e}^{\mathrm{j}\Omega n} = \mathrm{e}^{\mathrm{j}\omega T_s n}$$

所以，$\Omega = \omega T_s$。

其次，考虑任意离散时间信号 $x[n]$ 的离散时间傅里叶变换，即

$$X\left(\mathrm{e}^{\mathrm{j}\Omega}\right) = \sum_{n=-\infty}^{\infty} x[n]\mathrm{e}^{-\mathrm{j}\Omega n}$$

将 $\Omega = \omega T_s$ 代入上式，则

$$X_\delta\left(\mathrm{j}\omega\right) = X\left(\mathrm{e}^{\mathrm{j}\Omega}\right)\bigg|_{\Omega=\omega T_s} = \sum_{n=-\infty}^{\infty} x[n]\mathrm{e}^{-\mathrm{j}\omega T_s n}$$

根据傅里叶变换的性质，有

$$\delta(t-nT_s) \xleftrightarrow{\ \mathrm{FT}\ } \mathrm{e}^{-\mathrm{j}\omega nT_s}$$

所以有

$$x_\delta(t) = \sum_{n=-\infty}^{\infty} x[n]\delta(t-nT_s) \tag{6.9}$$

由此得出

$$x_\delta(t) = \sum_{n=-\infty}^{\infty} x[n]\delta(t-nT_s) \xleftrightarrow{\ \mathrm{FT}\ } X_\delta(\mathrm{j}\omega) = \sum_{n=-\infty}^{\infty} x[n]\mathrm{e}^{-\mathrm{j}\omega T_s n} \tag{6.10}$$

式（6.9）称为 $x[n]$ 的连续时间表示，是由间隔为 T_s 的冲激信号组成的，冲激信号的强度为 $x[n]$。已知 $X\left(\mathrm{e}^{\mathrm{j}\Omega}\right)$ 是周期为 2π 的关于 Ω 的函数，式（6.10）表明离散信号的傅里叶

变换是连续的周期函数，周期为 $\dfrac{2\pi}{T_s}$。这是因为

$$X_\delta\big(\mathrm{j}(\omega+2\pi/T_s)\big)=\sum_{n=-\infty}^{\infty}x[n]\mathrm{e}^{-\mathrm{j}n(\omega+2\pi/T_s)T_s}=\sum_{n=-\infty}^{\infty}x[n]\mathrm{e}^{-\mathrm{j}n\omega T_s}\mathrm{e}^{-\mathrm{j}n2\pi}$$

$$=\sum_{n=-\infty}^{\infty}x[n]\mathrm{e}^{-\mathrm{j}n\omega T_s}=X_\delta(\mathrm{j}\omega)$$

如果

$$x[n]=a^n u[n]\,(\,|a|<1)\;\xleftrightarrow{\ \mathrm{DTFT}\ }\;\frac{1}{1-a\mathrm{e}^{-\mathrm{j}\Omega}}$$

则

$$x_\delta(t)=\sum_{n=-\infty}^{\infty}a^n\delta(t-nT_s)\;\xleftrightarrow{\ \mathrm{FT}\ }\;\frac{1}{1-a\mathrm{e}^{-\mathrm{j}\omega T_s}}$$

再次，考虑离散时间周期信号。设 $x[n]$ 是周期为 N 的信号，其离散时间傅里叶变换为

$$X\big(\mathrm{e}^{\mathrm{j}\Omega}\big)=2\pi\sum_{k=-\infty}^{\infty}X_k\delta(\Omega-k\Omega_0)$$

将 $\Omega=\omega T_s$ 代入上式，有

$$X_\delta(\mathrm{j}\omega)=2\pi\sum_{k=-\infty}^{\infty}X_k\delta(\omega T_s-k\Omega_0)=2\pi\sum_{k=-\infty}^{\infty}X_k\delta(T_s(\omega-k\Omega_0/T_s))$$

由于冲激信号的尺度变换特性 $\delta(at)=\dfrac{1}{a}\delta(t)$，则

$$X_\delta(\mathrm{j}\omega)=\frac{2\pi}{T_s}\sum_{k=-\infty}^{\infty}X_k\delta(\omega-k\Omega_0/T_s)\tag{6.11}$$

已知 X_k 是以 N 为周期的，$X_\delta(\mathrm{j}\omega)$ 也是周期的，周期是 $\dfrac{N\Omega_0}{T_s}=\dfrac{2\pi}{T_s}$。这是因为

$$X_\delta(\mathrm{j}(\omega+2\pi/T_s))=\frac{2\pi}{T_s}\sum_{k=-\infty}^{\infty}X_k\delta(\omega+2\pi/T_s-k\Omega_0/T_s)$$

$$=\frac{2\pi}{T_s}\sum_{k=-\infty}^{\infty}X_k\delta(\omega+N\Omega_0/T_s-k\Omega_0/T_s)$$

$$=\frac{2\pi}{T_s}\sum_{k=-\infty}^{\infty}X_k\delta(\omega-(k-N)\Omega_0/T_s)$$

$$=\frac{2\pi}{T_s}\sum_{k'=-\infty}^{\infty}X_{N+k'}\delta(\omega-k'\Omega_0/T_s)$$

$$=\frac{2\pi}{T_s}\sum_{k'=-\infty}^{\infty}X_{k'}\delta(\omega-k'\Omega_0/T_s)=X_\delta(\mathrm{j}\omega)$$

则与 $X_\delta(\mathrm{j}\omega)$ 对应的时域信号为

$$x_\delta(t)=\sum_{n=-\infty}^{\infty}x[n]\delta(t-nT_s)$$

$x[n]$ 的周期为 N，$x_\delta(t)$ 也是周期的，周期为 NT_s。

所以，傅里叶变换作为信号分析的工具就可以分析连续时间周期信号与连续时间非周

期信号，也可以分析离散时间周期信号与离散时间非周期信号。

6.8　离散傅里叶变换

在实际工程中处理的原信号往往都是连续信号，在用计算机进行处理时需要考虑 3 个方面的问题。一是需要将连续信号转变为离散信号，而且要保证信号中含有的信息不会损失，第 5 章介绍的时域抽样定理已经解决了这个问题。二是离散信号的离散时间傅里叶变换也是连续的，计算机无法直接处理，需要新的适合计算机处理的谱分析工具。三是计算机能够处理有限长的离散信号，在时域上有限长的信号变换到频域后应仍为有限长的信号。注意到，离散时间周期信号的离散时间傅里叶级数也是离散周期的，因此可以采用频域抽样的方法得到频域的离散信号。

具体的方法如下。对连续时间信号 $x(t)$ 进行抽样得到离散时间信号 $x[n]$，抽样间隔为 T_s。为保证原信号的信息不丢失，应按照抽样定理确定抽样间隔。为了得到有限长的离散时间信号，对抽样的结果进行加窗的操作，窗口的宽度为 M。现在将有限长的信号 $x[n]$ 周期化，周期为 $N \geqslant M$，得到离散时间周期信号。对其取离散时间傅里叶级数，将得到周期为 N 的离散时间傅里叶级数系数，这样信号在时域和频域上均是离散的。对比离散时间傅里叶变换和离散时间傅里叶级数，可以看出后者是前者以 $2\pi / N$ 为间隔抽样得到的。这个间隔保证了时域信号在周期化后不会发生混叠现象。

设 $x[n]$ 是长度为 N 的离散时间信号，根据上面的讨论，对离散时间傅里叶变换进行抽样后得到

$$X_k = X\left(e^{j\Omega}\right)\Big|_{\Omega = \frac{2k\pi}{N}} = \sum_{n=0}^{N-1} x[n]e^{-j\frac{2k\pi}{N}n}, \ k = 0, 1, \cdots, N-1$$

定义 $W_N = e^{-j\frac{2\pi}{N}}$，则上式改写为

$$X_k = \sum_{n=0}^{N-1} x[n]W_N^{kn}, \ k = 0, 1, \cdots, N-1 \tag{6.12}$$

式（6.12）称为**离散傅里叶变换**，其反变换为

$$x[n] = \frac{1}{N}\sum_{k=0}^{N-1} X_k W_N^{-kn}, \ n = 0, 1, \cdots, N-1 \tag{6.13}$$

离散傅里叶变换（DFT）可以对有限长的离散时间信号进行谱分析计算，其结果也是有限长的离散时间信号，因此为计算机进行信号和系统分析提供了非常有力的工具。

离散傅里叶变换可以用矩阵的形式表示。定义向量 $\boldsymbol{x}$、$\boldsymbol{X}$ 和矩阵 $\boldsymbol{W}_N$ 分别为

$$\boldsymbol{x} = \begin{bmatrix} x[0] \\ x[1] \\ \vdots \\ x[N-1] \end{bmatrix}, \ \boldsymbol{X} = \begin{bmatrix} X_0 \\ X_1 \\ \vdots \\ X_{N-1} \end{bmatrix}, \ \boldsymbol{W}_N = \begin{bmatrix} W_N^0 & W_N^0 & W_N^0 & \cdots & W_N^0 \\ W_N^0 & W_N^1 & W_N^2 & \cdots & W_N^{N-1} \\ W_N^0 & W_N^2 & W_N^4 & \cdots & W_N^{2(N-1)} \\ \vdots & \vdots & \vdots & \vdots & \vdots \\ W_N^0 & W_N^{N-1} & W_N^{2(N-1)} & \cdots & W_N^{(N-1)(N-1)} \end{bmatrix}$$

矩阵 $\boldsymbol{W}_N$ 的第 i 行第 j 列上的元素为 $W_N^{(i-1)(j-1)}$。该矩阵具有性质

$$W_N^{-1} = \frac{1}{N} W_N^*$$

则离散傅里叶变换可以用矩阵形式表示为

$$\boldsymbol{X} = \boldsymbol{W}_N \boldsymbol{x} \tag{6.14}$$

$$\boldsymbol{x} = \frac{1}{N} \boldsymbol{W}_N^* \boldsymbol{X} \tag{6.15}$$

例 6.21 已知离散时间信号为

$$x[n] = \{1, 2, 2, 1, \quad n = 0, 1, 2, 3\}$$

计算离散傅里叶变换。

 笔记:

解：取 $N = 4$，$W_4 = e^{-j\frac{2\pi}{4}} = -j$，可得

$$W_4 = \begin{bmatrix} 1 & 1 & 1 & 1 \\ 1 & -j & -1 & j \\ 1 & -1 & 1 & -1 \\ 1 & j & -1 & -j \end{bmatrix}$$

所以

$$X = W_4 x = \begin{bmatrix} 1 & 1 & 1 & 1 \\ 1 & -j & -1 & j \\ 1 & -1 & 1 & -1 \\ 1 & j & -1 & -j \end{bmatrix} \begin{bmatrix} 1 \\ 2 \\ 2 \\ 1 \end{bmatrix} = \begin{bmatrix} 6 \\ -1-j \\ 0 \\ -1+j \end{bmatrix}$$

本例中信号的长度为 4，N 的取值只要不小于 4 即可。

因此 N 也可取 8，此时将信号 $x[n]$ 右边补 4 个零后即可计算 8 个点的离散傅里叶变换。

例 6.22 已知离散傅里叶变换为

$$X_k = \begin{cases} 6, & k = 0 \\ -1-j, & k = 1 \\ 0, & k = 2 \\ -1+j, & k = 3 \end{cases}$$

求 $x[n]$。

解：$x = \dfrac{1}{4} W_N^* X = \dfrac{1}{4} \begin{bmatrix} 1 & 1 & 1 & 1 \\ 1 & j & -1 & -j \\ 1 & -1 & 1 & -1 \\ 1 & -j & -1 & j \end{bmatrix} \begin{bmatrix} 6 \\ -1-j \\ 0 \\ -1+j \end{bmatrix} = \begin{bmatrix} 1 \\ 2 \\ 2 \\ 1 \end{bmatrix}$

例 6.23 求信号 $x[n] = \{1, 1, \cdots, 1, \quad n = 0, 1, 2, \cdots, 2M\}$ 的离散傅里叶变换。

解： 离散傅里叶变换是以间隔 $\dfrac{2\pi}{N}$ 对离散时间傅里叶变换抽样的结果。

信号 $x[n] = G_{2M+1}[n - M]$。由例 6.11，有

$$G_{2M+1}[n] \xleftarrow{\text{DTFT}} \frac{\sin(\Omega(2M+1)/2)}{\sin(\Omega/2)}$$

由离散时间傅里叶变换的移位性质，有

$$x[n] \xleftarrow{\text{DTFT}} \frac{\sin(\Omega(2M+1)/2)}{\sin(\Omega/2)} e^{-jM\Omega}$$

$$\left| X\left(e^{j\Omega}\right) \right| = \left| \frac{\sin(\Omega(2M+1)/2)}{\sin(\Omega/2)} \right|$$

现在对上式进行抽样。考虑 $M = 5$ 的情况，此时有，$N = 2M + 1 = 11$。若以间隔 $\dfrac{2\pi}{11}$ 进行抽样，则

$$X_k = \left| \frac{\sin(k\pi)}{\sin(k\pi/11)} \right| = \begin{cases} 11, & k = 0 \\ 0, & k = 1, 2, \cdots, 10 \end{cases}$$

显然，此时通过 X_k 无法恢复信号 $x[n]$，需要减小抽样间隔，即增加抽样的点数 N。图 6.7 分别描绘了信号 $x[n]$ 的离散时间傅里叶变换和 22 点、100 点的离散傅里叶变换的幅度谱。

 笔记：

在图 6.7 中离散傅里叶变换采用如下 MATLAB 命令得到：
```
M=5;N=100;
x=[ones(1,2*M+1)
zeros(1,N-2*M-1)];
Xk=fft(x);
```

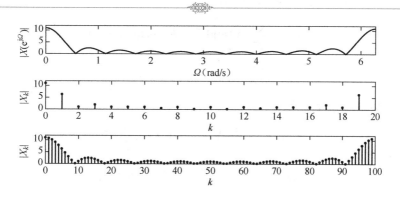

图 6.7 例 6.23 信号离散时间傅里叶变换和幅度谱

由离散傅里叶变换的定义，有

$$X_{N-k} = \sum_{n=0}^{N-1} x[n] e^{-j\frac{2(N-k)\pi}{N}n} = \sum_{n=0}^{N-1} x[n] e^{j\frac{2k\pi}{N}n} e^{-j2n\pi}$$

$$= \sum_{n=0}^{N-1} x[n] e^{j\frac{2k\pi}{N}n} = \overline{X_k}$$

因此，当 N 为偶数时，X_k 以 $X_{N/2}$ 为中心共轭对称。

6.9 快速傅里叶变换

6.9.1 时域抽取算法

由离散傅里叶变换的定义，有

$$X_k = \sum_{n=0}^{N-1} x[n]W_N^{kn}, \quad k = 0,1,\cdots,N-1$$

计算一个频点的值需要 N 次乘法和 $N-1$ 次加法，计算全部 N 个频点的值需要 N^2 次乘法和 $N(N-1)$ 次加法，因此离散傅里叶变换的计算量与 N^2 成正比。快速傅里叶变换（FFT）是一种提高傅里叶变换计算速度的算法，利用该算法可以将计算量降低为 $N\log_2 N$。

假设 $N = 2^m$，下面介绍时域抽取算法。将信号 $x[n]$ 分为两个更短的交织序列。

偶数序列为

$$x_1[m] = x[2m], \quad m = 0,1,\cdots,\frac{N}{2}-1$$

奇数序列为

$$x_2[m] = x[2m+1], \quad m = 0,1,\cdots,\frac{N}{2}-1$$

首先对这两个长度为 $\frac{N}{2}$ 的信号分别计算离散傅里叶变换 X_{1k} 和 X_{2k}，然后组合 X_{1k} 和 X_{2k} 即可得到 N 个频点的离散傅里叶变换。

$$X_{1k} = \sum_{m=0}^{(N/2)-1} x_1[m]W_{N/2}^{km}, \quad k = 0,1,\cdots,\frac{N}{2}-1$$

$$X_{2k} = \sum_{m=0}^{(N/2)-1} x_2[m]W_{N/2}^{km}, \quad k = 0,1,\cdots,\frac{N}{2}-1$$

则信号 $x[n]$ 的离散傅里叶变换为

$$X_k = X_{1k} + W_N^k X_{2k}, \quad k = 0,1,\cdots,\frac{N}{2}-1 \tag{6.16}$$

$$X_{(N/2)+k} = X_{1k} - W_N^k X_{2k}, \quad k = 0,1,\cdots,\frac{N}{2}-1 \tag{6.17}$$

下面验证式（6.16）。

$$X_{1k} + W_N^k X_{2k} = \sum_{m=0}^{(N/2)-1} x_1[m]W_{N/2}^{km} + \sum_{m=0}^{(N/2)-1} x_2[m]W_N^k W_{N/2}^{km}$$

$$= \sum_{m=0}^{(N/2)-1} x[2m]W_{N/2}^{km} + \sum_{m=0}^{(N/2)-1} x[2m+1]W_N^k W_{N/2}^{km}$$

利用性质

$$W_{N/2}^{km} = W_N^{2km}, \quad W_N^k W_{N/2}^{km} = W_N^{(1+2m)k}$$

可得

$$X_{1k} + W_N^k X_{2k} = \sum_{m=0}^{(N/2)-1} x[2m] W_{N/2}^{km} + \sum_{m=0}^{(N/2)-1} x[2m+1] W_N^k W_{N/2}^{km}$$

$$= \sum_{m=0}^{(N/2)-1} x[2m] W_N^{2km} + \sum_{m=0}^{(N/2)-1} x[2m+1] W_N^{(2m+1)k}$$

上式右边第一项令 $n=2m$，第二项令 $n=2m+1$，则

$$X_{1k} + W_N^k X_{2k} = \sum_{\substack{n=0 \\ n为偶数}}^{N-2} x[n] W_N^{kn} + \sum_{\substack{n=1 \\ n为奇数}}^{N-1} x[n+1] W_N^{kn} = \sum_{n=0}^{N-1} x[n] W_N^{kn} = X_k$$

类似的方法可以验证式（6.17）。当 $N=8$ 时的计算过程如图 6.8 所示。

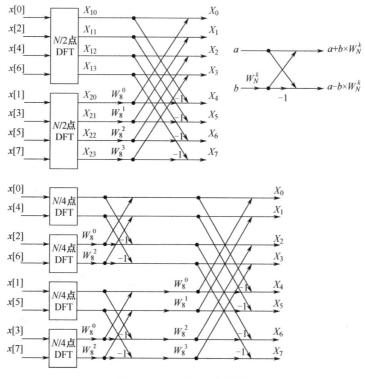

图 6.8　FFT 时域抽取算法

在图 6.8 中，右边的结构呈现交错形状，称为蝶形网络。每个蝶形网络结构正好包含单个 W_N^k 的复数乘法、一个加法运算和一个减法运算。

如图 6.8 所示，如果将每个输入序列的序号表示成二进制形式，则需要反转其二进制数码的次序。表 6.4 说明了当 $N=8$ 时位反转的过程。首先将输入样本十进制表示转换为二进制表示，然后反转二进制数位，最后将反转的二进制数转换回十进制数，这样就给出了重新排序后的时间索引次序。

由于 N 是 2 的幂，$N/2$ 仍然是偶数，每个 $N/2$ 点离散傅里叶变换可通过两个更小的 $N/4$ 点离散傅里叶变换进行计算。通过重复这个过程最终得到一套二点离散傅里叶变换。当 $N=2^m$ 时，快速傅里叶变换算法的计算效率最高，所以在计算离散傅里叶变换时，通常

先通过补零将信号的长度 N 延长 2 的幂次。

表 6.4　当 $N=8$ 时 FFT 输入数据的位反转方法

输入样本序号		位反转样本序号	
十　进　制	二　进　制	二　进　制	十　进　制
0	000	000	0
1	001	100	4
2	010	010	2
3	011	110	6
4	100	001	1
5	101	101	5
6	110	011	3
7	111	111	7

6.9.2　频域抽取算法

另外一种快速傅里叶变换算法是频域抽取算法。将信号 $x[n]$ 对半分为两个更短的序列。对这两个长度为 $N/2$ 的信号分别计算离散傅里叶变换系数 X_{1k} 和 X_{2k}，然后组合 X_{1k} 和 X_{2k} 即可得到 N 个频点的离散傅里叶变换。对于当 $N=8$ 时的计算过程如图 6.9 所示。频域抽取算法的分解和对称关系与时域抽取算法相反。位反转发生在输出而不是输入，并且输出样本的顺序如表 6.4 那样重新排序。

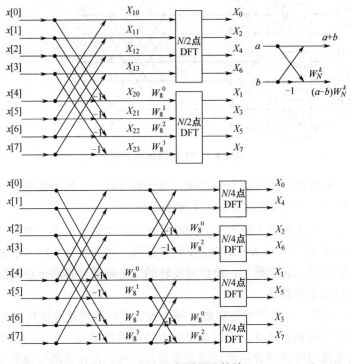

图 6.9　FFT 频域抽取算法

例 6.24　已知离散时间信号为 $x[n] = \{1, 2, 2, 1, \ n = 0 \sim 3\}$。计算离散傅里叶变换。

解： 取 $N = 4$，$W_4 = e^{-2\pi/4} = -j$。具体的计算过程如图 6.10 所示。

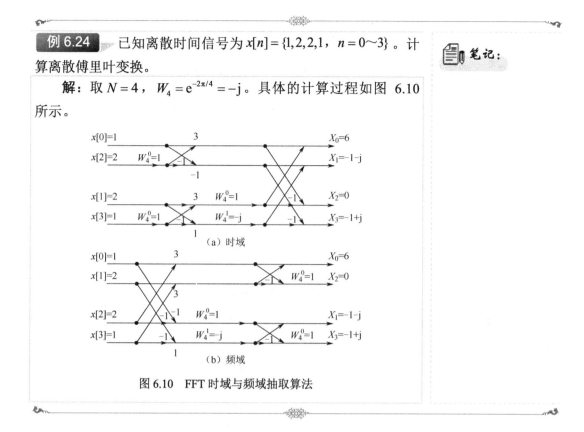

图 6.10　FFT 时域与频域抽取算法

6.9.3　FFT 在信号分析中的应用

利用离散傅里叶变换可以求出有限长连续信号、有限长离散信号、周期性信号的频谱。如果原信号不是一个时域有限的信号，就必须选取包含绝大部分信号能量的时间区间将信号截断，将信号近似成时限信号后再进行分析。信号截断会产生截断误差，为了减小截断误差必须根据实际需要和数据处理能力的大小尽可能地扩大时间区间。如果原信号不是一个带限信号，则需要选取合适的信号有效带宽，保证通带内包含绝大部分信号，将信号近似为一个有限频带信号后再进行分析。带宽必须选取合理，以保证频谱分析能够达到预定的精度。

在利用傅里叶变换进行连续信号的频谱分析时，应按照如图 6.11 所示步骤。

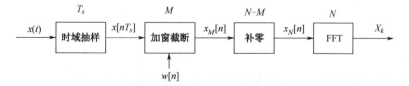

图 6.11　利用傅里叶变换进行连续信号的频谱分析步骤

时域抽样和加窗截断会产生误差，因此首先要确定抽样频率 ω_s 和 DFT 点数。抽样产生的误差是由于混叠的原因。假设抽样信号的傅里叶变换为 $X_s(j\omega)$，即

$$X_s(j\omega) = \frac{1}{T_s}\sum_{k=-\infty}^{\infty}X(j(\omega - n\omega_s))$$

式中 $\omega_s = \dfrac{2\pi}{T_s}$。假定要在 $-\omega_a < \omega < \omega_a$ 近似 $X(j\omega)$，并假设 $x(t)$ 的最高频率 $\omega_m \geqslant \omega_a$。由抽样定理，抽样频率 $\omega_s > \omega_m + \omega_a$，此时在 $-\omega_a < \omega < \omega_a$ 内不会发生混叠现象。因此要求抽样间隔为

$$T_s < \frac{2\pi}{\omega_a + \omega_m} \tag{6.18}$$

令 $\omega = \Omega/T_s$，则抽样信号的离散时间傅里叶变换为

$$X\left(\mathrm{e}^{\mathrm{j}\Omega}\right) = \frac{1}{T_s}\sum_{k=-\infty}^{\infty}X\left(\mathrm{e}^{\mathrm{j}\left(\frac{\Omega}{T_s}-k\frac{2\pi}{T_s}\right)}\right) = \frac{1}{T_s}\sum_{k=-\infty}^{\infty}X\left(\mathrm{e}^{\mathrm{j}\left(\frac{\Omega-2k\pi}{T_s}\right)}\right)$$

宽度为 M 的加窗操作对应于周期卷积，即

$$X_M\left(\mathrm{e}^{\mathrm{j}\Omega}\right) = \frac{1}{2\pi}X\left(\mathrm{e}^{\mathrm{j}\Omega}\right) * W\left(\mathrm{e}^{\mathrm{j}\Omega}\right)$$

根据离散时间信号傅里叶变换与离散时间傅里叶变换的关系，将变量 Ω 替换为 ωT_s，可得

$$X_{M\delta}(j\omega) = \frac{1}{\omega_s}X_\delta(j\omega) * W_\delta(j\omega)$$

由于

$$w[n] = \begin{cases} 1, & 0 \leqslant n \leqslant M-1 \\ 0, & \text{其他} \end{cases}$$

所以

$$W_\delta(j\omega) = \frac{\sin(M\omega T_s/2)}{\sin(\omega T_s/2)}\mathrm{e}^{-\mathrm{j}\omega T_s(M-1)/2}$$

循环卷积的作用是平滑 $W_\delta(j\omega)$，平滑的程度取决于 $W_\delta(j\omega)$ 的主瓣宽度 $\dfrac{\omega_s}{M}$。定义频率分辨率为 $\dfrac{\omega_s}{M}$（频率分辨率是指将两个相邻谱峰分开的能力）。因此，为了获得规定的频率分辨率 ω_r，要求

$$M \geqslant \frac{\omega_s}{\omega_r} \tag{6.19}$$

即

$$MT_s \geqslant \frac{2\pi}{\omega_r}$$

由于 MT_s 为总抽样时间，故要求对信号 $x(t)$ 的抽样时间应大于 $\dfrac{2\pi}{\omega_r}$。

对 $x_M[n]$ 补零后 FFT 的点数 $N \geqslant M$，可以提高精度。离散傅里叶变换 X_k 是以间隔 $\dfrac{2\pi}{N}$

对 $X_N\left(\mathrm{e}^{\mathrm{j}\Omega}\right)$ 的抽样，即

$$X_k = X_N\left(\mathrm{e}^{\mathrm{j}\frac{2k\pi}{N}}\right)$$

对于连续频率 ω，抽样间隔为 $\dfrac{2\pi}{NT_s} = \dfrac{\omega_s}{N}$。

所以

$$X_k = X_N\left(\mathrm{e}^{\mathrm{j}\frac{2k\pi}{N}}\right) \approx X_{N\delta}\left(\dfrac{\mathrm{j}k\omega_s}{N}\right)$$

若需要的频域抽样间隔至少为 $\Delta\omega$，则要求

$$N \geqslant \dfrac{\omega_s}{\Delta\omega} \tag{6.20}$$

因此，$N \geqslant \dfrac{\omega_s}{\Delta\omega} > M$，并且 N 是 2 的幂次的最小整数。

由式（6.18）、式（6.19）、式（6.20）确定的参数可以将离散傅里叶变换与原信号的频谱之间的关系近似为

$$X\left(\dfrac{\mathrm{j}k\omega_s}{N}\right) = T_s X_k \tag{6.21}$$

也就是说，利用 DFT 计算出的频谱是连续信号频谱周期化后的抽样值，抽样间隔为 $\dfrac{\omega_s}{N}$。

例 6.25 用 DFT 计算如图 6.12 所示信号的频谱。

解： 由例 4.27 可知

$$X(\mathrm{j}\omega) = \mathrm{Sa}^2\left(\dfrac{\omega}{2}\right)\mathrm{e}^{-\mathrm{j}\omega}$$

第一个过零点的位置 $B = 2\pi$ 定义为有效带宽，则根据抽样定理最大的抽样间隔为 $T_s = 0.5\mathrm{s}$。

当取 $T = 0.2\mathrm{s}$ 时，时域抽样点数为 $N = 10$，所以选取 $N = 16$ 作为 DFT 的长度。

用 DFT 描绘的信号频谱如图 6.13 所示，图中实线为 $|X(\mathrm{j}\omega)|$，点图为离散傅里叶变换 $|X_k|$。可见，此时存在误差，降低误差的方法是增加数据长度，即减小采样间隔，同时增大 N。

若取 $T = 0.05\mathrm{s}$，则样本数为 $N = 40$，此时计算 $N = 128$ 点的 DFT，如图 6.14 所示，可见 DFT 很好地拟合了连续时间信号的频谱。

笔记：

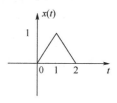

图 6.12　例 6.25 信号

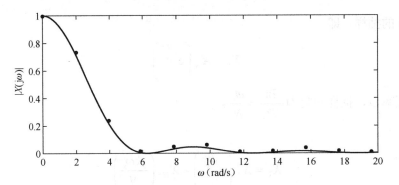

图 6.13　信号频谱（$N=16$，$T=0.2$）

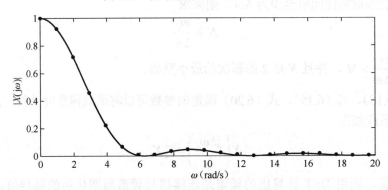

图 6.14　信号频谱（$N=128$，$T=0.05$）

例 6.26　用 DFT 近似信号

$$x(t) = e^{-0.1t}(\cos 6t + \cos 10t)$$

的傅里叶变换。假设有用频带为 $\omega_a = 16$，所需的频域抽样间隔为 $\Delta\omega = \pi/10$。当频率分辨率 ω_r 为 2π、π、$\pi/10$ 时，确定信号 $x(t)$ 的傅里叶变换。

笔记：

解： 信号 $x(t)$ 的傅里叶变换为

$$X(j\omega) = \frac{0.1 + j\omega}{(0.1 + j\omega)^2 + 36} + \frac{0.1 + j\omega}{(0.1 + j\omega)^2 + 100}$$

已知有用频率 $\omega_a = 16$，还需要确定 ω_m。$x(t)$ 的频谱是无限的，取 $\omega_m = 200$，此时

$$|X(j200)| < 0.1|X(j16)|$$

由式（6.18），有

$$T_s \leqslant \frac{2\pi}{\omega_a + \omega_m} = \frac{2\pi}{216} = 0.029$$

取 $T_s = 0.02\text{s}$。由式（6.19）可得

$$M \geqslant \frac{100\pi}{\omega_r}$$

对应于 3 种频率分辨率，可以确定：

（1）当 $\omega_r = 2\pi$ 时，$M = 50$；

（2）当 $\omega_r = \pi$ 时，$M = 100$；

（3）当 $\omega_r = \pi/10$ 时，$M = 1000$。

由式（6.20）可得

$$N \geqslant \frac{100\pi}{\Delta\omega} = 1000$$

这里取 $N = 2048$。$x(t)$ 的近似频谱如图 6.15、图 6.16 和图 6.17 所示。

笔记：

由图 6.15、图 6.16 和图 6.17 可知，降低频率分辨率，会增加信号的数据量，近似的程度就会越好。当 $\omega_r = 2\pi$ 时（见图 6.15），分辨率大于频谱双峰的距离 4，无法区分间隔峰的存在。当 $\omega_r = \pi$ 时（见图 6.16），分辨率小于频谱双峰的距离，此时可以区分双峰但仍然有些模糊。图 6.17 分辨率比双峰小得多，频谱得到了很好近似。

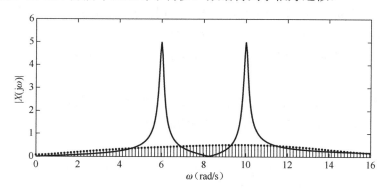

图 6.15　信号频谱（M=50，N=2048）

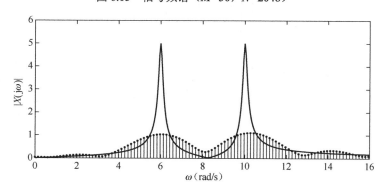

图 6.16　信号频谱（M=100，N=2048）

显然，当 T_s 减小时，M 会增大，同时当 N 也增大时，在用 DFT 近似傅里叶变换时误差会越来越小（在习题 6.15 中进行验证）。在实际工程中，还应考虑存储器容量的限制。

利用离散傅里叶变换也可以计算卷积和。设 $x_1[n]$ 和 $x_2[n]$ 的长度分别为 N_1 和 N_2，确定 N 为满足大于等于 $N_1 + N_2 - 1$ 的、最小的 2 的幂次。首先，分别将信号 $x_1[n]$ 和 $x_2[n]$ 用 0 补齐到 N 点；然后，对两个信号分别计算 DFT，得到 X_{1k} 和 X_{2k}，并且将结果相乘；最后，通过对 $X_{1k}X_{2k}$ 计算离散傅里叶反变换，即可求得 $x_1[n] \otimes x_2[n]$。

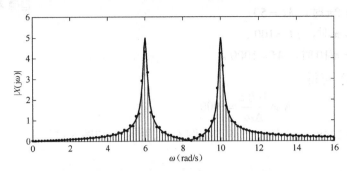

图 6.17　信号频谱（$M=1000$，$N=2048$）

例 6.27　已知 $x[n] = 0.8^n u[n]$，$y[n] = u[n] - u[n-10]$。用 DFT 计算 $x[n] * y[n]$。

解：$x[n] = 0.8^n u[n]$ 为无限长信号，当 $N \geqslant 21$ 时，$x[N] < 0.01$ 接近于零。所以，对 $x[n]$ 取信号的长度为 $N_1 = 21$。

信号 $y[n]$ 的长度为 $N_2 = 10$。由于 $N_1 + N_2 - 1 = 30$，所以可以取 $N = 32$。

图 6.18 描绘了卷积的结果，上图是采用 FFT 得到的，下图是直接利用时域卷积的结果，可见两种方法的结果是相同的。

笔记：

```
%example6.27
n=0:20;N=32;
x=(0.8).^n;
Xk=fft(x,N);
y=[ones(1,10)];
Yk=fft(y,N)
Zk=Xk.*Yk;
z=ifft(Zk,N);
```

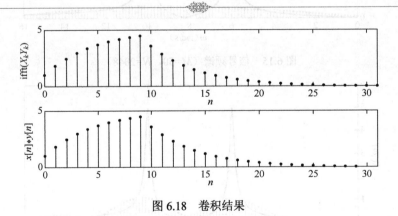

图 6.18　卷积结果

习题

6.1　求下列信号的离散时间傅里叶级数系数。

（1）$x[n] = \cos\left(\dfrac{n\pi}{3} + \theta\right)$；

（2）$x[n] = \displaystyle\sum_{m=-\infty}^{\infty} (-1)^m (\delta[n-2m] + \delta[n+m])$；

（3）如图 6.19 所示信号。

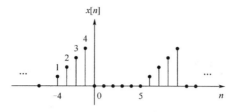

图 6.19　习题 6.1 信号

6.2　已知离散时间傅里叶级数的系数，求信号 $x[n]$。

（1）$X_k = (1/3)^k \, (0 \leqslant k \leqslant 5)$，假设周期为 $N = 6$；

（2）$X_k = \displaystyle\sum_{m=-\infty}^{\infty} (-1)^m (\delta[k-2m] + \delta[k+m])$；

（3）X_k 如图 6.20 所示。

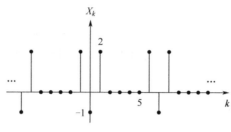

图 6.20　习题 6.2 信号

6.3　求下列信号的离散时间傅里叶变换。

（1）$x[n] = a^{|n|}, |a| < 1$；

（2）$x[n] = 3^n u[-n]$；

（3）$x[n] = \delta[4-2n] + \delta[4+2n]$；

（4）$x[n] = 0.25^n u[n-3]$。

6.4　求下列信号的离散时间傅里叶反变换。

（1）$X(e^{j\Omega}) = 2\cos 3\Omega$；

（2）$X(e^{j\Omega}) = \cos 2\Omega + j\sin 2\Omega$；

（3）$X(e^{j\Omega}) = \displaystyle\sum_{k=-\infty}^{\infty} 2\pi\delta(\Omega - \Omega_0 - 2k\pi)$。

6.5　求下列信号的离散时间傅里叶变换。

（1）$x[n] = (n-2)(u[n+1] - u[n-3])$；

（2）$x[n] = 0.25^n u[n+2]$；

（3）$x[n] = \cos(\pi n / 4) 0.5^n u[n-3]$；

（4）$x[n] = \left[\dfrac{\sin(\pi n / 2)}{\pi n} \right]^2 * \dfrac{\sin(\pi n / 2)}{\pi n}$。

6.6　求下列信号的离散时间傅里叶反变换。

（1）$X(e^{j\Omega}) = \cos(4\Omega)\left[\dfrac{\sin(1.5\Omega)}{\sin(0.5\Omega)} \right]$；

（2）$X(e^{j\Omega}) = \sin\Omega \cos\Omega$；

（3）$X(e^{j\Omega}) = \left[e^{j\Omega} \dfrac{\sin(7.5\Omega)}{\sin(0.5\Omega)} \right] * \left[\dfrac{\sin(2.5\Omega)}{\sin(0.5\Omega)} \right]$。

6.7　计算 $\displaystyle\int_{-\pi}^{\pi} \dfrac{4}{\left|1 - 0.5e^{-j\Omega}\right|^2} \, d\Omega$。

6.8 在例 6.19 中，若 $z[n] = 2\cos(\pi n / 2)$，求 $Y\left(e^{j\Omega}\right)$。

6.9 求下列信号的离散时间傅里叶反变换。

（1） $X\left(e^{j\Omega}\right) = \dfrac{8e^{-j\Omega} + 18}{\left(e^{-j\Omega}\right)^2 + 5e^{-j\Omega} + 6}$；

（2） $X\left(e^{j\Omega}\right) = \dfrac{-23e^{-j\Omega} + 100}{\left(e^{-j\Omega}\right)^2 - 9e^{-j\Omega} + 20}$。

6.10 求下列信号的离散傅里叶变换。

（1） $x[n] = \{1, 0, 1, 0, \quad n = 0, 1, 2, 3\}$，$N = 4$ 和 $N = 8$；

（2） $x[n] = 0.8^n (u[n] - u[n - 11])$。

6.11 求下列信号的离散傅里叶反变换。

（1） $X_k = \{18, -2 + 2j, -2, -2 - 2j\}$；

（2） $X_k = \{32, 20, 40, 60\}$。

6.12 利用 FFT 时域抽取算法或频域抽取算法求下列信号的离散傅里叶变换。

（1） $x[n] = \{1, 2, 3, 4, \quad n = 0, 1, 2, 3\}$，$N = 4$ 和 $N = 8$；

（2） $x[n] = u[n] - u[n - 8]$。

6.13 已知抽样间隔 $T_s = 2\pi \times 10^{-3}$ s，样本数为 $M = 1000$，补零至 $N = 2000$。若信号 $X(j\omega)$ 的最高角频率为 $\omega_m = 600$ rad/s，求 DFT 能精确近似的傅里叶变换的有效带 ω_a、频率分辨率 ω_r、频域抽样间隔 $\Delta\omega_m$。

仿真实验题

6.1 用 FFT 模拟连续时间信号 $x(t) = 4e^{-4t}u(t)$ 的频谱。

6.2 在例 6.26 中取 $T_s = 0.005$ s，$N = 8192$，重新近似傅里叶变换，并得出相应的结论。

6.3 利用 FFT 计算 $0.5^n u[n] * 0.8^n (u[n] - u[n - 20])$。

课程项目：图像变换编码

变换编码是在变换域进行图像压缩的一种技术。在变换编码系统中，如果正变换采用离散余弦变换（DCT）就称为 DCT 变换编码系统。DCT 用于把一幅图像映射为一组变换系数，然后对系数进行量化和编码。对于大多数的图像来说，多数系数具有较小的数值，且可以被粗略地量化（或者完全抛弃），而产生的图像失真较小。

查阅资料，了解 DCT 变换编码系统的相关内容，并完成以下内容。

读取一幅图像，编写程序，实现下列算法：首先，将图像分成许多 8×8 的子图像；然后，对每幅子图像分别进行二维 DCT 变换和二维 DFT 变换，对每幅子图像得到的 64 个系数，按照每个系数的大小排序后，舍去小的变换系数，只保留 16 个系数；最后，将变换系数进行反变换，实现图像 4：1 的压缩。比较采用两种变换的差异，分析原因并得到相应的结论。

第 7 章 离散时间系统频域分析

学习目标

通过本章的学习，学生应具备以下能力：

◆ 会正确计算离散时间系统的频率响应函数；

◆ 会利用频域分析法分析和计算离散非周期信号的系统响应；

◆ 会正确计算离散周期信号特别是三角离散信号的系统响应；

◆ 理解离散时间理想滤波器和因果滤波器的概念。

与第 5 章类似，本章主要讨论离散时间系统的频域分析法，介绍频率响应的概念、系统零状态响应的计算方法、离散时间滤波器等内容。

7.1 离散时间系统的傅里叶分析

7.1.1 离散时间系统频域分析法与频率响应函数

设 LTI 离散时间系统的单位脉冲响应为 $h[n]$，系统输入激励为 $x[n]$。假设 $x[n]$ 和 $h[n]$ 均是绝对可和的，即存在离散时间傅里叶变换，则 $x[n]$ 可以分解为

$$x[n] = \frac{1}{2\pi} \int_{-\pi}^{\pi} X\left(e^{j\Omega}\right) e^{j\Omega n} d\Omega$$

虚指数信号 $e^{j\Omega n}$ 的零状态响应为

$$T\{e^{j\Omega n}\} = e^{j\Omega n} * h[n] = \sum_{k=-\infty}^{\infty} h[k] e^{j\Omega(n-k)} = e^{j\Omega n} \sum_{k=-\infty}^{\infty} h[k] e^{-j\Omega k} = e^{j\Omega n} H\left(e^{j\Omega}\right)$$

其中

$$H\left(e^{j\Omega}\right) = \sum_{k=-\infty}^{\infty} h[k] e^{-j\Omega k} \tag{7.1}$$

为单位脉冲响应的傅里叶变换，称为离散时间系统的**频率响应函数**，简称频率响应。

根据 LTI 系统的线性时不变特性，激励信号 $x[n]$ 的零状态响应为

$$
\begin{aligned}
y_{zs}[n] = T\{x[n]\} &= \frac{1}{2\pi} \int_{-\pi}^{\pi} X\left(e^{j\Omega}\right) T\{e^{j\Omega n}\} d\Omega \\
&= \frac{1}{2\pi} \int_{-\pi}^{\pi} X\left(e^{j\Omega}\right) H\left(e^{j\Omega}\right) e^{j\Omega n} d\Omega
\end{aligned}
$$

上式表示零状态响应的离散时间傅里叶变换为

$$Y_{zs}\left(e^{j\Omega}\right) = X\left(e^{j\Omega}\right)H\left(e^{j\Omega}\right) \qquad (7.2)$$

式 7.2 给出了 LTI 离散时间系统的傅里叶分析法。

LTI 离散时间系统傅里叶分析法：
◆ 首先求输入信号和单位脉冲激响应的离散时间傅里叶变换 $X\left(e^{j\Omega}\right)$ 和 $H\left(e^{j\Omega}\right)$；
◆ 然后计算乘积 $X\left(e^{j\Omega}\right)H\left(e^{j\Omega}\right)$；
◆ 最后计算乘积的离散时间傅里叶反变换。

事实上，式（7.2）也可以直接由离散时间傅里叶变换的卷积特性得到。由于 LTI 离散时间系统的零状态响应为

$$y_{zs}[n] = x[n] * h[n]$$

对上式两边取离散时间傅里叶变换，并利用卷积特性，可得

$$Y_{zs}\left(e^{j\Omega}\right) = X\left(e^{j\Omega}\right)H\left(e^{j\Omega}\right)$$

将频率响应 $H\left(e^{j\Omega}\right)$ 用极坐标表示，即

$$H\left(e^{j\Omega}\right) = \left|H\left(e^{j\Omega}\right)\right|e^{j\angle H\left(e^{j\Omega}\right)}$$

则由式（7.2）可得

$$\left|Y_{zs}\left(e^{j\Omega}\right)\right| = \left|X\left(e^{j\Omega}\right)\right|\left|H\left(e^{j\Omega}\right)\right|$$
$$\angle Y_{zs}\left(e^{j\Omega}\right) = \angle X\left(e^{j\Omega}\right) + \angle H\left(e^{j\Omega}\right) \qquad (7.3)$$

也就是说，系统通过 $\left|H\left(e^{j\Omega}\right)\right|$ 改变了输入信号的幅度，通过 $\angle H\left(e^{j\Omega}\right)$ 改变了输入信号的相位。因此，$H\left(e^{j\Omega}\right)$ 反映了系统对输入信号不同频率分量的传输特性，系统特性完全由 $\left|H\left(e^{j\Omega}\right)\right|$ 和 $\angle H\left(e^{j\Omega}\right)$ 来决定，$\left|H\left(e^{j\Omega}\right)\right|$ 称为系统的**幅频响应**，$\angle H\left(e^{j\Omega}\right)$ 称为系统的**相频响应**。根据 DTFT 的共轭对称性质，当单位脉冲响应 $h[n]$ 为实信号时，幅频响应关于纵坐标轴对称，为偶函数，相频响应关于原点对称，为奇函数。

考虑式（3.2）表示的 LTI 离散时间系统，有

$$y[n] + a_1 y[n-1] + \cdots + a_{N-1} y[n-N+1] + a_N y[n-N]$$
$$= b_0 x[n] + b_1 x[n-1] + \cdots + b_{M-1} x[n-M+1] + b_M x[n-M]$$

对等式左右两边取 DTFT，利用离散 DTFT 的时移性质，有

$$z[n-k] \xleftarrow{\text{DTFT}} e^{-jk\Omega} Z\left(e^{j\Omega}\right)$$

可得

$$Y\left(e^{j\Omega}\right) + a_1 e^{-j\Omega} Y\left(e^{j\Omega}\right) + \cdots + a_N e^{-jN\Omega} Y\left(e^{j\Omega}\right)$$
$$= b_0 X\left(e^{j\Omega}\right) + b_1 e^{-j\Omega} X\left(e^{j\Omega}\right) + \cdots + b_M e^{-jM\Omega} X\left(e^{j\Omega}\right)$$

整理可得

$$H\left(e^{j\Omega}\right) = \frac{Y\left(e^{j\Omega}\right)}{X\left(e^{j\Omega}\right)} = \frac{\displaystyle\sum_{k=0}^{M} b_k e^{-jk\Omega}}{\displaystyle\sum_{k=0}^{N} a_k e^{-jk\Omega}}$$

式中，令 $a_0 = 1$。

离散时间系统频率响应函数与移序算子的关系是

$$H\left(\mathrm{e}^{\mathrm{j}\Omega}\right) = \frac{\displaystyle\sum_{k=0}^{M} b_k \mathrm{e}^{-\mathrm{j}k\Omega}}{\displaystyle\sum_{k=0}^{N} a_k \mathrm{e}^{-\mathrm{j}k\Omega}} = \frac{N\left(\mathrm{e}^{\mathrm{j}\Omega}\right)}{D\left(\mathrm{e}^{\mathrm{j}\Omega}\right)} = H(S)\big|_{S=\mathrm{e}^{\mathrm{j}\Omega}} \tag{7.4}$$

式（7.4）表明，离散时间系统频率响应函数与移序算子是相同的。式（7.1）、式（7.2）和式（7.4）给出了计算离散时间系统频率响应函数的 3 种方法。

例 7.1　求系统
$$6y[n] + 5y[n-1] + y[n-2] = 3x[n] + 4x[n-1]$$
的频率响应函数和单位脉冲响应。

 笔记：

解：频率响应函数为
$$H\left(\mathrm{e}^{\mathrm{j}\Omega}\right) = \frac{3 + 4\mathrm{e}^{-\mathrm{j}\Omega}}{6 + 5\mathrm{e}^{-\mathrm{j}\Omega} + \mathrm{e}^{-\mathrm{j}2\Omega}} = \frac{-2.5}{1 + 0.5\mathrm{e}^{-\mathrm{j}\Omega}} + \frac{3}{1 + (1/3)\mathrm{e}^{-\mathrm{j}\Omega}}$$

单位脉冲响应为
$$h[n] = \left[-2.5 \times \left(-\frac{1}{2}\right)^n + 3 \times \left(-\frac{1}{3}\right)^n\right] u[n]$$

例 7.2　已知某 LTI 离散时间系统的单位脉冲响应为
$$h[n] = [0.5^n - 2 \times (-0.2)^n] u[n]$$
确定该系统的差分方程。

解：由单位脉冲响应与频率响应函数的关系可知
$$H\left(\mathrm{e}^{\mathrm{j}\Omega}\right) = \frac{1}{1 - 0.5\mathrm{e}^{-\mathrm{j}\Omega}} - \frac{2}{1 + 0.2\mathrm{e}^{-\mathrm{j}\Omega}} = \frac{-1 + 1.2\mathrm{e}^{-\mathrm{j}\Omega}}{1 - 0.3\mathrm{e}^{-\mathrm{j}\Omega} + 0.1\mathrm{e}^{-\mathrm{j}2\Omega}}$$
所以，系统的差分方程表示为
$$y[n] - 0.3y[n-1] + 0.1y[n-2] = -x[n] + 1.2x[n-1]$$

例 7.3　已知某 LTI 离散时间系统对激励 $x[n] = 0.5^n u[n]$ 的响应为
$$y_{zs}[n] = [(1/3)^n - 2 \times (0.5)^n + (-0.5)^n] u[n]$$
求该系统的频率响应函数。

解：
$$H\left(\mathrm{e}^{\mathrm{j}\Omega}\right) = \frac{Y_{zs}\left(\mathrm{e}^{\mathrm{j}\Omega}\right)}{X\left(\mathrm{e}^{\mathrm{j}\Omega}\right)} = \frac{-44\mathrm{e}^{-\mathrm{j}\Omega} + 4\mathrm{e}^{-\mathrm{j}2\Omega} + 9\mathrm{e}^{-\mathrm{j}3\Omega}}{24 + 8\mathrm{e}^{-\mathrm{j}\Omega} - 6\mathrm{e}^{-\mathrm{j}2\Omega} - 2\mathrm{e}^{-\mathrm{j}3\Omega}}$$

7.1.2　离散时间周期信号的响应

如果输入信号 $x[n]$ 为周期信号，其傅里叶级数的系数为 X_k，由式（6.7）可得

$$X\left(e^{j\Omega}\right) = 2\pi \sum_{k=-\infty}^{\infty} X_k \delta(\Omega - k\Omega_0)$$

设 LTI 离散时间系统单位脉冲响应为 $h[n]$，对应的频率响应为 $H\left(e^{j\Omega}\right)$，由式（7.2）可得

$$Y_{zs}\left(e^{j\Omega}\right) = X\left(e^{j\Omega}\right)H\left(e^{j\Omega}\right) = 2\pi \sum_{k=-\infty}^{\infty} X_k H\left(e^{j\Omega}\right) \delta(\Omega - k\Omega_0)$$

$$= 2\pi \sum_{k=-\infty}^{\infty} X_k H\left(e^{jk\Omega_0}\right) \delta(\Omega - k\Omega_0) \tag{7.5}$$

因此，周期信号 $x[n]$ 的响应 $y_{zs}[n]$ 仍然是周期的，其周期与 $x[n]$ 的相同。

假设 $x[n] = A\cos(\Omega_0 n + \theta)$，则

$$X\left(e^{j\Omega}\right) = 2\pi \sum_{k=-\infty}^{\infty} X_k \delta(\Omega - k\Omega_0)$$

$$X\left(e^{j\Omega}\right) = \sum_{k=-\infty}^{\infty} A\pi \left[e^{-j\theta} \delta(\Omega + \Omega_0 - 2k\pi) + e^{j\theta} \delta(\Omega - \Omega_0 - 2k\pi) \right]$$

代入式（7.5），可得

$$Y_{zs}\left(e^{j\Omega}\right) = \sum_{k=-\infty}^{\infty} A\pi H\left(e^{j\Omega}\right) \left[e^{-j\theta} \delta(\Omega + \Omega_0 - 2k\pi) + e^{j\theta} \delta(\Omega - \Omega_0 - 2k\pi) \right]$$

$$= \sum_{k=-\infty}^{\infty} A\pi \left[H\left(e^{j(-\Omega_0 + 2k\pi)}\right) e^{-j\theta} \delta(\Omega + \Omega_0 - 2k\pi) + H\left(e^{j(\Omega_0 + 2k\pi)}\right) e^{j\theta} \delta(\Omega - \Omega_0 - 2k\pi) \right]$$

即

$$Y_{zs}\left(e^{j\Omega}\right) = \sum_{k=-\infty}^{\infty} A\pi \left| H\left(e^{j\Omega_0}\right) \right| \left[e^{-j(\angle H(e^{j\Omega_0}) + \theta)} \delta(\Omega + \Omega_0 - 2k\pi) + e^{j(\angle H(e^{j\Omega_0}) + \theta)} \delta(\Omega - \Omega_0 - 2k\pi) \right]$$

取反变换可得

$$y[n] = A \left| H\left(e^{j\Omega_0}\right) \right| \cos\left(\Omega_0 n + \theta + \angle H\left(e^{j\Omega_0}\right) \right) \tag{7.6}$$

也就是说，LTI 离散时间系统对余弦信号的响应仍然是同频率的余弦信号，幅值为原信号的幅值乘以对应频率的幅频响应，相位为原信号的相位加上对应频率的相频响应。

例 7.4　设 LTI 离散时间系统的频率响应为

$$H\left(e^{j\Omega}\right) = 1 + e^{-j\Omega}$$

求该系统对信号

$$x[n] = 2 + 2\sin\left(\frac{\pi}{2}n\right)$$

的响应。

 笔记：

解： 令

$$x[n] = x_1[n] + x_2[n]$$

其中

$$x_1[n] = 2 = 2\cos(0n)$$

的响应为

$$y_1[n] = 2\left|H\left(\mathrm{e}^{\mathrm{j}0}\right)\right|\cos\left(0n + \theta + \angle H\left(\mathrm{e}^{\mathrm{j}0}\right)\right) = 4$$

$$x_2[n] = 2\sin\left(\frac{\pi}{2}n\right)$$

的响应为

$$y_2[n] = 2\left|H\left(\mathrm{e}^{\mathrm{j}\pi/2}\right)\right|\sin\left(\frac{\pi n}{2} + \angle H\left(\mathrm{e}^{\mathrm{j}\pi/2}\right)\right)$$

由于

$$H\left(\mathrm{e}^{\mathrm{j}\pi/2}\right) = 1 + \mathrm{e}^{-\mathrm{j}\pi/2} = \sqrt{2}\mathrm{e}^{-\mathrm{j}\pi/4}$$

可得

$$y_2[n] = 2\sqrt{2}\sin\left(\frac{\pi n}{2} - \frac{\pi}{4}\right)$$

所以有

$$y[n] = y_1[n] + y_2[n] = 4 + 2\sqrt{2}\cos\left(\frac{\pi n}{2} - \frac{\pi}{4}\right)$$

根据可逆系统的定义，输入可以由输出确定，令 $H^{\mathrm{inv}}\left(\mathrm{e}^{\mathrm{j}\Omega}\right)$ 表示可逆系统的频率响应，则

$$X\left(\mathrm{e}^{\mathrm{j}\Omega}\right) = H^{\mathrm{inv}}\left(\mathrm{e}^{\mathrm{j}\Omega}\right)Y\left(\mathrm{e}^{\mathrm{j}\Omega}\right)$$

由此可得

$$H^{\mathrm{inv}}\left(\mathrm{e}^{\mathrm{j}\Omega}\right) = \frac{X\left(\mathrm{e}^{\mathrm{j}\Omega}\right)}{Y\left(\mathrm{e}^{\mathrm{j}\Omega}\right)} = \frac{1}{H\left(\mathrm{e}^{\mathrm{j}\Omega}\right)}$$

逆系统称为**均衡器**，从输出信号恢复输入信号的过程称为**均衡**。

例 7.5　考虑多径传输系统

$$y[n] = x[n] + ax[n-1], \ 0 < a < 1$$

求逆系统的单位脉冲响应。

解： 多径传输系统的频率响应函数为

$$H\left(\mathrm{e}^{\mathrm{j}\Omega}\right) = 1 + a\mathrm{e}^{-\mathrm{j}\Omega}$$

所以，可逆系统的频率响应函数为

$$H^{\mathrm{inv}}\left(\mathrm{e}^{\mathrm{j}\Omega}\right) = \frac{1}{1 + a\mathrm{e}^{-\mathrm{j}\Omega}}$$

可得逆系统的单位脉冲响应为

$$h[n] = (-a)^n u[n]$$

离散时间系统频域分析方法的优点是，在计算零状态响应时，可以直观地观察信号通过系统时频谱的变化，解释激励与响应时域波形的差异。其缺点是，并不是所有的信号都存在离散时间傅里叶变换。解决问题的方法是利用 z 变换，采用系统 z 域的分析方法。

7.2 离散时间滤波器

7.2.1 离散时间理想滤波器

离散时间滤波器是指离散时间系统对输入的离散时间信号进行滤波，输入信号的一些频率分量被滤除，而其他的频率分量可以通过系统。根据系统对输入信号滤波的方式，离散时间滤波器可以分为低通、高通、带通和带阻 4 种类型。图 7.1 描绘了理想滤波器的幅频响应。可见，离散时间理想滤波器是以 2π 为周期的，在每个周期上的形式与连续时间理想滤波器是相同的，即在通频带保持幅频响应恒定为 1，保持相频响应为过原点的直线，在阻带保持幅频响应为 0，没有过渡带。

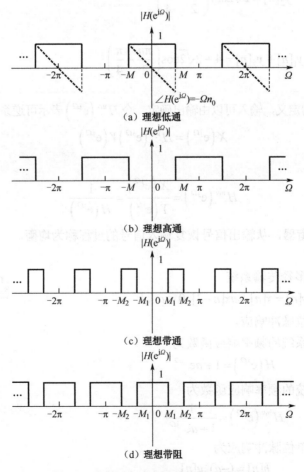

（a）理想低通

（b）理想高通

（c）理想带通

（d）理想带阻

图 7.1　离散时间理想滤波器的 4 种类型

下面仅考虑离散时间理想低通滤波器，其他理想滤波器的分析类似。

离散时间理想低通滤波器的频率响应函数在一个周期内为

$$H\left(\mathrm{e}^{\mathrm{j}\Omega}\right) = G_{2M}\left(\Omega\right)\mathrm{e}^{-\mathrm{j}\Omega n_0} \tag{7.7}$$

由例 6.12，矩形频谱的离散时间傅里叶反变换为

$$h_1[n] = \frac{M}{\pi}\mathrm{Sa}(Mn)$$

所以，离散时间理想低通滤波器的单位脉冲响应为

$$h[n] = h_1[n - n_0] = \frac{M}{\pi}\mathrm{Sa}(M(n - n_0))$$

由于当 $n < 0$ 时，$h[n] \neq 0$，所以离散时间理想低通滤波器为非因果系统，是物理上不可实现的系统。同时，相对于零时刻的输入信号 $\delta[n]$，输出信号产生了失真，这是因为输入信号的频谱与系统的通频带不匹配，造成频率的丢失。减小失真的方法是增加截止频率 M。另外，系统相移的存在造成输出信号的延时输出。

例 7.6　已知某理想低通滤波器一个周期内的频率响应为

$$H\left(\mathrm{e}^{\mathrm{j}\Omega}\right) = G_{\pi/3}\left(\Omega\right)\mathrm{e}^{-\mathrm{j}2\Omega}$$

求信号

$$x[n] = 1 + \cos\left(\frac{\pi n}{6} + \frac{\pi}{3}\right) + 2\cos\left(\frac{2\pi n}{3}\right)$$

的响应。

 笔记：

解：频率为 0 和 $\frac{\pi}{3}$ 的信号可以通过该系统，而频率为 $\frac{2\pi}{3}$ 的信号不能通过该系统，会被滤除。所以，信号 $x[n]$ 的响应为

$$h[n] = 1 + \cos\left(\frac{\pi(n-2)}{6} + \frac{\pi}{3}\right) = 1 + \cos\left(\frac{\pi n}{6}\right)$$

7.2.2　离散时间因果滤波器

物理上可实现的离散时间滤波器为因果滤波器，滤波器通带中的幅频响应通常应接近于 0dB。通带的边缘定义为−3dB，此时对应于幅频响应为 $\frac{\sqrt{2}}{2}$ 的频率。如图 6.3 和图 6.4 所示，单位脉冲响应为

$$h[n] = a^n u[n], \quad |a| < 1$$

的系统即为因果滤波器。当 $0 < a < 1$ 时，该系统为低通型离散时间滤波器；当 $-1 < a < 0$ 时，该系统为高通型离散时间滤波器。

现在考虑第 1 章中介绍的离散时间反馈系统

$$y[n] = x[n] + \rho y[n-1]$$

其频率响应函数为

$$H\left(e^{j\varOmega}\right) = \frac{1}{1 - \rho e^{-j\varOmega}}$$

单位脉冲响应为指数型的信号，即

$$h[n] = \rho^{n}u[n], \quad |\rho| < 1$$

因此，一阶离散时间反馈系统为因果滤波器。

下面考虑移动平均系统

$$y[n] = \frac{1}{N}\sum_{k=0}^{N-1} x[n-k]$$

该系统的频率响应函数为

$$\begin{aligned}
H\left(e^{j\varOmega}\right) &= \frac{1}{N}\left[1 + e^{-j\varOmega} + \cdots + e^{-j(N-1)\varOmega}\right] \\
&= \frac{1}{N}\left[\frac{1 - e^{-jN\varOmega}}{1 - e^{-j\varOmega}}\right] = \frac{1}{N}\left[\frac{e^{-jN\varOmega/2}\left(e^{jN\varOmega/2} - e^{-jN\varOmega/2}\right)}{e^{-j\varOmega/2}\left(e^{j\varOmega/2} - e^{-j\varOmega/2}\right)}\right] \\
&= \left[\frac{\sin(N\varOmega/2)}{N\sin(\varOmega/2)}\right]e^{-j(N-1)\varOmega/2}
\end{aligned}$$

所以，N 点移动平均系统的幅频响应为

$$\left|H\left(e^{j\varOmega}\right)\right| = \left|\frac{\sin(N\varOmega/2)}{N\sin(\varOmega/2)}\right| \tag{7.8}$$

相频响应为

$$\angle H\left(e^{j\varOmega}\right) = \begin{cases} -\dfrac{N-1}{2}\varOmega, & 0 \leqslant \varOmega < \dfrac{2\pi}{N} \\[2mm] -\dfrac{N-1}{2}\varOmega + \pi, & \dfrac{2\pi}{N} \leqslant \varOmega < \dfrac{4\pi}{N} \\[2mm] -\dfrac{N-1}{2}\varOmega, & \dfrac{4\pi}{N} \leqslant \varOmega < \dfrac{6\pi}{N} \end{cases} \tag{7.9}$$

图 7.2 和图 7.3 分别描绘了 2 点、5 点移动平均系统的频率响应。可以看出，移动平均系统为低通型滤波器。2 点移动平均系统的相频响应在整个频带内为线性的，-3dB 点为 $\dfrac{\pi}{2}$；5 点移动平均系统的相频响应是分段的，在主瓣和每个旁瓣也都是线性的，相较于 2 点移动平均系统，截止频率更小，因此对高频的滤波效果也更好。

为了获得更好的低通滤波特性，同时消除 N 点移动平均系统的旁瓣，考虑带权重的 3 点移动平均系统，即

$$y[n] = ax[n] + bx[n-1] + cx[n-2]$$

式中，参数应满足

$$a + b + c = 1$$

该系统的频率响应函数为

$$H\left(e^{j\varOmega}\right) = a + be^{-j\varOmega} + ce^{-j2\varOmega}$$

为了消除旁瓣，应满足

$$H\left(e^{j\pi}\right) = a - b + c = 0$$

由于

$$\begin{cases} a + b + c = 1 \\ a + b - c = 0 \end{cases}$$

可知

$$b = 0.5, \quad a + c = 0.5$$

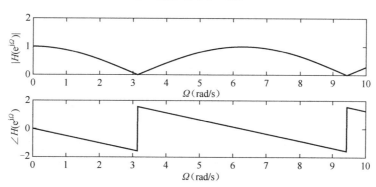

图 7.2　低通滤波器 $N=2$

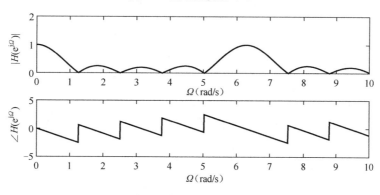

图 7.3　低通滤波器 $N=5$

同时，为了使滤波效果优于 2 点移动平均系统，注意到 2 点移动平均系统的-3dB 点为 π/2，所以应使带权重的 3 点移动平均系统在 π/2 处尽可能小。

$$H\left(e^{j\pi/2}\right) = a - jb - c$$

$$\left|H\left(e^{j\pi/2}\right)\right| = \sqrt{(a-c)^2 + b^2} = \sqrt{(a-c)^2 + 0.25}$$

当 $a = c$ 时，$\left|H\left(e^{j\pi/2}\right)\right| = 0.5$ 最小，可得

$$a = c = 0.25$$

所以，带权重的 3 点移动平均系统

$$y[n] = 0.25x[n] + 0.5x[n-1] + 0.25x[n-2]$$

的频率响应为

$$H\left(e^{j\Omega}\right) = 0.25 + 0.5e^{-j\Omega} + 0.25e^{-j2\Omega} = 0.5(1 + \cos\Omega)e^{-j\Omega}$$

幅频响应为

$$\left|H\left(\mathrm{e}^{\mathrm{j}\Omega}\right)\right| = 0.5(1+\cos\Omega),\, 0 \leqslant \Omega < \pi$$

相频响应为

$$\angle H\left(\mathrm{e}^{\mathrm{j}\Omega}\right) = -\Omega,\, 0 \leqslant \Omega < \pi$$

可见，该系统的频率响应也是线性的。图 7.4 描绘了该系统的幅频响应和相频响应特性。图 7.5 对比了 2 点移动平均系统和带权重的 3 点移动平均系统的滤波特性，前者为虚线，后者为实线。

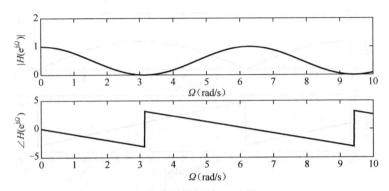

图 7.4　低通滤波器：带权重的 3 点移动平均系统

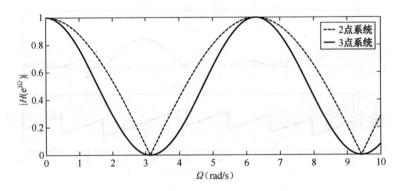

图 7.5　2 点移动平均系统和带权重的 3 点移动平均系统

习题

7.1　设系统输入为

$$x[n] = \left(\frac{1}{2}\right)^n u[n]$$

零状态响应为

$$y[n] = \left(\frac{1}{3}\right)^n u[n] + 2 \times \left(-\frac{1}{4}\right)^n u[n]$$

求系统的频率响应、单位脉冲响应和系统方程。

7.2　根据下列系统方程和输入信号，确定系统的频率响应和零状态响应。

（1）$y[n] - 0.25y[n-1] - 0.125y[n-2] = 3x[n] - 0.75x[n-1]$，$x[n] = 0.2^n u[n]$；

（2）$y[n] + 0.5y[n-1] = x[n] - 2x[n-1]$，$x[n] = (-0.2)^n u[n]$。

7.3　已知系统单位脉冲响应为

$$h[n] = \delta[n] + 2 \times (0.5)^n u[n] + (-0.5)^n u[n]$$

确定系统方程。

7.4　已知系统的单位脉冲响应为

$$h[n] = 0.5^n u[n]$$

求信号 $x[n] = 3 + \cos\left(\pi n + \dfrac{\pi}{3}\right)$ 的响应。

7.5　如图 7.6 所示离散时间系统，求输出 $y[n]$。设 $x[n] = \dfrac{\sin(\pi n / 4)}{\pi n}$，$w[n] = (-1)^n$，

$h[n] = \dfrac{\sin(\pi n / 2)}{\pi n}$。

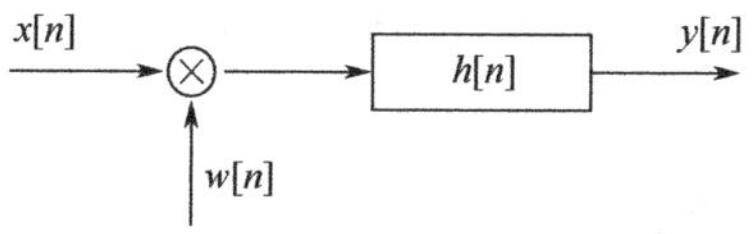

图 7.6　习题 7.5 离散时间系统

7.6　设 LTI 离散时间系统的单位脉冲响应为

$$h[n] = \frac{1}{3}\mathrm{Sa}\left(\frac{\pi n}{3}\right)$$

计算该系统对如下输入信号的响应。

（1）周期为 8 的信号 $x[n]$，一个周期内的值为

$$\tilde{x}[n] = \begin{cases} 1, & |n| \leqslant 2 \\ 0, & 3 \leqslant n \leqslant 5 \end{cases}$$

（2）$x[n] = \displaystyle\sum_{l=-\infty}^{\infty} \delta[n-8l]$；

（3）$x[n] = 1 - 2\cos\left(\dfrac{\pi n}{2}\right) + \sin\left(\dfrac{9\pi n}{4}\right)$；

（4）$x[n] = \delta[n+1] + \delta[n-1]$。

7.7　已知系统频率响应为

$$H\left(\mathrm{e}^{\mathrm{j}\Omega}\right) = \begin{cases} 1, & |\Omega| \leqslant \pi/4 \\ 0, & \pi/4 \leqslant |\Omega| \leqslant \pi \end{cases}$$

求系统对下列信号的响应。

（1）$x[n] = \cos\left(\dfrac{\pi n}{8}\right)$；　　　　　　　　　　（2）$x[n] = \mathrm{sinc}\left(\dfrac{n}{2}\right)$；

（3）$x[n] = \mathrm{sinc}\left(\dfrac{n}{8}\right)\cos\left(\dfrac{\pi n}{8}\right)$；　　　　　（4）$x[n] = \mathrm{sinc}\left(\dfrac{n}{8}\right)\cos\left(\dfrac{\pi n}{4}\right)$。

7.8 已知系统频率响应为

$$H\left(\mathrm{e}^{\mathrm{j}\Omega}\right)=\begin{cases}\mathrm{e}^{-\mathrm{j}2\Omega}, & \pi/2\leqslant|\Omega|\leqslant\pi \\ 0, & |\Omega|\leqslant\pi/2\end{cases}$$

确定系统的单位脉冲响应，并求系统对下列信号的响应。

（1）$x[n]=\cos\left(\dfrac{\pi n}{4}\right)$；

（2）$x[n]=\mathrm{sinc}\left(\dfrac{n}{2}\right)$；

（3）$x[n]=\mathrm{sinc}\left(\dfrac{n}{4}\right)\cos\left(\dfrac{\pi n}{8}\right)$；

（4）$x[n]=\mathrm{sinc}\left(\dfrac{n}{2}\right)\cos\left(\dfrac{\pi n}{8}\right)$。

7.9 已知 LTI 离散时间系统的输入输出方程为

$$y[n]-\frac{1}{3}y[n-1]=x[n]$$

（1）求频率响应函数和单位脉冲响应；

（2）若零状态响应为

$$y_{zs}[n]=3\times\left[\left(\frac{1}{2}\right)^{n}-\left(\frac{1}{3}\right)^{n}\right]u[n]$$

求激励信号 $x[n]$；

（3）画出幅频响应特性曲线。

7.10 已知 LTI 离散时间系统的输入输出方程为

$$y[n]-\frac{3}{4}y[n-1]+\frac{1}{8}y[n-2]=x[n]+\frac{1}{3}x[n-1]$$

（1）求频率响应函数和单位脉冲响应；

（2）画出系统模拟框架；

（3）画出幅频响应特性曲线。

第8章　连续时间系统复频域分析

📋 学习目标

通过本章的学习，学生应具备以下能力：
◆ 能正确理解拉普拉斯变换与傅里叶变换的关系；
◆ 会利用拉普拉斯变换的性质计算拉普拉斯变换和拉普拉斯反变换；
◆ 会利用部分分式展开法计算拉普拉斯反变换；
◆ 能利用复频域分析方法计算系统零输入响应和零状态响应；
◆ 会利用系统函数判断系统的特性；
◆ 会正确绘制复频域的模拟框图；
◆ 能通过零极点判断系统的频率响应特性；
◆ 能理解线性反馈系统对系统性能的改善。

连续时间信号与系统的频域分析方法，揭示了信号与系统的内在频率特性，是非常重要的分析方法。但是，对于非稳定系统，傅里叶变换是不存在的，因此基于傅里叶变换的方法在这类问题中无法使用。基于拉普拉斯变换的连续时间信号复指数分解，能为连续时间线性时不变系统提供比傅里叶分析方法更为广泛的特性描述。

拉普拉斯变换分为单边拉普拉斯变换和双边拉普拉斯变换。单边拉普拉斯变换为求解具有初始条件的系统响应提供了方便的工具，双边拉普拉斯变换则为系统特性分析提供了新的视角。本章将讨论连续时间系统的复频域分析方法，介绍拉普拉斯变换的定义、性质和计算，阐述系统函数的概念和系统特性分析方法、系统函数与频率响应的关系，以及在线性反馈系统中的应用等。

8.1　连续时间信号复频域分解——拉普拉斯变换

8.1.1　从傅里叶变换到拉普拉斯变换

当信号 $x(t)$ 不满足狄利克莱条件时，$x(t)$ 的傅里叶变换不存在。若将信号 $x(t)$ 乘以衰减因子 $e^{-\sigma t}$（$\sigma > 0$），选取合适的 σ 可使得信号 $x(t)e^{-\sigma t}$ 变为指数衰减信号，则 $x_1(t) = x(t)e^{-\sigma t}$ 存在傅里叶变换。此时有

$$X_1(j\omega) = \int_{-\infty}^{\infty} \left(x(t)e^{-\sigma t} \right) e^{-j\omega t} dt = \int_{-\infty}^{\infty} x(t) e^{-(\sigma+j\omega)t} dt$$

设 e^{st} 为复指数信号，$s = \sigma + j\omega$ 为复频率，则上式可写为

$$X_1(j\omega) = \int_{-\infty}^{\infty} x(t) e^{-st} dt$$

$X_1(\mathrm{j}\omega)$ 是关于复频率 s 的函数，所以记为 $X(s)$。由此得到信号 $x(t)$ 的拉普拉斯[①]正变换为

$$X(s) = \int_{-\infty}^{\infty} x(t)\mathrm{e}^{-st}\mathrm{d}t \tag{8.1}$$

反之，$x_1(t) = x(t)\mathrm{e}^{-\sigma t}$ 是 $X_1(\mathrm{j}\omega)$ 的傅里叶反变换，所以有

$$x(t)\mathrm{e}^{-\sigma t} = \frac{1}{2\pi}\int_{-\infty}^{\infty} X_1(\mathrm{j}\omega)\,\mathrm{e}^{\mathrm{j}\omega t}\mathrm{d}\omega$$

$$x(t) = \frac{1}{2\pi}\int_{-\infty}^{\infty} X_1(\mathrm{j}\omega)\,\mathrm{e}^{(\sigma+\mathrm{j}\omega)t}\mathrm{d}\omega$$

将 s 代入上式，$\mathrm{d}s = \mathrm{j}\mathrm{d}\omega$，可得信号 $x(t)$ 的拉普拉斯反变换为

$$x(t) = \frac{1}{2\pi\mathrm{j}}\int_{\sigma-\mathrm{j}\infty}^{\sigma+\mathrm{j}\infty} X(s)\,\mathrm{e}^{st}\mathrm{d}s \tag{8.2}$$

由式（8.1）和式（8.2）构成的拉普拉斯变换对，记为 $x(t) \xleftrightarrow{\text{LT}} X(s)$。拉普拉斯反变换表示了连续时间信号在复频域的分解，基本信号是复指数信号 e^{st}。由于复指数信号为特征函数，即 e^{st} 的响应为

$$y(t) = \mathrm{e}^{st} * h(t) = \int_{-\infty}^{\infty} h(\tau)\mathrm{e}^{s(t-\tau)}\mathrm{d}\tau = \left[\int_{-\infty}^{\infty} h(\tau)\mathrm{e}^{-s\tau}\mathrm{d}\tau\right]\mathrm{e}^{st} = H(s)\mathrm{e}^{st}$$

其中

$$H(s) = \int_{-\infty}^{\infty} h(\tau)\mathrm{e}^{-s\tau}\mathrm{d}\tau \tag{8.3}$$

$H(s)$ 为系统单位冲激响应的拉普拉斯变换，称为系统传递函数，简称**系统函数**。

根据线性时不变系统的性质，信号 $x(t)$ 的响应为

$$y(t) = \frac{1}{2\pi\mathrm{j}}\int_{\sigma-\mathrm{j}\infty}^{\sigma+\mathrm{j}\infty} X(s)H(s)\,\mathrm{e}^{st}\mathrm{d}s = \frac{1}{2\pi\mathrm{j}}\int_{\sigma-\mathrm{j}\infty}^{\sigma+\mathrm{j}\infty} [X(s)H(s)]\,\mathrm{e}^{st}\mathrm{d}s$$

也就是说，$x(t)$ 的响应为 $X(s)H(s)$ 的拉普拉斯反变换，这里 $X(s)$ 为激励信号的拉普拉斯变换，$H(s)$ 为系统函数。所以，拉普拉斯变换的引入与傅里叶变换一样，也是将系统响应的计算由卷积积分运算变为代数运算。

在实际应用中涉及的信号通常为因果信号，此时式（8.1）和式（8.2）改写为

$$X(s) = \int_{0^-}^{\infty} x(t)\mathrm{e}^{-st}\mathrm{d}t \tag{8.4}$$

$$x(t) = \left[\frac{1}{2\pi\mathrm{j}}\int_{\sigma-\mathrm{j}\infty}^{\sigma+\mathrm{j}\infty} X(s)\,\mathrm{e}^{st}\mathrm{d}s\right]u(t) \tag{8.5}$$

积分下限 0^- 意味着在 $t = 0$ 时可能出现不连续和冲激。上述关系记为 $x(t) \xleftrightarrow{\text{LT}_{\text{u}}} X(s)$，称为信号 $x(t)$ 的单边拉普拉斯变换。对应地，式（8.1）和式（8.2）定义的拉普拉斯变换就称为双边拉普拉斯变换。在不引起混淆的情况下，二者统称为拉普拉斯变换，简称**拉氏变换**。

8.1.2　零—极点图与拉普拉斯变换的收敛域

拉普拉斯变换就是 $x(t)\mathrm{e}^{-\sigma t}$ 的傅里叶变换，因此拉普拉斯变换存在的必要条件是

---

① 拉普拉斯（Pierre-Simon Laplace，1749－1827），法国分析学家、概率论学家和物理学家，法国科学院院士。1812 年发表《概率分析理论》，导入拉普拉斯变换等。拉普拉斯变换在力学系统、电学系统、自动控制系统、可靠性系统等系统科学中都起着重要作用。

$x(t)\mathrm{e}^{-\sigma t}$ 绝对可积，即

$$\int_{-\infty}^{\infty} \left| x(t)\mathrm{e}^{-\sigma t} \right| \, \mathrm{d}t < \infty$$

满足上述条件的 σ 的范围称为拉普拉斯变换的**收敛域**。收敛域的边界称为收敛边界，收敛域不包含收敛边界。

收敛域可以用复平面（s 平面）来表示。s 平面的横坐标轴代表复频率 s 的实部，纵坐标轴代表 s 的虚部。当 $x(t)$ 绝对可积时，傅里叶变换和拉普拉斯变换都存在，而且

$$X(\mathrm{j}\omega) = X(s)\big|_{\sigma=0} = X(s)\big|_{s=\mathrm{j}\omega}$$

所以，傅里叶变换和拉普拉斯变换都存在的条件是拉普拉斯变换的收敛域包含 s 平面的虚轴。虚轴把 s 平面分为左右两半，$\mathrm{Re}(s) < 0$ 的区域称为左半平面，$\mathrm{Re}(s) > 0$ 的区域称为右半平面。当 $x(t)$ 不满足绝对可积的条件时，傅里叶变换不存在，但拉普拉斯变换在收敛域内是存在的。

在 s 平面上，可以用**零—极点图**表示有理函数形式的拉普拉斯变换，即

$$X(s) = \frac{b_m s^m + b_{m-1} s^{m-1} + \cdots + b_1 s + b_0}{s^n + a_{n-1} s^{n-1} + \cdots + a_1 s + a_0}$$

$$= \frac{b_m \prod_{i=1}^{m}(s - z_i)}{\prod_{i=1}^{n}(s - \lambda_i)}$$

式中，z_i 是分子多项式的根，称为 $X(s)$ 的**零点**；λ_i 是分母多项式的根，称为 $X(s)$ 的**极点**。在复平面上，用"。"表示零点的位置，用"×"表示极点的位置。因此，除系数 b_m 外，s 平面的零点、极点位置与 $X(s)$ 是一一对应的。

8.1.3 常见信号的拉普拉斯变换

表 8.1 列出了几个常见信号的拉普拉斯变换。

表 8.1 常见信号的拉普拉斯变换

信 号	拉普拉斯变换	收 敛 域
$\mathrm{e}^{-bt}u(t)$	$\dfrac{1}{s+b}$	$\mathrm{Re}(s) > -b$
$t\mathrm{e}^{-bt}u(t)$	$\dfrac{1}{(s+b)^2}$	$\mathrm{Re}(s) > -b$
$\mathrm{e}^{-bt}u(-t)$	$-\dfrac{1}{s+b}$	$\mathrm{Re}(s) < -b$
$t\mathrm{e}^{-bt}u(t)$	$-\dfrac{1}{(s+b)^2}$	$\mathrm{Re}(s) < -b$
$u(t)$	$\dfrac{1}{s}$	$\mathrm{Re}(s) > 0$
$tu(t)$	$\dfrac{1}{s^2}$	$\mathrm{Re}(s) > 0$
$\delta(t)$	1	所有 s
$\dfrac{\mathrm{d}^n}{\mathrm{d}t^n}\delta(t)$	s^n	所有 s

续表

信　号	拉普拉斯变换	收　敛　域
$\cos(\omega t)u(t)$	$\dfrac{s}{s^2+\omega^2}$	$\mathrm{Re}(s)>0$
$\sin(\omega t)u(t)$	$\dfrac{\omega}{s^2+\omega^2}$	$\mathrm{Re}(s)>0$
$\mathrm{e}^{-bt}\cos(\omega t)u(t)$	$\dfrac{s+b}{(s+b)^2+\omega^2}$	$\mathrm{Re}(s)>-b$
$\mathrm{e}^{-bt}\sin(\omega t)u(t)$	$\dfrac{\omega}{(s+b)^2+\omega^2}$	$\mathrm{Re}(s)>-b$

例 8.1　确定因果信号 $x(t)=\mathrm{e}^{-bt}u(t)$ 的拉普拉斯变换及收敛域，并在 s 平面上表示。其中，b 为任意实数。

笔记：

解：

$$X(s)=\int_{-\infty}^{\infty}x(t)\mathrm{e}^{-st}\mathrm{d}t=\int_{0}^{\infty}\mathrm{e}^{-(s+b)t}\mathrm{d}t$$

$$=-\frac{1}{s+b}\mathrm{e}^{-(s+b)t}\Big|_0^{\infty}=-\frac{1}{\sigma+\mathrm{j}\omega+b}\mathrm{e}^{-(\sigma+b)t}\mathrm{e}^{-\mathrm{j}\omega t}\Big|_0^{\infty}$$

当 $\sigma+b>0$，即 $\sigma>-b$ 时，有

$$\lim_{t\to\infty}\mathrm{e}^{-(\sigma+b)t}=0$$

所以，因果信号 $x(t)=\mathrm{e}^{-bt}u(t)$ 的拉普拉斯变换及收敛域为

$$X(s)=\frac{1}{s+b}，\quad \mathrm{Re}(s)>-b$$

有一个极点为 $s=-b$（见图8.1）。

当 $b>0$ 时，极点位于 s 平面左半平面，收敛域包含虚轴。此时傅里叶变换也存在，而且

$$X(\mathrm{j}\omega)=X(s)\big|_{s=\mathrm{j}\omega}=\frac{1}{\mathrm{j}\omega+b}$$

图 8.1　因果信号的收敛域

与第4章直接计算的傅里叶变换结果相同。

当 $b=0$ 时，极点在原点上，收敛域不包含虚轴，但收敛边界为虚轴，此时存在广义傅里叶变换。$x(t)=u(t)$ 的傅里叶变换为

$$X(\mathrm{j}\omega)=\frac{1}{\mathrm{j}\omega}+\pi\delta(\omega)$$

当 $b<0$ 时，极点位于 s 平面右半平面，收敛域不包含虚轴。此时傅里叶变换不存在。

例 8.1 推广到更一般的情况，令

$$x(t)=\left(\sum_{i=1}^{N}\mathrm{e}^{-b_it}\right)u(t)$$

则

$$X(s) = \sum_{i=1}^{N} \frac{1}{s + b_i}, \quad \text{Re}(s) > \max\{-b_i\}$$

即因果信号的收敛域位于最大极点的右边，在收敛域中不包含任何极点。

笔记：

例 8.2　确定反因果信号 $x(t) = -e^{-bt}u(-t)$ 的拉普拉斯变换及收敛域，并在 s 平面上表示。其中，b 为任意实数。

解：

$$X(s) = \int_{-\infty}^{\infty} x(t)e^{-st}dt = -\int_{-\infty}^{0} e^{-(s+b)t}dt$$

$$= \frac{1}{s+b}e^{-(s+b)t}\Big|_{-\infty}^{0} = \frac{1}{\sigma + j\omega + b}e^{-(\sigma+b)t}e^{-j\omega t}\Big|_{-\infty}^{0}$$

当 $\sigma + b < 0$，即 $\sigma < -b$ 时，有

$$\lim_{t \to -\infty} e^{-(\sigma+b)t} = 0$$

所以，反因果信号 $x(t) = -e^{-bt}u(-t)$ 的拉普拉斯变换及收敛域为

$$X(s) = \frac{1}{s+b}, \quad \text{Re}(s) < -b$$

有一个极点为 $s = -b$（见图 8.2）。

图 8.2　反因果信号
的收敛域

例 8.2 推广到更一般的情况，令

$$x(t) = -\left(\sum_{i=1}^{N} e^{-b_i t}\right)u(-t)$$

则

$$X(s) = \sum_{i=1}^{N} \frac{1}{s + b_i}, \quad \text{Re}(s) < \min\{-b_i\}$$

即反因果信号的收敛域位于最小极点的左边，在收敛域中不包含任何极点。

例 8.3　确定双边信号 $x(t) = e^{\alpha t}u(t) + e^{\beta t}u(-t)$ 的拉普拉斯变换及收敛域，并在 s 平面上表示。其中，α 和 β 为任意实数。

解：由例 8.1 和例 8.2 可知，因果信号 $e^{\alpha t}u(t)$ 的收敛域为 $\text{Re}(s) > \alpha$，反因果信号 $e^{\beta t}u(-t)$ 的收敛域为 $\text{Re}(s) < \beta$。所以，只有当 $\beta > \alpha$ 时，因果信号和反因果信号的收敛域才存在公共收敛区域，此时

$$X(s) = \frac{1}{s-\alpha} - \frac{1}{s-\beta}, \quad \alpha < \text{Re}(s) < \beta$$

有两个极点，分别为 $s = \alpha$ 和 $s = \beta$（见图 8.3）。

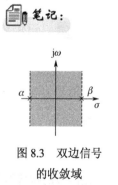

图 8.3　双边信号
的收敛域

可以采用 MATLAB 的工具箱函数 laplace( ) 来计算信号的**单边拉普拉斯变换**。如因果信号的拉普拉斯变换可以用如下的命令得到。

```
syms x a t
x=exp(-a*t)*heaviside(t)
X=laplace(x)
X =
1/(a + s)
```

例 8.4 确定信号 $u(t)$、$u(t-3)$ 和 $u(t+3)$ 的单边拉普拉斯变换及收敛域。

解： 根据单边拉普拉斯变换的定义，有

$$X(s) = \int_{0^-}^{\infty} x(t)\mathrm{e}^{-st}\mathrm{d}t$$

信号 $u(t)$ 的单边拉普拉斯变换为

$$X(s) = \int_{0^-}^{\infty} x(t)\mathrm{e}^{-st}\mathrm{d}t = \int_{0}^{\infty} \mathrm{e}^{-st}\mathrm{d}t = \frac{1}{s}, \quad \mathrm{Re}(s) > 0$$

信号 $u(t-3)$ 的单边拉普拉斯变换为

$$X(s) = \int_{0^-}^{\infty} x(t)\mathrm{e}^{-st}\mathrm{d}t = \int_{3}^{\infty} \mathrm{e}^{-st}\mathrm{d}t = \frac{\mathrm{e}^{-3s}}{s}, \quad \mathrm{Re}(s) > 0$$

信号 $u(t+3)$ 的单边拉普拉斯变换为

$$X(s) = \int_{0^-}^{\infty} x(t)\mathrm{e}^{-st}\mathrm{d}t = \int_{0}^{\infty} \mathrm{e}^{-st}\mathrm{d}t = \frac{1}{s}, \quad \mathrm{Re}(s) > 0$$

注意：信号 $u(t+3)$ 的双边拉普拉斯变换为

$$X(s) = \int_{-3}^{\infty} \mathrm{e}^{-st}\mathrm{d}t = \frac{\mathrm{e}^{3s}}{s}, \quad \mathrm{Re}(s) > 0$$

由例 8.1 和例 8.2 可知，不同的信号可以对应相同的拉普拉斯变换，所以，在计算拉普拉斯反变换时，应指明收敛域。但是，对于因果信号而言，由于其对应单边拉普拉斯变换，所以如果明确是单边拉普拉斯变换，则意味着其收敛域为因果信号的收敛域，此时无须注明收敛域。

例 8.5 已知某连续时间信号的拉普拉斯变换为

$$X(s) = \frac{s+3}{(s+1)(s-2)}$$

求信号 $x(t)$ 及傅里叶变换。

解：

$$X(s) = \frac{-2/3}{s+1} + \frac{5/3}{s-2}$$

该信号的拉普拉斯变换包含两个极点 $s=-1$，$s=2$ 和一个零点 $s=-3$。如图 8.4 所示，收敛域存在 3 种情况。

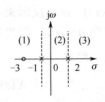

图 8.4 连续时间信号收敛域

（1）当 $\mathrm{Re}(s) < -1$ 时，对应反因果信号，所以

$$x(t) = \left(\frac{2}{3}\mathrm{e}^{-t} - \frac{5}{3}\mathrm{e}^{2t}\right)u(-t)$$

由于收敛域不包含虚轴，所以傅里叶变换不存在。

（2）当 $-1 < \mathrm{Re}(s) < 2$ 时，对应双边信号，而且左边极点对应因果信号，右边极点对应反因果信号，所以

$$x(t) = -\frac{2}{3}\mathrm{e}^{-t}u(t) - \frac{5}{3}\mathrm{e}^{2t}u(-t)$$

由于收敛域包含虚轴，所以傅里叶变换为

$$X(\mathrm{j}\omega) = \frac{-2/3}{\mathrm{j}\omega+1} + \frac{5/3}{\mathrm{j}\omega-2}$$

（3）当 $\mathrm{Re}(s) > 2$ 时，对应因果信号，所以

$$x(t) = \left(-\frac{2}{3}\mathrm{e}^{-t} + \frac{5}{3}\mathrm{e}^{2t}\right)u(t)$$

由于收敛域不包含虚轴，所以傅里叶变换不存在。

 笔记：

8.2　拉普拉斯变换的性质

拉普拉斯变换的性质与傅里叶变换相似。单边拉普拉斯变换和双边拉普拉斯变换虽然存在重要的区别，但仍然有许多共同的特性，当然在某些性质上也有不同。表 8.2 列出了连续时间信号拉普拉斯变换的性质，如果单边变换和双边变换的性质不同，在表中特别做了说明。表中 $x(t) \xleftrightarrow{\ \mathrm{LT/LT_H}\ } X(s)$，$y(t) \xleftrightarrow{\ \mathrm{LT/LT_H}\ } Y(s)$。

表 8.2　连续时间信号拉普拉斯变换的性质

性　　质	拉普拉斯变换
线性性质	$ax(t) + by(t) \xleftrightarrow{\ \mathrm{LT}\ } aX(s) + bY(s)$
尺度变换特性	$x(at) \xleftrightarrow{\ \mathrm{LT/LT_H}\ } \frac{1}{a}X\left(\frac{s}{a}\right),\ a > 0$
时移特性	$x(t-c)u(t-c) \xleftrightarrow{\ \mathrm{LT_H}\ } \mathrm{e}^{-sc}X(s),\ c > 0$
	$x(t-c) \xleftrightarrow{\ \mathrm{LT}\ } \mathrm{e}^{-sc}X(s)$
频移特性	$\mathrm{e}^{s_0 t}x(t) \xleftrightarrow{\ \mathrm{LT/LT_H}\ } X(s-s_0)$
微分特性	$\dfrac{\mathrm{d}}{\mathrm{d}t}x(t) \xleftrightarrow{\ \mathrm{LT_H}\ } sX(s) - x(0^-)$
	$\dfrac{\mathrm{d}^2}{\mathrm{d}t^2}x(t) \xleftrightarrow{\ \mathrm{LT_H}\ } s^2X(s) - sx(0^-) - x'(0^-)$
	$\dfrac{\mathrm{d}^n}{\mathrm{d}t^n}x(t) \xleftrightarrow{\ \mathrm{LT_H}\ } s^nX(s) - s^{n-1}x(0^-) - \cdots - sx^{(n-2)}(0^-) - x^{(n-1)}(0^-)$
	$\dfrac{\mathrm{d}}{\mathrm{d}t}x(t) \xleftrightarrow{\ \mathrm{LT}\ } sX(s)$
	$(-t)^n x(t) \xleftrightarrow{\ \mathrm{LT}\ } \dfrac{\mathrm{d}^n}{\mathrm{d}s^n}X(s)$

性　质	拉普拉斯变换
积分特性	$\int_{-\infty}^{t} x(\tau)\,\mathrm{d}\tau \xleftarrow{\ \mathrm{LT_u}\ } \dfrac{X(s)}{s}+\dfrac{1}{s}\int_{-\infty}^{0^-} x(\tau)\,\mathrm{d}\tau$
	$\int_{-\infty}^{t} x(\tau)\,\mathrm{d}\tau \xleftarrow{\ \mathrm{LT}\ } \dfrac{X(s)}{s}$
	$\dfrac{x(t)}{t} \xleftarrow{\ \mathrm{LT}\ } \int_{s}^{\infty} X(\tau)\,\mathrm{d}\tau$
初值定理	若 $x(t)$ 为因果信号，$X(s)$ 为有理真分式，则 $x(0^+)=\lim_{s\to\infty} sX(s)$ 若 $X(s)$ 为假分式，且 $X(s)=A_0+A_1 s+\cdots+A_{m-n}s^{m-n}+\tilde{X}(s)$，$\tilde{X}(s)$ 为有理真分式，则 $x(0^+)=\lim_{s\to\infty} s\tilde{X}(s)$
终值定理	若 $x(t)$ 为因果信号，$X(s)$ 的所有极点均位于 s 平面左半平面，在原点处至多存在一阶极点，则 $x(\infty)=\lim_{s\to 0} sX(s)$
卷积特性	$x(t)*y(t) \xleftarrow{\ \mathrm{LT/LT_u}\ } X(s)Y(s)$
乘积特性	$x(t)y(t) \xleftarrow{\ \mathrm{LT/LT_u}\ } \dfrac{1}{2\pi\mathrm{j}}X(s)*Y(s)$

1. 时域微分特性（单边）

$$\frac{\mathrm{d}}{\mathrm{d}t}x(t) \xleftarrow{\ \mathrm{LT_u}\ } \int_{0^-}^{\infty} x'(t)\mathrm{e}^{-st}\mathrm{d}t$$

$$= x(t)\mathrm{e}^{-st}\Big|_{0^-}^{\infty} + s\int_{0^-}^{\infty} x(t)\mathrm{e}^{-st}\mathrm{d}t$$

$$= sX(s)-x(0^-)$$

重复应用微分性质，即可得高阶微分的单边拉普拉斯变换

$$\frac{\mathrm{d}^2}{\mathrm{d}t^2}x(t)=\frac{\mathrm{d}}{\mathrm{d}t}\left[\frac{\mathrm{d}}{\mathrm{d}t}x(t)\right] \xleftarrow{\ \mathrm{LT_u}\ } s\left[sX(s)-x(0^-)\right]-x'(0^-)$$

$$= s^2 X(s)-sx(0^-)-x'(0^-)$$

2. 初值定理和终值定理

由泰勒公式，得

$$x(t)=x(0^+)+\frac{x'(0^+)}{1!}t+\cdots+\frac{x^{(i)}(0^+)}{i!}t^i+\cdots=\sum_{i=0}^{\infty}\frac{x^{(i)}(0^+)}{i!}t^i$$

若 $X(s)$ 为有理真分式，则 $x(t)$ 在 $t=0$ 不包含冲激及其各阶导数，所以

$$sX(s)=\int_{0^-}^{\infty} sx(t)\mathrm{e}^{-st}\mathrm{d}t=\int_{0^-}^{\infty}\sum_{i=0}^{\infty} sx^{(i)}(0^+)\frac{t^i}{i!}\mathrm{e}^{-st}\mathrm{d}t=\sum_{i=0}^{\infty} sx^{(i)}(0^+)\int_{0^-}^{\infty}\frac{t^i}{i!}\mathrm{e}^{-st}\mathrm{d}t$$

已知

$$u(t) \xleftarrow{\ \mathrm{LT}\ } \frac{1}{s}$$

根据频域微分性质

$$t^i u(t) \xleftarrow{\ \mathrm{LT}\ } \frac{\mathrm{d}^i}{\mathrm{d}s^i}\frac{1}{s}=\frac{i!}{s^{i+1}}$$

所以

$$\frac{t^i}{i!}u(t) \xleftarrow{\ \mathrm{LT}\ } \frac{1}{s^{i+1}}$$

可得

$$sX(s) = \sum_{i=0}^{\infty} s x^{(i)}(0^+)\frac{1}{s^{i+1}} = \sum_{i=0}^{\infty} x^{(i)}(0^+)\frac{1}{s^i}$$

两边取极限，令 $s \to \infty$，右边只有 1 项不为 0，可得

$$x(0^+) = \lim_{s \to \infty} sX(s)$$

当 $X(s)$ 的所有极点均位于 s 左半平面，在零点处至多存在一阶零极点时，存在终值。由微分性质，有

$$sX(s) - x(0^-) = \int_{0^-}^{\infty} x'(t)\mathrm{e}^{-st}\mathrm{d}t$$

令 $s \to 0$，可得

$$\lim_{s \to 0}[sX(s) - x(0^-)] = \lim_{s \to 0}\int_{0^-}^{\infty} x'(t)\mathrm{e}^{-st}\mathrm{d}t = \int_{0^-}^{\infty} x'(t)\,\mathrm{d}t = x(\infty) - x(0^-)$$

$$x(\infty) = \lim_{s \to 0} sX(s)$$

例 8.6　已知 $x(t) = \mathrm{e}^{-2t}u(t)$，求信号 $x_1(t) = \mathrm{e}^{-2(t-1)}u(t)$ 和 $x_2(t) = \mathrm{e}^{-2(t-1)}u(t-1)$ 的单边拉普拉斯变换。

 笔记：

解： 已知

$$x(t) \overset{\mathrm{LT}_u}{\longleftrightarrow} \frac{1}{s+2}$$

信号

$$x_1(t) = \mathrm{e}^{-2(t-1)}u(t) = \mathrm{e}^2 \mathrm{e}^{-2t}u(t)$$

所以有

$$x_1(t) \overset{\mathrm{LT}_u}{\longleftrightarrow} \frac{\mathrm{e}^2}{s+2}$$

信号

$$x_2(t) = \mathrm{e}^{-2(t-1)}u(t-1) = x(t-1)$$

所以有

$$x_2(t) \overset{\mathrm{LT}_u}{\longleftrightarrow} \frac{\mathrm{e}^{-s}}{s+2}$$

例 8.7　已知

$$X(s) = \frac{\mathrm{e}^{5s}}{s+2}, \mathrm{Re}(s) < -2$$

求 $x(t)$。

解： 当收敛域 $\mathrm{Re}(s) < -2$ 时，有

$$-\mathrm{e}^{-2t}u(-t) \overset{\mathrm{LT}}{\longleftrightarrow} \frac{1}{s+2}$$

所以

$$x(t) = -\mathrm{e}^{-2(t+5)}u(-(t+5))$$

由时移性质，可以计算单边周期信号的拉普拉斯变换。如图 8.5 所示的单边周期信号可表示为

$$x(t) = x(t + nT), \quad t \geqslant 0, \quad n = 0, 1, 2 \cdots$$

若设 $x_1(t)$ 为单边周期信号的第一个周期，即

$$x_1(t) = \begin{cases} x(t), & 0 \leqslant t \leqslant T \\ 0, & 其他 \end{cases}$$

则单边周期信号 $x(t)$ 可用 $x_1(t)$ 表示为

$$x(t) = \sum_{n=0}^{\infty} x_1(t - nT)$$

利用时移特性，有

$$X(s) = \sum_{n=0}^{\infty} e^{-nTs} X_1(s) = \frac{X_1(s)}{1 - e^{-sT}} \tag{8.6}$$

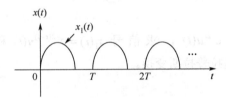

图 8.5　单边周期信号

例 8.8　如图 8.6 所示的单边周期方波信号，计算拉普拉斯变换。

解： $x(t)$ 是周期为 2 的单边周期方波信号，由信号

$$x_1(t) = u(t) - u(t - 1)$$

构成。$x_1(t)$ 的单边拉普拉斯变换为

$$X_1(s) = \frac{1}{s} - \frac{e^{-s}}{s}$$

代入式（8.6）可得 $x(t)$ 的拉普拉斯变换为

$$X(s) = \frac{X_1(s)}{1 - e^{-sT}} = \frac{X_1(s)}{1 - e^{-2s}} = \frac{1}{s(1 + e^{-s})}, \mathrm{Re}(s) > 0$$

例 8.9　已知某 LTI 连续时间系统的单位冲激响应为

$$h(t) = 5e^{-5t}u(t)$$

求信号 $x(t) = te^{2t}u(t)$ 的响应的拉普拉斯变换。

解： 信号 $x(t)$ 的响应为

$$y(t) = x(t) * h(t)$$

根据卷积性质，有

$$Y(s) = X(s)H(s)$$

笔记：

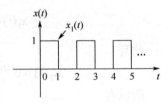

图 8.6　单边周期方波信号

$X(s)$ 可以利用频域微分性质计算，即

$$e^{2t}u(t) \overset{LT}{\longleftrightarrow} \frac{1}{s-2}$$

所以

$$te^{2t}u(t) \overset{LT}{\longleftrightarrow} -\frac{d}{ds}\frac{1}{s-2} = \frac{1}{(s-2)^2}$$

又因为

$$H(s) = \frac{5}{s+5}$$

可得

$$Y(s) = \frac{5}{(s-2)^2(s+5)}$$

例 8.10　计算如图 8.7 所示信号 $x(t)$ 的拉普拉斯变换。

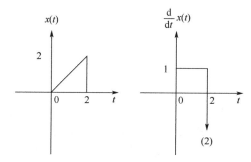

图 8.7　例 8.10 信号

解： 如图 8.7 所示，信号

$$x(t) = \int_{-\infty}^{t} x'(\tau)\, d\tau$$

根据时域积分性质，有

$$X(s) = \frac{X_1(s)}{s} + \frac{1}{s}\int_{-\infty}^{0^-} x'(\tau)\, d\tau = \frac{X_1(s)}{s}$$

其中 $X_1(s)$ 是 $\dfrac{d}{dt}x(t)$ 的拉普拉斯变换。由于

$$\frac{d}{dt}x(t) = u(t) - u(t-2) - 2\delta(t-2)$$

可得

$$X_1(s) = \frac{1}{s} - \frac{e^{-2s}}{s} - 2e^{-2s}$$

所以

$$X(s) = \frac{1 - e^{-2s} - 2se^{-2s}}{s^2}$$

 **例 8.11** 信号 $x(t)$ 的单边拉普拉斯变换为

$$X(s) = \frac{7s+10}{s(s+2)}$$

计算初值和终值。

解： $X(s)$ 为有理真分式，由初值定理，得

$$x(0^+) = \lim_{s \to \infty} sX(s) = \lim_{s \to \infty} \frac{7s+10}{s+2} = 7$$

$X(s)$ 的极点为 0 和 -2，零极点为一阶极点，符合终值定理的条件，由终值定理，得

$$x(\infty) = \lim_{s \to 0} sX(s) = \lim_{s \to 0} \frac{7s+10}{s+2} = 5$$

8.3　拉普拉斯反变换

根据拉普拉斯反变换的定义，有

$$x(t) = \frac{1}{2\pi \mathrm{j}} \int_{\sigma-\mathrm{j}\infty}^{\sigma+\mathrm{j}\infty} X(s)\,\mathrm{e}^{st}\mathrm{d}s$$

可以利用计算围线积分的方法计算拉普拉斯反变换。由于时域和复频域具有一一对应的关系，也可以利用常用信号的拉普拉斯变换，以及拉普拉斯变换的性质计算拉普拉斯反变换。在研究线性时不变系统时，会遇到有理函数形式的拉普拉斯变换，对于这种情况，通过本节介绍的部分分式展开方法来计算拉普拉斯反变换。

8.3.1　单边拉普拉斯反变换

假设

$$X(s) = \frac{b_m s^m + b_{m-1} s^{m-1} + \cdots + b_1 s + b_0}{s^n + a_{n-1} s^{n-1} + \cdots + a_1 s + a_0}$$

（1）若 $m < n$ 且 $X(s)$ 存在 n 个极点 λ_1、λ_2、$\cdots$、λ_n，则

$$X(s) = \sum_{i=1}^{n} \frac{k_i}{s - \lambda_i}$$

式中

$$k_i = (s - \lambda_i) X(s)\big|_{s=\lambda_i}$$

由于

$$\mathrm{e}^{\lambda_i t} u(t) \xleftarrow{\ \mathrm{LT}_u\ } \frac{1}{s - \lambda_i}$$

所以

$$x(t) = \left(\sum_{i=1}^{n} k_i e^{\lambda_i t} \right) u(t)$$

（2）若 $m < n$ 且 $X(s)$ 存在重极点，设 n 个极点为 $\lambda_1 = \lambda_2 = \cdots = \lambda_r$ 及 λ_{r+1}、$\cdots$ 、λ_n，则

$$X(s) = \sum_{i=1}^{r} \frac{k_i}{(s - \lambda_1)^i} + \sum_{j=r+1}^{n} \frac{k_j}{s - \lambda_j}$$

式中

$$k_j = (s - \lambda_j) X(s) \Big|_{s = \lambda_j}, \quad j = r+1, \cdots, n$$

在计算 k_i $(i = 1, 2, \cdots, r)$ 时，可以采用如下方法：将两边同乘以 $(s - \lambda_1)^r$，有

$$(s - \lambda_1)^r X(s) = k_1 (s - \lambda_1)^{r-1} + \cdots + k_{r-1}(s - \lambda_1) + k_r + \sum_{j=r+1}^{n} \frac{k_j (s - \lambda_1)^r}{s - \lambda_j} \tag{8.7}$$

令 $s = \lambda_1$，可得

$$k_r = (s - \lambda_1)^r X(s) \Big|_{s = \lambda_1}$$

对式（8.7）取一阶微分，再令 $s = \lambda_1$，可得

$$k_{r-1} = \frac{\mathrm{d}}{\mathrm{d}s} \Big[(s - \lambda_1)^r X(s) \Big] \Big|_{s = \lambda_1}$$

对式（8.7）取二阶、三阶直至 $r-1$ 阶微分，再令 $s = \lambda_1$，可得

$$k_{r-2} = \frac{1}{2} \frac{\mathrm{d}^2}{\mathrm{d}s^2} \Big[(s - \lambda_1)^r X(s) \Big] \Big|_{s = \lambda_1}$$

$$\vdots$$

$$k_{r-i} = \frac{1}{i!} \frac{\mathrm{d}^i}{\mathrm{d}s^i} \Big[(s - \lambda_1)^r X(s) \Big] \Big|_{s = \lambda_1}, \quad i = 1, 2, \cdots, r-1$$

所以

$$x(t) = \left(k_1 e^{\lambda_1 t} + \sum_{i=2}^{r} \frac{k_i}{(i-1)!} t^{i-1} e^{\lambda_1 t} \right) u(t) + \left(\sum_{j=r+1}^{n} k_j e^{\lambda_j t} \right) u(t)$$

另外，对于存在二重极点的情况，有

$$X(s) = \sum_{i=1}^{2} \frac{k_i}{(s - \lambda_1)^i} + \sum_{j=3}^{n} \frac{k_j}{s - \lambda_j}$$

式中

$$k_1 = \frac{\mathrm{d}}{\mathrm{d}s} \Big[(s - \lambda_1)^2 X(s) \Big] \Big|_{s = \lambda_1}$$

$$k_2 = \Big[(s - \lambda_1)^2 X(s) \Big] \Big|_{s = \lambda_1}$$

$$k_j = [(s - \lambda_j) X(s)] \Big|_{s = \lambda_j}, \quad j = 3, \cdots, n$$

此时

$$x(t) = \left(k_1 e^{\lambda_1 t} + k_2 t e^{\lambda_1 t} \right) u(t) + \left(\sum_{j=3}^{n} k_j e^{\lambda_j t} \right) u(t)$$

（3）若 $m \geq n$，则利用长除法，有

$$X(s) = A_0 + A_1 s + \cdots + A_{m-n} s^{m-n} + \frac{N_1(s)}{D(s)} = A(s) + \tilde{X}(s)$$

$A(s)$ 多项式对应的拉普拉斯反变换为

$$A_0 \delta(t) + A_1 \delta'(t) + \cdots + A_{m-n} \delta^{(m-n)}(t)$$

有理真分式 $\tilde{X}(s)$ 对应的拉普拉斯反变换为 $\tilde{x}(t)$，可以按照上述（1）或（2）的情况求解。

今后，如不特别指明拉普拉斯变换的收敛域，均指单边拉普拉斯变换。

例 8.12 求

$$X(s) = \frac{s+2}{s(s+3)(s+1)^2}$$

的单边拉普拉斯反变换。

解：$X(s)$ 的极点为 0、-3、-1 和 -1。令

$$X(s) = \frac{k_1}{s} + \frac{k_2}{s+3} + \frac{k_3}{s+1} + \frac{k_4}{(s+1)^2}$$

其中

$$k_1 = sX(s)\big|_{s=0} = \frac{2}{3}$$

$$k_2 = (s+3)X(s)\big|_{s=-3} = \frac{1}{12}$$

$$k_3 = \frac{\mathrm{d}}{\mathrm{d}s}\Big[(s+1)^2 X(s)\Big]\bigg|_{s=-1} = -\frac{3}{4}$$

$$k_4 = \Big[(s+1)^2 X(s)\Big]\bigg|_{s=-1} = -\frac{1}{2}$$

所以有

$$X(s) = \frac{2/3}{s} + \frac{1/12}{s+3} + \frac{-3/4}{s+1} + \frac{-1/2}{(s+1)^2}$$

可得

$$x(t) = \left(\frac{2}{3} + \frac{1}{12}\mathrm{e}^{-3t} - \frac{3}{4}\mathrm{e}^{-t} - \frac{1}{2}t\mathrm{e}^{-t}\right)u(t)$$

例 8.13 求

$$X(s) = \frac{2s^3 - 9s^2 + 4s + 10}{s^2 - 3s - 4}$$

的单边拉普拉斯反变换。

解：

$$X(s) = 2s - 3 + \frac{3s-2}{s^2-3s-4}$$

$$= 2s - 3 + \frac{1}{s+1} + \frac{2}{s-4}$$

 笔记：

MATLAB 可以用 ilaplace( )函数计算单边拉普拉斯反变换。

```
%example8.12
syms X s x
X=(s+2)/(s*(s+3)*
(s+1)^2)
x=ilaplace(X)

x =

exp(-3*t)/12-
(3*exp(-t))/4-
(t*exp(-t))/2 + 2/3
```

可得

$$x(t) = 2\delta'(t) - 3\delta(t) + \left(e^{-t} + 2e^{4t}\right)u(t)$$

笔记：

部分分式展开法也适用于复极点。若 $X(s)$ 分母多项式中的系数均为实数，则全部复极点都以复共轭对出现。设 $\alpha + j\omega_0$ 和 $\alpha - j\omega_0$ 组成一对复共轭对，为保证拉普拉斯反变换为实信号，在部分展开式中与这两个极点有关的项为

$$\frac{A}{s - (\alpha + j\omega_0)} + \frac{\overline{A}}{s - (\alpha - j\omega_0)}$$

A 和 $\overline{A}$ 互为复共轭。因此，可用单个二次项代替这两项的和，即

$$\frac{B_1 s + B_2}{(s - \alpha)^2 + \omega_0^2}$$

最后，将这个二次项分解为

$$\frac{B_1(s - \alpha)}{(s - \alpha)^2 + \omega_0^2} + \frac{C_1 \omega_0}{(s - \alpha)^2 + \omega_0^2}$$

式中

$$C_1 = (B_1 \alpha + B_2) / \omega_0$$

这样就可以利用常用信号的拉普拉斯变换对得到拉普拉斯反变换：

$$\left(B_1 e^{\alpha t} \cos \omega_0 t\right)u(t) \xleftarrow{\text{LT}_u} \frac{B_1(s - \alpha)}{(s - \alpha)^2 + \omega_0^2}$$

$$\left(C_1 e^{\alpha t} \sin \omega_0 t\right)u(t) \xleftarrow{\text{LT}_u} \frac{C_1 \omega_0}{(s - \alpha)^2 + \omega_0^2}$$

例 8.14　求

$$X(s) = \frac{4s^2 + 6}{s^3 + s^2 - 2}$$

的单边拉普拉斯反变换。

笔记：

解：$X(s)$ 的其中一个极点为 1，则

$$X(s) = \frac{4s^2 + 6}{(s - 1)(s^2 + 2s + 2)}$$

可见，$X(s)$ 另外两个极点为共轭复极点 $s = -1 \pm j$，所以有

$$X(s) = \frac{A}{s - 1} + \frac{B_1 s + B_2}{(s + 1)^2 + 1}$$

其中

$$A = (s - 1)X(s)\big|_{s=1} = 2$$

将 $X(s)$ 的展开式通分，并代入 $A = 2$，利用系数平衡法可得

$$B_1 = 2, \quad B_2 = -2$$

由此可以进一步分解为

$$X(s) = \frac{2}{s-1} + \frac{2(s+1)}{(s+1)^2+1} + \frac{-4}{(s+1)^2+1}$$

可得

$$x(t) = \left(2e^t + 2e^{-t}\cos t - 4e^{-t}\sin t\right)u(t)$$

8.3.2 双边拉普拉斯反变换

双边拉普拉斯反变换计算的基本步骤与单边拉普拉斯反变换计算的基本步骤是相同的。不同的是，在按照极点展开后，展开式中每项的拉普拉斯变换都存在两种可能性：因果信号对应的变换对和反因果信号对应的变换对。此时应根据收敛域确定究竟是哪种变换对。若收敛域位于极点右侧，对应因果信号；反之，若收敛域位于极点左侧，则对应反因果信号。

（1）对于单极点，有

$$k_i e^{\lambda_i t} u(t) \xleftrightarrow{\text{LT}} \frac{k_i}{s-\lambda_i}, \text{Re}(s) > \lambda_i$$

$$-k_i e^{\lambda_i t} u(-t) \xleftrightarrow{\text{LT}} \frac{k_i}{s-\lambda_i}, \text{Re}(s) < \lambda_i$$

（2）对于重极点，有

$$\frac{At^{n-1}}{(n-1)!} e^{\lambda t} u(t) \xleftrightarrow{\text{LT}} \frac{A}{(s-\lambda)^n}, \text{Re}(s) > \lambda$$

$$-\frac{At^{n-1}}{(n-1)!} e^{\lambda t} u(-t) \xleftrightarrow{\text{LT}} \frac{A}{(s-\lambda)^n}, \text{Re}(s) < \lambda$$

（3）对于共轭复极点 $s = \alpha \pm j\omega_0$，若 $\text{Re}(s) > \alpha$，有

$$\left(B_1 e^{\alpha t} \cos \omega_0 t\right) u(t) \xleftrightarrow{\text{LT}} \frac{B_1(s-\alpha)}{(s-\alpha)^2 + \omega_0^2}$$

$$\left(C_1 e^{\alpha t} \sin \omega_0 t\right) u(t) \xleftrightarrow{\text{LT}} \frac{C_1 \omega_0}{(s-\alpha)^2 + \omega_0^2}$$

若 $\text{Re}(s) < \alpha$，有

$$-\left(B_1 e^{\alpha t} \cos \omega_0 t\right) u(-t) \xleftrightarrow{\text{LT}} \frac{B_1(s-\alpha)}{(s-\alpha)^2 + \omega_0^2}$$

$$-\left(C_1 e^{\alpha t} \sin \omega_0 t\right) u(-t) \xleftrightarrow{\text{LT}} \frac{C_1 \omega_0}{(s-\alpha)^2 + \omega_0^2}$$

例 8.15 求

$$X(s) = \frac{5s+2}{(s+2)(s-2)(s+1)}, -1 < \text{Re}(s) < 2$$

的拉普拉斯反变换。

解： $X(s)$ 的极点为-2、2 和-1。令

$$X(s) = \frac{k_1}{s+2} + \frac{k_2}{s-2} + \frac{k_3}{s+1}$$

其中

$$k_1 = (s+2)X(s)\big|_{s=-2} = -2$$
$$k_2 = (s-2)X(s)\big|_{s=2} = 1$$
$$k_3 = (s+1)X(s)\big|_{s=-1} = 1$$

所以有

$$X(s) = \frac{-2}{s+2} + \frac{1}{s-2} + \frac{1}{s+1}$$

由于收敛域位于极点 $s=-2$ 和 $s=-1$ 的右侧，因此这两项对应因果信号；由于收敛域位于极点 $s=2$ 的左侧，因此该项对应反因果信号。所以有

$$x(t) = \left(-2\mathrm{e}^{-2t} + \mathrm{e}^{-t}\right)u(t) - \mathrm{e}^{2t}u(-t)$$

例 8.16 ▷ 求

$$X(s) = \frac{s^4 - 11s^2 - 18s - 8}{(s-4)(s+1)^2}, \mathrm{Re}(s) < -1$$

的拉普拉斯反变换。

解：

$$X(s) = s + 2 + \frac{1}{s+1} + \frac{2}{(s+1)^2} + \frac{1}{s-4}$$

$X(s)$ 有两个极点，$s=-1$ 和 $s=4$，收敛域位于两个极点的左侧，因此对应反因果信号，即

$$x(t) = \delta'(t) + 2\delta(t) - \left(\mathrm{e}^{-t} + 2t\mathrm{e}^{-t} + \mathrm{e}^{4t}\right)u(-t)$$

例 8.17 ▷ 求

$$X(s) = \frac{4s^2 + 6}{s^3 + s^2 - 2}, -1 < \mathrm{Re}(s) < 1$$

的拉普拉斯反变换。

解： 由例 8.14 可知，$X(s)$ 的极点为 1 和 $-1 \pm \mathrm{j}$，而且

$$X(s) = \frac{2}{s-1} + \frac{2(s+1)}{(s+1)^2 + 1} + \frac{-4}{(s+1)^2 + 1}$$

由于收敛域位于极点 1 的左侧，所以这一项对应反因果信号；由于收敛域位于极点 $-1 \pm \mathrm{j}$ 的实部右侧，所以这两项对应因果信号。可得

$$x(t) = -2\mathrm{e}^{t}u(-t) + \left(2\mathrm{e}^{-t}\cos t - 4\mathrm{e}^{-t}\sin t\right)u(t)$$

8.4 LTI 连续时间系统复频域分析方法

8.4.1 求解具有初始条件的微分方程

单边拉普拉斯变换在系统分析中的最主要应用就是求解带非零初始条件的微分方程。若 LTI 连续时间系统的输入输出方程为

$$y^{(n)}(t) + a_{n-1}y^{(n-1)}(t) + \cdots + a_0 y(t) = b_m x^{(m)}(t) + b_{m-1}x^{(m-1)}(t) + \cdots + b_0 x(t)$$

系统的初始条件为 $y(0^-)$、$y'(0^-)$、$\cdots$、$y^{(n-1)}(0^-)$。两边取单边拉普拉斯变换，根据单边拉普拉斯变换的时域微分特性，若输入信号为因果信号，可得

$$D(s)Y(s) - C(s) = N(s)X(s) \tag{8.8}$$

其中

$$D(s) = s^n + a_{n-1}s^{n-1} + \cdots + a_1 s + a_0$$
$$N(s) = b_m s^m + b_{m-1}s^{m-1} + \cdots + b_1 s + b_0$$
$$C(s) = \sum_{k=1}^{n}\sum_{l=0}^{k-1} a_k s^{k-1-l} y^{(l)}(0^-)$$

若初始条件全部为零，则 $C(s) = 0$，此时

$$Y(s) = \frac{N(s)}{D(s)}X(s)$$

为零状态响应的拉普拉斯变换。若输入信号为零，则 $N(s)X(s) = 0$，此时

$$Y(s) = \frac{C(s)}{D(s)}$$

为零输入响应的拉普拉斯变换。因此式（8.8）可以写为

$$Y(s) = \frac{C(s)}{D(s)} + \frac{N(s)}{D(s)}X(s) = Y_{zi}(s) + Y_{zs}(s) \tag{8.9}$$

通过分别求解 $Y_{zi}(s)$ 和 $Y_{zs}(s)$ 的拉普拉斯反变换，即可得到零输入响应 $y_{zi}(t)$ 和零状态响应 $y_{zs}(t)$。

根据拉普拉斯变换的卷积性质

$$Y_{zs}(s) = X(s)H(s)$$

其中，$H(s)$ 为系统函数，是系统单位冲激响应的拉普拉斯变换。对比式（8.9），可知

$$H(s) = \frac{N(s)}{D(s)} = H(p)\big|_{p=s}$$

所以，LTI 连续时间系统的系统函数与微分方程的转移算子是相同的。

对于二阶系统来说，假设系统方程为

$$y''(t) + a_1 y'(t) + a_0 y(t) = b_2 x''(t) + b_1 x'(t) + b_0 x(t)$$

两边取单边拉普拉斯变换，有

$$\left(s^2 Y(s) - sy(0^-) - y'(0^-)\right) + a_1\left(sY(s) - y(0^-)\right) + a_0 Y(s)$$
$$= b_2 s^2 X(s) + b_1 s X(s) + b_0 X(s)$$

合并同类项，可得

$$\left(s^2 + a_1 s + a_0\right)Y(s) - sy(0^-) - y'(0^-) - a_1 y(0^-)$$
$$= \left(b_2 s^2 + b_1 s + b_0\right)X(s)$$

整理后可得

$$Y(s) = \frac{sy(0^-) + y'(0^-) + a_1 y(0^-)}{s^2 + a_1 s + a_0} + \frac{b_2 s^2 + b_1 s + b_0}{s^2 + a_1 s + a_0}X(s)$$

等号右边第一项仅与初始条件有关，与输入信号无关，所以有

$$Y_{zi}(s) = \frac{sy(0^-) + y'(0^-) + a_1 y(0^-)}{s^2 + a_1 s + a_0}$$

等号右边第二项仅与输入信号有关，与初始条件无关，所以有

$$Y_{zs}(s) = \frac{b_2 s^2 + b_1 s + b_0}{s^2 + a_1 s + a_0}X(s) = H(s)X(s)$$

通过分别求解 $Y_{zi}(s)$ 和 $Y_{zs}(s)$ 的拉普拉斯反变换，即可得到零输入响应 $y_{zi}(t)$ 和零状态响应 $y_{zs}(t)$。

由于

$$H(s) = \frac{b_2 s^2 + b_1 s + b_0}{s^2 + a_1 s + a_0} = H(p)\big|_{p=s}$$

所以，系统函数和系统输入输出方程之间是等价的，因此也可以直接用系统函数来表示连续时间系统。

例 8.18　已知 LTI 连续时间系统方程

$$y''(t) + 5y'(t) + 6y(t) = 2x'(t) + 8x(t)$$

若输入信号为 $x(t) = \mathrm{e}^{-t}u(t)$，初始条件为 $y(0^-) = 3$，$y'(0^-) = 2$。求系统响应。

 笔记：

解：对微分方程两边求单边拉普拉斯变换，有

$$\left(s^2 Y(s) - sy(0^-) - y'(0^-)\right) + 5\left(sY(s) - y(0^-)\right) + 6Y(s)$$
$$= 2sX(s) + 8X(s)$$

整理后可得

$$Y(s) = \frac{sy(0^-) + y'(0^-) + 5y(0^-)}{s^2 + 5s + 6} + \frac{2s + 8}{s^2 + 5s + 6}X(s)$$

所以

$$Y_{zi}(s) = \frac{3s + 17}{s^2 + 5s + 6}, \quad Y_{zs}(s) = \frac{2s + 8}{s^2 + 5s + 6}\frac{1}{s + 1}$$

这两项的部分展开式分别为

$$Y_{zi}(s) = \frac{11}{s+2} + \frac{-8}{s+3}$$

$$Y_{zs}(s) = \frac{2s+8}{s^2+5s+6} \cdot \frac{1}{s+1} = \frac{3}{s+1} + \frac{-4}{s+2} + \frac{1}{s+3}$$

取单边拉普拉斯反变换可得

$$y_{zi}(t) = \left(11e^{-2t} - 8e^{-3t}\right)u(t)$$

$$y_{zs}(t) = \left(3e^{-t} - 4e^{-2t} + e^{-3t}\right)u(t)$$

所以，系统响应为

$$y(t) = y_{zi}(t) + y_{zs}(t) = \left(3e^{-t} + 7e^{-2t} - 7e^{-3t}\right)u(t)$$

例 8.19 如图 8.8（a）所示电路。已知 $R_1 = R_2 = 1\text{k}\Omega$，$C = 100\mu\text{F}$。输入电压为 $x(t) = e^{-10t}u(t)$，电容两端初始电压为 5V。求负载 R_1 的输出电压。

解：根据基尔霍夫定律及伏安特性，有

$$\begin{cases} \dfrac{y(t)}{R_1} = i_1(t) + i_2(t) \\ x(t) = y(t) + \dfrac{1}{C}\displaystyle\int_{-\infty}^{t} i_1(\tau)\,\mathrm{d}\tau \\ x(t) = y(t) + R_2 i_2(t) \end{cases}$$

消去 $i_1(t)$ 和 $i_2(t)$，并代入参数，可得系统输入输出方程为

$$y'(t) + 20y(t) = x'(t) + 10x(t)$$

方程两边取单边拉普拉斯变换，可得

$$Y(s) = \frac{y(0^-)}{s+20} + \frac{s+10}{s+20}X(s)$$

由于电容两端初始电压为 5V，并且 $R_1 = R_2$，根据电路理论可知 $y(0^-) = -5\,\text{V}$，所以

$$Y(s) = \frac{-5}{s+20} + \frac{s+10}{s+20} \cdot \frac{1}{s+10} = \frac{-4}{s+20}$$

因此，系统响应为

$$y(t) = -4e^{-20t}u(t)$$

 笔记：

求解零状态响应可以用如下 MATLAB 命令。

```
syms s H X Y y
num=[2 8];
den=[1 5 6];
H=(2*s+8)/(s^2+
5*s+6);
X=1/(s+1);
Y=X*H;
y=ilaplace(Y)

y =
3*exp(-t)-
4*exp(-2*t)+
exp(-3*t)
```

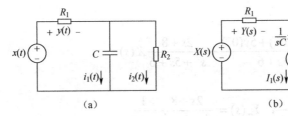

（a）　　　（b）

图 8.8　例 8.19 电路

8.4.2 电路系统的复频域模型

与系统频域分析方法类似，对于电路描述的系统，可以直接采用电路系统的复频域模型求解系统响应。

电阻、电容和电感元件的伏安特性为

$$v_R(t) = Ri_R(t)$$

$$v_C(t) = \frac{1}{C}\int_{-\infty}^{t} i_C(\tau)\,\mathrm{d}\tau$$

$$v_L(t) = L\frac{\mathrm{d}}{\mathrm{d}t}i_L(t)$$

分别取单边拉普拉斯变换，得到基本元件的复频域关系为

$$V_R(s) = RI_R(s)$$

$$V_C(s) = \frac{1}{sC}I_C(s) + \frac{1}{s}v_C(0^-) \tag{8.10}$$

$$V_L(s) = sLI_L(s) - Li_L(0^-)$$

当应用基尔霍夫电压定律时，式（8.10）是有用的。如果采用基尔霍夫电流定律，应将式（8.10）改写为

$$I_R(s) = \frac{1}{R}V_R(s)$$

$$I_C(s) = sCV_C(s) - Cv_C(0^-) \tag{8.11}$$

$$I_L(s) = \frac{1}{sL}V_L(s) + \frac{1}{s}i_L(0^-)$$

由此可得电路系统的复频域模型如图 8.9 所示。

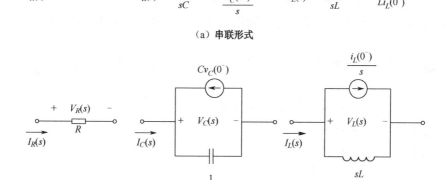

（a）串联形式

（b）并联形式

图 8.9 电路系统的复频域模型

例 8.20 利用电路系统的复频域模型求解图 8.8（a）的响应。

 笔记：

解： 如图 8.8（b）所示，可以将时域电路转换为复频域电路，根据基尔霍夫定律，写出电路方程为

$$\begin{cases} Y(s) = R_1(I_1(s) + I_2(s)) \\ X(s) = Y(s) + \dfrac{1}{sC}I_1(s) + \dfrac{5}{s} \\ X(s) = Y(s) + R_2 I_2(s) \end{cases}$$

消去 $I_1(s)$ 和 $I_2(s)$，并代入参数，可得

$$Y(s) = \frac{-5}{s+20} + \frac{s+10}{s+20}\frac{1}{s+10} = \frac{-4}{s+20}$$

因此，系统响应为

$$y(t) = -4e^{-20t}u(t)$$

8.5 系统传递函数

8.5.1 用系统函数表示连续时间系统

根据前面的讨论，连续时间系统传递函数（简称系统函数）$H(s)$ 可以定义为

$$h(t) \xleftarrow{\text{LT}} H(s)$$

$$H(s) = \frac{Y_{zs}(s)}{X(s)}$$

$$H(s) = H(p)\big|_{p=s}$$

因此，系统函数是可以直接与系统的输入输出方程联系在一起的。通过系统函数可以确定系统的微分方程描述，反之，也能够直接从系统的微分方程获得系统函数。

例 8.21 已知 LTI 连续时间系统对输入信号 $x(t) = e^{-t}u(t)$ 的零状态响应为

 笔记：

$$y_{zs}(t) = (2 - 3e^{-t} + e^{-2t}\cos 2t)u(t)$$

确定该系统的微分方程。

解： 首先计算系统函数

$$H(s) = \frac{Y_{zs}(s)}{X(s)} = \frac{\dfrac{1}{s} - \dfrac{3}{s+1} + \dfrac{s+2}{(s+2)^2 + 2^2}}{\dfrac{1}{s+1}}$$

$$= \frac{s^2 + 2s + 16}{s^3 + 4s^2 + 8s}$$

所以，系统微分方程为

$$y'''(t) + 4y''(t) + 8y'(t) = x''(t) + 2x'(t) + 16x(t)$$

例 8.22　已知 LTI 连续时间系统的系统函数为

$$H(s) = \frac{s+5}{s^2 + 5s + 6}$$

在初始条件 $y(0^-)$ 和 $y'(0^-)$ 下，对输入 $x(t) = e^{-t}u(t)$ 的全响应为

$$y(t) = (2e^{-t} + 4e^{-2t} - 4e^{-3t})u(t)$$

求：（1）$y(0^-)$ 和 $y'(0^-)$；（2）单位冲激响应 $h(t)$。

解：（1）由于全响应

$$y(t) = y_{zi}(t) + y_{zs}(t)$$

所以，先计算零状态响应，再计算零输入响应，就可以得到初始条件。由

$$\begin{aligned}
Y_{zs}(s) &= X(s)H(s) = \frac{1}{s+1}\frac{s+5}{s^2 + 5s + 6} \\
&= \frac{2}{s+1} - \frac{3}{s+2} + \frac{1}{s+3}
\end{aligned}$$

可得

$$y_{zs}(t) = (2e^{-t} - 3e^{-2t} + e^{-3t})u(t)$$

所以

$$y_{zi}(t) = y(t) - y_{zs}(t) = (7e^{-2t} - 5e^{-3t})u(t)$$

由此可得

$$y(0^-) = 2, \quad y'(0^-) = 1$$

（2）根据系统函数的定义，有

$$h(t) \overset{\text{LT}}{\longleftrightarrow} H(s) = \frac{3}{s+2} + \frac{-2}{s+3}$$

所以

$$h(t) = (3e^{-2t} - 2e^{-3t})u(t)$$

对于电路系统，可以直接将时域电路使用双边拉普拉斯变换变为复频域电路，然后利用输入与输出的关系计算系统函数，而不需要列出系统微分方程。

如图 1.25（a）所示的 RLC 串联电路，直接取双边拉普拉斯变换，得到复频域电路（见图 8.10）。由于

$$V(s) = \left(R + sL + \frac{1}{sC}\right)I(s)$$

所以，系统函数为

$$H(s) = \frac{I(s)}{V(s)} = \frac{1}{R + sL + 1/sC} = \frac{\dfrac{1}{L}s}{s^2 + \dfrac{R}{L}s + \dfrac{1}{LC}}$$

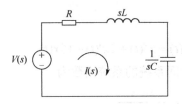

图 8.10 复频域电路

将有理系统函数用零极点的形式表示为

$$H(s) = \frac{b_m \prod_{i=1}^{m}(s - z_i)}{\prod_{i=1}^{n}(s - \lambda_i)}$$

其中，λ_i 为极点，z_i 为零点。则由零点、极点和增益 b_m 可以完全地确定系统函数。这也提供了另外一种描述 LTI 连续时间系统的方法。

8.5.2 连续时间系统的互联

一个复杂系统可以用简单系统的互联来表示，互联的方式如图 8.11 所示，包括级联、并联和反馈共 3 种，下面给出在 3 种互联方式下系统函数与子系统的系统函数的关系。

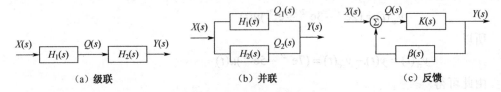

图 8.11 系统频域互联方式

对于串联系统，有
$$Y(s) = Q(s)H_2(s) = [X(s)H_1(s)]H_2(s) = X(s)[H_1(s)H_2(s)]$$
即串联系统的系统函数是子系统的系统函数的乘积。

对于并联系统，有
$$Y(s) = Q_1(s) + Q_2(s) = X(s)H_1(s) + X(s)H_2(s) = X(s)[H_1(s) + H_2(s)]$$
即并联系统的系统函数为子系统的系统函数的和。

对于反馈系统，有
$$Y(s) = Q(s)K(s), \quad Q(s) = X(s) - \beta(s)Y(s)$$
整理可得，反馈系统的系统函数为

$$H(s) = \frac{K(s)}{1 + \beta(s)K(s)}$$

特别地，取 $K(s) = 1/s$ 为一个积分器，取 $\beta(s) = a$ 为一个标量乘法器，则反馈系统的系统函数为

$$H(s) = \frac{1/s}{1 + a/s} = \frac{1}{s + a} \tag{8.12}$$

8.5.3　复频域模拟框图

在 2.8 节介绍了 LTI 连续时间系统的框图表示，即用算子方程表示微分方程

$$D(p)y(t) = N(p)x(t)$$

引入中间变量 $q(t)$，满足

$$\begin{cases} x(t) = D(p)q(t) \\ y(t) = N(p)q(t) \end{cases}$$

然后利用加法器、积分器和标量乘法器分别将上述两个系统表示在一个系统框图中。现在，对上述两个系统取双边拉普拉斯变换，可得

$$\begin{cases} X(s) = D(s)Q(s) \\ Y(s) = N(s)Q(s) \end{cases} \tag{8.13}$$

由于 $H(s) = N(s)/D(s)$，所以式（8.13）就给出了在复频域用系统函数的框图表示系统的方法，即对时域框图表示直接取双边拉普拉斯变换，实际上，这种表示方法就将系统表示为两个子系统的级联形式，第一个子系统的系统函数为 $1/D(s)$，第二个子系统的系统函数为 $N(s)$，称为**直接型框图表示**。系统函数 $H(s)$ 也可以根据极点的情况表示为一阶或二阶子系统的系统函数乘积或和的形式，即

$$H(s) = H_1(s)H_2(s)\cdots H_N(s)$$

$$H(s) = H_1(s) + H_2(s) + \cdots + H_N(s)$$

分别将每个子系统用直接型框图表示，然后级联或并联在一起就可以得到**级联型框图表示**和**并联型框图表示**。

例 8.23　已知 LTI 连续时间系统的系统函数为

$$H(s) = \frac{5s+5}{s^3 + 7s^2 + 10s}$$

分别用直接型、级联型、并联型框图表示该系统。

 笔记：

解：

$$H(s) = \frac{5s+5}{s^3 + 7s^2 + 10s}$$

$$= \frac{1}{s}\left(\frac{s+1}{s+2}\right)\left(\frac{5}{s+5}\right)$$

$$= \frac{1/2}{s} + \frac{5/6}{s+2} + \frac{3}{s+5}$$

（1）直接型框图表示：引入中间变量 $Q(s)$，满足

$$\begin{cases} X(s) = D(s)Q(s) = s^3Q(s) + 7s^2Q(s) + 10sQ(s) \\ Y(s) = N(s)Q(s) = 5sQ(s) + 5Q(s) \end{cases}$$

直接型框图表示如图 8.12（a）所示。

（2）级联型框图表示和并联型框图表示的基本型是反馈互联方式，式（8.12）给出一阶反馈与系统函数的关系，以此为基础可以画出级联型框图表示和并联型框图表示，如图 8.12（b）和图 8.12（c）所示。

笔记：

例 8.24 如图 8.13 所示系统，求该系统的系统函数。

解：该系统由 3 个子系统的级联和并联构成，所以

$$H(s) = \left(1 + \frac{1}{s+7}\right)\left(\frac{1}{s+10}\right) = \frac{s+8}{s^2 + 17s + 70}$$

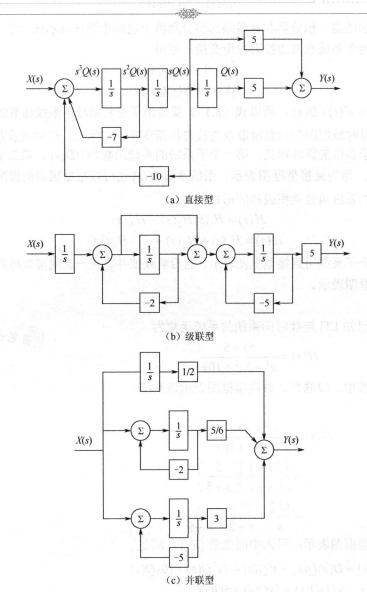

（a）直接型

（b）级联型

（c）并联型

图 8.12　例 8.23 框图表示

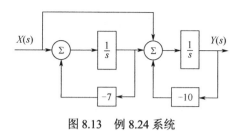

图 8.13　例 8.24 系统

8.6　系统函数与系统特性

8.6.1　系统函数与系统的稳定性

连续时间 LTI 系统的系统函数与单位冲激响应是一对拉普拉斯变换对，即

$$h(t) \xleftarrow{\quad LT \quad} H(s)$$

利用系统函数计算单位冲激响应的方法是计算拉普拉斯反变换，对有理系统函数采用部分分式展开法，即

$$H(s) = \frac{N(s)}{D(s)} = \frac{b_m \prod\limits_{i=1}^{m}(s - z_i)}{\prod\limits_{i=1}^{n}(s - \lambda_i)} = \sum_{i=1}^{n} \frac{k_i}{s - \lambda_i} \tag{8.14}$$

其中，$\lambda_i (i = 1, 2, \cdots, n)$ 为系统的极点，$z_i (i = 1, 2, \cdots, m)$ 为系统的零点，因此系统函数的极点决定了单位冲激响应。根据第 2 章的讨论，单位冲激响应与系统的因果性、稳定性等性质密切相关，这就意味着系统函数的极点位置决定了该系统的系统特性。

若系统为因果系统，对式（8.14）的每个分式进行单边拉普拉斯反变换，可得

$$h(t) = \left(\sum_{i=1}^{n} k_i \mathrm{e}^{\lambda_i t} \right) u(t)$$

观察系统函数的典型极点分布与单位冲激响应特性的关系。

（1）$H(s)$ 具有单实极点 λ，即 λ 位于复平面的 σ 轴上。若极点位于 s 平面左半平面，则

$$h(t) \rightarrow k\mathrm{e}^{\lambda t} u(t)$$

为指数衰减的信号。若极点 $\lambda > 0$，即极点位于 s 平面右半平面，此时 $h(t)$ 中就会存在指数增长的信号，单位冲激响应将不再收敛。

（2）$H(s)$ 具有二阶实极点 λ，则

$$h(t) \rightarrow \left(k_1 \mathrm{e}^{\lambda t} + k_2 t \mathrm{e}^{\lambda t} \right) u(t)$$

若极点位于 s 平面左半平面，则 $h(t)$ 仍为衰减信号。

（3）$H(s)$ 具有共轭单极点 $\lambda_1 = \sigma + \mathrm{j}\omega$ 和 $\lambda_2 = \sigma - \mathrm{j}\omega$，此时

$$h(t) \rightarrow k\mathrm{e}^{\sigma t} \cos(\omega t + \theta) u(t)$$

若极点位于 s 平面左半平面，则 $h(t)$ 为按衰减指数信号变化的振荡信号；若极点位于 s

平面右半平面，则$h(t)$为按增长指数信号变化的振荡信号。

（4）$H(s)$具有共轭虚极点$\lambda_1 = j\omega$和$\lambda_2 = -j\omega$，此时

$$h(t) \to k\cos(\omega t + \theta)u(t)$$

为等幅震荡信号。

（5）极点位于原点，且为一阶极点，则$h(t) \to ku(t)$。若在原点的极点为二阶极点，则$h(t) \to ktu(t)$。此时单位冲激响应均不再收敛。

根据上面的讨论可见，**单位冲激响应收敛的条件是其系统函数的极点均位于s平面左半平面**。LTI连续时间系统稳定的条件是其单位冲激响应绝对可积，即单位冲激响应是收敛的。因此，对因果系统而言，该系统为稳定系统的条件是**其系统函数的极点均位于s平面左半平面**。这也意味着，系统函数的收敛域应包含虚轴。

一般而言，若系统不是因果系统，此时对式（8.14）取双边拉普拉斯变换，单位冲激响应仍然是由极点的位置决定的，只是在单位冲激响应中出现了反因果信号。在这种情况下，系统为稳定系统就要求位于s平面右半平面的极点必须对应为反因果信号。这也意味着，系统函数的收敛域应包含虚轴。

◆ 连续时间线性时不变系统为稳定系统的充要条件是其系统函数的收敛域包含虚轴。

◆ 连续时间线性时不变因果系统为稳定系统的充要条件是其系统函数的所有极点均位于s平面左半平面。

例 8.25 已知LTI连续时间系统的系统函数为

笔记：

$$H(s) = \frac{s-1}{(s+1)(s-2)}$$

判断系统的因果性和稳定性。

解：

$$H(s) = \frac{s-1}{(s+1)(s-2)} = \frac{2/3}{s+1} + \frac{1/3}{s-2}$$

由于未给出系统函数的收敛域，因此存在3种情况。

（1）若$\mathrm{Re}(s) > 2$，此时收敛域不包含虚轴，系统为非稳定系统。由于

$$h(t) = \left(\frac{2}{3}e^{-t} + \frac{1}{3}e^{2t}\right)u(t)$$

因此，系统为因果系统。

（2）若$-1 < \mathrm{Re}(s) < 2$，此时收敛域包含虚轴，系统为稳定系统。由于

$$h(t) = \frac{2}{3}e^{-t}u(t) - \frac{1}{3}e^{2t}u(-t)$$

因此，系统为非因果系统。

📑 笔记：

（3）若 $\operatorname{Re}(s) < -1$，此时收敛域不包含虚轴，系统为非稳定系统。由于

$$h(t) = \left(-\frac{2}{3}\mathrm{e}^{-t} - \frac{1}{3}\mathrm{e}^{2t} \right)u(-t)$$

因此，系统为非因果系统。

例 8.26　某 LTI 连续时间系统的系统函数为

$$H(s) = \frac{2}{s+2} + \frac{1}{s-1}$$

假设：（1）系统是稳定的；（2）系统是因果的。分别求单位冲激响应，并判断该系统是否为稳定的因果系统。

解：该系统的极点为 $s = -2$ 和 $s = 1$。

（1）若系统是稳定的，则系统函数的收敛域为

$$-2 < \operatorname{Re}(s) < 1$$

此时

$$h(t) = 2\mathrm{e}^{-2t}u(t) - \mathrm{e}^{t}u(-t)$$

（2）若系统是因果的，则系统函数的收敛域为

$$\operatorname{Re}(s) > 1$$

此时

$$h(t) = \left(2\mathrm{e}^{-2t} + \mathrm{e}^{t} \right)u(t)$$

由于收敛域不包含虚轴，因此系统是非稳定的。

例 8.27　判断如图 8.10 所示系统的稳定性。

解：已知该 RLC 电路系统的系统函数为

$$H(s) = \frac{(1/L)s}{s^2 + (R/L)s + 1/LC}$$

极点为

$$s = -\frac{R}{2L} \pm \frac{1}{2}\sqrt{\left(\frac{R}{L}\right)^2 - \frac{4}{LC}} = -\frac{R}{2L} \pm \sqrt{\left(\frac{R}{2L}\right)^2 - \frac{1}{LC}}$$

由于无论何种情况，均有 $\operatorname{Re}(s) < 0$，所以该因果系统的收敛域包含虚轴，故 RLC 电路系统为稳定系统。

8.6.2　逆系统的系统函数

一个单位冲激响应为 $h(t)$ 的 LTI 连续时间系统，其逆系统的单位冲激响应为 $h^{\mathrm{inv}}(t)$，应满足

$$h(t) * h^{\mathrm{inv}}(t) = \delta(t)$$

取拉普拉斯变换，有

$$H(s)H^{\text{inv}}(s) = 1$$

$$H^{\text{inv}}(s) = \frac{1}{H(s)}$$

可见，逆系统的系统函数为原系统的系统函数的倒数。因此，逆系统的极点是原系统的零点，逆系统的零点是原系统的极点。由于稳定的因果系统要求全部极点均位于 s 平面左半平面，因此只有当原系统的全部零点都位于 s 平面左半平面时，才存在因果、稳定的可逆系统。系统函数 $H(s)$ 的全部极点和零点都位于 s 平面左半平面的系统称为**最小相位系统**。

例 8.28 已知 LTI 连续时间系统的输入输出方程为

$$y'(t) + 3y(t) = x''(t) + 3x'(t) + 2x(t)$$

求其逆系统的系统函数，是否存在因果、稳定的可逆系统。

解：原系统的系统函数为

$$H(s) = \frac{s^2 + 3s + 2}{s + 3}$$

所以，逆系统的系统函数为

$$H^{\text{inv}}(s) = \frac{s + 3}{s^2 + 3s + 2} = \frac{s + 3}{(s + 1)(s + 2)}$$

其极点 $s = -1$ 和 $s = -2$ 均位于 s 平面左半平面，因此存在因果、稳定的可逆系统。

8.7　通过零—极点确定频率响应

8.7.1　系统频率响应的图解

当系统函数的收敛域包含虚轴时，系统的频率响应 $H(\text{j}\omega)$ 可由系统函数获得，即

$$H(\text{j}\omega) = H(s)\big|_{s = \text{j}\omega}$$

用零—极点表示为

$$H(\text{j}\omega) = \frac{b_m \prod\limits_{i=1}^{m}(\text{j}\omega - z_i)}{\prod\limits_{i=1}^{n}(\text{j}\omega - \lambda_i)} \tag{8.15}$$

可见，频率响应也取决于系统的零点和极点。

现在从某一固定的频率 ω_0 开始，对应的频率响应为

$$H(\text{j}\omega_0) = \frac{b_m \prod\limits_{i=1}^{m}(\text{j}\omega_0 - z_i)}{\prod\limits_{i=1}^{n}(\text{j}\omega_0 - \lambda_i)} \tag{8.16}$$

频率响应为一些具有形式为 $j\omega_0 - g$ 的项的乘积之比。g 可以是零点，也可以是极点；因子 $j\omega_0 - g$ 是一个复数，可以用 s 平面上从点 g 到 $j\omega_0$ 的向量表示。这个向量可以用极坐标表示为

$$j\omega_0 - g = |j\omega_0 - g|e^{j\angle(j\omega_0 - g)}$$

如图 8.14（a）所示，该向量的模（长度）为 $|j\omega_0 - g|$，相角为 $\angle(j\omega_0 - g)$。通过测试 ω_0 改变时 $j\omega_0 - g$ 的模和相角的改变，可以得到每个极点和零点对总的频率响应的影响。

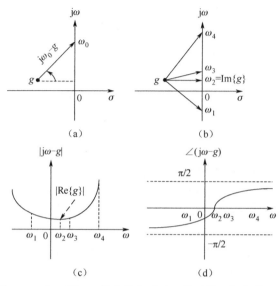

图 8.14　点 g 到 $j\omega_0$ 的向量表示及 ω 值对模、相角的影响

图 8.14（c）描绘了不同的 ω 值对模 $|j\omega - g|$ 的影响，可见当 ω 从 $-\infty$ 沿虚轴向 $+\infty$ 移动时，$|j\omega - g|$ 先由大变小再由小变大。对固定的 g，当 $\omega = \text{Im}\{g\}$ 时，$|j\omega - g| = |\text{Re}\{g\}|$ 最小。当 g 的位置发生改变时，g 离 $j\omega$ 轴越近，$|j\omega - g|$ 越接近于零。当 g 位于 σ 轴上时，$|j\omega - g|$ 在原点处取极小值。

图 8.14（d）描绘了当 g 位于 s 平面左半平面且 g 为零点时，不同的 ω 值对相角 $\angle(j\omega - g)$ 的影响，可见当 ω 从 $-\infty$ 沿虚轴向 $+\infty$ 移动时，$\angle(j\omega - g)$ 先从 $-\pi/2$ 增大到零，再从零增大到 $\pi/2$。当 $\omega = \text{Im}\{g\}$ 时，$\angle(j\omega - g) = 0$；当 g 为其他情况时，也可以按照相同的方法进行分析。

令

$$j\omega - \lambda_i = D_i e^{j\phi_i}, \quad j\omega - z_i = N_i e^{j\theta_i}$$

则式（8.15）可以写为

$$H(j\omega) = \frac{b_m \prod\limits_{i=1}^{m} N_i e^{j\theta_i}}{\prod\limits_{i=1}^{n} D_i e^{j\phi_i}} = b_m \frac{N_1 N_2 \cdots N_m}{D_1 D_2 \cdots D_n} e^{j(\theta_1 + \theta_2 + \cdots + \theta_m - \phi_1 - \phi_2 - \cdots - \phi_n)} \tag{8.17}$$

因此，幅频响应为

$$|H(j\omega)| = b_m \frac{N_1 N_2 \cdots N_m}{D_1 D_2 \cdots D_n} \qquad (8.18)$$

相频响应为

$$\angle H(j\omega) = \theta_1 + \theta_2 + \cdots + \theta_m - \phi_1 - \phi_2 - \cdots - \phi_n \qquad (8.19)$$

当 ω 从 $-\infty$ 沿虚轴向 $+\infty$ 移动时，各极点和零点向量的模和相角均随之改变，于是可以得到系统的幅频响应和相频响应特性。

若 g 为零点，则 $|j\omega - g|$ 影响幅频响应的分子。在接近零点的频率上，$|H(j\omega)|$ 将减小，当 $\omega = \text{Im}\{g\}$ 时，$|j\omega - g| = |\text{Re}\{g\}|$ 最小。如果零点在虚轴上，则 $|H(j\omega)|$ 在零点处为零。当 $\omega = \pm\infty$ 时，$|j\omega - g|$ 近似等于 $|\omega|$。

若 g 为极点，则 $|j\omega - g|$ 影响幅频响应的分母。在接近极点的频率上，$|H(j\omega)|$ 将增大，当 $\omega = \text{Im}\{g\}$ 时，$|j\omega - g| = |\text{Re}\{g\}|$ 最大。如果极点在实轴上，则 $|H(j\omega)|$ 在零点处取极大值。当 $\omega = \pm\infty$ 时，$|j\omega - g|$ 近似等于 $|\omega|$。

例 8.29 已知 LTI 连续时间系统的系统函数为

$$H(s) = \frac{s - 0.5}{(s + 1 - 5j)(s + 1 + 5j)}$$

近似绘出该系统的频率响应曲线。

解： 系统在 $s = 0.5$ 处存在一个零点，在 $s = -1 \pm 5j$ 处存在两个极点。零点使 $\omega = 0$ 附近的幅频响应降低，极点使 $\omega = \pm 5$ 附近的幅频响应增大。由于

$$|H(j0)| = \frac{0.5}{|1 - 5j||1 + 5j|} = \frac{1}{52} \approx 0$$

$$|H(j5)| = \frac{|5j - 0.5|}{|1||1 + 10j|} \approx \frac{5}{10} = 0.5$$

所以，在 $\omega = 0$ 处存在极小值近似为零，在 $\omega = \pm 5$ 处存在极大值近似为 0.5。

若 $\omega \gg 5$，从虚轴到每个极点的模近似等于从虚轴到零点的模，这样零点就被一个极点抵消。所以，当频率增大时，从虚轴到另一个极点的距离将增大，幅频响应将减小，直至趋近于零。

对于相频响应，与零点和极点相对应的相位如图 8.15 所示。用零点的相位减去极点的相位即可得到系统的相频响应。

频率响应曲线如图 8.16 所示。

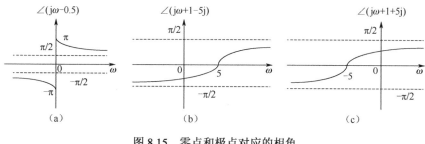

图 8.15　零点和极点对应的相角

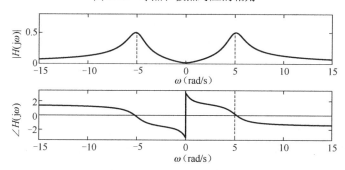

图 8.16　幅频响应和相频响应

8.7.2　滤波器的系统函数设计

下面利用上述方法来讨论滤波器的系统函数设计。

首先，考虑一阶系统。假设系统函数为

$$H(s) = \frac{B}{s+B} \tag{8.20}$$

式中 $B > 0$。极点为 $s = -B < 0$，所以对应的频率响应函数为

$$H(j\omega) = \frac{B}{j\omega + B}$$

极点引起 $\omega = 0$ 附近的幅频响应增大。由于 $|H(j0)| = 1$，所以幅频响应的极大值为 1。当 ω 从 0 增大到 $+\infty$ 时，$|j\omega + B|$ 也从 B 增大到 ∞，因此幅频响应从 1 逐渐趋近于 0。相频响应完全取决于极点，当 ω 从 0 增大到 $+\infty$ 时，$\angle(j\omega + B)$ 也从 0 增大到 $\pi/2$，因此相频响应从 0 逐渐趋近于 $-\pi/2$。图 8.17 描绘出该系统的频率响应特性，显然该系统为低通滤波器，滤波器的截止频率为 $\omega = B$（此时 $|H(jB)| = \sqrt{2}/2$）。

假设系统函数为

$$H(s) = \frac{s+C}{s+B} \tag{8.21}$$

式中 $B \gg C > 0$。该系统存在零点 $s = -C < 0$ 和极点 $s = -B < 0$，所以对应的频率响应函数为

$$H(j\omega) = \frac{j\omega + C}{j\omega + B}$$

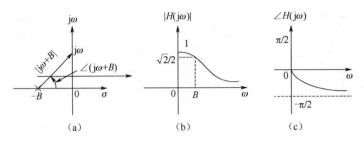

图 8.17　一阶低通滤波器的频率响应特性

极点引起 $\omega = 0$ 附近的幅频响应增大，零点引起 $\omega = 0$ 附近的幅频响应减小。由于 $|H(\mathrm{j}0)| = C/B$，当 $B \gg C > 0$ 时，$|H(\mathrm{j}0)|$ 近似为 0。当 ω 从 0 增大到 $+\infty$ 时，$|\mathrm{j}\omega + B|$ 和 $|\mathrm{j}\omega + C|$ 均增大到近似 $|\omega|$，零点和极点抵消，因此幅频响应从 0 逐渐趋近 1。相频响应取决于极点和零点，当 ω 从 0 增大到 $+\infty$ 时，$\angle(\mathrm{j}\omega + B)$ 和 $\angle(\mathrm{j}\omega + C)$ 均从 0 增大到 $\dfrac{\pi}{2}$。但是，当 $\omega < B$ 时，$\angle(\mathrm{j}\omega + C)$ 的增长速度高于 $\angle(\mathrm{j}\omega + B)$；当 $\omega > B$ 时，$\angle(\mathrm{j}\omega + B)$ 的增长速度高于 $\angle(\mathrm{j}\omega + C)$。所以，$\angle H(\mathrm{j}\omega) = \angle(\mathrm{j}\omega + C) - \angle(\mathrm{j}\omega + B)$ 将先增大后减小，最大值所对应的频率将位于 C 和 B 之间。图 8.18 描绘出该系统的频率响应特性，显然该系统为高通滤波器，滤波器的截止频率 $\omega \approx B$（此时 $|H(\mathrm{j}B)| \approx \sqrt{2}/2$）。

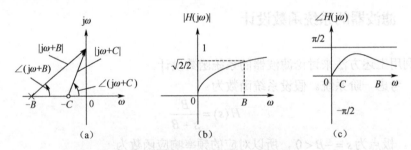

图 8.18　一阶高通滤波器的频率响应特性

因此，只有 1 个极点的系统为低通滤波器，包含 1 个极点和 1 个零点的系统为高通滤波器。

其次，考虑二阶系统。设系统函数为

$$H(s) = \frac{k}{s^2 + 2\zeta\omega_n s + \omega_n^2} \tag{8.22}$$

式中所有参数均大于零。此时极点为

$$\lambda_1 = -\zeta\omega_n + \omega_n\sqrt{\zeta^2 - 1}, \quad \lambda_2 = -\zeta\omega_n - \omega_n\sqrt{\zeta^2 - 1}$$

该系统为稳定系统，幅频响应和相位响应分别为

$$|H(\mathrm{j}\omega)| = \frac{k}{|\mathrm{j}\omega - \lambda_1||\mathrm{j}\omega - \lambda_2|}$$

$$\angle H(\mathrm{j}\omega) = -\angle(\mathrm{j}\omega - \lambda_1) - \angle(\mathrm{j}\omega - \lambda_2)$$

若 $\zeta \geqslant 1$，则系统极点为实极点。当 ω 从 0 增大到 $+\infty$ 时，$|\mathrm{j}\omega - \lambda_1|$ 和 $|\mathrm{j}\omega - \lambda_2|$ 均增大

到近似于 $|\omega|$，$\angle(\mathrm{j}\omega - \lambda_1)$ 和 $\angle(\mathrm{j}\omega - \lambda_2)$ 均从 0 增大到 $\dfrac{\pi}{2}$。因此，$|H(\mathrm{j}\omega)|$ 将从 $\dfrac{k}{\omega_n^2}$ 逐渐趋近

0，$\angle H(\mathrm{j}\omega)$ 将从 0 降低到 $-\pi$。取 $k = \omega_n^2$，图 8.19 描绘出该系统的频率响应特性，显然该系统为低通滤波器，截止频率与参数 ζ 和 ω_n 有关。当 $\zeta = 1$ 时，$-3\mathrm{dB}$ 点为 $\sqrt{\sqrt{2}-1}\,\omega_n^2$。

二阶低通滤波器相对于一阶低通滤波器，由于多了 1 个极点，因此频率响应能以更快的速度下降，滤波性能优于一阶滤波器。

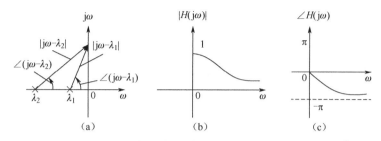

图 8.19　二阶低通滤波器的频率响应特性

若 $\zeta < 1$，则系统极点为共轭复极点，即

$$\lambda_1 = -\zeta\omega_n + \mathrm{j}\omega_d, \quad \lambda_2 = -\zeta\omega_n - \mathrm{j}\omega_d$$

式中 $\omega_d = \omega_n\sqrt{1-\zeta^2}$。当 ω 从 0 增大到 ω_d 时，$|\mathrm{j}\omega - \lambda_1|$ 由大变小，$|\mathrm{j}\omega - \lambda_2|$ 由小变大。当 $\zeta \geqslant \sqrt{2}/2$ 时，乘积 $|\mathrm{j}\omega - \lambda_1||\mathrm{j}\omega - \lambda_2|$ 将由大变小；当 $\zeta < \sqrt{2}/2$ 时，乘积 $|\mathrm{j}\omega - \lambda_1||\mathrm{j}\omega - \lambda_2|$ 将由小变大；当 ω 从 ω_d 增大到 $+\infty$ 时，$|\mathrm{j}\omega - \lambda_1|$ 和 $|\mathrm{j}\omega - \lambda_2|$ 均变大，$|H(\mathrm{j}\omega)|$ 将趋近 0。因此，当 $\sqrt{2}/2 \leqslant \zeta < 1$ 时，该系统仍为低通滤波器；当 $\zeta < \sqrt{2}/2$ 时，幅频响应存在谐振峰，先增大再变小直至趋近 0，此时该系统为带通滤波器。谐振峰对应的通带中心频率为 $\omega = \omega_r = \omega_n\sqrt{1-2\zeta^2}$，因此 ω_r 为谐振频率，通带近似为 $2\zeta\omega_n$。图 8.20 描绘了二阶带通滤波器的幅频响应特性。

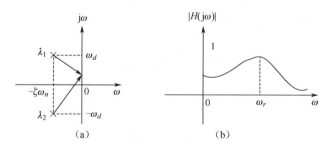

图 8.20　二阶带通滤波器的幅频响应特性

例 8.30　设计二阶带通滤波器的系统函数。要求谐振频率为 $\omega_r = 10\mathrm{rad/s}$，通带为 $2\mathrm{rad/s}$。

笔记：

　解： 根据设计要求，有

$$\omega_r = \omega_n\sqrt{1-2\zeta^2} = 10$$

且 $2\zeta\omega_n = 2$ ，可得

$$\frac{\sqrt{1-2\zeta^2}}{\zeta} = 10$$

所以

$$\zeta \approx 0.099 \ , \quad \omega_n = 1/\zeta \approx 10.1$$

因此，系统函数为

$$H(s) = \frac{k}{s^2 + 2s + 102}$$

又由于

$$|H(\mathrm{j}10)| = \frac{k}{|-100+\mathrm{j}20+102|} = \frac{k}{20.1} = 1$$

故 $k = 20.1$ 。

在 5.3 节介绍的带通滤波器包含 2 个极点和 1 个零点，这类滤波器的系统函数设计将在第 10 章介绍。

8.8　反馈控制系统分析

8.8.1　反馈系统的定义与应用

图 8.21 为连续时间反馈系统模型。正向通路的系统函数为 $A(s)$ ，反馈通路的系统函数为 $F(s)$ ，输入信号与反馈信号经加法器做相减运算得到误差信号 $E(s)$ 。因为

$$Y(s) = E(s)A(s)$$
$$E(s) = X(s) - Y(s)F(s)$$

则可得反馈系统的系统函数 $G(s)$ 为

$$G(s) = \frac{A(s)}{1 + F(s)A(s)} \qquad （8.23）$$

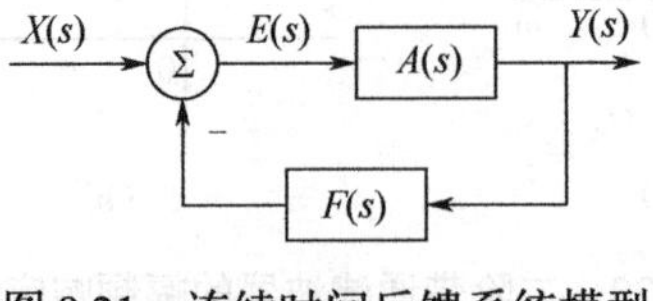

图 8.21　连续时间反馈系统模型

在图 8.21 中，反馈信号与输入信号进行相减运算，这种情况称为负反馈。将二者进行相加运算，则称为正反馈，此时式（8.23）中的分母将变为 $1 - F(s)A(s)$ 。这里主要研究负反馈。

为了研究接入与不接入反馈系统性能的区别，有时将图 8.21 中的反馈通路断开，这时称为**开环系统**。将反馈通路闭合后则称为**闭环系统**。

利用系统的输出去控制系统自身的输入即可产生反馈效应。此时，通过误差校对信号系统可以调节输出以跟踪输入信号，从而减弱外界干扰或系统自身参数变动的影响。通信

系统中的锁相环路、工业自动控制过程中的很多应用实例（如火箭轨道控制问题）等都是基于跟踪反馈系统原理设计而成的。

根据式（8.23），在输入信号工作的频率范围之内，若环路增益 $F(s)A(s)$ 的模远远大于1，则

$$G(s) \approx \frac{A(s)}{F(s)A(s)} = \frac{1}{F(s)}, \quad \left| F(s)A(s) \right| \gg 1$$

由此近似式可给出表征反馈系统性能的重要结论，即当 $|F(s)A(s)| \gg 1$ 时，有

（1）正向通路系统函数 $A(s)$ 对整个系统的系统函数 $G(s)$ 的影响可以忽略不计；

（2）系统函数 $G(s)$ 近似为反馈通路系统函数的倒数。

根据上述特性可以得到反馈系统的如下 4 个应用。

1. 改善系统的灵敏度

在电子电路组成的系统中，当某些部件参数由于老化、温度影响及电源电压变动等发生变化时，系统的外部特性也将随之改变。利用反馈可以减弱部件参数不稳定对整个系统函数产生的影响。

例如，一个增益为 $A_0 = 10$ 的放大器，当环境发生改变后其增益下降为 5，则此系统性能发生了较大的偏差。通过引入前置放大器和反馈之后，可以大大缓解这种情况。如图 8.22 所示，前置放大器的增益 $A_1 = 100$，反馈环路的增益 $F = 0.099$。令 $A = A_0 A_1 = 1000$，则整个系统的增益为

$$G = \frac{1000}{1 + 0.099 \times 1000} = 10$$

当放大器的增益 A_0 下降为 5 时，整个系统的增益将改变为

$$G' = \frac{500}{1 + 0.099 \times 500} = 9.9$$

可见，系统总增益变动极小。出现这种现象的原因是，在满足环路增益远远大于 1 的条件下，总增益与正向通路的参数无关。

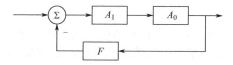

图 8.22　利用反馈改善系统的灵敏度

灵敏度的定义为

$$S = \frac{\Delta G / G}{\Delta A / A} \tag{8.24}$$

式中，ΔA 为正向通路增益的变化量，ΔG 为闭环系统增益的变化量。

$$\Delta G = \frac{\partial G}{\partial A} \Delta A = \frac{1}{(1 + FA)^2} \Delta A$$

所以

$$S = \frac{1}{1 + FA}$$

灵敏度越低，系统性能的相对稳定性越好。在上例中，对于开环系统，$S=1$；而对闭环系统，有

$$S = \frac{(10-9.9)/10}{(10-5)/10} = 0.02$$

显然，引入反馈后系统的灵敏度大为改善。

2. 改善系统的频率响应特性

最常见的此类应用是展宽放大器的频带，付出的代价是适当降低放大器的增益。如图 8.23 所示系统，正向通路的系统函数为

$$A(s) = \frac{A\alpha}{s+\alpha}$$

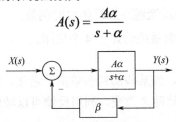

图 8.23　利用反馈改善系统的频率响应特性

这个一阶系统当 $\alpha > 0$ 时是一个低通滤波器，它的增益为 A，频带宽度为 α。反馈通路的系统函数为 $F(s)=\beta$。整个系统的系统函数为

$$G(s) = \frac{A(s)}{1+F(s)A(s)} = \frac{A\alpha}{s+(1+\beta A)\alpha}$$

可见，$G(s)$ 的极点从 $-\alpha$ 移至 $-(1+\beta A)\alpha$，带宽从 α 展宽为 $(1+\beta A)\alpha$；相对地，增益也从 A 降低为 $\dfrac{A}{1+\beta A}$，而带宽与最大增益的乘积保持不变，仍为 αA。

在模拟电子电路的实际应用中，运算放大器在开环状态下往往具备很高的增益和较窄的带宽。调整参数以符合实用要求，可以通过电阻分压的方式引入反馈使闭环带宽展宽，同时使增益下降，但二者乘积不变。

3. 逆系统设计

在通信和控制系统中，通常需要设计某系统的逆系统。逆系统的系统函数为原系统的系统函数的倒数。可以利用原系统组成反馈系统，反馈系统的框架如图 8.24 所示，其中 $H(s)$ 为原系统的系统函数。在满足 $A(s)H(s) \gg 1$ 的条件下，闭环系统的系统函数 $G(s)$ 近似为 $1/H(s)$。

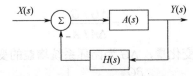

图 8.24　利用反馈构成逆系统

4. 使不稳定系统成为稳定系统

对于一个不稳定系统，适当引入负反馈可使其成为稳定系统，如倒立摆的动态平衡、火箭轨道控制等。

如图 8.25 所示系统，开环系统的系统函数为

$$A(s) = \frac{b}{s-a}$$

当 $a > 0$ 时，系统不稳定。现在引入负反馈，构成闭环系统，其系统函数为

$$G(s) = \frac{A(s)}{1 + F(s)A(s)} = \frac{b}{s-a+\beta b}$$

因此，只要选择 $\beta > a/b$，就可以使极点移动到左半平面，保证系统的稳定。

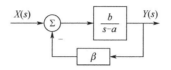

图 8.25　利用反馈改善系统的稳定性

在上述反馈系统中，反馈通路的系统函数 $F(s)$ 为常数，反馈信号按比例送回，该系统称为比例控制反馈系统。若 $F(s)$ 函数中含有 s 项，则该系统称为微分控制系统。若 $F(s)$ 函数中含有 $1/s$ 项，则该系统称为积分控制系统。同时含有以上 3 项的系统称为比例—积分—微分控制系统，简记为 PID 系统。

利用反馈也可以使系统处于临界稳定的状态，其应用是构成自激振荡器。如图 8.26 所示，若系统满足

$$A(s)F(s) = -1 \text{（负反馈）}$$
$$A(s)F(s) = 1 \text{（正反馈）}$$

则 $R(s) = E(s)$。此时，若 $X(s) = 0$，即在没有任何输入信号的情况下系统仍可自动维持输出。将反馈通路的输出直接连接到正向通路的输入端（如图 8.26 中虚线所示），则系统将产生自激振荡。

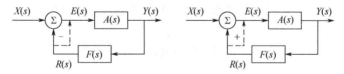

图 8.26　利用反馈构成自激振荡器

对于正弦波振荡器，其振荡条件应为

$$A(\mathrm{j}\omega_0)F(\mathrm{j}\omega_0) = 1 \text{ 或 } A(\mathrm{j}\omega_0)F(\mathrm{j}\omega_0) = -1$$

振荡频率为 ω_0。若用模量和幅角来说明，当环路增益的模和幅角满足如下条件时，即

$$\left| A(\mathrm{j}\omega_0)F(\mathrm{j}\omega_0) \right| = 1，\angle (A(\mathrm{j}\omega_0)F(\mathrm{j}\omega_0)) = 2\pi \text{ （正反馈）}$$
$$\left| A(\mathrm{j}\omega_0)F(\mathrm{j}\omega_0) \right| = 1，\angle (A(\mathrm{j}\omega_0)F(\mathrm{j}\omega_0)) = \pi \text{ （负反馈）}$$

反馈系统会产生频率为 ω_0 的正弦波振荡。从系统函数的角度来说，若在某个频率 ω_0 上线性反馈系统满足振荡条件，则 $1 + A(s)F(s) = 0$（负反馈）。这表明 $s = \pm \mathrm{j}\omega_0$ 是系统函数 $G(s)$ 的一对共轭极点，故系统处于临界稳定状态。

例 8.31　在如图 8.26 所示的正反馈系统中，设

$$F(s) = \frac{s}{s^2 + 3s + 1}, \quad A(s) = K$$

求满足自激振荡条件的 K 及振荡频率 ω_0。

解： 根据正反馈自激振荡条件

$$A(s)F(s) = 1$$

即

$$Ks = s^2 + 3s + 1$$

所以，当 $K = 3$ 时，满足 $s^2 + 1 = 0$，存在共轭极点 $s = \pm j$，即振荡频率为 $\omega_0 = 1$。

笔记：

8.8.2　反馈控制系统的稳定性

现在考虑如图 1.3 所示的反馈控制系统，该系统也称跟踪系统。假设控制器的系统函数为 $F(s)$，受控装置的系统函数为 $A(s)$，参考输入信号 $X(s)$ 代表跟踪对象所希望的动态特性，系统输出信号 $Y(s)$ 代表跟踪对象的实际动态响应，其系统框架如图 8.27（a）所示，这里假定没有干扰。一个高品质的跟踪系统，要求在没有干扰时，跟踪对象的实际动态响应 $Y(s)$ 与所希望的动态响应 $X(s)$ 精确一致，即 $Y(s) \approx X(s)$，这意味着误差信号 $E(s) \approx 0$。由系统框架可知

$$Y(s) = \frac{F(s)A(s)}{1 + F(s)A(s)}X(s), \quad E(s) = \frac{1}{1 + F(s)A(s)}X(s)$$

其中，$L(s) = F(s)A(s)$ 是环路系统函数。跟踪系统的闭环系统函数为

$$G(s) = \frac{F(s)A(s)}{1 + F(s)A(s)} = \frac{L(s)}{1 + L(s)} \tag{8.25}$$

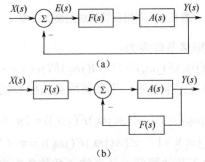

(a)

(b)

图 8.27　反馈控制系统框架

可以看出，当环路系统函数 $|L(s)| \gg 1$ 时，$Y(s) \approx X(s)$，$E(s) \approx 0$，$G(s) \approx 1$。在环路系统函数中，受控装置的系统函数 $A(s)$ 是确定的，需要设计控制器的系统函数 $F(s)$。由此可以得到设计反馈控制或跟踪系统的一个基本原则，即高品质的控制或跟踪特性要求尽

可能大的环路增益，这就意味着控制器要具有尽可能高的增益。

由于

$$G(s) = \frac{F(s)A(s)}{1 + F(s)A(s)} = F(s)\frac{A(s)}{1 + F(s)A(s)}$$

所以，图 8.27（a）可以等效为如图 8.27（b）所示的系统，考察该系统可知，在没有干扰时，图中右边的反馈系统与如图 8.21 所示的反馈系统完全相同，因此，前面讨论的线性反馈可以获得的优点，反馈控制系统基本上也都具有。

下面考虑一个三阶反馈控制系统，其环路系统函数为

$$L(s) = \frac{K}{(s+1)^3}$$

所以，系统的闭环系统函数为

$$G(s) = \frac{L(s)}{1 + L(s)} = \frac{K}{s^3 + 3s^2 + 3s + K + 1}$$

因此，系统特征方程为

$$s^3 + 3s^2 + 3s + K + 1 = 0$$

按照系统稳定性的判别条件，当特征根的实部均小于 0 时，即当 $G(s)$ 的极点位于 s 平面左半平面时，系统是稳定的。但是，对于三阶或更高阶的系统，计算特征根是不容易的。劳斯—赫尔维茨判据提供了一种确定特征多项式全部的根是否具有负实部，而不需要计算具体根的简单办法。

令特征多项式

$$D(s) = a_n s^n + a_{n-1} s^{n-1} + \cdots + a_1 s + a_0, \quad a_n \neq 0$$

将 $D(s)$ 的系数排成两行，即

第 n 行：a_n a_{n-2} a_{n-4} $\cdots$

第 $n-1$ 行：a_{n-1} a_{n-3} a_{n-5} $\cdots$

若 n 为偶数，则系数 a_0 位于第 n 行，第 $n-1$ 行中 a_0 以下的系数用 0 代替。接下来，利用第 n 行和第 $n-1$ 行中元素，按照以下形式构建第 $n-2$ 行，即

第 $n-2$ 行：$\dfrac{a_{n-1}a_{n-2} - a_n a_{n-3}}{a_{n-1}}$ $\dfrac{a_{n-1}a_{n-4} - a_n a_{n-5}}{a_{n-1}}$ $\cdots$

第 $n-2$ 行中的其他元素的构建与此类似。然后，利用第 $n-1$ 行和第 $n-2$ 行中元素，按照类似形式构建第 $n-3$ 行，这种处理一直进行到第 0 行为止。所产生的 $n+1$ 行阵列称为劳斯阵列。

◆ 如果劳斯阵列第 1 列中所有元素不为 0 并具有相同的符号，则特征多项式的全部根位于 s 平面左半平面，此时系统是稳定的。如果第 1 列中元素的符号发生改变，则改变的次数是特征多项式在 s 平面右半平面的根的数目，此时系统不稳定。

对于二阶反馈控制系统，特征多项式为

$$D(s) = s^2 + a_1 s + a_0$$

劳斯阵列为

$$1 \qquad a_0$$
$$a_1 \qquad 0$$
$$a_0 \qquad 0$$

所以，二阶反馈控制系统稳定的条件是 $a_0 > 0$，$a_1 > 0$，即特征多项式的系数均大于零。

对于三阶反馈控制系统，特征多项式为

$$D(s) = s^3 + a_2 s^2 + a_1 s + a_0$$

劳斯阵列为

$$1 \qquad\qquad a_1$$
$$a_2 \qquad\qquad a_0$$
$$a_1 - \dfrac{a_0}{a_2} \qquad 0$$
$$a_0 \qquad\qquad 0$$

所以，三阶反馈控制系统稳定的条件是 $a_0 > 0$，$a_2 > 0$，并且 $a_1 a_2 > a_0$。

例 8.32 四阶反馈控制系统的特征多项式为

$$D(s) = s^4 + 3s^3 + 7s^2 + 3s + 10$$

判断该系统的稳定性。

> **解**：构建 $n=4$ 的劳斯阵列
>
> $$1 \qquad 7 \qquad 10$$
> $$3 \qquad 3 \qquad 0$$
> $$6 \qquad 10 \qquad 0$$
> $$-2 \qquad 0 \qquad 0$$
> $$10 \qquad 0 \qquad 0$$
>
> 第 1 列元素改变符号两次，系统的特征方程在 s 平面右半平面存在两个根，所以系统是不稳定的。

如果劳斯阵列的第 1 列有元素为 0，此时特征多项式在 s 平面的虚轴上有一对共轭虚根。当发生这种情况时，系统有可能处于不稳定的边缘，即系统有可能是临界稳定的。判断系统临界稳定的方法是在构建劳斯阵列时，将第 1 列的 0 元素用 ε 代替，然后观察第 1 列是否变号。如果元素的符号不发生改变，则系统是临界稳定的。共轭虚根可由 0 元素所在行的上一行元素所形成的辅助多项式得到。

例 8.33 四阶反馈控制系统的特征多项式为

$$D(s) = s^4 + s^3 + 3s^2 + 2s + 2$$

判断该系统的稳定性。

解： 构建 $n=4$ 的劳斯阵列，即

$$\begin{matrix} 1 & 3 & 2 \\ 1 & 2 & 0 \\ 1 & 2 & 0 \\ \varepsilon & 0 & 0 \\ 2 & 0 & 0 \end{matrix}$$

第 1 列存在 0 元素，用 ε 代替后，第 1 列的元素没有改变符号，系统是临界稳定的。此时，共轭虚根可由辅助多项式 $s^2+2=0$ 得到，即 $s=\pm \mathrm{j}\sqrt{2}$ 。

例 8.34 三阶反馈控制系统的环路系统函数为

$$L(s)=\frac{K}{(s+1)^3}$$

求系统处于临界稳定状态的条件。

解： 系统特征多项式为

$$D(s)=(s+1)^3+K=s^3+3s^2+3s+1+K$$

构建劳斯阵列

$$\begin{matrix} 1 & 3 \\ 3 & 1+K \\ \dfrac{9-(1+K)}{3} & 0 \\ 1+K & 0 \end{matrix}$$

系统临界稳定要求第一列元素存在 0 元素，因此可令

$$K+1=0 \text{ 或 } \frac{9-(1+K)}{3}=0$$

若 $K+1=0$ ，即 $K=-1$ ，此时特征多项式为

$$D(s)=s^3+3s^2+3s=s(s^2+3s+3)$$

即 $s=0$ 为系统的一个极点，在该系统的单位冲激响应中将包含一个阶跃信号与之对应，单位冲激响应不满足绝对可积的条件，系统不稳定。

若 $\dfrac{9-(1+K)}{3}=0$ ，即 $K=8$ ，此时虚轴上的共轭虚根可由辅助多项式 $3s^2+9=0$ 得到，即 $s=\pm \mathrm{j}\sqrt{3}$ ，此时系统处于临界稳定状态。

 笔记：

习题

8.1　确定下列信号的双边拉普拉斯变换及收敛域。

（1）$x(t)=u(t-2)$ ；
（2）$x(t)=\mathrm{e}^{3t}u(-t+3)$ ；

（3）$x(t) = (\sin 2t)u(t)$；
（4）$x(t) = (e^{-t}\cos 3t)u(t)$。

8.2 确定下列信号的单边拉普拉斯变换及收敛域。

（1）$x(t) = e^{-2t}u(t+1)$；
（2）$x(t) = e^{3t}u(-t+3)$；

（3）$x(t) = u(t) - u(t-1)$。

8.3 信号 $x(t)$ 具有如下形式的拉普拉斯变换，在 s 平面上画出零—极点图，并确定 $x(t)$ 的傅里叶变换。

（1）$X(s) = \dfrac{s^2+1}{s^2+5s+6}$；
（2）$X(s) = \dfrac{s^2-1}{s^2+s+1}$，$\mathrm{Re}(s) > -\dfrac{1}{2}$；

（3）$X(s) = \dfrac{1}{s-4} + \dfrac{2}{s-1}$。

8.4 根据因果信号和反因果信号的拉普拉斯变换，求与如下拉普拉斯变换对应的信号。

（1）$X(s) = \dfrac{1}{s-2} + \dfrac{2}{s+3}$；
（2）$X(s) = \dfrac{2}{s-1} + \dfrac{-1}{s+3}$，$\mathrm{Re}(s) > 1$。

8.5 确定下列信号的单边拉普拉斯变换。

（1）$x(t) = u(t-1) * e^{-2t}u(t-1)$；
（2）$x(t) = \displaystyle\int_0^t e^{-\tau}(\cos 2\tau)\,\mathrm{d}\tau$；

（3）$x(t) = [u(t) - u(t-c)]e^{at}$（$c>0$）；
（4）$x(t) = \cos^2(\omega t)u(t)$。

8.6 确定下列因果信号的初值和终值。

（1）$X(s) = \dfrac{-3s^2+2}{s^3+s^2-4s-4}$；
（2）$X(s) = \dfrac{s+3}{s^2+3s+2}$；

（3）$X(s) = \dfrac{s^3+2}{s^3+2s^2+s}$。

8.7 求下列信号的单边拉普拉斯反变换。

（1）$X(s) = \dfrac{s+3}{s^2+3s+2}$；
（2）$X(s) = \dfrac{s^2-3}{(s+2)(s^2+2s+1)}$；

（3）$X(s) = \dfrac{s^2+s-3}{s^2+3s+2}$；
（4）$X(s) = \dfrac{3s+2}{s^2+4s+5}$；

（5）$X(s) = \dfrac{s^2+s-2}{s^3+3s^2+5s+3}$。

8.8 求下列双边拉普拉斯变换的时间信号。

（1）$X(s) = \dfrac{-s-4}{s^2+3s+2}$，且

   ① $\mathrm{Re}(s) < -2$；② $\mathrm{Re}(s) > -1$；③ $-2 < \mathrm{Re}(s) < -1$。

（2）$X(s) = \dfrac{2s^2+2s-2}{s^2-1}$，且

   ① $\mathrm{Re}(s) < -1$；② $\mathrm{Re}(s) > 1$；③ $-1 < \mathrm{Re}(s) < 1$。

（3）$X(s) = \dfrac{4s^2+8s+10}{(s+2)(s^2+2s+5)}$，$-2 < \mathrm{Re}(s) < -1$。

（4）$X(s) = \dfrac{5s-3}{s^2+2s+1}$，$\mathrm{Re}(s) < -1$。

8.9 求下列系统的响应。

（1）$y''(t) + 3y'(t) + 2y(t) = x(t)$，$x(t) = u(t)$，$y(0^-) = 1$，$y'(0^-) = 2$；

（2）$y'(t) + 3y(t) = 4x(t)$，$x(t) = (\cos 2t)u(t)$，$y(0^-) = 2$；

（3）$y''(t) + y(t) = 8x(t)$，$x(t) = e^{-t}u(t)$，$y(0^-) = 0$，$y'(0^-) = 2$；

（4）$y''(t) + 2y'(t) + 5y(t) = x'(t)$，$x(t) = u(t)$，$y(0^-) = 2$，$y'(0^-) = 0$。

8.10 如图 8.28 所示 RLC 电路，求响应 $y(t)$。

（1）$R = 3\Omega$，$L = 1\text{H}$，$C = 0.5\text{F}$，$x(t) = u(t)$，当 $t = 0^-$ 时通过电感的电流为 2A，电容电压为 1V；

（2）$R = 2\Omega$，$L = 1\text{H}$，$C = 0.2\text{F}$，$x(t) = u(t)$，当 $t = 0^-$ 时通过电感的电流为 2A，电容电压为 1V。

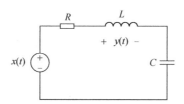

图 8.28 习题 8.10 的 RLC 电路

8.11 已知在零状态条件下系统输入 $e^{-2t}u(t)$ 的输出为 $\left(-2e^{-2t} + 2e^{-3t}\right)u(t)$，求该系统的系统函数和单位冲激响应。

8.12 已知系统方程为

$$y''(t) + 5y'(t) + 6y(t) = x'(t) + x(t)$$

求系统函数和单位冲激响应。

8.13 如图 8.28 所示系统，求系统函数。

8.14 已知系统的单位冲激响应为

$$h(t) = \left(e^{-t} + 2te^{-t} + e^{-3t}\right)u(t)$$

求该系统的微分方程。

8.15 已知系统初始条件为 $y(0^-)$ 和 $y'(0^-)$。对 $x_1(t) = e^{-t}u(t)$ 的全响应为

$$y_1(t) = \left(3t + 2 - e^{-t}\right)u(t)$$

对 $x_2(t) = e^{-2t}u(t)$ 的全响应为

$$y_2(t) = \left(2t + 2 - e^{-2t}\right)u(t)$$

求初始条件 $y(0^-)$ 和 $y'(0^-)$，并计算单位冲激响应。

8.16 已知系统函数，画出直接型、级联型、并联型框图表示。

（1）$H(s) = \dfrac{s+2}{s^3 + 5s^2 + 7s}$；

（2）$H(s) = \dfrac{3s^2 + 2s + 1}{s^3 + 5s^2 + 8s + 4}$。

8.17 求如图 8.29 所示系统的系统函数。

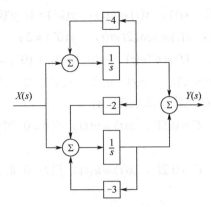

图 8.29　习题 8.17 系统

8.18 系统具有如下的系统函数。确定其单位冲激响应：（a）系统是因果的；（b）系统是稳定的。

（1）$H(s)=\dfrac{s^2+5s+6}{s^2-1}$；

（2）$H(s)=\dfrac{2s-1}{s^2+3s+2}$。

8.19 已知因果系统的输入输出方程为

$$y''(t)+5y'(t)+6y(t)=x'(t)+x(t)$$

（1）判断系统的稳定性；

（2）该系统是否存在因果、稳定的可逆系统；

（3）求逆系统的微分方程。

8.20 利用 s 平面极点和零点的位置，近似绘出下列系统的频率响应曲线。

（1）$H(s)=\dfrac{s-1}{s+1}$；

（2）$H(s)=\dfrac{s}{s^2+2s+17}$；

（3）$H(s)=\dfrac{1}{s^2+2s+17}$。

8.21 已知某系统为带通型滤波器。通带的中心频率为 5rad/s，通带为 1rad/s。设计该系统的系统函数。

8.22 在如图 8.21 所示反馈控制系统中

$$A(s)=\frac{1}{s+1},\ F(s)=s-\beta$$

为使系统稳定，求 β 的取值范围。

8.23 如图 8.27 所示反馈控制系统。

（1）若 $A(s)=\dfrac{\alpha}{s+\alpha}$（$\alpha>0$），$F(s)=K$（比例控制）。求使系统稳定的 K 的范围；

（2）若 $A(s)=\dfrac{\alpha}{s+\alpha}$（$\alpha>0$），$F(s)=K_1+\dfrac{K_2}{s}$（比例积分 PI 控制）。求使系统稳定的 K_1 和 K_2 的范围；

（3）若 $A(s)=\dfrac{1}{(s-1)^2}$，讨论当 $F(s)=K_1+\dfrac{K_2}{s}$ 时系统不稳定。若改为 PID 控制

$F(s) = K_1 + \dfrac{K_2}{s} + K_3 s$，则系统稳定。

备选习题

更多习题请扫右方二维码获取。

课程项目：潜水器下潜控制分析

　　大深度载人深潜是一道世界难题。2012 年，7000 米级 "蛟龙" 号载人潜水器问世; 2017 年，4500 米级 "深海勇士" 号载人潜水器获得突破，实现 "关键技术自主化、关键设备国产化"。2020 年 11 月 28 日，"奋斗者" 号创造 10909 米中国载人深潜新纪录，攻克了包括多系统融合集成设计、抗压材料及其焊接技术、高精度航行控制、水声通信和固体浮力材料等众多关键技术，使中国载人深潜达到世界领先水平，标志着我国具有了进入世界海洋最深处开展科学探索和研究的能力，体现了我国在海洋高技术领域的综合实力，对于我国开发利用深海资源有着重要意义，将为深海科学考察、海底精细作业提供坚实的技术基础，为带动深海能源、材料等高技术产业发展提供强劲动力。

　　文献[12]中用如图 8.30 所示的跟踪反馈控制系统对潜水器的下潜进行了简化模拟。实际深度 $y(t)$ 可以用压力传感器测出，并和期望深度 $x(t)$ 进行比较，两者之间的差异被用来控制尾翼调节器，以调整尾翼角度进而实现上浮或下潜。

　　调查关于深海潜水器的发展现状，并运用如图 8.30 所示的模拟系统研究尾翼调节参数 K（K 分别取 0.45、2 和 10）对系统稳定性的影响，给出保证系统稳定的 K 的范围。

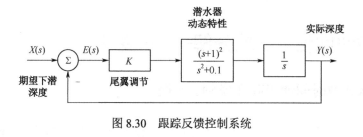

图 8.30　跟踪反馈控制系统

第9章　离散时间系统 z 域分析

学习目标

通过本章的学习，学生应具备以下能力：

◆ 能正确理解 z 变换与离散时间傅里叶变换的关系；

◆ 会利用 z 变换的定义和性质计算 z 变换和 z 反变换；

◆ 会利用部分分式展开法计算 z 反变换；

◆ 能利用 z 域分析方法计算系统零输入响应和零状态响应；

◆ 会利用系统函数判断系统的特性；

◆ 会正确绘制 z 域的模拟框图；

◆ 能通过零极点判断系统的频率响应特性。

对应于连续时间系统可以用拉普拉斯变换来分析，离散时间系统也可以采用 z 变换进行系统分析。由离散时间系统的频域分析方法可知，对于某些离散时间信号而言，离散时间傅里叶变换是不存在的，因此需要一种更广泛的离散时间信号表示形式。z 变换基于离散时间信号的复指数分解，能为离散时间线性时不变系统提供比傅里叶分析方法更广泛的特性描述。

z 变换同样分为单边 z 变换和双边 z 变换。单边 z 变换为求解具有初始条件的系统响应提供了方便的工具，双边 z 变换则为系统特性分析提供了新的视角。本章将讨论离散时间系统的 z 域分析方法，介绍 z 变换的定义、性质和计算，阐述系统函数的概念及系统特性分析方法、系统函数与频率响应的关系等。

9.1　离散时间信号 z 域分解——z 变换

9.1.1　从离散时间傅里叶变换到 z 变换

当信号 $x[n]$ 的离散时间傅里叶变换不存在时，将信号 $x[n]$ 乘以衰减因子 $\rho^{-n}(\rho>1)$，选取合适的 ρ 可使信号 $x[n]\rho^{-n}$ 变为指数衰减信号，则 $x_1[n]=x[n]\rho^{-n}$ 存在离散时间傅里叶变换。此时，有

$$X_1\left(\mathrm{e}^{\mathrm{j}\Omega}\right)=\sum_{n=-\infty}^{\infty}\left(x[n]\rho^{-n}\right)\mathrm{e}^{-\mathrm{j}\Omega n}=\sum_{n=-\infty}^{\infty}x[n]\left(\rho\mathrm{e}^{\mathrm{j}\Omega}\right)^{-n}$$

设 $z=\rho\mathrm{e}^{\mathrm{j}\Omega}$ 为复指数信号，则上式可写为

$$X_1\left(\mathrm{e}^{\mathrm{j}\Omega}\right)=\sum_{n=-\infty}^{\infty}x[n]z^{-n}$$

$X_1\left(\mathrm{e}^{\mathrm{j}\Omega}\right)$ 是关于复数 z 的函数，所以记为 $X(z)$，由此得到信号 $x[n]$ 的 z 正变换为

$$X(z) = \sum_{n=-\infty}^{\infty} x[n] z^{-n} \tag{9.1}$$

反之，$x_1[n] = x[n]\rho^{-n}$ 是 $X_1\left(\mathrm{e}^{\mathrm{j}\Omega}\right)$ 的离散时间傅里叶反变换，所以

$$x[n]\rho^{-n} = \frac{1}{2\pi} \int_{-\pi}^{\pi} X_1\left(\mathrm{e}^{\mathrm{j}\Omega}\right) \mathrm{e}^{\mathrm{j}\Omega n} \mathrm{d}\Omega$$

$$x[n] = \frac{1}{2\pi} \int_{-\pi}^{\pi} X_1\left(\mathrm{e}^{\mathrm{j}\Omega}\right) \left(\rho \mathrm{e}^{\mathrm{j}\Omega}\right)^n \mathrm{d}\Omega$$

将 z 代入上式，$\mathrm{d}z = \mathrm{j}\rho \mathrm{e}^{\mathrm{j}\Omega} \mathrm{d}\Omega = \mathrm{j}z\mathrm{d}\Omega$。考虑积分范围，随着 Ω 从 $-\pi$ 增加到 π，z 按逆时针沿半径为 ρ 的圆绕行了一周。因此，可得信号 $x[n]$ 的 z 反变换为

$$x[n] = \frac{1}{2\pi\mathrm{j}} \oint_C X(z) z^{n-1} \mathrm{d}z \tag{9.2}$$

式中，符号 $\oint$ 表示沿着半径为 $|z| = \rho$ 的圆周逆时针的积分。

由式（9.1）和式（9.2）构成的 z 变换对，记为 $x[n] \overset{\mathrm{ZT}}{\longleftrightarrow} X(z)$，称为**双边 z 变换**。z 反变换表示了离散时间信号在 z 域的分解，基本信号为 z^{n-1}。z^{n-1} 为特征函数，即 z^{n-1} 的响应为

$$y[n] = z^{n-1} * h[n] = \sum_{k=-\infty}^{\infty} h[k] z^{n-1-k}$$

$$= z^{n-1}\left(\sum_{k=-\infty}^{\infty} h[k] z^{-k}\right) = z^{n-1} H(z)$$

其中

$$H(z) = \sum_{n=-\infty}^{\infty} h[n] z^{-n} \tag{9.3}$$

$H(z)$ 为系统单位脉冲响应的 z 变换，称为离散时间系统的传递函数，简称**系统函数**。根据线性时不变系统的性质，信号 $x[n]$ 的响应为

$$y[n] = \frac{1}{2\pi\mathrm{j}} \oint_C \left(X(z)H(z)\right) z^{n-1} \mathrm{d}z$$

即 $x[n]$ 的响应为 $X(z)H(z)$ 的 z 反变换，这里 $X(z)$ 为激励信号的 z 变换，$H(z)$ 为系统函数，所以 z 的引入使系统响应的计算由卷积和运算变为代数运算。

在实际应用中，涉及的信号通常为因果信号，此时式（9.1）改写为

$$X(z) = \sum_{n=0}^{\infty} x[n] z^{-n} \tag{9.4}$$

上述关系记为 $x[n] \overset{\mathrm{ZT_u}}{\longleftrightarrow} X(z)$，称为信号 $x[n]$ 的单边 z 变换。在不引起混淆的情况下，统称为 z 变换。

9.1.2　零—极点图与 z 变换的收敛域

z 变换就是 $x[n]\rho^{-n}$ 的离散时间傅里叶变换，因此 z 变换存在的必要条件是 $x[n]\rho^{-n}$ 绝对可和，即

$$\sum_{n=-\infty}^{\infty} \left| x[n] \rho^{-n} \right| < \infty$$

满足上述条件的 ρ 的范围称为 z 变换的**收敛域**。

收敛域可以用复平面（z 平面）来表示。z 平面的横坐标轴代表复频率 z 的实部，纵坐标轴代表 z 的虚部。当 $x[n]$ 绝对可和时，离散时间傅里叶变换和 z 变换都存在，而且

$$X\left(\mathrm{e}^{\mathrm{j}\Omega} \right) = X(z)\big|_{\rho=1} = X(z)\big|_{z=\mathrm{e}^{\mathrm{j}\Omega}}$$

$z = \mathrm{e}^{\mathrm{j}\Omega}$ 描述了一个圆心位于 z 平面原点、半径为 1 的圆。这个圆称为 z 平面的单位圆。离散时间傅里叶变换的频率 Ω 就是对应于单位圆上与实轴的正方向的夹角为 Ω 的点。因为离散时间频率 Ω 从 $-\pi$ 到 π，正好绕单位圆一周，所以说离散时间傅里叶变换是对应于单位圆上的 z 变换。

所以，离散时间傅里叶变换和 z 变换都存在的条件是 z 变换的收敛域包含 z 平面的单位圆。单位圆把 z 平面分为内外两部分，$|z| < 1$ 的区域为单位圆内部，$|z| > 1$ 的区域为单位圆外部。当 $x[n]$ 不满足绝对可和的条件时，离散时间傅里叶变换不存在，但 z 变换在收敛域内是存在的。

在 z 平面上，可以用**零—极点图**表示有理函数形式的 z 变换，即

$$X(z) = \frac{b_0 + b_1 z^{-1} + \cdots + b_M z^{-M}}{1 + a_1 z + \cdots + a_N z^{-N}}$$

$$= \frac{b_0 \prod_{i=1}^{M}(1 - c_i z^{-1})}{\prod_{i=1}^{N}(1 - d_i z^{-1})}$$

式中，c_i 是分子多项式的根，称为 $X(z)$ 的**零点**；d_i 是分母多项式的根，称为 $X(z)$ 的**极点**。在 z 平面上，用"。"表示零点的位置，用"×"表示极点的位置。因此，除 b_0 外，z 平面的零点、极点位置与 $X(z)$ 是一一对应的。

9.1.3　z 变换与拉普拉斯变换的关系

z 变换也可以直接从拉普拉斯变换导出。设 $x_s(t)$ 是信号 $x(t)$ 的采样信号，有

$$x_s(t) = x(t)\delta_{T_s}(t) = \sum_{n=-\infty}^{\infty} x(t)\delta(t - nT_s)$$

双边拉普拉斯变换为

$$X_{sd}(s) = \int_{-\infty}^{\infty} \sum_{n=-\infty}^{\infty} x(t)\delta(t - nT_s)\mathrm{e}^{-st}\mathrm{d}t = \sum_{n=-\infty}^{\infty} x(nT_s)\mathrm{e}^{-snT_s}$$

令 $z = \mathrm{e}^{sT_s}$，并记 $x(nT_s) = x[n]$，则

$$X(z) = \sum_{n=-\infty}^{\infty} x[n] z^{-n}$$

在导出 z 反变换时，将上式两端乘以 z^{k-1}，并在收敛域内环绕原点沿逆时针闭合曲线做围线积分，有

$$\oint_C X(z)z^{n-1}\mathrm{d}z = \oint_C \sum_{n=-\infty}^{\infty} x[n]z^{-n+k-1}\mathrm{d}z$$

由柯西公式，有

$$\oint_C z^{-n+k-1}\mathrm{d}z = 2\pi\,\mathrm{j}\,,\ -n+k-1=-1$$

则当 $n=k$ 时，有

$$2\pi\,\mathrm{j}x[n] = \oint_C X(z)z^{n-1}\mathrm{d}z$$

所以

$$x[n] = \frac{1}{2\pi\,\mathrm{j}} \oint_C X(z)z^{n-1}\mathrm{d}z$$

z 变换与拉普拉斯变换通过映射 $z=\mathrm{e}^{sT_s}$ 建立联系，注意到 s 平面的虚轴对应 z 平面的单位圆（$|z|=\left|\mathrm{e}^{\mathrm{j}\omega T_s}\right|=1$），所以 s 平面的左半平面对应 z 平面的单位圆内部，s 平面的右半平面对应 z 平面的单位圆外部。通过这种映射关系，即可确定与系统复频域分析相对应的结论。

9.1.4　常见信号的 z 变换

表 9.1 列出了几个常见信号的 z 变换。

表 9.1　常见信号的 z 变换

信　号	z 变换	收　敛　域
$\delta[n]$	1	整个 z 平面
$\delta[n-q]$（$q>0$）	z^{-q}	$z\neq 0$
$u[n]$	$\dfrac{z}{z-1}$	$|z|>1$
$a^n u[n]$	$\dfrac{z}{z-a}$	$|z|>a$
$-a^n u[-n-1]$	$\dfrac{z}{z-a}$	$|z|<a$
$nu[n]$	$\dfrac{z}{(z-1)^2}$	$|z|>1$
$(n+1)u[n]$	$\dfrac{z^2}{(z-1)^2}$	$|z|>1$
$na^n u[n]$	$\dfrac{az}{(z-a)^2}$	$|z|>a$
$(\cos\Omega n)u[n]$	$\dfrac{z^2-(\cos\Omega)z}{z^2-(2\cos\Omega)z+1}$	$|z|>1$
$(\sin\Omega n)u[n]$	$\dfrac{(\sin\Omega)z}{z^2-(2\cos\Omega)z+1}$	$|z|>1$
$a^n(\cos\Omega n)u[n]$	$\dfrac{z^2-(a\cos\Omega)z}{z^2-(2a\cos\Omega)z+a^2}$	$|z|>a$
$a^n(\sin\Omega n)u[n]$	$\dfrac{(a\sin\Omega)z}{z^2-(2a\cos\Omega)z+a^2}$	$|z|>a$

例 9.1 确定因果信号 $x[n] = a^n u[n]$ 的 z 变换及收敛域，并在 z 平面上表示。其中，a 为任意实数。

解：

$$X(z) = \sum_{n=-\infty}^{\infty} x[n] z^{-n} = \sum_{n=0}^{\infty} \left(a z^{-1} \right)^n$$

$$= \lim_{n \to \infty} \frac{1 - (a z^{-1})^{n+1}}{1 - a z^{-1}}$$

当 $|a z^{-1}| < 1$，即 $|z| > |a|$ 时，上述极限才存在。所以，因果信号 $x[n] = a^n u[n]$ 的 z 变换及收敛域为

$$X(z) = \frac{z}{z - a}, \quad |z| > |a|$$

有 1 个极点，为 $z = a$，有 1 个零点，为 $z = 0$，如图 9.1 所示。

当 $|a| < 1$ 时，极点位于单位圆内部，收敛域包含单位圆。此时离散时间傅里叶变换也存在，而且

$$X\left(e^{j\Omega} \right) = X(z) \big|_{z = e^{j\Omega}} = \frac{1}{1 - a e^{-j\Omega}}$$

与直接计算的离散时间傅里叶变换结果相同。

当 $|a| = 1$ 时，极点在单位圆上，收敛域不包含单位圆，但收敛边界为单位圆，此时存在广义离散时间傅里叶变换。$x[n] = u[n]$ 的傅里叶变换为

$$\frac{1}{1 - e^{-j\Omega}} + \sum_{k=-\infty}^{\infty} \pi \delta \left(\Omega - 2k\pi \right)$$

当 $|a| > 1$ 时，极点位于单位圆外部，收敛域不包含单位圆，此时傅里叶变换不存在。

例 9.2 确定反因果信号 $x[n] = -a^n u[-n-1]$ 的 z 变换及收敛域，并在 z 平面上表示。其中，a 为任意实数。

解：

$$X(z) = \sum_{n=-\infty}^{\infty} x[n] z^{-n} = -\sum_{n=-\infty}^{-1} \left(a z^{-1} \right)^n$$

$$= -\sum_{n=1}^{\infty} \left(a^{-1} z \right)^n = 1 - \lim_{n \to \infty} \frac{1 - (a^{-1} z)^n}{1 - a^{-1} z}$$

当 $|a^{-1} z| < 1$，即 $|z| < |a|$ 时，上述极限才存在。所以，反因果信号 $x[n] = -a^n u[-n-1]$ 的 z 变换及收敛域为

$$X(z) = \frac{z}{z - a}, \quad |z| < |a|$$

有 1 个极点，为 $z = a$，有 1 个零点，为 $z = 0$，如图 9.2 所示。

 笔记：

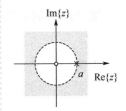

图 9.1　因果信号的收敛域

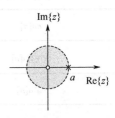

图 9.2　反因果信号的收敛域

例 9.3　确定双边信号 $x[n] = a^n u[n] - b^n u[-n-1]$ 的 z 变换及收敛域，并在 z 平面上表示。其中，a、b 为任意实数。

解： 由例 9.1 和例 9.2 可知，因果信号 $a^n u[n]$ 的收敛域为 $|z| > |a|$，反因果信号 $-b^n u[-n-1]$ 的收敛域为 $|z| < |b|$。所以，只有当 $|b| > |a|$ 时，因果信号和反因果信号的收敛域才存在公共收敛区域，此时

$$X(z) = \frac{z}{z-a} + \frac{z}{z-b}, \quad |a| < |z| < |b|$$

有 2 个极点，为 $z = a$ 和 $z = b$（见图 9.3）。除零点 0 以外，加法运算还会引入另一个零点。

笔记：

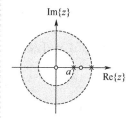

图 9.3　双边信号
的收敛域

由例 9.1、例 9.2 和例 9.3 可以看出，因果信号的收敛域为 $|z| > |a|$，是以 $|a|$ 为半径的圆的外部区域；反因果信号的收敛域为 $|z| < |a|$，是以 $|a|$ 为半径的圆的内部区域；双边信号的收敛域为一个圆环。收敛域的边界取决于 z 变换的极点，收敛域内不包含任何极点。

例 9.4　确定信号 $u[n]$、$u[n-3]$ 和 $u[n+3]$ 的单边 z 变换及收敛域。

解： 根据单边 z 变换的定义，

$$X(z) = \sum_{n=0}^{\infty} x[n] z^{-n}$$

信号 $u[n]$ 的单边 z 变换为

$$X(z) = \sum_{n=0}^{\infty} x[n] z^{-n} = \sum_{n=0}^{\infty} z^{-n} = \frac{z}{z-1}, \quad |z| > 1$$

信号 $u[n-3]$ 的单边 z 变换为

$$X(z) = \sum_{n=0}^{\infty} x[n] z^{-n} = \sum_{n=3}^{\infty} z^{-n} = z^{-3} \frac{z}{z-1}, \quad |z| > 1$$

信号 $u[n+3]$ 的单边 z 变换为

$$X(z) = \sum_{n=0}^{\infty} x[n] z^{-n} = \sum_{n=0}^{\infty} z^{-n} = \frac{z}{z-1}, \quad |z| > 1$$

注意：信号 $u[n+3]$ 的双边 z 变换为

$$X(z) = \sum_{n=-\infty}^{\infty} x[n] z^{-n} = \sum_{n=-3}^{\infty} z^{-n} = z^3 \frac{z}{z-1}, \quad |z| > 1$$

笔记：

由例 9.1 和例 9.2 可知，不同的信号可以对应相同的 z 变换，所以在计算 z 反变换时，应指明收敛域。但是，对于因果信号而言，由于其对应单边 z 变换，所以如果明确是单边 z 变换，则意味着其收敛域为因果信号的收敛域，此时无须注明收敛域。

例 9.5 已知某离散时间信号的 z 变换为

$$X(z) = \frac{3z^2 - z}{(z+0.5)(z-2)}$$

求信号 $x[n]$ 及离散时间傅里叶变换。

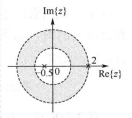

图 9.4 例 9.5 极点

解： $X(z) = \dfrac{z}{z+0.5} + \dfrac{2z}{z-2}$

包含 2 个极点 $z = -0.5$，$z = 2$。如图 9.4 所示，收敛域存在 3 种情况。

（1）当 $|z| > 2$ 时，此时对应因果信号，所以

$$x[n] = 2(-0.5)^n u[n] + 2 \times 2^n u[n]$$

由于收敛域不包含单位圆，所以离散时间傅里叶变换不存在。

（2）当 $0.5 < |z| < 2$ 时，此时对应双边信号，而且左边极点对应因果信号，右边极点对应反因果信号，所以

$$x[n] = (-0.5)^n u[n] - 2 \times 2^n u[-n-1]$$

由于收敛域包含单位圆，所以离散时间傅里叶变换为

$$X\left(e^{j\Omega}\right) = \frac{3 - e^{-j\Omega}}{\left(1 + 0.5e^{-j\Omega}\right)\left(1 - 2e^{-j\Omega}\right)}$$

（3）当 $|z| < 0.5$ 时，此时对应反因果信号，所以

$$x[n] = -(-0.5)^n u[-n-1] - 2 \times 2^n u[-n-1]$$

由于收敛域不包含单位圆，所以离散时间傅里叶变换不存在。

9.2　z 变换的性质

大部分 z 变换的性质都与离散时间傅里叶变换的性质类似。表 9.2 列出了 z 变换的性质，表中 $x[n] \xleftrightarrow{\text{ZT/ZT}_u} X(z)$ 和 $y[n] \xleftrightarrow{\text{ZT/ZT}_u} Y(z)$。

表 9.2　离散时间信号 z 变换的性质

性　质	z 变　换
线性性质	$ax[n] + by[n] \xleftrightarrow{\text{ZT}} aX(z) + bY(z)$
时间反转特性	$x[-n] \xleftrightarrow{\text{ZT}} X(z^{-1})$
时移特性	$x[n-q]u[n-q] \xleftrightarrow{\text{ZT}_u} z^{-q}X(z)$，$q$ 为正整数
	$x[n-1] \xleftrightarrow{\text{ZT}_u} z^{-1}X(z) + x[-1]$
	$x[n-2] \xleftrightarrow{\text{ZT}_u} z^{-2}X(z) + x[-1]z^{-1} + x[-2]$
	$x[n-q] \xleftrightarrow{\text{ZT}_u} z^{-q}X(z) + x[-1]z^{-q+1} + \cdots + x[-q+1]z^{-1} + x[-q]$

性　　质	z 变　换
时移特性	$x[n+1] \xleftarrow{\ ZT_u\ } zX(z) - x[0]z$ $x[n+2] \xleftarrow{\ ZT_u\ } z^2X(z) - x[0]z^2 - x[1]z$ $x[n+q] \xleftarrow{\ ZT_u\ } z^qX(z) - x[0]z^q - x[1]z^{q-1} - \cdots - x[q-1]z$
z 域微分特性	$nx[n] \xleftarrow{\ ZT\ } -z\dfrac{\mathrm{d}}{\mathrm{d}z}X(z)$
z 域尺度变换	$a^n x[n] \xleftarrow{\ ZT/ZT_u\ } X\left(\dfrac{z}{a}\right),\ a$ 为复数 $(\cos\Omega n)x[n] \xleftarrow{\ ZT/ZT_u\ } \dfrac{1}{2}\left[X(\mathrm{e}^{\mathrm{j}\Omega}z) + X(\mathrm{e}^{-\mathrm{j}\Omega}z)\right]$ $(\sin\Omega n)x[n] \xleftarrow{\ ZT/ZT_u\ } \dfrac{\mathrm{j}}{2}\left[X(\mathrm{e}^{\mathrm{j}\Omega}z) - X(\mathrm{e}^{-\mathrm{j}\Omega}z)\right]$
时域求和	$\displaystyle\sum_{i=0}^{n} x[i] \xleftarrow{\ ZT\ } \dfrac{z}{z-1}X(z)$
初值定理	若 $x[n]$ 为因果信号，则 $x[0] = \lim_{z\to\infty} X(z)$ $x[1] = \lim_{z\to\infty}\left[zX(z) - zx[0]\right]$ $x[q] = \lim_{z\to\infty}\left[z^qX(z) - z^qx[0] - z^{q-1}x[1] - \cdots - zx[q-1]\right]$
终值定理	若 $x[n]$ 为因果信号，$X(z)$ 为有理分式，且 $(z-1)X(z)$ 的极点的模小于 1，则 $\lim_{n\to\infty} x[n] = \left[(z-1)X(z)\right]\Big|_{z=1}$
卷积特性	$x[n] * y[n] \xleftarrow{\ ZT/ZT_u\ } X(z)Y(z)$

1. 线性特性：零—极点相互抵消

假设 $x[n]$ 的收敛域为 R_x，$y[n]$ 的收敛域为 R_y，则

$$ax[n] + by[n] \xleftarrow{\ ZT\ } aX(z) + bY(z)$$

的收敛域至少为 R_x 和 R_y 的交集。若在二者的和中有一项或多项可以抵消，则其收敛域可能会大于 R_x 和 R_y 的交集。在 z 平面中这相当于一个零点抵消了一个为收敛域边界的极点。

例如，信号

$$x[n] = 0.5^n u[n] - 1.5^n u[-n-1]$$

的收敛域为 $0.5 < |z| < 1.5$；信号

$$y[n] = 0.25^n u[n] - 0.5^n u[n]$$

的收敛域为 $|z| > 0.5$。

$$x[n] + y[n] = 0.25^n u[n] - 1.5^n u[-n-1]$$

的收敛域为 $0.25 < |z| < 1.5$，相较于交集 $0.5 < |z| < 1.5$ 收敛域扩大了。

2. 时间反转特性

证明：$x[-n] \xleftarrow{\ ZT\ } \displaystyle\sum_{n=-\infty}^{\infty} x[-n]z^{-n} = \sum_{n'=-\infty}^{\infty} x[n']z^{n'} = \sum_{n'=-\infty}^{\infty} x[n'](z^{-1})^{-n'} = X(z^{-1})$

时间反转对应于用 z^{-1} 代替 z，因此，若 $x[n]$ 的收敛域为 $a < |z| < b$，则 $x[-n]$ 的收敛域为 $a < 1/|z| < b$。

3. 时移特性

对因果信号 $x[n]$ 而言，$x[n] = x[n]u[n]$，时移为 $x[n-q] = x[n-q]u[n-q]$，则

$$x[n-q]u[n-q] \xleftarrow{\quad ZT_u \quad} z^{-q}X(z)$$

证明：令 $y[n] = x[n-q]u[n-q]$，其单边 z 变换为

$$Y(z) = \sum_{n=0}^{\infty} y[n]z^{-n} = \sum_{n=q}^{\infty} x[n-q]z^{-n}$$

$$= \sum_{n'=0}^{\infty} x[n']z^{-(n'+q)} = z^{-q}\sum_{n'=0}^{\infty} x[n']z^{-n'} = z^{-q}X(z)$$

对于非因果信号 $x[n]$，$x[n-q]$（$q>0$）为右移位信号，计算单边 z 变换时，有

$$x[n-q] \xleftarrow{\quad ZT_u \quad} z^{-q}\left(X(z) + \sum_{i=-q}^{-1} x[i]z^{-i} \right) \tag{9.5}$$

也就是说，非因果信号延时 q 个样本，其对应的 z 变换是原来信号的 z 变换与由左边移到右边部分的 z 变换之和乘以 z^{-q}。可以把非因果信号左端的值看成 N 阶离散时间系统的初始条件，上述性质常用于离散时间系统响应的求解。

对于非因果信号 $x[n]$，$x[n+q]$（$q>0$）为左移位信号，在计算单边 z 变换时，有

$$x[n+q] \xleftarrow{\quad ZT_u \quad} z^{q}\left(X(z) - \sum_{i=0}^{q-1} x[i]z^{-i} \right) \tag{9.6}$$

也就是说，非因果信号超前 q 个样本，其对应的 z 变换是原来信号的 z 变换与由右边移到左边部分的 z 变换之差乘以 z^{-q}。该性质也可用于离散时间系统响应的求解。

需要注意的是，在利用式（9.5）和式（9.6）求离散时间系统响应时，其含义是不同的。在式（9.5）中，$x[n]$ 是从零时刻之前的值移到零时刻之后的值，因此这部分样本值代表的是系统在没有激励加入情况下的值，是计算零输入响应的条件。而式（9.6）是从零时刻之后的值左移，这部分样本值代表的是已经加入了激励情况下的值，是系统全响应的条件。

证明：

$$x[n+q] \xleftarrow{\quad ZT_u \quad} \sum_{i=0}^{\infty} x[n+q]z^{-n}$$

$$\sum_{n=0}^{\infty} x[n+q]z^{-n} = \sum_{i=q}^{\infty} x[i]z^{-i+q}$$

$$= z^{q}\sum_{i=q}^{\infty} x[i]z^{-i} = z^{q}\left(\sum_{i=0}^{\infty} x[i]z^{-i} - \sum_{i=0}^{q-1} x[i]z^{-i} \right)$$

$$= z^{q}\left(X(z) - \sum_{i=0}^{q-1} x[i]z^{-i} \right)$$

类似地，可以证明式（9.5）。

4. z 域微分特性

证明：对

$$X(z) = \sum_{n=-\infty}^{\infty} x[n]z^{-n}$$

进行微分，可得

$$\frac{\mathrm{d}}{\mathrm{d}z}X(z) = -\sum_{n=-\infty}^{\infty} nx[n]z^{-n-1} = -z^{-1}\sum_{n=-\infty}^{\infty} (nx[n])z^{-n}$$

所以

$$nx[n]\xleftarrow{\quad ZT \quad}-z\frac{\mathrm{d}}{\mathrm{d}z}X(z)$$

由 z 域微分性质，有

$$na^n u[n]\xleftarrow{\quad ZT \quad}-z\frac{\mathrm{d}}{\mathrm{d}z}\left(\frac{z}{z-a}\right)=\frac{az}{(z-a)^2}$$

当 $a=1$ 时，有

$$nu[n]\xleftarrow{\quad ZT \quad}=\frac{z}{(z-1)^2}$$

5. z 域尺度变换（指数加权性质）

$$a^n x[n]\xleftarrow{\quad ZT \quad}\sum_{n=-\infty}^{\infty}a^n x[n]z^{-n}=\sum_{n=-\infty}^{\infty}x[n](a^{-1}z)^{-n}=X(a^{-1}z)$$

再由欧拉公式，有

$$(\cos\Omega n)x[n]=\frac{1}{2}\left(\mathrm{e}^{-\mathrm{j}\Omega n}x[n]+\mathrm{e}^{\mathrm{j}\Omega n}x[n]\right)$$

$$(\sin\Omega n)x[n]=\frac{\mathrm{j}}{2}\left(\mathrm{e}^{-\mathrm{j}\Omega n}x[n]-\mathrm{e}^{\mathrm{j}\Omega n}x[n]\right)$$

可得

$$(\cos\Omega n)x[n]\xleftarrow{\quad ZT \quad}\frac{1}{2}\left[X\left(\mathrm{e}^{\mathrm{j}\Omega}z\right)+X\left(\mathrm{e}^{-\mathrm{j}\Omega}z\right)\right]$$

$$(\sin\Omega n)x[n]\xleftarrow{\quad ZT \quad}\frac{\mathrm{j}}{2}\left[X\left(\mathrm{e}^{\mathrm{j}\Omega}z\right)-X\left(\mathrm{e}^{-\mathrm{j}\Omega}z\right)\right]$$

利用该性质，有

$$(\cos\Omega n)u[n]\xleftarrow{\quad ZT \quad}\frac{1}{2}\left[\frac{\mathrm{e}^{\mathrm{j}\Omega}z}{\mathrm{e}^{\mathrm{j}\Omega}z-1}+\frac{\mathrm{e}^{-\mathrm{j}\Omega}z}{\mathrm{e}^{-\mathrm{j}\Omega}z-1}\right]=\frac{z^2-(\cos\Omega)z}{z^2-(2\cos\Omega)z+1}$$

$$(\sin\Omega n)u[n]\xleftarrow{\quad ZT \quad}\frac{\mathrm{j}}{2}\left[\frac{\mathrm{e}^{\mathrm{j}\Omega}z}{\mathrm{e}^{\mathrm{j}\Omega}z-1}-\frac{\mathrm{e}^{-\mathrm{j}\Omega}z}{\mathrm{e}^{-\mathrm{j}\Omega}z-1}\right]=\frac{(\sin\Omega)z}{z^2-(2\cos\Omega)z+1}$$

在此基础上，有

$$a^n(\cos\Omega n)u[n]\xleftarrow{\quad ZT \quad}\frac{(z/a)^2-(\cos\Omega)(z/a)}{(z/a)^2-(2\cos\Omega)(z/a)+1}=\frac{z^2-(a\cos\Omega)z}{z^2-(2a\cos\Omega)z+a^2}$$

$$a^n(\sin\Omega n)u[n]\xleftarrow{\quad ZT \quad}\frac{(\sin\Omega)(z/a)}{(z/a)^2-(2\cos\Omega)(z/a)+1}=\frac{(a\sin\Omega)z}{z^2-(2a\cos\Omega)z+a^2}$$

6. 时域求和

证明：对信号 $x[n]$ 求和，等价于该信号与单位阶跃信号的卷积，即

$$\sum_{i=0}^{n}x[i]=x[n]*u[n]$$

利用卷积性质，有

$$\sum_{i=0}^{n}x[i]\xleftarrow{\quad ZT \quad}\frac{z}{z-1}X(z)$$

利用该性质，可得

$$(n+1)u[n] = \sum_{i=0}^{n} u[i] \xleftarrow{\text{ZT}} \frac{z}{z-1}\frac{z}{z-1} = \frac{z^2}{(z-1)^2}$$

7. 初值定理和终值定理

证明： 设 $x[n]$ 为因果信号，则

$$X(z) = x[0] + x[1]z^{-1} + x[2]z^{-2} + \cdots$$

当 $z \to \infty$ 时，$z^{-n} \to 0$（$n = 1, 2 \cdots$），所以

$$x[0] = \lim_{z \to \infty} X(z)$$

初值定理得证。

另外，由移位性质，有

$$x[n+1] - x[n] \xleftarrow{\text{ZT}_u} \sum_{n=0}^{\infty}(x[n+1-X[n])z^{-n}$$

$$= z(X(z) - x[0]) - X(z) = (z-1)X(z) - zx[0]$$

若 $(z-1)X(z)$ 的收敛域包含单位圆，即存在终值，则令 $z \to 1$ 可得

$$\sum_{n=0}^{\infty}(x[n+1] - x[n]) = x[\infty] - x[0] = \lim_{z \to 1}(z-1)X(z) - x[0]$$

所以

$$x[\infty] = \lim_{z \to 1}(z-1)X(z)$$

终值定理得证。

8. 卷积性质

证明： 设 $x[n]$ 和 $y[n]$ 均为因果信号，则

$$x[n] * y[n] = \sum_{k=-\infty}^{\infty} x[k]y[n-k] = \sum_{k=0}^{\infty} x[k]y[n-k]$$

$$x[n] * y[n] \xleftarrow{\text{ZT}_u} \sum_{n=0}^{\infty}\left(\sum_{k=0}^{\infty} x[k]y[n-k]\right)z^{-n}$$

$$\xleftarrow{\text{ZT}_u} \sum_{k=0}^{\infty} x[k]\left(\sum_{n=0}^{\infty} y[n-k]z^{-n}\right)$$

$$\xleftarrow{\text{ZT}_u} \sum_{k=0}^{\infty} x[k]\left(\sum_{n'=-k}^{\infty} y[n']z^{-n'-k}\right)$$

当 $n' < 0$ 时，$y[n'] = 0$，可得

$$x[n] * y[n] \xleftarrow{\text{ZT}_u} \sum_{k=0}^{\infty} x[k]\left(\sum_{n'=0}^{\infty} y[n']z^{-n'-k}\right)$$

$$\xleftarrow{\text{ZT}_u} \left(\sum_{k=0}^{\infty} x[k]z^{-k}\right)\left(\sum_{n'=0}^{\infty} y[n']z^{-n'}\right)$$

$$\xleftarrow{\text{ZT}_u} X(z)Y(z)$$

对于双边 z 变换，运用同样的证明方法，可得相同的结果。

例 9.6　求信号 $x[n] = n(-0.5)^n u[n] * 0.25^{-n} u[-n]$ 的 z 变换。

解：已知

$$(-0.5^n)u[n] \xleftrightarrow{\text{ZT}} \frac{z}{z+0.5}, \quad |z| > 0.5$$

由 z 域微分性质，有

$$n(-0.5^n)u[n] \xleftrightarrow{\text{ZT}} -z\frac{\mathrm{d}}{\mathrm{d}z}\left(\frac{z}{z+0.5}\right) = \frac{-0.5z}{(z+0.5)^2}, \quad |z| > 0.5$$

根据时间反转特性，有

$$(0.25^{-n})u[-n] \xleftrightarrow{\text{ZT}} \frac{1/z}{1/z-0.25}, \quad \left|\frac{1}{z}\right| > 0.25$$

即

$$(0.25^{-n})u[-n] \xleftrightarrow{\text{ZT}} \frac{-4}{z-4}, \quad |z| < 4$$

所以，$x[n]$ 的 z 变换为

$$X(z) = \frac{-0.5z}{(z+0.5)^2}\frac{-4}{z-4} = \frac{2z}{(z+0.5)^2(z-4)}, \quad 0.5 < |z| < 4$$

例 9.7　已知

$$X(z) = \frac{3z^2 - 2z + 4}{z^3 - 2z^2 + 1.5z - 0.5}$$

计算 $x[\infty]$。

解：$X(z)$ 有 3 个极点，$z=1$，$z=0.5\pm\mathrm{j}$。$z=0.5\pm\mathrm{j}$ 的模均小于 1，即 $(z-1)X(z)$ 的极点位于单位圆内，所以 $x[n]$ 存在终值。

$$x[\infty] = \lim_{z\to 1}(z-1)X(z) = \frac{3z^2-2z+4}{z^2-z+0.5}\bigg|_{z=1} = 10$$

9.3　z 反变换

根据 z 反变换的定义，有

$$x[n] = \frac{1}{2\pi\mathrm{j}}\oint_C X(z)z^{n-1}\,\mathrm{d}z$$

式中，C 是 $X(z)$ 的收敛域中一条环绕 z 平面原点的逆时针的闭合围线。可以利用留数法计算 z 反变换，具体参考有关复变函数与积分变换的书籍。本节介绍部分分式展开方法来计算 z 反变换。

LTI 离散时间系统的分析，通常以 z 或 z^{-1} 的有理函数的形式来表示 z 变换。两种形式可以通过分子和分母同时乘以 z 的幂次方的形式相互转换。如

$$X(z) = \frac{2 - 2z^{-1}}{1 - 2z^{-1} + 3z^{-3}} = \frac{z^3(2 - 2z^{-1})}{z^3(1 - 2z^{-1} + 3z^{-3})} = \frac{2z^3 - 2z^2}{z^3 - 2z^2 + 3}$$

在 z 变换中，基本信号的形式是

$$a^n u[n] \xleftarrow{\text{ZT}} \frac{z}{z-a}, \ |z| > |a|$$

$$-a^n u[-n-1] \xleftarrow{\text{ZT}} \frac{z}{z-a}, \ |z| < |a|$$

所以令

$$X(z) = \frac{b_0 + b_1 z^{-1} + \cdots + b_M z^{-M}}{1 + a_1 z^{-1} + \cdots + a_N z^{-N}} = \frac{N(z)}{D(z)}$$

并将其变换为关于 z 的形式。

（1）若 $N \geqslant M$ 且 $X(z)$ 存在 N 个极点 d_1、d_2、$\cdots$、d_N，则

$$\frac{X(z)}{z} = \frac{A_0}{z} + \sum_{i=1}^{N} \frac{A_i}{z - d_i}$$

式中

$$A_i = (z - d_i)\frac{X(z)}{z}\bigg|_{z=d_i} \quad (i = 1, \cdots, N)$$

$$A_0 = z\frac{X(z)}{z}\bigg|_{z=0} = X(0)$$

所以

$$X(z) = A_0 + \sum_{i=1}^{N} \frac{A_i z}{z - d_i}$$

再根据收敛域，选择合适的变换对来确定每项的 z 反变换，有

$$d_i^n u[n] \xleftarrow{\text{ZT}} \frac{z}{z - d_i}, \ |z| > |d_i|$$

$$-d_i^n u[-n-1] \xleftarrow{\text{ZT}} \frac{z}{z - d_i}, \ |z| < |d_i|$$

对于每项，$X(z)$ 的收敛域和每个极点的关系决定了是因果信号还是反因果信号。通常，工程上讨论的是单边 z 变换，此时 z 反变换为

$$x[n] = A_0 \delta[n] + \left(\sum_{i=1}^{N} A_i d_i^n \right) u[n]$$

（2）若 $N \geqslant M$ 且 $X(z)$ 存在重极点，设 N 个极点为

$$d_1 = d_2 = \cdots = d_r, \ d_{r+1}, \ \cdots, \ d_N$$

则

$$\frac{X(z)}{z} = \frac{A_0}{z} + \frac{A_1}{z - d_1} + \frac{A_2}{(z - d_1)^2} + \cdots + \frac{A_r}{(z - d_1)^r} + \frac{A_{r+1}}{z - d_{r+1}} + \cdots + \frac{A_N}{z - d_N}$$

式中

$$A_i = (z - d_i)\frac{X(z)}{z}\bigg|_{z=d_i} \quad (i = r+1, \cdots, N)$$

$$A_{r-i} = \frac{1}{i!}\left[\frac{\mathrm{d}^i}{\mathrm{d}z^i}(z-d_1)^r \frac{X(z)}{z}\right]_{z=d_1} \quad (i=0,1,\cdots,\ r-1)$$

$$A_0 = z\frac{X(z)}{z}\bigg|_{z=0} = X(0)$$

同样，$X(z)$ 的收敛域决定了每项的逆变换是因果信号还是反因果信号。简单地对于存在三重极点的情况进行分析。利用 z 变换对

$$A_2 nd_1^{n-1}u[n] \xleftrightarrow{\ \mathrm{ZT}\ } \frac{A_2 z}{(z-d_1)^2}, \quad |z| > |d_1|$$

$$0.5A_3 n(n-1)d_1^{n-2}u[n] \xleftrightarrow{\ \mathrm{ZT}\ } \frac{A_3 z}{(z-d_1)^3}, \quad |z| > |d_1|$$

$$-A_2 nd_1^{n-1}u[-n-1] \xleftrightarrow{\ \mathrm{ZT}\ } \frac{A_2 z}{(z-d_1)^2}, \quad |z| < |d_1|$$

$$-0.5A_3 n(n-1)d_1^{n-2}u[-n-1] \xleftrightarrow{\ \mathrm{ZT}\ } \frac{A_3 z}{(z-d_1)^3}, \quad |z| < |d_1|$$

可以得到 z 反变换。更复杂的情况可以采用 MATLAB 中的函数 iztrans( ) 计算单边 z 反变换。

（3）若 $N < M$，则利用长除法，有

$$\frac{X(z)}{z} = B_0 + B_1 z + \cdots + B_{M-N}z^{M-N} + \frac{N_1(z)}{D(z)} = B(z) + \tilde{X}(z)$$

$B(z)$ 多项式对应的 z 反变换利用变换对 $\delta[n] \xleftrightarrow{\ \mathrm{ZT}\ } 1$ 及时移性质得到，有理真分式 $\tilde{X}(z)$ 对应的 z 反变换为 $\tilde{x}[n]$，可以按照上述（1）或（2）的情况求解。

z 变换的线性特性表明，$X(z)$ 的收敛域是在部分分式展开式中与各项对应的收敛域的交集。为了选择正确的 z 反变换，需要从 $X(z)$ 的收敛域中确定每项对应的收敛域。这可以通过把每个极点的位置与 $X(z)$ 的收敛域相比较的方式得到。若 $X(z)$ 的收敛域的半径大于给定项的极点的半径，则该项对应的 z 反变换为因果信号；反之，若 $X(z)$ 的收敛域的半径小于给定项的极点的半径，则该项对应的 z 反变换为反因果信号。

今后，如不特别指明 z 变换的收敛域，均指单边 z 变换。

例 9.8　求

$$X(z) = \frac{z^3 - z^2 + z}{(z-0.5)(z-2)(z-1)}, 1 < |z| < 2$$

的 z 反变换。

解：$X(z)$ 的极点为 0.5、2 和 1。令

$$\frac{X(z)}{z} = \frac{z^2 - z + 1}{(z-0.5)(z-2)(z-1)} = \frac{A_1}{z-0.5} + \frac{A_2}{z-2} + \frac{A_3}{z-1}$$

其中

$$A_1 = (z-0.5)\frac{X(z)}{z}\bigg|_{z=0.5} = \frac{z^2 - z + 1}{(z-2)(z-1)}\bigg|_{z=0.5} = 1$$

笔记：

$$A_2 = (z-2)\frac{X(z)}{z}\Big|_{z=2} = \frac{z^2-z+1}{(z-0.5)(z-1)}\Big|_{z=2} = 2$$

$$A_3 = (z-1)\frac{X(z)}{z}\Big|_{z=1} = \frac{z^2-z+1}{(z-0.5)(z-2)}\Big|_{z=1} = -2$$

所以

$$X(z) = \frac{z}{z-0.5} + \frac{2z}{z-2} - \frac{2z}{z-1}$$

$X(z)$ 的收敛域为 $1 < |z| < 2$，通过观察每项的极点与收敛域的相对位置关系（见图 9.5），确定第一项对应因果信号，第二项对应反因果信号，第三项对应因果信号，所以

$$x[n] = \left(0.5^n - 2\right)u[n] - 2 \times 2^n u[-n-1]$$

笔记：

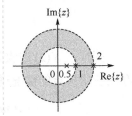

图 9.5　例 9.8 极点与收敛域相对位置关系

例 9.9 求

$$X(z) = \frac{2-0.5z^{-1}}{1-0.5z^{-1}-0.5z^{-2}}$$

的 z 反变换。

解：

$$X(z) = \frac{2z^2-0.5z}{z^2-0.5z-0.5} = \frac{z}{z-1} + \frac{z}{z+0.5}$$

由于未指定收敛域，默认为单边 z 变换，有

$$x[n] = \left(1+(-0.5)^n\right)u[n]$$

例 9.10 求

$$X(z) = \frac{6z^3+2z^2-z}{z^3-z^2-z+1}$$

的 z 反变换。

解： $X(z)$ 的 3 个极点为 $z_1 = z_2 = 1$，$z_3 = -1$。

$$\frac{X(z)}{z} = \frac{6z^2+2z-1}{z^3-z^2-z+1} = \frac{A_1}{z-1} + \frac{A_2}{(z-1)^2} + \frac{A_3}{z+1}$$

其中

$$A_2 = (z-1)^2\frac{6z^2+2z-1}{z^3-z^2-z+1}\Big|_{z=1} = \frac{6z^2+2z-1}{z+1}\Big|_{z=1} = \frac{7}{2}$$

$$A_3 = (z+1)\frac{6z^2+2z-1}{z^3-z^2-z+1}\Big|_{z=-1} = \frac{6z^2+2z-1}{(z-1)^2}\Big|_{z=-1} = \frac{3}{4}$$

A_1 可以利用系数配平法计算，即

$$\frac{6z^2+2z-1}{z^3-z^2-z+1} = \frac{A_1}{z-1} + \frac{7/2}{(z-1)^2} + \frac{3/4}{z+1}$$

$$= \frac{(A_1+3/4)z^2+2z+17/4-A_1}{(z-1)^2(z+1)}$$

```
syms X x z
X=(6*z^3+2*z^2-
z)/(z^3-z^2-z+1);
x=iztrans(X)

x =
(7*n)/2 +
(3*(-1)^n)/4 +
21/4
```

可得 $A_1 = 21/4$ 。所以

$$X(z) = \frac{21}{4}\frac{z}{z-1} + \frac{7}{2}\frac{z}{(z-1)^2} + \frac{3}{4}\frac{z}{z+1}$$

$$x[n] = \left(\frac{21}{4} + \frac{3}{4}(-1)^n + \frac{7}{2}n\right)u[n]$$

笔记：

除了可以用收敛域确定 z 反变换的形式，还可以用其他特性来唯一地确定 z 反变换。例如，稳定性、离散时间傅里叶变换的存在性等都可以确定反变换。

例 9.11　求

$$X(z) = \frac{z}{z-0.5} + \frac{2z}{z-2}$$

的 z 反变换。假设：（1）信号为因果信号；（2）信号的 DTFT 存在。

笔记：

解： $X(z)$ 的极点为 0.5 和 2。

（1）若信号是因果的，则收敛域 $|z| > 2$ ，此时

$$x[n] = \left(0.5^n + 2 \times 2^n\right)u[n]$$

（2）若信号的 DTFT 存在，则收敛域应包含单位圆 $0.5 < |z| < 2$ ，此时

$$x[n] = 0.5^n u[n] - 2 \times 2^n u[-n-1]$$

9.4　LTI 离散时间系统 z 域分析方法

单边 z 变换在系统分析中的最主要应用就是求解带非零初始条件的差分方程。若 LTI 离散时间系统的输入输出方程为

$$y[n] + a_1 y[n-1] + \cdots + a_{N-1} y[n-N+1] + a_N y[n-N]$$
$$= b_0 x[n] + b_1 x[n-1] + \cdots + b_{M-1} x[n-M+1] + b_M x[n-M]$$

系统的初始条件为 $y[-1]$ 、 $y[-2]$ 、 $\cdots$ 、 $y[-N]$ 。两边取单边 z 变换，根据单边 z 变换的时域右移位特性，有

$$x[n-q] \overset{ZT_u}{\longleftrightarrow} z^{-q}\left(X(z) + \sum_{i=-q}^{-1} x[i]z^{-i}\right)$$

若输入信号为因果信号，可得

$$D(z)Y(z) + C(z) = N(z)X(z) \tag{9.7}$$

其中

$$D(z) = 1 + a_1 z^{-1} + \cdots + a_N z^{-N}$$
$$N(z) = b_0 + b_1 z^{-1} + \cdots + b_M z^{-M}$$

$$C(z) = \sum_{q=0}^{N-1} \sum_{i=q+1}^{N} a_i y[-i+q] z^{-q}$$

这里假设 $x[n]$ 为因果信号，$x[n-q] \xleftrightarrow{ZT_u} z^{-q} X(z)$。若初始条件全部为 0，则 $C(z)=0$，此时

$$Y(z) = \frac{N(z)}{D(z)} X(z)$$

$Y(z)$ 为零状态响应的 z 变换。若输入信号为 0，则 $N(z)X(z)=0$，此时

$$Y(z) = -\frac{C(z)}{D(z)}$$

$Y(z)$ 为零输入响应的 z 变换。因此式（9.7）可以写为

$$Y(z) = -\frac{C(z)}{D(z)} + \frac{N(z)}{D(z)} X(z) = Y_{zi}(z) + Y_{zs}(z) \qquad (9.8)$$

通过分别求解 $Y_{zi}(z)$ 和 $Y_{zs}(z)$ 的 z 反变换，即可得到零输入响应 $y_{zi}[n]$ 和零状态响应 $y_{zs}[n]$。

根据 z 变换的卷积性质，有

$$Y_{zs}(z) = X(z)H(z)$$

式中，$H(z)$ 为系统函数，是系统单位脉冲响应的 z 变换。对比式（9.8）可知

$$H(z) = \frac{N(z)}{D(z)} = H(S)\big|_{S=z}$$

所以，LTI 离散时间系统的系统函数与差分方程的移序算子是相同的。

对于二阶系统来说，假设系统方程为

$$y[n] + a_1 y[n-1] + a_2 y[n-2] = b_0 x[n] + b_1 x[n-1] + b_2 x[n-2]$$

两边取单边 z 变换，有

$$Y(z) + a_1 z^{-1}(Y(z) + y[-1]z) + a_2 z^{-2}(Y(z) + y[-1]z + y[-2]z^2)$$
$$= b_0 X(z) + b_1 z^{-1} X(z) + b_2 z^{-2} X(z)$$

合并同类项，有

$$(1 + a_1 z^{-1} + a_2 z^{-2})Y(z) + a_1 y[-1] + a_2 y[-1]z^{-1} + a_2 y[-2]$$
$$= (b_0 + b_1 z^{-1} + b_2 z^{-2})X(z)$$

整理后可得

$$Y(z) = -\frac{a_1 y[-1] + a_2 y[-1]z^{-1} + a_2 y[-2]}{1 + a_1 z^{-1} + a_2 z^{-2}} + \frac{b_0 + b_1 z^{-1} + b_2 z^{-2}}{1 + a_1 z^{-1} + a_2 z^{-2}} X(z)$$

等号右边第一项仅与初始条件有关，与输入信号无关，所以

$$Y_{zi}(z) = -\frac{a_1 y[-1] + a_2 y[-1]z^{-1} + a_2 y[-2]}{1 + a_1 z^{-1} + a_2 z^{-2}}$$

等号右边第二项仅与输入信号有关，与初始条件无关，所以

$$Y_{zs}(z) = \frac{b_0 + b_1 z^{-1} + b_2 z^{-2}}{1 + a_1 z^{-1} + a_2 z^{-2}} X(z)$$

通过分别求解 $Y_{zi}(z)$ 和 $Y_{zs}(z)$ 的 z 反变换，即可得到零输入响应 $y_{zi}[n]$ 和零状态响应 $y_{zs}[n]$。

由于

$$H(z) = \frac{b_0 + b_1 z^{-1} + b_2 z^{-2}}{1 + a_1 z^{-1} + a_2 z^{-2}} = H(S)\big|_{S=z}$$

所以，系统函数和系统输入输出方程之间也是可以相互转化的，因此也可以直接用系统函数来表示离散时间系统。

如果系统方程的形式是

$$y[n+N] + a_1 y[n+N-1] + \cdots + a_{N-1} y[n+1] + a_N y[n]$$
$$= b_0 x[n+M] + b_1 x[n+M-1] + \cdots + b_{M-1} x[n+1] + b_M x[n]$$

系统的初始条件为 $y[0]$、$y[1]$、$\cdots$、$y[N-1]$。两边取单边 z 变换，根据单边 z 变换的时域左移位特性，有

$$x[n+q] \xleftarrow{\quad ZT_u \quad} z^q \left(X(z) - \sum_{i=0}^{q-1} x[i] z^{-i} \right)$$

若输入信号为因果信号，也可得

$$D(z) Y(z) - C(z) = N(z) X(z) - E(z)$$

其中

$$D(z) = z^N + a_1 z^{N-1} + \cdots + a_{N-1} z + a_N$$
$$N(z) = b_0 z^M + b_1 z^{M-1} + \cdots + b_{M-1} z + b_M$$
$$C(z) = \sum_{q=0}^{N-1} \sum_{i=q+1}^{N} a_i y[i-q-1] z^q$$
$$E(z) = \sum_{q=0}^{N-1} \sum_{i=q+1}^{N} b_i x[i-q-1] z^q$$

整理为

$$Y(z) = \frac{C(z) - E(z)}{D(z)} + \frac{N(z)}{D(z)} X(z) = Y_{zi}(z) + Y_{zs}(z)$$

此时

$$Y_{zs}(z) = \frac{N(z)}{D(z)} X(z)$$

$Y_{zs}(z)$ 为零状态响应的 z 变换。所以

$$Y_{zi}(z) = \frac{C(z) - E(z)}{D(z)}$$

$Y_{zi}(z)$ 为零输入响应的 z 变换。通过分别求解 $Y_{zi}(z)$ 和 $Y_{zs}(z)$ 的 z 反变换，即可得到零输入响应 $y_{zi}[n]$ 和零状态响应 $y_{zs}[n]$。

对于二阶系统来说，假设系统方程为

$$y[n+2] + a_1 y[n+1] + a_2 y[n] = b_0 x[n+2] + b_1 x[n+1] + b_2 x[n]$$

两边取单边 z 变换，有

$$z^2 (Y(z) - y[0] - y[1] z^{-1}) + a_1 z (Y(z) - y[0]) + a_2 Y(z)$$
$$= b_0 z^2 (X(z) - x[0] - x[1] z^{-1}) + b_1 z (X(z) - x[0]) + b_2 X(z)$$

合并同类项，有

$$(z^2 + a_1 z + a_2)Y(z) - y[0]z^2 - y[1]z - a_1 y[0]z$$
$$= (b_0 z^2 + b_1 z + b_2)X(z) - b_0 x[0]z^2 - b_0 x[1]z - b_1 x[0]z$$

整理后可得

$$Y(z) = \frac{(y[0]z^2 + y[1]z + a_1 y[0]z) - (b_0 x[0]z^2 + b_0 x[1]z + b_1 x[0]z)}{z^2 + a_1 z + a_2} +$$

$$\frac{b_0 z^2 + b_1 z + b_2}{z^2 + a_1 z + a_2} X(z)$$

等号右边第二项为零状态响应的 z 变换，所以等号右边第一项为零输入响应的 z 变换，即

$$Y_{zi}(z) = \frac{(y[0]z^2 + y[1]z + a_1 y[0]z) - (b_0 x[0]z^2 + b_0 x[1]z + b_1 x[0]z)}{z^2 + a_1 z + a_2}$$

通过分别求解 $Y_{zi}(z)$ 和 $Y_{zs}(z)$ 的 z 反变换，即可得到零输入响应 $y_{zi}[n]$ 和零状态响应 $y_{zs}[n]$。

例 9.12 已知 LTI 离散时间系统方程

$$y[n] + 1.5y[n-1] + 0.5y[n-2] = x[n] - x[n-1]$$

输入信号为 $u[n]$，初始条件 $y[-1] = 2$，$y[-2] = 1$。计算系统响应。

 笔记：

解：对差分方程两边求单边拉普拉斯变换，有

$$Y(z) + 1.5z^{-1}(Y(z) + y[-1]z) +$$
$$0.5z^{-2}(Y(z) + y[-1]z + y[-2]z^2)$$
$$= X(z) - z^{-1}X(z)$$

整理后可得

$$Y(z) = -\frac{1.5y[-1] + 0.5y[-1]z^{-1} + 0.5y[-2]}{1 + 1.5z^{-1} + 0.5z^{-2}} +$$

$$\frac{1 - z^{-1}}{1 + 1.5z^{-1} + 0.5z^{-2}} X(z)$$

$$= -\frac{3.5 + z^{-1}}{1 + 1.5z^{-1} + 0.5z^{-2}} + \frac{1 - z^{-1}}{1 + 1.5z^{-1} + 0.5z^{-2}} X(z)$$

所以

$$Y_{zi}(z) = -\frac{3.5 + z^{-1}}{1 + 1.5z^{-1} + 0.5z^{-2}} = -\frac{3.5z^2 + z}{z^2 + 1.5z + 0.5}$$

$$Y_{zs}(z) = \frac{1 - z^{-1}}{1 + 1.5z^{-1} + 0.5z^{-2}} X(z) = \frac{(z^2 - z)z}{(z^2 + 1.5z + 0.5)(z - 1)}$$

所以

$$Y(z) = \frac{-2.5z^2 - z}{z^2 + 1.5z + 0.5} = \frac{0.5z}{z + 0.5} - \frac{3z}{z + 1}$$

取单边反变换可得

$$y[n] = (0.5 \times (-0.5)^n - 3 \times (-1)^n)u[n]$$

例 9.13　已知 LTI 离散时间系统方程

$$y[n+2] - 5y[n+1] + 6y[n] = x[n+1] + x[n]$$

输入信号为 $u[n]$，计算系统零输入响应和零状态响应。若初始条件：（1）$y_{zi}[0] = 0$，$y_{zi}[1] = 0$；（2）$y[0] = 0$，$y[1] = 0$。

解：（1）第一组初始条件为零输入响应的初始条件，初始条件为 0，所以零输入响应也为 0。

零状态响应的 z 变换是

$$Y(z) = X(z)H(z) = \frac{z(z+1)}{(z-1)(z^2 - 5z + 6)}$$

$$= \frac{z}{z-1} - 3\frac{z}{z-2} + 2\frac{z}{z-3}$$

所以，零状态响应为

$$y_{zs}[n] = \left(1 - 3 \times 2^n + 2 \times 3^n\right)u[n]$$

（2）第二组初始条件为全响应的初始条件，取单边 z 变换

$$z^2(Y(z) - y[0] - y[1]z^{-1}) - 5z(Y(z) - y[0]) + 6Y(z)$$
$$= z(X(z) - x[0]) + X(z)$$

代入初始条件并整理后得到

$$Y(z) = \frac{2z}{(z^2 - 5z + 6)(z-1)} = \frac{z}{z-1} - \frac{2z}{z-2} + \frac{z}{z-3}$$

所以，系统的全响应为

$$y[n] = (1 - 2 \times 2^n + 3^n)u[n]$$

系统的零输入响应为

$$y_{zi}[n] = y[n] - y_{zs}[n] = (2^n - 3^n)u[n]$$

例 9.14　考虑一阶反馈系统

$$y[n] = x[n] + \rho y[n-1]$$

该系统可以用来模拟银行的存款理财。令 $\rho = 1 + r$，这里 r 是用百分比表示的银行存款利率，$y[n]$ 代表用 $x[n]$ 表示的存款或取款后的余额。假设账户开始存入 10000 元，年利率为 3%，按月计算利息，10 年后开始从账户取款。假设每个月初从账户中取出 2000 元。计算每个月开始时的余额和经过多少个月后账户余额为 0。

解：取单边 z 变换，有

$$Y(z) = X(z) + \rho z^{-1}(Y(z) - y[-1]z)$$

$$Y(z) = \frac{1}{1 - \rho z^{-1}}X(z) + \frac{\rho y[-1]}{1 - \rho z^{-1}}$$

已知

$$y[-1] = 10000，\quad \rho = 1 + \frac{3\%}{12} = 1.0025$$

 笔记：

求解系统响应可以用如下 MATLAB 命令。

```
num=[1 -1 0];
den=[1 1.5 0.5];
n=0:20;
x=ones(1,length
(n));
zi=[-1.5*2-0.5*
1,-0.5*2];
y=filter(num,de
n,x,zi);
```

　　其中，初始条件为

$$zi = \{-a_1 y[-1] - a_2 y[-2]，-a_2 y[-1]\}$$

求解系统零状态响应可以用如下 MATLAB 命令。

```
num=[1 -1 0];
den=[1 1.5 0.5];
n=0:20;
x=ones(1,length
(n));
y=filter(num,de
n,x);
```

因为是从第 11 年（$n=121$）开始每个月支取 2000 元，所以输入为

$$x[n] = -2000u[n-120]$$

因此

$$X(z) = \frac{-2000}{1-z^{-1}} z^{-120}$$

则

$$Y(z) = \frac{1}{1-1.0025z^{-1}} \frac{-2000z^{-120}}{1-z^{-1}} + \frac{1.0025 \times 100000}{1-1.0025z^{-1}}$$

$$= \frac{800000z^{-119}}{1-z^{-1}} - \frac{800000z^{-119}}{1-1.0025z^{-1}} + \frac{100250}{1-1.0025z^{-1}}$$

$$x[n] = 80000u[n-119] - 80000(1.0025)^n u[n-119] +$$
$$100250(1.0025)^n u[n]$$

图 9.6 描绘了存款变动的情况，可见当 $n=193$ 时，$x[n]$ 为 0。

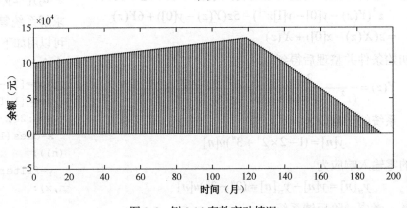

图 9.6　例 9.14 存款变动情况

9.5　系统传递函数

9.5.1　用系统函数表示离散时间系统

根据前面的讨论，离散时间系统传递函数（简称系统函数）$H(z)$ 可以定义为

$$h[n] \xleftarrow{\text{ZT}} H(z)$$

$$H(z) = \frac{Y_{zs}(z)}{X(z)}$$

$$H(z) = H(S)\big|_{S=z}$$

因此，系统函数与系统的输入输出方程是等价的，通过系统函数可以确定系统的差分方程描述；反之，也能够直接从系统的差分方程获得系统函数。

例 9.15 已知 LTI 离散时间因果系统对输入

$$x[n] = (-1/3)^n u[n]$$

的零状态响应为

$$y[n] = \left(3(-1)^n + (1/3)^n\right)u[n]$$

确定该系统的差分方程。

解： 首先计算系统函数

$$H(z) = \frac{Y(z)}{X(z)} = \frac{\dfrac{3z}{z+1} + \dfrac{z}{z-1/3}}{\dfrac{z}{z+1/3}} = \frac{12z^2 + 4z}{3z^2 + 2z - 1}$$

所以，系统的差分方程为

$$3y[n+2] + 2y[n+1] - y[n] = 12x[n+2] + 4x[n+1]$$

例 9.16 已知 LTI 离散时间因果系统的系统函数为

$$H(z) = \frac{5z+2}{z^2 + 3z + 2}$$

在初始条 $y[-1]$ 和 $y[-2]$ 下，其对输入 $x[n] = 2^n u[n]$ 的全响应为

$$y[n] = \left(2 \times (-1)^n - (-2)^n + 2^n\right)u[n]$$

计算：（1） $y[-1]$ 和 $y[-2]$；（2）单位脉冲响应 $h[n]$。

解：（1）由于全响应

$$y[n] = y_{zi}[n] + y_{zs}[n]$$

所以，先计算零状态响应，再计算零输入响应，即可得到初始条件。由于

$$Y_{zs}(z) = X(z)H(z) = \frac{z(5z+2)}{(z-2)(z^2+3z+2)}$$

$$= \frac{z}{z+1} + \frac{z}{z-2} - \frac{2z}{z+2}$$

可知

$$y_{zs}[n] = \left((-1)^n + 2^n - 2\times(-2)^n\right)u[n]$$

所以

$$y_{zi}[n] = y[n] - y_{zs}[n] = \left((-1)^n + (-2)^n\right)u[n]$$

由此可得

$$y[-1] = -1.5, \quad y[-2] = 1.25$$

（2）根据系统函数的定义

$$h[n] \xleftarrow{\ zT\ } \frac{5z+2}{z^2+3z+2} = 1 + \frac{3z}{z+1} - \frac{4z}{z+2}$$

所以

$$h[n] = \delta[n] + \left(3(-1)^n - 4(-2)^n\right)u[n]$$

 笔记：

将有理系统函数用零极点的形式表示为

$$H(z) = \frac{b_0 \prod\limits_{i=1}^{M}(1 - c_i z^{-1})}{\prod\limits_{i=1}^{N}(1 - d_i z^{-1})}$$

式中，d_i 为极点，c_i 为零点。所以，由零点、极点和增益 b_0 可以完全地确定系统函数。这也提供了另一种描述 LTI 连续时间系统的方法。

9.5.2 离散时间系统的互联

一个复杂系统可以用简单系统的互联来表示，互联的方式如图 9.7 所示，包括级联、并联和反馈 3 种。下面给出在 3 种互联方式下系统函数与子系统的系统函数的关系。

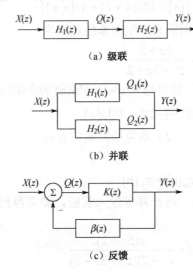

（a）级联

（b）并联

（c）反馈

图 9.7　系统 z 域互联方式

对于级联系统，有
$$Y(z) = Q(z)H_2(z) = (X(z)H_1(z))H_2(z) = X(z)(H_1(z)H_2(z))$$
即级联系统的系统函数是子系统的系统函数的乘积。

对于并联系统，有
$$Y(z) = Q_1(z) + Q_2(z) = X(z)H_1(z) + X(z)H_2(z) = X(z)(H_1(z) + H_2(z))$$
即并联系统的系统函数为子系统的系统函数的和。

对于反馈系统，有
$$Y(z) = Q(z)K(z), \quad Q(z) = X(z) - \beta(z)Y(z)$$
整理可得，反馈系统的系统函数为
$$H(z) = \frac{K(z)}{1 + \beta(z)K(z)}$$

特别地，取 $K(z) = z^{-1}$ 为一个延时器，取 $\beta(z) = a$ 为一个标量乘法器，则反馈系统的系统函

数为

$$H(z) = \frac{z^{-1}}{1 + az^{-1}} = \frac{1}{z + a}$$

9.5.3　z 域模拟框图

本书 3.8 节介绍了 LTI 离散时间系统的框图表示方法，即用算子方程表示差分方程，有

$$D(S)y[n] = N(S)x[n]$$

引入中间变量 $q[n]$，满足

$$\begin{cases} x[n] = D(S)q[n] \\ y[n] = N(S)q[n] \end{cases}$$

然后利用加法器、延时器和标量乘法器分别将上述两个系统表示在一个系统框图中。现在，对上述两个系统取双边 z 变换，可得

$$\begin{cases} X(z) = D(z)Q(z) \\ Y(z) = N(z)Q(z) \end{cases} \tag{9.9}$$

由于

$$H(z) = \frac{N(z)}{D(z)}$$

所以，式（9.9）就给出了在 z 域用系统函数的框图表示系统的方法，即对时域框图表示直接取双边 z 变换。实际上，这种表示方法就是将系统表示为两个子系统的级联形式，第一个子系统的系统函数为 $1/D(z)$，第二个子系统的系统函数为 $N(z)$，称为**直接型框图表示**。系统函数 $H(z)$ 也可以根据极点的情况表示为一阶或二阶子系统的系统函数的乘积或和的形式，即

$$H(z) = H_1(z)H_2(z)\cdots H_N(z)$$
$$H(z) = H_1(z) + H_2(z) + \cdots + H_N(z)$$

分别将每个子系统用直接型框图表示，然后再级联或并联在一起可以得到**级联型框图表示**和**并联型框图表示**。

例 9.17　已知 LTI 离散时间系统的系统函数为

 笔记：

$$H(z) = \frac{2z + 1}{z^2 + 6z + 5}$$

分别用直接型、级联型和并联型框图表示该系统。

解：

$$H(z) = \frac{2z + 1}{z^2 + 6z + 5} = \frac{2z + 1}{z + 1} \frac{1}{z + 5} = \frac{-0.25}{z + 1} + \frac{2.25}{z + 5}$$

（1）直接型框图表示：引入中间变量 $Q(z)$，满足

$$\begin{cases} X(z) = D(z)Q(z) = z^2 Q(z) + 6zQ(z) + 5Q(z) \\ Y(z) = N(z)Q(z) = 2zQ(z) + Q(z) \end{cases}$$

直接型框图表示如图 9.8（a）所示。

（2）级联型框图表示和并联型框图表示的基本型是反馈连接方式，式（9.8）给出一阶反馈与系统函数的关系，以此为基础可以画出级联型框图表示和并联型框图表示，如图 9.8（b）和图 9.8（c）所示。

例 9.18 确定如图 9.9 所示系统的系统函数。

解：联立方程

$$\begin{cases} zQ_1(z) = Q_2(z) + X(z) \\ zQ_2(z) = Q_1(z) - 3Y(z) \\ Y(z) = 2Q_1(z) + Q_2(z) \end{cases}$$

消去 $Q_1(z)$ 和 $Q_2(z)$，有

$$H(z) = \frac{2z+1}{z^2 + 3z + 5}$$

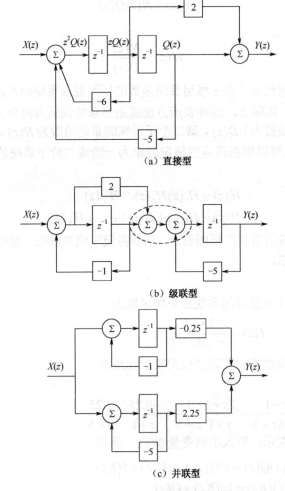

（a）直接型

（b）级联型

（c）并联型

图 9.8　例 9.17 系统框图表示

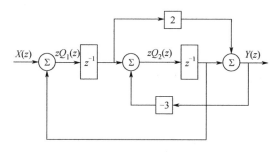

图 9.9　例 9.18 系统

9.6　系统函数与系统特性

9.6.1　系统函数与系统的稳定性

LTI 离散时间系统的系统函数与单位脉冲响应是一对 z 变换对，即

$$h[n] \xleftarrow{\ ZT\ } H(z)$$

若系统为因果系统，则当 $n<0$ 时，$h[n]=0$。所以，LTI 因果系统的单位脉冲响应是对系统函数求单边反变换得到的。z 平面单位圆内的极点构成了单位脉冲响应中的指数衰减项，单位圆外的极点构成了单位脉冲响应中的指数增长项。

若系统为稳定系统，其单位脉冲响应绝对可和，且单位脉冲响应的 DTFT 也存在，系统函数的收敛域必须要包含 z 平面的单位圆。因此，极点的位置和单位圆的关系决定了单位脉冲响应的形式。单位圆内的极点对应于单位脉冲响应中的因果指数衰减项，单位圆外的极点对应于单位脉冲响应中的反因果指数衰减项。

根据以上的分析，若系统为因果稳定系统，其所有极点必须位于单位圆内。

◆　离散时间线性时不变系统为稳定系统的充要条件是其系统函数的收敛域包含单位圆。

◆　离散时间线性时不变因果系统为稳定系统的充要条件是其系统函数的所有极点均位于 z 平面的单位圆内。

例 9.19　已知 LTI 离散时间系统为

$$y[n] - y[n-1] + 6y[n-2] = x[n] + 3x[n-2]$$

若：（1）系统是因果系统；（2）系统是稳定系统。分别计算单位脉冲响应，并判断该系统是否为稳定的因果系统。

解：

$$H(z) = \frac{1+3z^{-2}}{1-5z^{-1}+6z^{-2}} = \frac{z^2+3}{z^2-5z+6}$$

$$= \frac{1}{2} - \frac{7}{2} \times \frac{z}{z-2} + \frac{4z}{z-3}$$

（1）若系统是因果系统，系统函数的收敛域 $|z|>3$，则

📝 **笔记：**

$$h[n] = 0.5\delta[n] + \left(-3.5 \times 2^n + 4 \times 3^n\right)u[n]$$

（2）若系统是稳定系统，系统函数的收敛域 $|z| < 2$，则

$$h[n] = 0.5\delta[n] + \left(3.5 \times 2^n - 4 \times 3^n\right)u[-n-1]$$

当系统为因果系统时，系统函数的两个极点均位于单位圆外，所系统不稳定。

例 9.20 某 LTI 离散时间因果系统的系统函数为

$$H(z) = \frac{-2z + 1.25}{z^2 + 0.25z - 0.125}$$

判断系统的稳定性。

解：该系统的极点为 $z = 0.25$ 和 $z = -0.5$。由于极点都位于单位圆内，所以系统为稳定系统。

9.6.2 逆系统的系统函数

一个具有单位脉冲响应为 $h[n]$ 的 LTI 离散时间系统，其逆系统的单位脉冲响应为 $h^{\text{inv}}[n]$，应满足

$$h[n] * h^{\text{inv}}[n] = \delta[n]$$

取 z 变换，则

$$H(z)H^{\text{inv}}(z) = 1$$
$$H^{\text{inv}}(z) = 1/H(z)$$

由此可见，逆系统的系统函数为原系统的系统函数的倒数。因此，逆系统的极点是原系统的零点，逆系统的零点是原系统的极点。由于稳定的因果系统要求全部极点均位于 z 平面的单位圆内，因此只有当原系统的全部零点都位于 z 平面的单位圆内时，才存在因果稳定的可逆系统。系统函数 $H(z)$ 的全部极点和零点都位于单位圆内的系统称为**最小相位系统**。

例 9.21 已知 LTI 离散时间系统的输入、输出方程为

$$y[n+2] - y[n+1] + 0.25y[n]$$
$$= x[n+2] + 0.25x[n+1] - 0.125x[n]$$

计算其逆系统的系统函数，并判断是否存在因果稳定的可逆系统。

解：原系统的系统函数为

$$H(z) = \frac{z^2 + 0.25z - 0.125}{z^2 - z + 0.25} = \frac{(z+0.5)(z-0.25)}{(z-0.5)^2}$$

所以，逆系统的系统函数为

$$H^{\text{inv}}(z) = \frac{(z-0.5)^2}{(z+0.5)(z-0.25)}$$

逆系统的极点 $z = 0.25$ 和 $z = -0.5$ 均位于 z 平面的单位圆内，因此存在因果稳定的可逆系统。

例 9.22 考虑双径信道的离散时间系统模型

$$y[n] = x[n] + ax[n-1]$$

确定逆系统的差分方程。若逆系统是稳定的因果系统，则求参数 a 需要满足的条件。

解：系统函数为

$$H(z) = 1 + az^{-1}$$

可逆系统的系统函数为

$$H^{\text{inv}}(z) = \frac{z}{1+az^{-1}} = \frac{z}{z+a}$$

所以，可逆系统的差分方程为

$$y[n] + ay[n-1] = x[n]$$

当逆系统为因果系统时，同时要求逆系统为稳定系统需要满足 $|a| < 1$。

 笔记：

9.7 通过零—极点确定频率响应

当系统函数的收敛域包含单位圆时，系统的频率响应 $H\left(e^{j\Omega}\right)$ 可由系统函数获得，即

$$H\left(e^{j\Omega}\right) = H(z)\big|_{z=e^{j\Omega}}$$

用零—极点表示系统函数为

$$H(z) = \frac{b_0 z^M + b_1 z^{M-1} + \cdots + b_M}{z^N + a_1 z^{N-1} + \cdots + a_N} = \frac{b_0 \prod\limits_{i=1}^{M}(z-c_i)}{\prod\limits_{i=1}^{N}(z-d_i)}$$

所以，频率响应函数为

$$H\left(e^{j\Omega}\right) = \frac{b_0 \prod\limits_{i=1}^{M}\left(e^{j\Omega}-c_i\right)}{\prod\limits_{i=1}^{N}\left(e^{j\Omega}-d_i\right)} \tag{9.10}$$

可见，频率响应也取决于系统的零点和极点。

现在从某一固定的频率 Ω_0 开始，仅考虑幅频响应。对应的频率响应为

$$\left|H\left(e^{j\Omega_0}\right)\right| = \frac{b_0 \prod\limits_{i=1}^{M}\left|\left(e^{j\Omega_0}-c_i\right)\right|}{\prod\limits_{i=1}^{N}\left|\left(e^{j\Omega_0}-d_i\right)\right|} \tag{9.11}$$

这个表达式是一些具有形式为 $\left|e^{j\Omega_0}-g\right|$ 的项的乘积之比。其中，g 可以是零点，也可

以是极点。因子 $e^{j\Omega_0} - g$ 是一个复数，可以用 z 平面上从点 g 到 $e^{j\Omega_0}$ 的向量表示。这个向量可以用极坐标表示为

$$e^{j\Omega_0} - g = \left| e^{j\Omega_0} - g \right| e^{j\angle\left(e^{j\Omega_0} - g \right)}$$

如图 9.10（a）所示，该向量的模（长度）为 $\left| e^{j\Omega_0} - g \right|$，相角为 $\angle\left(e^{j\Omega_0} - g \right)$。通过测试在 Ω_0 改变时 $e^{j\Omega_0} - g$ 的模和相角的改变，可以得到每个极点和零点对总的频率响应的影响。

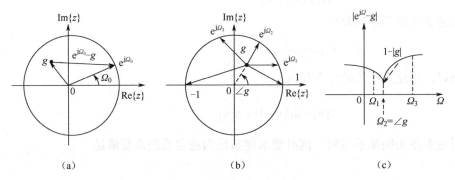

图 9.10　从点 g 到 $e^{j\Omega}$ 的向量

图 9.10（c）描绘了不同的 Ω_0 值对模 $\left| e^{j\Omega_0} - g \right|$ 的影响，可见当 Ω_0 从 $-\pi$ 沿单位圆向 π 移动时，$\left| e^{j\Omega_0} - g \right|$ 先由大变小，再由小变大。对于固定的 g，当 $\Omega = \angle g$ 时，$\left| e^{j\Omega_0} - g \right| = 1 - |g|$（$g$ 位于单位圆内）或 $|g| - 1$（g 位于单位圆外）最小。当 g 的位置发生改变时，g 离单位圆越近，$\left| e^{j\Omega_0} - g \right|$ 越接近 0。当 g 位于单位圆上时，在 $\Omega = \angle g$ 处，$\left| e^{j\Omega_0} - g \right| = 0$ 取极小点。

令 $e^{j\Omega} - d_i = D_i e^{j\phi_i}$，$e^{j\Omega} - c_i = C_i e^{j\theta_i}$。则式（9.10）可以写为

$$H\left(e^{j\Omega}\right) = \frac{b_0 \prod\limits_{i=1}^{M}\left(e^{j\Omega} - c_i\right)}{\prod\limits_{i=1}^{N}\left(e^{j\Omega} - d_i\right)} = b_0 \frac{C_1 C_2 \cdots C_M}{D_1 D_2 \cdots D_N} e^{j(\theta_1 + \theta_2 + \cdots + \theta_M - \phi_1 - \phi_2 - \cdots - \phi_N)} \tag{9.12}$$

因此，幅频响应为

$$\left| H\left(e^{j\Omega}\right) \right| = b_0 \frac{C_1 C_2 \cdots C_M}{D_1 D_2 \cdots D_N} \tag{9.13}$$

相频响应为

$$\angle H\left(e^{j\Omega}\right) = \left(\theta_1 + \theta_2 + \cdots + \theta_M\right) - \left(\phi_1 + \phi_2 + \cdots + \phi_N\right) \tag{9.14}$$

当 Ω 从 $-\pi$ 沿单位圆向 π 移动时，各极点和零点向量的模和相角均随之改变，于是可以得到系统的幅频响应和相频响应特性。

若 g 为零点，则 $\left| e^{j\Omega_0} - g \right|$ 影响幅频响应的分子。在接近 $\angle g$ 的频率上，$\left| H\left(e^{j\Omega}\right) \right|$ 趋向最小值，$\left| H\left(e^{j\Omega}\right) \right|$ 下降的速度取决于零点与单位圆的接近程度。若零点在单位圆上，则在零点对应的频率上 $\left| H\left(e^{j\Omega}\right) \right| = 0$。

若 g 为极点，则 $\left|\mathrm{e}^{\mathrm{j}\Omega}-g\right|$ 影响幅频响应的分母。当 $\left|\mathrm{e}^{\mathrm{j}\Omega}-g\right|$ 减小时，$\left|H\left(\mathrm{e}^{\mathrm{j}\Omega}\right)\right|$ 将增大，增大的速度取决于极点与单位圆的偏离程度。若有极点非常接近单位圆，就会导致在相对于极点的相角的频率上有一个大的峰值。因此，零点趋向于使幅频响应下降，极点趋向于使幅频响应上升。

例 9.23　已知 LTI 离散时间系统的系统函数为

$$H(z)=\frac{z+1}{(z-0.8\mathrm{e}^{\mathrm{j}\pi/4})(z-0.8\mathrm{e}^{-\mathrm{j}\pi/4})}$$

近似绘出该系统的幅频响应曲线。

笔记：

解：系统在 $z=-1$ 处存在一个零点，在 $z=0.8\mathrm{e}^{\mathrm{j}\pi/4}$ 和 $z=0.8\mathrm{e}^{-\mathrm{j}\pi/4}$ 处存在两个极点。

每个极点和零点对幅频响应的影响如图 9.11（a）、图 9.11（b）、图 9.11（c）所示。将 3 个幅值相乘，因此，幅频响应在 $\Omega=\pi$ 处为 0，在 $\Omega=\pm\pi/4$ 处有最大值。

图 9.12 是幅频响应曲线粗略描绘的结果。图 9.13 是直接利用 MATLAB 作图的结果，可见二者结果的相似性。

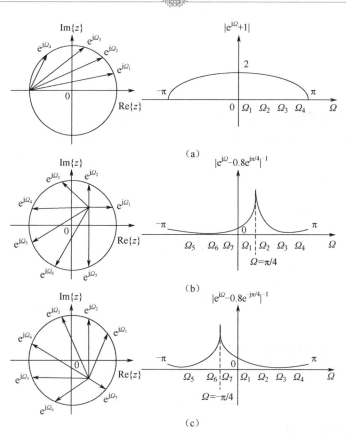

图 9.11　零点和极点对应的幅值

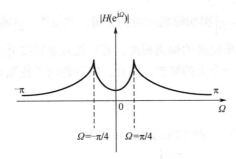

图 9.12　近似的幅频响应曲线

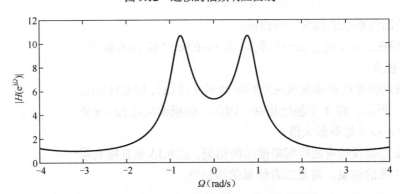

图 9.13　MATLAB 绘制的精确的幅频响应曲线

习题

9.1　确定下列信号的 z 变换及收敛域，并在 z 平面上画出收敛域、极点和零点。

（1）$x[n] = 0.25^n(u[n] - u[n-3])$；

（2）$x[n] = 0.25^n u[-n]$；

（3）$x[n] = 0.5^{|n|}$；

（4）$x[n] = 0.5^n u[n] + 0.25^n u[-n-1]$。

9.2　已知信号 $x[n]$ 的 z 变换，确定其对应的离散时间傅里叶变换。

（1）$X(z) = \dfrac{5}{1 - 0.25z^{-1}}$，$|z| > 0.25$；

（2）$X(z) = \dfrac{z^{-1}}{(1 - 0.25z^{-1})(1 + 0.5z^{-1})}$，$0.25 < |z| < 0.5$。

9.3　计算 z 变换。

（1）$x[n] = u[n-2] * \left(\dfrac{2}{3}\right)^n u[n]$；

（2）$x[n] = n\sin(\pi n / 2)u[-n]$；

（3）$x[n] = n3^n u[n] * \cos(\pi n / 6)u[n]$。

9.4　已知

$$x[n] \xleftarrow{\ \ ZT\ \ } \frac{z}{8z^2 - 2z - 1}$$

确定下列信号的 z 变换。

（1）$3^n x[n]$；

（2）$x[0] + x[1] + \cdots + x[n]$；

（3）$n^2 x[n]$；　　　　　　　　　　　　　　（4）$(\cos 2n)x[n]$；

（5）$3^n(\cos 2n)x[n]$。

9.5 确定下列因果信号的初值 $x[0]$、$x[1]$ 及终值 $x[\infty]$。

（1）$X(z) = \dfrac{z-2}{z^2 - 0.3z - 0.01}$；　　　　　　（2）$X(z) = \dfrac{2z}{z^2 - 1.5z - 1}$。

9.6 计算 z 反变换。

（1）$X(z) = \dfrac{0.25z}{(z-0.5)(z-0.25)}$，$0.25 < |z| < 0.5$；　　（2）$X(z) = \dfrac{16z^2 - 2z + 1}{8z^2 + 2z - 1}$；

（3）$X(z) = \dfrac{z+2}{(z-1)(z^2+1)}$；　　　　　　（4）$X(z) = \dfrac{5z+1}{4z^2 + 4z + 1}$；

（5）$X(z) = \dfrac{1 - 3z^{-1}}{1 + 1.5z^{-1} - z^{-2}}$，$|z| < 0.5$。

9.7 求下列系统的零输入响应和零状态响应。

（1）$y[n] - 0.2y[n-1] - 0.8y[n-2] = x[n] - 2x[n-1]$，$y[-1] = 1$，$y[-2] = 1$，$x[n] = u[n]$。

（2）$y[n+2] + y[n] = 2x[n+1] - x[n]$，$y[0] = 3$，$y[1] = 2$，$x[n] = 2^n u[n]$。

9.8 已知系统输入为 $x[n] = (-3)^n u[n]$，系统输出为 $y[n] = \left(4 \times 2^n - 2 \times (0.5)^n\right)u[n]$。计算单位脉冲响应。

9.9 已知系统的单位脉冲响应为

$$h[n] = \left(2^n - 3^n\right)u[n]$$

确定系统方程。

9.10 因果系统的差分方程为

$$y[n] - 0.8y[n-1] + 0.16y[n-2] = 2x[n] + x[n-1]$$

确定系统函数及单位脉冲响应。

9.11 画出系统

$$H(z) = \dfrac{z^2 - 0.75z}{z^2 - 1.5z - 1}$$

的直接型框图表示、级联型框图表示和并联型框图表示。

9.12 已知系统框图表示如图 9.14 所示，确定该系统的系统函数及系统方程。

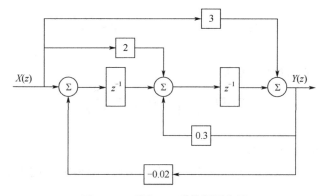

图 9.14　习题 9.12 系统框图表示

9.13 判断下列系统是否为稳定的因果系统和最小相位系统。

（1） $H(z) = \dfrac{2z+3}{z^2+z-2}$ ；

（2） $y[n] - y[n-1] - 0.25y[n-2] = 3x[n] - 2x[n-1]$ 。

9.14 已知系统的单位脉冲响应为

$$h[n] = (2.5 \times 0.5^n - 3.5 \times (-0.25)^n)u[n]$$

求其逆系统的系统函数，并确定是否存在稳定的因果逆系统。

9.15 已知 LTI 离散时间因果系统

$$y[n+2] + y[n] = 2x[n+1] - x[n]$$

计算：

（1）单位脉冲响应；

（2）单位阶跃响应；

（3）当输入为 $x[n] = 2^n u[n]$ ，且初始条件为 $y[-1] = 3$ 和 $y[-2] = 2$ 时的响应。

（4）判断系统的稳定性。

9.16 已知系统函数为

$$H(z) = \dfrac{z^2 - z - 2}{z^2 + 1.5z - 1}$$

计算：

（1）单位阶跃响应；

（2）该系统是否为稳定的因果系统；

（3）画出系统的模拟框图表示。

9.17 已知 LTI 离散时间因果系统为

$$y[n+2] + y[n] = 2x[n+1] - x[n]$$

系统输入为 $x[n] = (-0.5)^n u[n]$ ，初始条件 $y[-1] = 3$ 和 $y[-2] = 2$ 。求：

（1）系统函数；

（2）零输入响应、零状态响应和全响应；

（3）判断系统的稳定性；

（4）画出系统模拟框图表示。

9.18 已知某 LTI 离散时间系统在初始条件 $y[-1] = 8$ ， $y[-2] = 4$ 下对输入 $x[n] = (0.5)^n u[n]$ 的响应为

$$y[n] = (4 \times 0.5^n - n(0.5)^n - (-0.5)^n)u[n]$$

求系统函数。

9.19 如图 9.15 所示系统。已知

$$H_1(z) = \dfrac{z}{z+1} , \quad H_2(z) = \dfrac{9}{z-8}$$

计算：

（1）系统的单位脉冲响应；

（2）初始条件 $y[-1] = -3$ ， $y[-2] = 4$ ，输入为 $x[n] = (0.5)^n u[n]$ 的零输入响应和零状态响应。

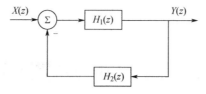

图 9.15　习题 9.19 系统

（3）若

$$H_1(z) = \frac{z}{z-0.5} , \quad H_2(z) = \frac{z}{z+a}$$

当参数 a 满足何种条件时该系统为稳定系统。

9.20　如图 9.16 所示系统，已知

$$H_1(z) = \frac{z^2 - 3z + 2}{z^2 - 7z + 12}$$

若系统的单位脉冲响应为 $\delta[n]$ ，求 $H_2(z)$ 。

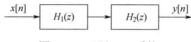

图 9.16　习题 9.20 系统

9.21　画出以下系统的幅频响应曲线：

（1）$H(z) = \dfrac{z-1}{z+0.9}$ ；
　　　　　　　　　　　　　　（2）$H(z) = \dfrac{1}{z+0.8}$ ；

（3）$H(z) = \dfrac{z-1}{(z+0.8)(z-0.4)}$ 。

备选习题

更多习题请扫右方二维码获取。

第 10 章　滤波器设计

学习目标

通过本章的学习，学生应具备以下能力：
- ◆ 能正确设计巴特沃斯低通滤波器（6 阶以内）；
- ◆ 会利用模拟域的频率变换设计高通、带通和带阻模拟滤波器；
- ◆ 会正确利用冲激响应不变法和双线性变换法设计 IIR 数字滤波器；
- ◆ 会正确利用窗函数法和频率抽样法设计线性相位 FIR 滤波器；
- ◆ 会利用数字域的频率变换设计高通、带通和带阻数字滤波器。

　　滤波器是一种能使有用频率信号顺利通过，而同时对无用频率信号进行抑制（或衰减）的电子装置。工程上常用它进行信号处理、数据传送和抑制干扰等。按所处理的信号，滤波器分为模拟滤波器和数字滤波器两种。按所通过信号的频段，滤波器分为低通滤波器、高通滤波器、带通滤波器和带阻滤波器 4 种。按所采用的元器件，滤波器分为无源滤波器和有源滤波器两种。无源滤波器由无源元器件电阻、电感、电容组成，利用电容和电感的电抗随频率的变化而变化的原理构成。有源滤波器由集成运算放大器和电阻、电容组成，不需要使用电感。

　　处理连续时间信号的滤波器称为模拟滤波器，处理离散时间信号的滤波器称为离散滤波器。在数字系统中，滤波器处理的信号是数字化后的离散时间信号，这种离散滤波器称为数字滤波器。模拟滤波器一般由电阻、电容、电感、运算放大器等模拟元器件构成。数字滤波器则由数字乘法器、加法器和延时器等数字元器件构成。

　　数字滤波器可以达到比模拟滤波器更高的精度，并且不受温度、湿度等外界环境因素的影响，各项性能的稳定性高。模拟滤波器在参数改变时要更换电容、电感，很麻烦。数字滤波器在参数改变时有时只需要修改一下系数就可以。

　　理想滤波器是物理上不可实现的系统。"理想"是由于它能让所有位于通带内的频率分量无失真地通过，同时滤除所有位于阻带内的频率分量，而且从通带到阻带的过渡是陡峭的。从工程设计的角度来说，通常允许系统条件与这些理想条件存在预定的偏差，即允许存在一定程度的、可接受的失真。如图 10.1 所示，对模拟滤波器有如下要求。

　　（1）通带内的幅频响应要满足

$$1 - \varepsilon \leqslant |H(\mathrm{j}\omega)| \leqslant 1, \ 0 \leqslant \omega \leqslant \omega_p$$

式中，ω_p 称为**通带截止频率**，ε 为容差参数。

　　（2）阻带内的幅频响应不超过 δ，即

$$|H(\mathrm{j}\omega)| \leqslant \delta, \ \omega \geqslant \omega_s$$

式中，ω_s 称为**阻带截止频率**，δ 为容差参数。

（3）过渡带的带宽为有限值，等于 $\omega_s - \omega_p$。

（4）ω_c 为 -3dB 点，即 $\left|H(\mathrm{j}\omega_c)\right| = \dfrac{\sqrt{2}}{2}$。信号的 **3dB 带宽**称为 ω_c。通常容差参数 $\varepsilon < 0.293$。

数字滤波器也是按照这样的规格完成设计的，不同的是数字滤波器的幅频响应是以 2π 为周期的。

滤波器的设计包括模拟方法、模拟—数字方法和数字方法 3 种。模拟方法是设计模拟滤波器的方法；模拟—数字方法是通过模拟滤波器设计 IIR 数字滤波器的方法，包括冲激响应不变法和双线性变换法；数字方法是设计 FIR 数字滤波器的方法，包括窗函数法和频率抽样法。本章将分别介绍这些内容。

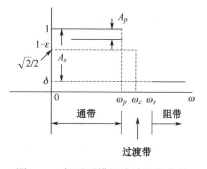

图 10.1　低通型模拟滤波器的容差

10.1　模拟滤波器的设计

在滤波器的设计中，下列两个最优化准则用得较为广泛。

1. 最大平坦幅频响应

设 $\left|H(\mathrm{j}\omega)\right|$ 是 K 阶模拟低通滤波器的幅频响应，K 为整数。若 $\left|H(\mathrm{j}\omega)\right|$ 对 ω 的各阶偏导数当 $\omega = 0$ 时为 0，即

$$\frac{\partial^k}{\partial \omega^k}\left|H(\mathrm{j}\omega)\right| = 0\,(\omega = 0;\ k = 1,\ 2,\cdots,2K-1)$$

则 $\left|H(\mathrm{j}\omega)\right|$ 称为关于原点是最大平坦的。

2. 等纹波幅频响应

令

$$\left|H(\mathrm{j}\omega)\right|^2 = \frac{1}{1 + \gamma^2 F^2(\omega)}$$

式中，γ 与通带容差参数 ε 有关，$F(\omega)$ 是 ω 的函数。若 $F^2(\omega)$ 在整个通带内的最大值和最小值之间等幅震荡，则 $\left|H(\mathrm{j}\omega)\right|$ 称为在通带内是等纹波幅频响应。

上述两种优化准则分别对应巴特沃斯滤波器和切比雪夫滤波器。

10.1.1　巴特沃斯滤波器

K 阶巴特沃斯滤波器的幅频响应定义为

$$\left|H(\mathrm{j}\omega)\right|^2 = \frac{1}{1 + \left(\omega/\omega_c\right)^{2K}} = \frac{1}{1 + \mu^2 \left(\omega/\omega_p\right)^{2K}}\,(k = 1,2\cdots) \tag{10.1}$$

显然，式中 ω_c 为 -3dB 截止频率，通带边缘为

$$|H(j\omega)|^2 = \frac{1}{1+\mu^2}$$

由图 10.1 可得

$$\frac{1}{1+\mu^2} = (1-\varepsilon)^2$$

在 $\omega = 0$ 附近，可以把 $|H(j\omega)|$ 展开为幂级数，即

$$|H(j\omega)| = 1 - \frac{1}{2}\left(\frac{\omega}{\omega_c}\right)^{2K} + \frac{3}{8}\left(\frac{\omega}{\omega_c}\right)^{4K} - \frac{5}{16}\left(\frac{\omega}{\omega_c}\right)^{6K} + \cdots$$

因此，$|H(j\omega)|$ 对 ω 的前 $2K-1$ 阶导数在原点的值为 0。由此可知，巴特沃斯滤波器在 $\omega = 0$ 处是最大平坦的。

为了设计一个模拟滤波器，需要知道系统函数 $H(s)$ 和滤波器的阶数。滤波器的阶数由以下方法计算得到。

对于在图 10.1 中规定的容差参数 ε 和 δ，通带波纹和阻带衰减被定义为

$$A_p = 20\lg\frac{1}{1-\varepsilon} = -20\lg|H(j\omega_p)|$$

$$A_s = 20\lg\frac{1}{\delta} = -20\lg|H(j\omega_s)|$$

由式（10.1）可得

$$A_p = -20\lg(1-\varepsilon) = 10\lg\left[1+\left(\frac{\omega_p}{\omega_c}\right)^{2K}\right]$$

$$A_s = -20\lg\delta = 10\lg\left[1+\left(\frac{\omega_s}{\omega_c}\right)^{2K}\right]$$

可得

$$K = \frac{\lg A_{sp}}{\lg \omega_{sp}} \tag{10.2}$$

其中

$$A_{sp} = \sqrt{\frac{10^{0.14_s}-1}{10^{0.14_p}-1}}, \quad \omega_{sp} = \frac{\omega_s}{\omega_p}$$

根据指标 ω_s、ω_p、A_s、A_p，由式（10.2）即可确定滤波器的阶数 K（K 为整数）。

由于在 $\omega = \omega_s$ 处，有

$$\frac{1}{1+(\omega_s/\omega_c)^{2K}} = \frac{1}{1+\mu^2(\omega_s/\omega_p)^{2K}} = \delta^2$$

可得

$$K = \frac{\lg[(1/\delta^2)-1]}{2\lg(\omega_s/\omega_c)} = \frac{\lg(1/\delta\mu)}{\lg(\omega_s/\omega_p)} \tag{10.3}$$

根据指标 δ、μ、ω_s/ω_p 也可以确定滤波器的阶数。

在滤波器阶数确定后，通过如下方法可以确定系统函数。

$$H(s)H(-s) = \left| H(j\omega) \right|^2$$

令 $\omega = \dfrac{s}{j}$，则式（10.1）改写为

$$H(s)H(-s) = \frac{1}{1 + (s/j\omega_c)^{2K}}, \quad K = 1, 2 \cdots$$

上式的极点为

$$s = j\omega_c (-1)^{\frac{1}{2K}} = \omega_c (-1)^{\frac{j\pi(2K+1)}{2K}}, \quad K = 0, 1, \cdots, 2K-1$$

即 $H(s)H(-s)$ 的极点对称地分布在以 ω_c 为半径的圆上。注意：对任意的 K，没有极点落在 s 平面的虚轴上。图 10.2 描绘了 $K = 2$ 和 $K = 3$ 的 $H(s)H(-s)$ 的极点分布。根据第 8 章的结论，因果稳定系统的极点必须位于 s 平面的左半平面。因此，在这 $2K$ 个极点中，位于 s 平面左半平面的 K 个极点属于 $H(s)$，剩下的 K 个极点属于 $H(-s)$。

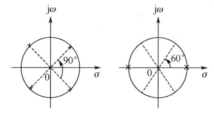

图 10.2　二阶、三阶巴特沃斯滤波器极点分布

由 8.7 节的内容可知，系统函数为

$$H(s) = \frac{\omega_n^2}{s^2 + 2\zeta\omega_n + \omega_n^2}$$

当 $\zeta \geqslant \dfrac{\sqrt{2}}{2}$ 时，该系统是一个截止频率为 ω_n 的低通滤波器。令 $\zeta = \dfrac{\sqrt{2}}{2}$，则

$$H(s) = \frac{\omega_n^2}{s^2 + \sqrt{2}\omega_n + \omega_n^2}$$

极点为

$$s = -\frac{\omega_n}{\sqrt{2}} \pm j\frac{\omega_n}{\sqrt{2}}$$

令 $s = j\omega$，则

$$\left| H(j\omega) \right| = \frac{\omega_n^2}{\sqrt{(\omega_n^2 - \omega^2)^2 + 2\omega_n^2\omega^2}} = \frac{1}{\sqrt{1 + (\omega/\omega_n)^4}}$$

即

$$\left| H(j\omega) \right| = \frac{1}{1 + (\omega/\omega_n)^4}$$

可见，当 $\zeta = \dfrac{\sqrt{2}}{2}$ 时，该系统恰好为二阶巴特沃斯滤波器。

例 10.1 假设-3dB 处的截止频率 $\omega_c = 1$。确定三阶巴特沃斯滤波器的系统函数。

解：当 $K=3$ 时，$H(s)H(-s)$ 的 6 个极点在单位圆上以 $\pi/3$ 相隔。由于 $s=1$ 是其中的一个极点，所以这 6 个极点为

$$e^{j0},\ e^{j\pi/3},\ e^{j2\pi/3},\ e^{j\pi},\ e^{j4\pi/3},\ e^{j5\pi/3}$$

其中，属于 $H(s)$ 的极点是

$$e^{j2\pi/3} = -0.5 + 0.5\sqrt{3}j,\quad e^{j\pi} = -1,\quad e^{j4\pi/3} = -0.5 - 0.5\sqrt{3}j$$

所以

$$H(s) = \frac{1}{(s+1)(s+0.5-0.5\sqrt{3}j)(s+0.5+0.5\sqrt{3}j)}$$
$$= \frac{1}{(s+1)(s^2+s+1)} = \frac{1}{s^3 + 2s^2 + 2s + 1}$$

同样的方法可以得出四阶巴特沃斯滤波器和五阶巴特沃斯滤波器的系统函数为

$$H(s) = \frac{1}{s^4 + 2.613s^3 + 3.414s^2 + 2.613s + 1}$$
$$H(s) = \frac{1}{s^5 + 3.236s^4 + 5.236s^3 + 5.236s^2 + 3.236s + 1}$$

图 10.3 和图 10.4 分别描绘了不同阶数的巴特沃斯低通滤波器的幅频响应和相频响应。可见，滤波器阶数越高，通带截止频率就越大，而阻带截止频率就越小，过渡带的宽度也越来越小，因此，阶数越高，滤波器的性能就越好。另外，相频特性在-3dB 的范围内也具有良好的线性特征。但是，阶数越高意味着物理系统越复杂。

例 10.2 假定低通巴特沃斯滤波器具有 500Hz 的 3dB 带宽，并在 1000Hz 处有 40dB 的衰减，确定该滤波器的阶数和极点。

解：滤波器的指标为 $\omega_c = 1000\pi$，$\omega_s = 2000\pi$，$\delta = 0.01$，所以有

$$\frac{1}{1+(\omega_s/\omega_c)^{2K}} = \delta^2$$

即

$$K = \frac{\lg(1/\delta^2 - 1)}{2\lg(\omega_s/\omega_c)} = \frac{\lg(10^4 - 1)}{2\lg 2} = 6.64$$

因此，滤波器的阶数为 $K=7$。极点的位置为

$$1000\pi e^{j\left[\frac{\pi}{2} + \frac{(2K+1)\pi}{14}\right]},\ K = 0,1,\cdots,6$$

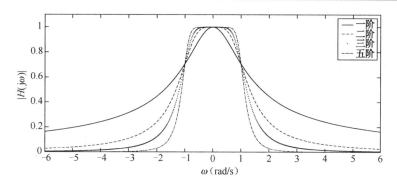

图 10.3　巴特沃斯低通滤波器的幅频响应

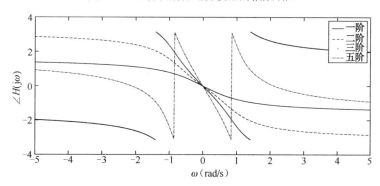

图 10.4　巴特沃斯低通滤波器的相频响应

10.1.2　切比雪夫滤波器

切比雪夫滤波器有两类：一类在通带内幅频响应呈现等纹波特性，而在阻带内是单调的全极点滤波器；另一类在通带内幅频响应呈现单调性，而在阻带内是等纹波特性。切比雪夫滤波器是同时具有零点和极点的滤波器。这类滤波器的零点位于 s 平面的虚轴上。

第一类切比雪夫滤波器定义为

$$\left|H(\mathrm{j}\omega)\right|^2 = \frac{1}{1 + \mu^2 T_K^2(\omega/\omega_p)} \tag{10.4}$$

式中，μ 是与通带波纹有关的参数，$T_K(x)$ 是 K 阶切比雪夫多项式，有

$$T_K(x) = \begin{cases} \cos(K\arccos x), & |x| \leqslant 1 \\ \cosh(K\mathrm{arccosh}\, x), & |x| > 1 \end{cases}$$

该多项式可以用如下递推方程产生：

$$T_0(x) = 1, \quad T_1(x) = x, \quad T_{K+1}(x) = 2x T_K(x) - T_{K-1}(x)$$

滤波器参数 μ 与通带波纹有关。当 K 为奇数时，$T_k(0) = 0$，$|H(\mathrm{j}0)|^2 = 1$；当 K 为偶数时，$T_k(0) = 1$，$|H(\mathrm{j}0)|^2 = 1/(1 + \mu^2)$。在截止频率 $\omega = \omega_p$ 处，$T_k(1) = 1$，因此

$$\frac{1}{1 + \mu^2} = (1 - \varepsilon)^2$$

$$\mu^2 = \frac{1}{\left(1-\varepsilon\right)^2} - 1$$

第一类切比雪夫滤波器的极点位于 s 平面的椭圆上，其长轴为

$$r_1 = \omega_p \frac{\beta^2 + 1}{2\beta}$$

其短轴为

$$r_2 = \omega_p \frac{\beta^2 - 1}{2\beta}$$

式中

$$\beta = \left[\frac{\sqrt{1+\mu^2}+1}{\mu}\right]^{1/K}$$

通过找到等价的 K 阶巴特沃斯滤波器半径为 r_1 或 r_2 的圆上的极点，可以确定第一类切比雪夫滤波器的极点位置。若巴特沃斯滤波器的极点的角度为

$$\varphi_k = \frac{\pi}{2} + \frac{(2k+1)\pi}{2N}, \quad k = 0, 1, \cdots, N-1$$

则切比雪夫滤波器的极点位置的坐标为

$$x_k = r_2 \cos\varphi_k, \quad y_k = r_1 \sin\varphi_k$$

第二类切比雪夫滤波器定义为

$$|H(j\omega)|^2 = \frac{1}{1 + \mu^2\left[T_K^2\left(\dfrac{\omega_s}{\omega_p}\right) \Big/ T_K^2\left(\dfrac{\omega_s}{\omega}\right)\right]} \tag{10.5}$$

其零点位于虚轴上

$$s_k = j\frac{\omega_s}{\sin\varphi_k}, \quad k = 0, 1, \cdots, N-1$$

极点的坐标为 $(v_k, \ \omega_k)$，有

$$v_k = \frac{\omega_s x_k}{\sqrt{x_k^2 + y_k^2}}, \quad k = 0, 1, \cdots, N-1$$

$$\omega_k = \frac{\omega_s y_k}{\sqrt{x_k^2 + y_k^2}}, \quad k = 0, 1, \cdots, N-1$$

β 与阻带波纹 δ 的关系为

$$\beta = \left[\frac{1+\sqrt{1-\delta^2}}{\delta}\right]^{1/K}$$

根据上面的描述，切比雪夫滤波器可以用参数 K、μ、δ、ω_s/ω_p 来描述。其中

$$K = \frac{\lg\left[(\sqrt{1-\delta^2} + \sqrt{1-\delta^2(1+\mu^2)})/\mu\delta\right]}{\lg\left[\omega_s/\omega_p + \sqrt{(\omega_s/\omega_p)^2 - 1}\right]} = \frac{\operatorname{arccosh}(\delta/\mu)}{\operatorname{arccosh}(\omega_s/\omega_p)} \tag{10.6}$$

例 10.3 假定第一类切比雪夫滤波器在通带内有 1dB 的纹波，截止频率为 $\omega_p = 1000\pi$，阻带频率为 $\omega_s = 2000\pi$，在 $\omega \geqslant \omega_s$ 处有 40dB 的衰减，确定该滤波器的阶数和极点。

解： 由已知条件

$$10\lg(1+\mu^2) = 1, \quad 20\lg\delta = -40$$

$$\mu = 0.5088, \quad \delta = 0.01$$

由式（10.6）可得

$$K = \frac{\lg 196.54}{\lg(2+\sqrt{3})} = 4, \quad \beta = 1.429$$

极点的位置为

$$r_1 = 1.06\omega_p$$

$$r_2 = 0.365\omega_p$$

$$\varphi_k = \frac{\pi}{2} + \frac{(2k+1)\pi}{8}, \quad k = 0,1,2,3$$

可得极点位置为

$$x_1 + jy_1 = -0.1397\omega_p \pm j0.979\omega_p$$

$$x_2 + jy_2 = -0.337\omega_p \pm j0.4056\omega_p$$

由例 10.2 和例 10.3 可知，巴特沃斯滤波器和切比雪夫滤波器的技术指标非常相似，巴特沃斯滤波器的阶数为 7，切比雪夫滤波器的阶数为 4。这个结果具有一般性，即切比雪夫滤波器与相应的巴特沃斯滤波器相比，满足技术指标要求的极点数目较少。

图 10.5 描绘了两个切比雪夫第一类滤波器的幅频响应特性，滤波器的系统函数为

$$H(s) = \frac{0.5\omega_c^2}{s^2 + 0.645\omega_c s + 0.708\omega_c^2}$$

$$H(s) = \frac{0.251\omega_c^3}{s^3 + 0.597\omega_c s^2 + 0.928\omega_c^2 s + 0.251\omega_c^3}$$

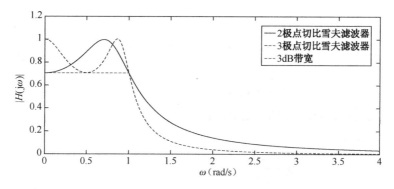

图 10.5　2 极点切比雪夫滤波器和 3 极点切比雪夫滤波器的幅频响应

取截止频率 $\omega_c = 1$，则可知：极点越多，滤波器特性越好。

图 10.6 描绘了具有相同极点的巴特沃斯滤波器和切比雪夫滤波器的幅频响应,可见切比雪夫滤波器的性能优于巴特沃斯滤波器。

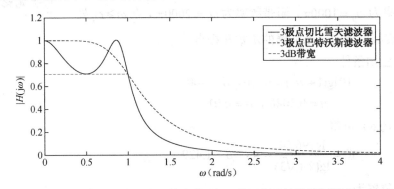

图 10.6　3 极点切比雪夫 I 型滤波器与巴特沃斯滤波器的幅频响应

10.2　模拟域频率变换

10.1 节讨论的是低通滤波器的设计,通过频率转换就可以设计出高通滤波器、带通滤波器或带阻滤波器。设已知低通滤波器的通带截止频率为 ω_p,表 10.1 列出了模拟滤波器的频率变换的映射。

表 10.1　模拟滤波器的频率变换的映射

变换类型	变换映射	新滤波器的通带截止频率
低通滤波器	$s \to \dfrac{\omega_p}{\omega_p'} s$	ω_p'
高通滤波器	$s \to \dfrac{\omega_p \omega_p'}{s}$	ω_p'
带通滤波器	$s \to \omega_p \dfrac{s^2 + \omega_l \omega_u}{s(\omega_u - \omega_l)}$	$\omega_l,\ \omega_u$
带阻滤波器	$s \to \omega_p \dfrac{s(\omega_u - \omega_l)}{s^2 + \omega_l \omega_u}$	$\omega_l,\ \omega_u$

例 10.4　已知三阶巴特沃斯低通滤波器的系统函数为

$$H(s) = \frac{\omega_c^3}{s^3 + 2\omega_c s^2 + 2\omega_c^2 s + \omega_c^3}$$

将其转换为通带 $3 \le \omega_c \le 5$ 的带通滤波器。

解:把 s 替换为

$$\omega_c \frac{s^2 + 15}{2s}$$

可得

笔记:

$$H(s) = \frac{8s^3}{s^6 + 4s^5 + 53s^4 + 128s^3 + 759s^2 + 900s + 3375}$$

该带通滤波器的幅频响应如图 10.7 所示。

笔记：

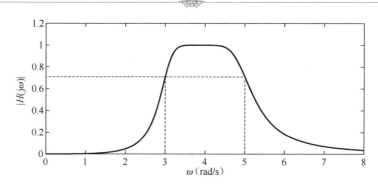

图 10.7　6 极点带通滤波器的幅频响应

例 10.5　设计 3 极点低通滤波器，其截止频率为 5Hz。

笔记：

解：截止频率为 1Hz 的 3 极点巴特沃斯滤波器的系统函数为

$$H(s) = \frac{1}{s^3 + 2s^2 + 2s + 1}$$

把 s 替换为 $s/10\pi$，可得

$$H(s) = \frac{31006}{s^3 + 63s^2 + 1974s + 31006}$$

该低通滤波器的频率响应如图 10.8 所示。

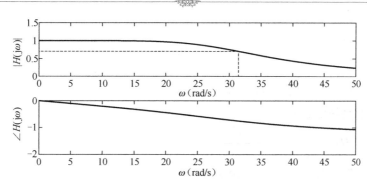

图 10.8　3 极点低通滤波器的频率响应

利用 MATLAB 可以从低通滤波器通过频率转换设计低通滤波器、高通滤波器、带通滤波器和带阻滤波器。低通滤波器可以用命令 [z,p,k] = buttap(n) 产生 n 个极点的巴特沃斯滤波器（截止频率为 1rad/s）。命令 [z,p,k] = cheb1ap(n,m) 可以产生 n 个极点的切比雪夫 I 型滤波器（截止频率为 1rad/s），其中第二个参数 m 代表通带波纹允许波动的范围，如 m=3dB 表示通带允许波动为 $0 \leqslant \varepsilon \leqslant 0.293$。命令 [b,a] = zp2tf(z,p,k)，可以得到所要求滤波器的系统函数的系数。用命令 lp2lp 可以实现低通滤波器向低通滤波器的转换。

图 10.8 的 MATLAB 命令如下。

```
%figure10.8
[z,p,k] = buttap(3);%产生3极点巴特沃斯低通滤波器，截止频率为1
[b,a] = zp2tf(z,p,k)
w0=10*pi;
[b,a]=lp2lp(b,a,w0)%低通滤波器转换为低通滤波器，截止频率为10*pi
w = 0:0.01:50;
[mag2,phase2] = bode(b,a,w);
subplot(211)
plot(w,mag2,'k');
hold on
plot([0 10*pi],[0.707 0.707],'k--')
hold on
plot([10*pi 10*pi],[0 0.707],'k--')
ylabel('|H(j\omega)|')
xlabel('\omega')
axis([0 50 0 1.5]);
subplot(212)
plot(w,phase2/180,'k');
ylabel('\angle(H(j\omega))')
xlabel('\omega')
```

例 10.6 设计 3 极点高通滤波器，截止频率为 4rad/s。

笔记：

解： 通过如下 MATLAB 命令，可知截止频率为 1rad/s 的 3 极点 I 型切比雪夫滤波器的系统函数的系数为

$$b=[0\ 0\ 0\ 0.251],\quad a=[1\ 0.597\ 0.928\ 0.251]$$

所以，系统函数为

$$H(s)=\frac{0.251}{s^3+0.597s^2+0.928s+0.251}$$

通过频率转换（把 s 替换为 $4/s$），可得

$$b=[1\ 0\ 0\ 0],\quad a=[1\ 14.8\ 39.1\ 255.4]$$

即高通滤波器的系统函数为

$$H(s)=\frac{s^3}{s^3+14.8s^2+39.1s+255.4}$$

该高通滤波器的频率响应如图 10.9 所示。

利用 MATLAB 命令 lp2hp 实现从低通滤波器向高通滤波器的转变。

```
%figure10.9
w0=4;
[z,p,k] = cheb1ap(3,3);%产生I型切比雪夫低通滤波器，截止频率为1
[b,a] = zp2tf(z,p,k);
[b,a]=lp2hp(b,a,w0)%低通滤波器转换为高通滤波器，截止频率为4
w = 0:0.01:8;
[mag2,phase2] = bode(b,a,w);
```

```
fprintf('3 pole filter \n')
disp('b = '); disp(b)
disp('a = '); disp(a)
clf
subplot(211)
plot(w,mag2,'k');
ylabel('|H(j\omega)|')
xlabel('\omega (rad/s)')
axis([0 8 0 1.5]);
subplot(212)
plot(w,phase2/180,'k');
ylabel('\angle(H(j\omega))')
xlabel('\omega (rad/s)')
```

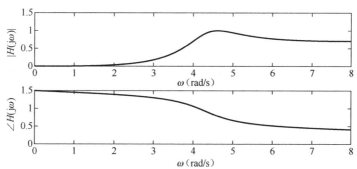

图 10.9　3 极点高通滤波器的频率响应

例 10.7　设计 3 极点带通滤波器，通带为 3～5rad/s。

解：通过如下 MATLAB 命令，可知截止频率为 1rad/s 的 3 极点巴特沃斯滤波器的系统函数的系数为

$$\boldsymbol{b}=[0\ 0\ 0\ 1],\quad \boldsymbol{a}=[1\ 2\ 2\ 1]$$

所以系统函数为

$$H(s)=\frac{1}{s^3+2s^2+2s+1}$$

通过频率转换后，可得

$$\boldsymbol{b}=[8\ 0\ 0\ 0],\quad \boldsymbol{a}=[1\ 4\ 56\ 136\ 896\ 1024\ 4096]$$

该带通滤波器的系统函数为

$$H(s)=\frac{8s^3}{s^6+4s^5+56s^4+136s^3+896s^2+1024s+4096}$$

该带通滤波器的频率响应如图 10.10 所示。

该滤波器的系统函数与例 10.4 相比有较大的差异，但极点的位置十分近似，因此幅频响应有较小的差异。产生差异的原因是在计算时的舍入误差。

 笔记：

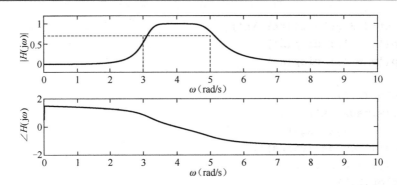

图 10.10　3 极点带通滤波器的频率响应

利用 MATLAB 命令 lp2bp 实现从低通滤波器向带通滤波器的转变。

```
%figure10.10
w0=4;wb=2;
[z,p,k] = buttap(3);%产生巴特沃斯低通滤波器，截止频率为1
[b,a] = zp2tf(z,p,k)
[b,a]=lp2bp(b,a,w0,wb)%低通滤波器转换为带通滤波器，截止频率为4
w = 0:0.01:10;
[mag2,phase2] = bode(b,a,w);
disp('b = '); disp(b)
disp('a = '); disp(a)
clf
subplot(211)
plot(w,mag2,'k');
hold on
plot([0 5],[0.707 0.707],'k--')
hold on
plot([3 3],[0 0.707],'k--')
hold on
plot([5 5],[0 0.707],'k--')
ylabel('|H(j\omega)|')
xlabel('\omega (rad/s)')
axis([0 10 -0.2 1.2]);
subplot(212)
plot(w,phase2/180,'k');
ylabel('\angle(H(j\omega))')
xlabel('\omega')
```

例 10.8　设计 3 极点带阻滤波器，阻带为 4～6rad/s。 笔记：

解：通过如下 MATLAB 命令，可知截止频率为 1rad/s 的 3 极点 I 型切比雪夫滤波器的系统函数的系数为

$$\pmb{b}=[0\ 0\ 0\ 0.251],\quad \pmb{a}=[1\ 0.597\ 0.928\ 0.251]$$

所以，系统函数为

$$H(s) = \frac{0.251}{s^3 + 0.597s^2 + 0.928s + 0.251}$$

通过频率转换后，可得

$$\boldsymbol{b} = [1\ 0\ 75\ 0\ 1875\ 0\ 15625]$$

$$\boldsymbol{a} = [1\ 7\ 85\ 402\ 2113\ 4631\ 15625]$$

即带阻滤波器的系统函数为

$$H(s) = \frac{s^6 + 75s^4 + 1875s^2 + 15625}{s^6 + 7s^5 + 85s^4 + 402s^3 + 2113s^2 + 4631s + 15625}$$

该带阻滤波器的频率响应如图 10.11 所示。

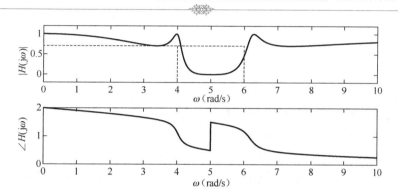

图 10.11　3 极点带阻滤波器的频率响应

利用 MATLAB 命令 lp2bs 实现从低通滤波器向带阻滤波器的转变。

```
%figure10.11
w0=5;wb=2;
[z,p,k] = cheb1ap(3,3);%产生I型切比雪夫低通滤波器，截止频率为1
[b,a] = zp2tf(z,p,k)
[b,a]=lp2bs(b,a,w0,wb)%低通滤波器转换为带阻滤波器，阻带为4～6
w = 0:0.01:10;
[mag2,phase2] = bode(b,a,w);
subplot(211)
plot(w,mag2,'k');
hold on
plot([0 6],[0.707 0.707],'k--')
hold on
plot([4 4],[0 0.707],'k--')
hold on
plot([6 6],[0 0.707],'k--')
ylabel('|H(j\omega)|')
xlabel('\omega (rad/s)')
axis([0 10 -0.2 1.2]);
subplot(212)
plot(w,phase2/180,'k');
ylabel('\angle(H(j\omega))')
xlabel('\omega (rad/s)')
```

10.3 从模拟滤波器设计 IIR 滤波器

在实际工程应用中，待处理的信号往往都是连续信号（模拟信号），输出信号通常也要求是连续的。如果使用数字滤波器进行处理，必须对信号进行模数转换和数模转换。一般用于处理连续信号的数字滤波器的系统如图 10.12 所示。

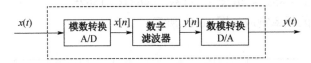

图 10.12　处理模拟信号的数字滤波器框架

数字滤波器通过计算来实现对连续信号的滤波作用。根据单位脉冲响应的特点，可以把数字滤波器分为有限冲激响应滤波器（FIR）和无限冲激响应滤波器（IIR）。有限冲激响应滤波器是指离散时间系统的单位脉冲响应 $h[n]$ 是一个有限长的信号；无限冲激响应滤波器是指离散时间系统的单位脉冲响应 $h[n]$ 是一个无限长的信号。

本节描述的方法建立在将模拟滤波器转换到数字滤波器的基础上。模拟滤波器可以用系统函数 $H(s)$、单位冲激响应 $h(t)$ 或系统输入输出方程 3 种方式等效表示。对应地，有 3 种方法可以产生 IIR 滤波器。

10.3.1 利用导数逼近设计 IIR 滤波器

将一个模拟滤波器转换成一个数字滤波器，其中一种最简单的方法是用等效的差分方程逼近微分方程。

用后向差分

$$\frac{y(nT) - y(nT-1)}{T}$$

替换时刻 $t = nT$ 处的导数 $\dfrac{\mathrm{d}y(t)}{\mathrm{d}t}$，有

$$\left. \frac{\mathrm{d}y(t)}{\mathrm{d}t} \right|_{t=nT} = \frac{y(nT) - y(nT-T)}{T} = \frac{y[n] - y[n-1]}{T}$$

式中，T 为抽样间隔。由于 $\dfrac{\mathrm{d}y(t)}{\mathrm{d}t}$ 的系统函数为 $H(s) = s$，则

$$\frac{y[n] - y[n-1]}{T}$$

的系统函数为

$$H(z) = \frac{1 - z^{-1}}{T}$$

所以，用后向差分代替导数 $\dfrac{\mathrm{d}y(t)}{\mathrm{d}t}$ 意味着频域的等效关系为

$$s = \frac{1 - z^{-1}}{T}$$

同样，二阶导数可以用二阶差分代替，即

$$\left.\frac{d^2 y(t)}{dt^2}\right|_{t=nT} = \left.\frac{d}{dt}\left[\frac{dy(t)}{dt}\right]\right|_{t=nT}$$

$$= \frac{[y(nT) - y(nT-T)]/T - [y(nT-T) - y(nT-2T)]/T}{T}$$

$$= \frac{y[n] - 2y[n-1] + y[n-2]}{T^2}$$

可得，替换 $\dfrac{d^2 y(t)}{dt^2}$ 频域的等效关系为

$$s^2 = \frac{1 - 2z^{-1} + z^{-2}}{T^2} = \left(\frac{1 - z^{-1}}{T}\right)^2$$

依次类推，替换 $y(t)$ 的 k 阶导数频域的等效关系为

$$s^k = \left(\frac{1 - z^{-1}}{T}\right)^k$$

因此，对 IIR 滤波器来说，用有限差分逼近导数所得到的系统函数为

$$H(z) = H(s)\big|_{s=(1-z^{-1})/T} \tag{10.7}$$

下面考虑从 s 平面到 z 平面的映射 $s = \dfrac{1 - z^{-1}}{T}$ 的含义。等价地，有

$$z = \frac{1}{1 - sT}$$

用 $j\omega$ 替换 s，则

$$z = \frac{1}{1 - j\omega T} = \frac{1}{1 + \omega^2 T^2} + j\frac{\omega T}{1 + \omega^2 T^2}$$

随着 ω 从 $-\infty$ 变化到 $+\infty$，在 z 平面中相应点轨迹是一个中心在 $z = 0.5$、半径为 0.5 的圆。s 平面左半平面上的点映射为 z 平面上中心在 $z = 0.5$、半径为 0.5 的圆内点，s 平面右半平面上的点映射为该圆外部的点。因此，映射

$$s = \frac{1 - z^{-1}}{T}$$

将一个稳定的模拟滤波器转换为一个稳定的数字滤波器。但是，数字滤波器的极点被限制在相对很小的频率，因此这种映射仅限于设计具有相对较小谐振频率的低通滤波器和带通滤波器。

例 10.9　将系统函数为

$$H(s) = \frac{1}{(s + 0.1)^2 + 9}$$

的带通滤波器转换成数字 IIR 滤波器。

笔记：

解:

$$H(z) = \frac{1}{((1-z^{-1})/T + 0.1)^2 + 9}$$

$$= \frac{\dfrac{T^2}{1+0.2T+9.01T^2}}{1 - \dfrac{2(1+0.1T)}{1+0.2T+9.01T^2}z^{-1} + \dfrac{1}{1+0.2T+9.01T^2}z^{-2}}$$

为使极点靠近单位圆，当 T 足够小时，$H(z)$ 具有谐振性质。

10.3.2 利用冲激响应不变法设计 IIR 滤波器

该方法的目标是设计一个具有模拟滤波器冲激响应抽样形成的单位脉冲响应 $h[n]$ 的 IIR 滤波器，即

$$h[n] = h(nT)$$

由于抽样过程会引起频谱混叠的效应，所以冲激响应不变方法仅适合低通滤波器和带通滤波器，不适合高通滤波器。假设模拟滤波器的系统函数的极点互不相同，即

$$H(s) = \sum_{i=1}^{N} \frac{k_i}{s - \lambda_i}$$

因此

$$h(t) = \sum_{i=1}^{N} k_i e^{\lambda_i t}$$

对 $h(t)$ 进行抽样，则

$$h[n] = h(nT) = \sum_{i=1}^{N} k_i e^{\lambda_i Tn}$$

所以 IIR 滤波器的系统函数为

$$H(z) = \sum_{n=0}^{\infty} h[n]z^{-n} = \sum_{n=0}^{\infty} \left(\sum_{i=1}^{N} k_i e^{\lambda_i Tn} \right) z^{-n}$$

$$= \sum_{i=1}^{N} k_i \left(\sum_{n=0}^{\infty} e^{\lambda_i T} z^{-1} \right)^n = \sum_{i=1}^{N} \frac{k_i}{1 - e^{\lambda_i T} z^{-1}} \qquad (10.8)$$

数字滤波器的极点位于 $z = e^{\lambda_i T}$（$i = 1, 2, \cdots, N$）。

例 10.10 利用冲激响应不变法将系统函数为

$$H(s) = \frac{s + 0.1}{(s + 0.1)^2 + 9}$$

的带通滤波器转换成 IIR 滤波器。

解: 模拟滤波器在 $s = -0.1$ 处有一个零点，在 $s = -1 \pm 3j$ 处有一对复共轭极点。

$$H(s) = \frac{0.5}{s + 0.1 - 3j} + \frac{0.5}{s + 0.1 + 3j}$$

笔记：

所以

$$H(z) = \frac{0.5}{1 - e^{(-0.1+3j)T} z^{-1}} + \frac{0.5}{1 - e^{(-0.1-3j)T} z^{-1}}$$

$$= \frac{1 - \left(e^{-0.1T} \cos 3T\right) z^{-1}}{1 - \left(2 e^{-0.1T} \cos 3T\right) z^{-1} + e^{-0.2T} z^{-1}}$$

谐振频率会随 T 的变换发生偏移。当 T 足够小时，会降低混叠效应。

10.3.3　利用双线性变换法设计 IIR 滤波器

上述两种方法仅适合低通滤波器和一类有限的带通滤波器。为了克服这个局限，采用双线性变换法，利用映射

$$s = \frac{2}{T}\left(\frac{1 - z^{-1}}{1 + z^{-1}}\right) \tag{10.9}$$

设计 IIR 滤波器。

令 $z = \rho e^{j\Omega}$，$s = \sigma + j\omega$，则

$$s = \frac{2}{T}\left(\frac{z-1}{z+1}\right) = \frac{2}{T} \frac{\rho e^{j\Omega} - 1}{\rho e^{j\Omega} + 1} = \frac{2}{T}\left(\frac{\rho^2 - 1}{1 + \rho^2 + 2\rho\cos\Omega} + j\frac{2\rho\sin\Omega}{1 + \rho^2 + 2\rho\cos\Omega}\right)$$

所以

$$\sigma = \frac{2}{T} \frac{\rho^2 - 1}{1 + \rho^2 + 2\rho\cos\Omega}$$

$$\omega = \frac{2}{T} \frac{2\rho\cos\Omega}{1 + \rho^2 + 2\rho\cos\Omega}$$

注意到，当 $\rho < 1$ 时，$\sigma < 0$，当 $\rho > 1$ 时，$\sigma > 0$。因此 s 平面左半平面映射在 z 平面的单位圆内，s 平面右半平面映射在 z 平面的单位圆外。当 $\rho = 1$ 时，$\sigma = 0$，且

$$\omega = \frac{2}{T}\tan\frac{\Omega}{2}$$

$$\Omega = 2\arctan\frac{\omega T}{2} \tag{10.10}$$

例 10.11　利用双线性法将系统函数为

笔记：

$$H(s) = \frac{s + 0.1}{(s + 0.1)^2 + 16}$$

的模拟滤波器转换成 IIR 滤波器，要求 IIR 滤波器的谐振频率为 $\Omega_r = \frac{\pi}{2}$。

解：模拟滤波器的谐振频率 $\omega_r = 4$。可以通过选取参数 T 将该频率映射为 $\Omega_r = \dfrac{\pi}{2}$。由式（10.10）可得

$$4 = \frac{2}{T} \tan \frac{\pi/2}{2}$$

可得，$T = 0.5$。映射关系为

$$s = 4\left(\frac{1 - z^{-1}}{1 + z^{-1}}\right)$$

$$H(z) = \frac{0.128 + 0.006z^{-1} - 0.122z^{-2}}{1 + 0.975z^{-2}}$$

例 10.12 设计一个 3dB 带宽为 0.2π 的单极点数字低通滤波器。假设模拟滤波器的 3dB 带宽为 ω_c。

解：由式（10.10）可得

$$\omega_c = \frac{2}{T} \tan \frac{0.2\pi}{2} = \frac{0.65}{T}$$

所以

$$H(s) = \frac{0.65/T}{s + 0.65/T}$$

$$H(z) = \frac{0.245(1 + z^{-1})}{1 - 0.509z^{-1}}$$

笔记：

根据以上的讨论，无限冲激响应数字滤波器的输入输出特性由递归线性常系数差分方程决定，系统函数是 z^{-1} 的函数。因此，在具体实现时可以采用直接型、级联型或并联型 3 种不同的实现方式。本节最后通过两个例子说明从模拟滤波器设计 IIR 滤波器的过程。

例 10.13 采用冲激响应不变法设计一个通带截止频率为 30Hz 的巴特沃斯低通滤波器。要求其在 0～30Hz 内的幅频特性为 1～0.9；在 160Hz 以后的幅频特性小于 0.1。假设数字滤波器的抽样频率为 500Hz。

笔记：

解：第一步，先确定滤波器的阶数 K。根据条件

$$\begin{cases} |H(\mathrm{j}60\pi)| = \dfrac{1}{\sqrt{1 + (60\pi/\omega_c)^{2K}}} \geqslant 0.9 \\[4mm] |H(\mathrm{j}320\pi)| = \dfrac{1}{\sqrt{1 + (320\pi/\omega_c)^{2K}}} \geqslant 0.1 \end{cases}$$

消去 ω_c，计算可得 $K \geqslant 1.81$，所以滤波器的阶数 $K = 2$。

第二步，确定-3dB 截止频率 ω_c。将 $K = 2$ 代入原来的不等式方程组，计算可得

$$85\pi \leqslant \omega_c \leqslant 101\pi$$

这里取 $\omega_c = 100\pi$。

第三步，根据 K 和 ω_c 得到原型模拟滤波器的系统函数为

$$H(s) = \frac{10000\pi^2}{\left(s - 100\pi e^{j3\pi/4}\right)\left(s - 100\pi e^{-j3\pi/4}\right)}$$

$$= -j50\sqrt{2}\pi\left[\frac{1}{s + 50\sqrt{2}\pi(1+j)} - \frac{1}{s + 50\sqrt{2}\pi(1-j)}\right]$$

第四步，由式（10.8）得到

$$H(z) = -j50\sqrt{2}\pi\left[\frac{1}{1 - e^{0.002(-50\sqrt{2}\pi(1+j))}z^{-1}} - \frac{1}{1 - e^{0.002(-50\sqrt{2}\pi(1-j))}z^{-1}}\right]$$

$$= \frac{122.46z^{-1}}{1 - 1.158z^{-1} + 0.411z^{-2}}$$

第五步，调整滤波器的幅度。

$$\left|H(j0)\right| = \frac{9.745}{1 - 1.158 + 0.411} = 470.61$$

所以

$$H(z) = \frac{0.263z^{-1}}{1 - 1.158z^{-1} + 0.411z^{-2}}$$

例 10.14　用双线性变换法设计满足例 10.13 要求的巴特沃斯低通滤波器。

解：根据双线性变换的映射特性，计算可得对应于数字滤波器 30Hz 和 160Hz 频率点的原型滤波器的频率为

$$\omega_1 = \frac{2}{0.002}\tan\left(\frac{2\pi \times 30 \times 0.002}{2}\right) = 190.76$$

$$\omega_2 = \frac{2}{0.002}\tan\left(\frac{2\pi \times 160 \times 0.002}{2}\right) = 1575.75$$

所以

$$\begin{cases} \left|H(j\omega_1)\right| = \dfrac{1}{\sqrt{1 + (190.76/\omega_c)^{2K}}} \geqslant 0.9 \\[4mm] \left|H(j\omega_2)\right| = \dfrac{1}{\sqrt{1 + (1575.75/\omega_c)^{2K}}} \geqslant 0.1 \end{cases}$$

通过消去 ω_c，得到 $K \geqslant 1.43$。所以，巴特沃斯滤波器的阶数 $K = 2$。代入原来的不等式方程组，计算得到

$$274 \leqslant \omega_c \leqslant 499.5$$

这里依然取 $\omega_c = 100\pi$，则

$$H(s) = -j50\sqrt{2}\pi\left[\frac{1}{s + 50\sqrt{2}\pi(1+j)} - \frac{1}{s + 50\sqrt{2}\pi(1-j)}\right]$$

$$= \frac{98696}{s^2 + 444.28s + 98696}$$

笔记：

代入双线性变换公式，有

$$H(z) = \frac{0.064(1 + 2z^{-1} + z^{-2})}{1 - 1.168z^{-1} + 0.424z^{-2}}$$

 笔记：

10.4 有限冲激响应数字滤波器

10.4.1 有限冲激响应数字滤波器的线性相位特性

有限冲激响应数字滤波器的单位脉冲响应是一个有限长的离散时间信号，设 $h[n]$ 的长度为 N，则系统函数为

$$H(z) = \sum_{n=0}^{N-1} h[n]z^{-n}$$

所以，长度为 N 的 FIR 滤波器的输入输出方程为

$$y[n] = h[0]x[n] + h[1]x[n-1] + \cdots + h[N-1]x[n-N+1] = \sum_{i=0}^{N-1} h[i]x[n-i]$$

可以证明，当 FIR 滤波器的单位脉冲响应满足对称条件时，即

$$h[n] = h[N-1-n], \quad n = 0, 1, \cdots, N-1$$

该滤波器的相频响应必然满足线性相位条件。事实上，当 N 为偶数时，有

$$
\begin{aligned}
H(z) &= \sum_{n=0}^{N-1} h[n]z^{-n} = \sum_{n=0}^{N/2-1} h[n]z^{-n} + \sum_{n=N/2}^{N-1} h[n]z^{-n} \\
&= \sum_{n=0}^{N/2-1} h[n]z^{-n} + \sum_{n=0}^{N/2-1} h[N-1-n]z^{-(N-1-n)} \\
&= \sum_{n=0}^{N/2-1} \left(h[n]z^{-n} + h[N-1-n]z^{-(N-1-n)} \right) \\
&= \sum_{n=0}^{N/2-1} h[n]\left(z^{-n} + z^{-(N-1-n)} \right)
\end{aligned}
$$

所以，FIR 滤波器的频率响应函数为

$$
\begin{aligned}
H(e^{j\Omega}) &= \sum_{n=0}^{N/2-1} h[n]\left(e^{-j\Omega} + e^{-j\Omega(N-1-n)} \right) \\
&= e^{-j\frac{N-1}{2}\Omega} \sum_{n=0}^{N/2-1} h[n]\left(e^{-j\Omega(n-(N-1)/2)} + e^{j\Omega(n-(N-1)/2)} \right) \\
&= e^{-j\frac{N-1}{2}\Omega} \sum_{n=0}^{N/2-1} 2h[n]\cos\Omega\left(\frac{N-1}{2} - n \right) \\
&= H_r\left(e^{j\Omega} \right)e^{-j\frac{N-1}{2}\Omega}
\end{aligned}
$$

其中

$$H_r\left(e^{j\Omega}\right)=2\sum_{n=0}^{N/2-1}h[n]\cos\Omega\left(\frac{N-1}{2}-n\right)$$

$H_r\left(e^{j\Omega}\right)$ 为实数。

当 N 为奇数时，类似地，可得

$$H(e^{j\Omega})=e^{-j\frac{N-1}{2}\Omega}\left[h\left(\frac{N+1}{2}\right)+2\sum_{n=0}^{(N-3)/2}h[n]\cos\Omega\left(\frac{N-1}{2}-n\right)\right]$$

$$=H_r\left(e^{j\Omega}\right)e^{-j\frac{N-1}{2}\Omega}$$

所以，无论 N 是偶数或奇数，FIR 滤波器的相频特性为

$$\angle H\left(e^{j\Omega}\right)=\begin{cases}-\dfrac{N-1}{2}\Omega, & H_r\left(e^{j\Omega}\right)>0\\[2mm]-\dfrac{N-1}{2}\Omega+\pi, & H_r\left(e^{j\Omega}\right)<0\end{cases}\qquad(10.11)$$

当 FIR 滤波器的单位脉冲响应满足反对称条件时，即

$$h[n]=-h[N-1-n],\ n=0,1,\cdots,N-1$$

对于 N 为偶数，$h[n]$ 的每项都有符号相反的项；对于 N 为奇数，$h[n]$ 的反对称中心点为

$$h[(N-1)/2]=0$$

单位脉冲响应反对称的 FIR 滤波器的频率响应为

$$H\left(e^{j\Omega}\right)=H_r\left(e^{j\Omega}\right)e^{-j[-\Omega(N-1)/2+\pi/2]}$$

当 N 为奇数时，有

$$H_r\left(e^{j\Omega}\right)=2\sum_{n=0}^{(N-3)/2}h[n]\sin\Omega\left(\frac{N-1}{2}-n\right)$$

当 N 为偶数时，有

$$H_r\left(e^{j\Omega}\right)=2\sum_{n=0}^{N/2-1}h[n]\sin\Omega\left(\frac{N-1}{2}-n\right)$$

所以，无论 N 是偶数或奇数，FIR 滤波器的相频特性为

$$\angle H\left(e^{j\Omega}\right)=\begin{cases}\dfrac{\pi}{2}-\dfrac{N-1}{2}\Omega, & H_r\left(e^{j\Omega}\right)>0\\[2mm]\dfrac{3\pi}{2}-\dfrac{N-1}{2}\Omega, & H_r\left(e^{j\Omega}\right)<0\end{cases}\qquad(10.12)$$

上述这些基本的频率响应公式可以用来设计具有对称或反对称单位脉冲响应的线性相位 FIR 滤波器。

10.4.2　利用窗函数设计线性相位 FIR 滤波器

这种方法使用期望的指定频率 $H_d\left(\mathrm{e}^{\mathrm{j}\Omega}\right)$ 来确定相应的单位脉冲响应 $h_d[n]$。

$$h_d[n] = \frac{1}{2\pi}\int_{-\pi}^{\pi} H_d\left(\mathrm{e}^{\mathrm{j}\Omega}\right)\mathrm{e}^{\mathrm{j}\Omega n}\,\mathrm{d}\Omega$$

通常，$h_d[n]$ 是无限的，需要在某点上截断。把 $h_d[n]$ 截断到长度为 N 的方法为

$$h[n] = h_d[n]w[n]$$

其中，$w[n]$ 定义为

$$w[n] = \begin{cases} 1, & n = 0,1,\cdots,N-1 \\ 0, & \text{其他} \end{cases}$$

$w[n]$ 称为**矩形窗**。矩形窗的 DTFT 为

$$W\left(\mathrm{e}^{\mathrm{j}\Omega}\right) = \sum_{n=0}^{N-1} w[n]\mathrm{e}^{-\mathrm{j}n\Omega} = \sum_{n=0}^{N-1} \mathrm{e}^{-\mathrm{j}n\Omega} = \frac{1-\mathrm{e}^{-\mathrm{j}\Omega N}}{1-\mathrm{e}^{-\mathrm{j}\Omega}} = \frac{\sin\left(\Omega N/2\right)}{\sin\left(\Omega/2\right)}\mathrm{e}^{-\mathrm{j}\Omega\frac{N-1}{2}}$$

所以，FIR 滤波器的频率响应为

$$H\left(\mathrm{e}^{\mathrm{j}\Omega}\right) = \frac{1}{2\pi}H_d\left(\mathrm{e}^{\mathrm{j}\Omega}\right)\otimes W\left(\mathrm{e}^{\mathrm{j}\Omega}\right) = \frac{1}{2\pi}\int_{-\pi}^{\pi} H_d\left(\mathrm{e}^{\mathrm{j}v}\right)W\left(\mathrm{e}^{\mathrm{j}(\Omega-v)}\right)\,\mathrm{d}v$$

　　由于矩形窗的频率响应有大的旁瓣，所以 FIR 滤波器的频带边缘附近会出现大的振荡。振荡的次数随 N 的增大而增多，但幅度不会变小。为了抑制这种振荡，可以使用其他类型的窗函数，如三角窗、汉宁窗、汉明窗、布莱克曼窗等，其定义分别如下。

（1）三角窗：$w[n] = \begin{cases} \dfrac{2n}{N-1}, & 0 \leqslant n \leqslant \dfrac{N-1}{2} \\ 2 - \dfrac{2n}{N-1}, & \dfrac{N-1}{2} \leqslant n \leqslant N-1 \\ 0, & \text{其他} \end{cases}$

（2）汉宁窗：$w[n] = \begin{cases} 0.5\left[1 - \cos\left(\dfrac{2\pi n}{N-1}\right)\right], & 0 \leqslant n \leqslant N-1 \\ 0, & \text{其他} \end{cases}$

（3）汉明窗：$w[n] = \begin{cases} 0.54 - 0.46\cos\left(\dfrac{2\pi n}{N-1}\right), & 0 \leqslant n \leqslant N-1 \\ 0, & \text{其他} \end{cases}$

（4）布莱克曼窗：$w[n] = \begin{cases} 0.42 - 0.5\cos\left(\dfrac{2\pi n}{N-1}\right) + 0.08\cos\left(\dfrac{4\pi n}{N-1}\right), & 0 \leqslant n \leqslant N-1 \\ 0, & \text{其他} \end{cases}$

　　同时，为了得到线性相位 FIR 滤波器，需要将 $h[n]$ 进行移位，得到对称的或反对称的单位脉冲响应。

例 10.15　利用窗函数法设计一个长度为 $N=11$ 的低通 FIR 滤波器，使其频率特性接近理想低通滤波器，即

$$H_d\left(\mathrm{e}^{\mathrm{j}\Omega}\right) = \begin{cases} \mathrm{e}^{-\mathrm{j}2\Omega}, & |\Omega| < 2000\pi \\ 0, & \text{其他} \end{cases}$$

解： 目标系统的单位函数响应为

$$h_d[n] = \frac{1}{2\pi}\int_{-\pi}^{\pi}\mathrm{e}^{-2\mathrm{j}\Omega}\mathrm{e}^{\mathrm{j}\Omega n}\,\mathrm{d}\Omega = \frac{\sin[\pi(n-2)/2]}{\pi(n-2)}$$

所以

$$h[n] = h_d[n]w[n] = \frac{\sin[\pi(n-2)/2]}{\pi(n-2)}\ (0 \leqslant n \leqslant 10)$$

通过数值计算可得

$$h[n] = \{0, 0.3183, 0.5, 0.3183, 0,$$
$$-0.1061, 0, 0.0637, 0, -0.0455, 0\}$$

所以，FIR 滤波器的系统函数为

$$H(z) = 0.3183z^{-1} + 0.5z^{-2} + 0.3183z^{-3} - 0.1061z^{-5} +$$
$$0.0637z^{-7} - 0.0455z^{-9}$$

此时，相频响应不是线性相位的。由于 $N=11$，当 $h[n]$ 关于

$$k = \frac{N-1}{2} = 5$$

对称时，对应的相频响应为线性相位。为此需要将 $h[n]$ 在时间上右移 3 点，即

$$h_1[n] = \frac{\sin[\pi(n-5)/2]}{\pi(n-5)}\ (0 \leqslant n \leqslant 10)$$

此时，对应系统的相频响应是线性相位的。

笔记：

10.4.3　利用频率抽样法设计线性相位 FIR 滤波器

频率抽样法是指对目标系统在某些频率点上的频率特性进行抽样，要求所设计的 FIR 滤波器的频率响应在这些指定点上的频率特性与目标系统在这些指定点上的频率特性完全相同。频率抽样法有均匀频率抽样法和非均匀频率抽样法两种。

当采用均匀频率抽样法时，首先，将目标系统的频率特性周期化。为防止在频率特性周期化时产生频谱混叠，先用频域门函数 $G_{2\pi}\left(\mathrm{e}^{\mathrm{j}\Omega}\right)$ 乘以原来的频率特性，即周期化后的频率特性为

$$\tilde{H}\left(\mathrm{e}^{\mathrm{j}\Omega}\right) = \sum_{n=-\infty}^{\infty} H\left(\mathrm{e}^{\mathrm{j}(\Omega+2n\pi)}\right)G_{2\pi}\left(\mathrm{e}^{\mathrm{j}\Omega}\right)$$

然后，进行频域抽样得到离散傅里叶变换，即

$$\tilde{H}\left(\mathrm{e}^{\mathrm{j}2\pi k\Omega/N}\right), \quad k = 0,1,\cdots,N-1$$

则 FIR 滤波器的单位函数响应 $h[n]$ 为

$$\tilde{H}\left(e^{j2\pi k\Omega/N}\right), \quad k = 0,1,\cdots,N-1$$

的离散傅里叶反变换。如果要求设计的滤波器同时满足线性相位特性，可以改造目标系统的频率特性为线性相位特性。

例 10.16 利用频率抽样法设计一个长度 $N = 11$ 的低通 FIR 滤波器，使其频率特性接近理想低通滤波器，即

$$H_d\left(e^{j\Omega}\right) = \begin{cases} e^{-j2\Omega}, & |\Omega| < 2000\pi \\ 0, & 其他 \end{cases}$$

 笔记：

解：首先，修改目标系统的频率特性为线性相位特性。由式（10.11），有

$$\angle H\left(e^{j\Omega}\right) = -\frac{N-1}{2}\Omega = -5\Omega$$

所以，将目标系统修改为

$$H_d\left(e^{j\Omega}\right) = \begin{cases} e^{-j5\Omega}, & |\Omega| < 2000\pi \\ 0, & 其他 \end{cases}$$

然后，用 $\dfrac{2\pi}{11}$ 进行等间隔抽样，得到 $h_d[n]$ 的离散傅里叶变换为

$$H_k = \{1,\ e^{-j10\pi/11},\ e^{-j20\pi/11}, 0,0,0,0,0,0,\ e^{j20\pi/11},\ e^{j10\pi/11}\}$$

计算离散傅里叶反变换，有

$$h_d[n] = \frac{1}{11}\left[1 + 2\cos\left(\frac{2\pi n}{11} - \frac{10\pi}{11}\right) + 2\cos\left(\frac{4\pi n}{11} + \frac{2\pi}{11}\right)\right]$$

10.5　数字域频率变换

与模拟域一样，对数字低通滤波器也可以进行频率变换，将其转变为带通滤波器、带阻滤波器和高通滤波器。设已知低通滤波器的通带截止频率为 ω_p，表 10.2 列出了数字滤波器的频率变换。

表 10.2　数字滤波器的频率变换

变换类型	变换映射	新滤波器的通带截止频率
低通	$z^{-1} \rightarrow \dfrac{z^{-1} - a}{1 - az^{-1}}$	ω_p' $a = \dfrac{\sin[(\omega_p - \omega_p')/2]}{\sin[(\omega_p + \omega_p')/2]}$
高通	$z^{-1} \rightarrow \dfrac{z^{-1} + a}{1 + az^{-1}}$	ω_p' $a = \dfrac{\cos[(\omega_p + \omega_p')/2]}{\cos[(\omega_p - \omega_p')/2]}$

续表

变换类型	变换映射	新滤波器的通带截止频率
带通	$z^{-1} \to \dfrac{z^{-2} - a_1 z^{-1} + a_2}{a_2 z^{-2} - a_1 z^{-1} + 1}$	$\omega_l,\ \omega_u,\ a_1 = 2aK/(K+1)$ $a_2 = (K-1)/(K+1)$ $a = \dfrac{\cos[(\omega_u + \omega_l)/2]}{\cos[(\omega_u - \omega_l)/2]}$ $K = \cot\dfrac{\omega_u - \omega_l}{2}\tan\dfrac{\omega_p}{2}$
带阻	$z^{-1} \to \dfrac{z^{-2} - a_1 z^{-1} + a_2}{a_2 z^{-2} - a_1 z^{-1} + 1}$	$\omega_l,\ \omega_u,\ a_1 = 2a/(K+1)$ $a_2 = (1-K)/(K+1)$ $a = \dfrac{\cos[(\omega_u + \omega_l)/2]}{\cos[(\omega_u - \omega_l)/2]}$ $K = \tan\dfrac{\omega_u - \omega_l}{2}\tan\dfrac{\omega_p}{2}$

例 10.17 将低通巴特沃斯滤波器

$$H(z) = \frac{0.245(1+z^{-1})}{1-0.509z^{-1}}$$

变换为上下边频分别为 $\dfrac{3\pi}{5}$ 和 $\dfrac{2\pi}{5}$ 的带通滤波器。已知低通滤波器的 3dB 带宽 $\omega_p = 0.2\pi$。

笔记：

解：所需要的变换为

$$z^{-1} \to \frac{z^{-2} - a_1 z^{-1} + a_2}{a_2 z^{-2} - a_1 z^{-1} + 1}$$

根据条件可得

$$K = 1,\ a_1 = 0,\ a_2 = 0$$

因此

$$H(z) = \frac{0.245(1-z^{-2})}{1+0.509z^{-2}}$$

该滤波器的极点为 $z = \pm \mathrm{j}0.713$，谐振为 0.5π。

习题

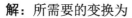

10.1 给定模拟滤波器的技术指标如下。

通带内允许起伏 1dB，$0 \leqslant \omega \leqslant 2\pi \times 10^4\ \mathrm{rad/s}$；

阻带衰减 $\leqslant 15\mathrm{dB}$，$\omega \geqslant 2\pi \times 2 \times 10^4\ \mathrm{rad/s}$。

用巴特沃斯滤波器实现以上技术指标，求滤波器的阶数 K、截止频率 ω_c 及系统函数 $H(s)$。

10.2 考虑阶数 $K=5$、截止频率 $\omega_c=1$ 的巴特沃斯低通滤波器，确定对应的系统函数 $H(s)$。

10.3 设计满足下列技术指标的低通滤波器。通带内允许起伏为 1dB，$0 \leqslant f \leqslant 10\text{kHz}$；阻带内衰减 $\leqslant 20\text{dB}$，$f \geqslant 20\text{kHz}$。

（1）用巴特沃斯滤波器实现，求滤波器的阶数 K、3dB 带宽及系统函数 $H(s)$；

（2）用切比雪夫滤波器实现，求滤波器的阶数 K 及系统函数 $H(s)$。

10.4 设计满足下列指标的切比雪夫 I 型低通滤波器：

通带内允许起伏为 1dB，$0 \leqslant \omega \leqslant 2\pi \times 10^4 \text{rad/s}$；

阻带内衰减 $\leqslant 15\text{dB}$，$\omega \geqslant 2\pi \times 2 \times 10^4 \text{rad/s}$。

10.5 假设 $K=5$ 的巴特沃斯低通滤波器的系统函数为

$$H(s) = \frac{1}{(s+1)(s^2+0.618s+1)(s^2+1.618s+1)}$$

确定截止频率 $\omega_c=1$ 和 $\omega_c=3$ 的高通滤波器的系统函数。

10.6 设计满足下列技术指标的巴特沃斯高通滤波器。通带内允许起伏为 1dB，$f \geqslant 1\text{MHz}$；阻带内衰减 $\leqslant 20\text{dB}$，$0 \leqslant f \leqslant 500\text{kHz}$。

10.7 已知三阶巴特沃斯低通滤波器的系统函数为

$$H(s) = \frac{1}{s^3+2s^2+2s+1}$$

设计带通滤波器，通带中心频率 $\omega_0=1$，带宽为 0.1。

10.8 设计满足下列技术指标的切比雪夫带通滤波器。通带内要求具有等纹起伏特性；允许起伏为 1dB，$0.95\text{MHz} \leqslant f \leqslant 1.05\text{MHz}$；阻带内衰减 $\leqslant 40\text{dB}$，$0 \leqslant f \leqslant 0.75\text{MHz}$，$f \geqslant 1.25\text{MHz}$。

10.9 用冲激响应不变法求数字滤波器的系统函数 $H(z)$。

（1）$H(s) = \dfrac{s+3}{s^2+3s+2}$；　　　　　（2）$H(s) = \dfrac{s+1}{s^2+2s+4}$。

10.10 给定通带内具有 3dB 起伏、$K=2$ 的二阶切比雪夫低通模拟滤波器的系统函数为

$$H(s) = \frac{0.5012}{s^2+0.6449s+0.7079}$$

用冲激响应不变法求对应的数字滤波器的系统函数 $H(z)$。

10.11 用双线性变换法把

$$H(s) = \frac{s}{s+2}$$

变换为数字滤波器的系统函数 $H(z)$。

10.12 用双线性变换法设计一个数字低通滤波器。技术指标如下。

通带内允许起伏为 3dB，$0 \leqslant \omega \leqslant 0.318\pi \text{ rad/s}$；

阻带内衰减 $\leqslant 20\text{dB}$，$0.8\pi \leqslant \omega \leqslant \pi \text{ rad/s}$。

通带内具有等波纹特性，求此数字滤波器 $H(z)$。

10.13 巴特沃斯低通滤波器满足如下技术指标：通带波纹为 1dB，通带截止频率为 4kHz；阻带内衰减 $\leqslant 40\text{dB}$，阻带截止频率为 6kHz，抽样频率为 24kHz。分别利用冲激响

应不变法和双线性变换法设计该滤波器。

10.14　用窗函数法设计一个线性相位数字低通滤波器，技术指标如下。

通带内允许起伏为 1dB，$0 \leqslant \omega \leqslant 0.3\pi \ \text{rad/s}$（$\omega_p = 0.3\pi \ \text{rad/s}$）；

阻带内衰减 $\leqslant 50\text{dB}$，$0.5\pi \leqslant \omega \leqslant \pi \ \text{rad/s}$（$\omega_s = 0.5\pi \ \text{rad/s}$）；

10.15　设计一个近似理想频率响应的线性相位 FIR 滤波器，有

$$H_d\left(e^{j\Omega}\right) = \begin{cases} 1, & |\Omega| < \pi/6 \\ 0, & \text{其他} \end{cases}$$

（1）基于窗函数法，利用矩形窗，时宽为 25。

（2）利用频率抽样法，长度为 25。

10.16　设计一个时宽 $N = 201$ 的 FIR 带通滤波器。目标系统频率响应为

$$H_d\left(e^{j\Omega}\right) = \begin{cases} 1, & 0.4\pi < |\Omega| < 0.5\pi \\ 0, & \text{其他} \end{cases}$$

课程项目：语音信号的采集和处理

　　语音信号的处理包括滤波、抽样、量化和重构等过程，本项目要求查阅文献资料了解有关信号量化的内容，完成以下设计。

　　（1）用 Windows 自带的录音机录一段自己的语音（3s 以内），保存为 ".m4a" 文件；画出该语音信号的时域波形和频域波形。

　　（2）考虑到语音的频率为 300～3400Hz，给原始语音信号加入 5000Hz 的正弦高频噪声，分析语音信号的特点；设计低通滤波器将高频噪声滤除。

　　（3）设计切比雪夫低通滤波器对原始信号进行滤波限带；利用不同的采样间隔对信号进行抽取，观察现象，并解释原因。

　　（4）对采样的信号采用增量编码调制的方式进行量化，并对语音信号完成信号重构。

第 11 章　系统状态变量分析

✓ **学习目标**

通过本章的学习，学生应具备以下能力：
- ◆ 能正确表示连续时间系统的状态变量形式，包括标准形式、级联形式和并联形式；
- ◆ 会利用复频域方法求解系统状态和系统响应；
- ◆ 能正确表示离散时间系统的状态变量形式，包括标准形式、级联形式和并联形式；
- ◆ 会利用 z 域方法求解系统状态和系统响应；
- ◆ 会对状态矩阵进行对角化，并能通过对角化后的状态方程和输出方程判断系统的可控制性和可观测性。

　　系统的微分方程表示是指建立输入与输出之间的关系，不考虑系统内部的具体变化情况，因此称为系统外部描述方法。这种方法对于多输入、多输出的系统难以描述，另外，在控制系统的应用中，通常需要研究系统内部变量的变化规律，以便达到最佳控制的目的。因此，需要一种能有效地描述系统内部状态的方法，这种方法就是状态变量表示方法。

　　状态变量表示方法是通过一组状态方程和输出方程，将状态变量和系统的输入、输出联系起来，进而分析系统外部特性的方法。该方法的优点是能提供系统内部的信息，进而从系统内部研究系统的特性。另外，状态方程是用一阶微分方程或差分方程表示的，便于计算机编程求解。

　　本章主要介绍状态和状态变量的基本概念，以及建立系统状态方程的方法、状态方程的求解等问题。

11.1　LTI 连续时间系统的状态变量表示

11.1.1　连续时间系统状态方程的一般形式

　　考虑单输入、单输出 LTI 连续时间因果系统，系统输入为 $x(t)$，系统输出为 $y(t)$。系统在时刻 t 的状态定义为 N 维列向量，即

$$q(t) = \begin{bmatrix} q_1(t) \\ q_2(t) \\ \vdots \\ q_N(t) \end{bmatrix}$$

式中，$q_1(t)$、$q_2(t)$、$\cdots$、$q_N(t)$ 称为系统的状态变量；N 称为系统状态模型的维数。由 t 时刻的系统状态及输入 $x(t)$ 可以确定系统响应 $y(t)$。

例如，如图 1.25（a）所示的 RLC 电路，设电容电压为系统的输出。系统在任何时刻的状态可由电容电压 $q_1(t)$ 和电感电流 $q_2(t)$ 确定。根据电路理论可知

$$Rq_2(t) + Lq_2'(t) + q_1(t) = x(t)$$

$$Cq_1'(t) = q_2(t)$$

因此，系统的状态方程可以写为

$$q_1'(t) = \frac{1}{C}q_2(t)$$

$$q_2'(t) = -\frac{R}{L}q_2(t) - \frac{1}{L}q_1(t) + \frac{1}{L}x(t)$$

系统在任何时刻的输出均可以用系统状态和输入表示为

$$y(t) = q_1(t)$$

系统的状态变量表示一般分为两个部分，即描述系统状态变量与系统输入的关系（称为状态方程），描述系统输出与系统状态变量、系统输入的关系（称为输出方程）。

若系统为单输入、单输出系统，$\boldsymbol{q}(t)$ 为状态向量，则系统状态向量的表示方法为

$$\boldsymbol{q}'(t) = \boldsymbol{A}\boldsymbol{q}(t) + \boldsymbol{b}x(t) \tag{11.1}$$

$$y(t) = \boldsymbol{c}\boldsymbol{q}(t) + dx(t) \tag{11.2}$$

其中，$\boldsymbol{A}$ 为 $N \times N$ 的矩阵，$\boldsymbol{b}$ 为 N 维列向量，$\boldsymbol{c}$ 为 N 维行向量，d 为常数。可以用如图 11.1 所示的框图表示状态向量。

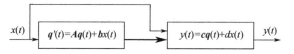

图 11.1　系统状态向量的框图表示

设

$$\boldsymbol{A} = \begin{bmatrix} a_{11} & a_{12} & \cdots & a_{1N} \\ a_{21} & a_{22} & \cdots & a_{2N} \\ \cdots & & & \\ a_{N1} & a_{N2} & \cdots & a_{NN} \end{bmatrix}, \quad \boldsymbol{b} = \begin{bmatrix} b_1 \\ b_2 \\ \vdots \\ b_N \end{bmatrix}, \quad \boldsymbol{c} = \begin{bmatrix} c_1 & c_2 & \cdots & c_N \end{bmatrix}$$

状态向量 $\boldsymbol{q}(t)$ 的导数为

$$\boldsymbol{q}'(t) = \begin{bmatrix} q_1'(t) \\ q_2'(t) \\ \vdots \\ q_N'(t) \end{bmatrix}$$

则式（11.1）和式（11.2）可以表示为

$$q_1'(t) = a_{11}q_1(t) + a_{12}q_2(t) + \cdots + a_{1N}q_N(t) + b_1x(t)$$

$$q_2'(t) = a_{21}q_1(t) + a_{22}q_2(t) + \cdots + a_{2N}q_N(t) + b_2x(t)$$

$$\cdots$$

（11.3）

$$q_N'(t) = a_{N1}q_1(t) + a_{N2}q_2(t) + \cdots + a_{NN}q_N(t) + b_Nx(t)$$

$$y(t) = c_1q_1(t) + c_2q_2(t) + \cdots + c_Nq_N(t) + dx(t)$$

11.1.2　由电路系统建立状态方程

连续时间系统的状态包含在系统的储能器件中，因此通常选择与这些器件有关的物理量作为状态变量。例如，在电路系统中，可以选取电容两端的电压和流过电感的电流作为状态变量。假设有 N_C 个电容和 N_L 个电感，则共有 $N_C + N_L$ 个状态变量。

11.1.1 节所述的 RLC 串联电路有两个状态变量，该电路的状态变量描述为

$$\begin{bmatrix} q_1'(t) \\ q_2'(t) \end{bmatrix} = \begin{bmatrix} 0 & 1/C \\ -1/L & -R/L \end{bmatrix} \begin{bmatrix} q_1(t) \\ q_2(t) \end{bmatrix} + \begin{bmatrix} 0 \\ 1/L \end{bmatrix} x(t)$$

$$y(t) = [1 \quad 0] \begin{bmatrix} q_1(t) \\ q_2(t) \end{bmatrix}$$

在已知系统电路结构和输入的前提下，建立系统的状态方程的步骤如下：

（1）根据电路确定系统状态变量的个数，将电容电压和电感电流作为系统的状态变量；

（2）选择一组回路电流，用回路电流表示状态变量或状态变量的一阶导数；

（3）写出回路方程；

（4）消除步骤（2）和步骤（3）中的非状态变量。

例 11.1　将如图 11.2 所示的电路系统用状态变量表示。

笔记：

解： 电路中有一个电容和一个电感，所以需要两个状态变量，选择电容电压 $q_1(t)$ 和电感电流 $q_2(t)$ 作为系统的状态变量。

回路电流和状态变量的关系为

$$q_2(t) = i_2(t)$$

$$Cq_1'(t) = i_1(t) - i_2(t)$$

列出回路方程为

$$x(t) = R_1i_1(t) + q_1(t)$$

$$Li_2'(t) + R_2i_2(t) - q_1(t) = 0$$

将 $i_1(t)$ 和 $i_2(t)$ 消去，可得状态方程为

$$q_1'(t) = \frac{1}{C}\left[\frac{x(t) - q_1(t)}{R_1} - q_2(t)\right]$$

$$= -\frac{1}{R_1C}q_1(t) - \frac{1}{C}q_2(t) + \frac{1}{R_1C}x(t)$$

$$q_2'(t) = \frac{1}{L}(q_1(t) - R_2 q_2(t))$$

$$= \frac{1}{L}q_1(t) - \frac{R_2}{L}q_2(t)$$

系统的输出方程为

$$y(t) = R_2 q_2(t)$$

用矩阵可以表示为

$$\begin{bmatrix} q_1'(t) \\ q_2'(t) \end{bmatrix} = \begin{bmatrix} -1/R_1C & -1/C \\ 1/L & -R_2/L \end{bmatrix} \begin{bmatrix} q_1(t) \\ q_2(t) \end{bmatrix} + \begin{bmatrix} 1/R_1C \\ 0 \end{bmatrix} x(t)$$

$$y(t) = \begin{bmatrix} 0 & R_2 \end{bmatrix} \begin{bmatrix} q_1(t) \\ q_2(t) \end{bmatrix}$$

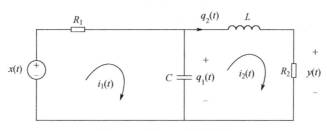

图 11.2　例 11.1 电路系统

11.1.3　由微分方程建立电路方程

若已知描述连续时间系统的微分方程，就可以直接从微分方程得出系统的状态方程。

例 11.2　已知一个二阶系统

$$y''(t) + 3y'(t) + 2y(t) = 3x(t)$$

用状态方程和输出方程来表示。

解：选择 $y(t)$ 和 $y'(t)$ 作为系统的状态变量，即

$$q_1(t) = y(t), \quad q_2(t) = y'(t)$$

可得状态方程为

$$\begin{cases} q_1'(t) = q_2(t) \\ q_2'(t) = -3q_2(t) - 2q_1(t) + 3x(t) \end{cases}$$

输出方程为

$$y(t) = q_1(t)$$

用矩阵可以表示为

$$\begin{bmatrix} q_1'(t) \\ q_2'(t) \end{bmatrix} = \begin{bmatrix} 0 & 1 \\ -2 & -3 \end{bmatrix} \begin{bmatrix} q_1(t) \\ q_2(t) \end{bmatrix} + \begin{bmatrix} 0 \\ 3 \end{bmatrix} x(t)$$

$$y(t) = \begin{bmatrix} 1 & 0 \end{bmatrix} \begin{bmatrix} q_1(t) \\ q_2(t) \end{bmatrix}$$

 笔记：

11.1.4 由模拟框图建立状态方程

由模拟框图直接建立状态方程是一种比较直观、简单的方法。一般的原则是，首先选取积分器的输出作为状态变量，然后根据加法器列出状态方程和输出方程。系统模拟框图有直接型、级联型和并联型 3 种形式，可分别得到标准形式、级联形式和并联形式的状态方程。设 LTI 连续时间系统的输入输出关系为

$$y^{(n)}(t) + a_{n-1}y^{(n-1)}(t) + \cdots + a_0 y(t) = b_m x^{(m)}(t) + b_{m-1}x^{(m-1)}(t) + \cdots + b_0 x(t)$$

其框图表示如图 2.12 所示，选择积分器的输出作为状态变量，则积分器的输入就是所对应的状态变量的导数，通过写出框图中对应于各运算的方程，即可得到描述系统的状态方程。

如图 11.3 所示，有

$$q_1'(t) = -a_{n-1}q_1(t) - \cdots - a_1 q_{n-1}(t) - a_0 q_n(t) + x(t)$$
$$q_2'(t) = q_1(t)$$
$$q_3'(t) = q_2(t)$$
$$\cdots$$
$$q_n'(t) = q_{n-1}(t)$$
$$y(t) = b_m q_{m-1}(t) + \cdots + b_1 q_{n-1}(t) + b_0 q_n(t)$$

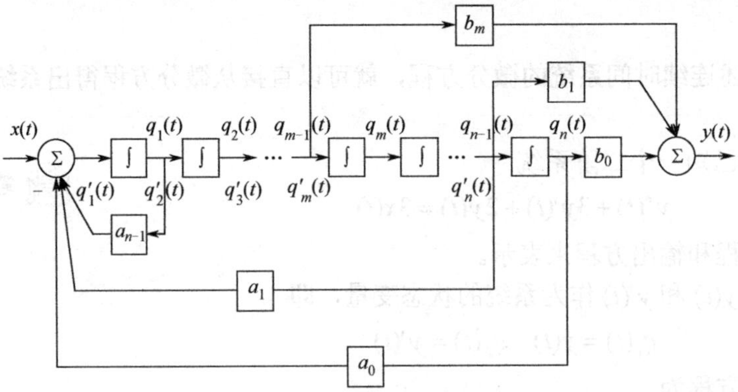

图 11.3 状态变量的框图表示

所以，系统的状态向量描述为

$$\begin{bmatrix} q_1'(t) \\ q_2'(t) \\ \vdots \\ q_n'(t) \end{bmatrix} = \begin{bmatrix} -a_{n-1} & -a_{n-2} & \cdots & -a_1 & -a_0 \\ 1 & 0 & \cdots & 0 & 0 \\ 0 & 1 & \cdots & 0 & 0 \\ \vdots & \vdots & \vdots & \vdots & \vdots \\ 0 & 0 & \cdots & 1 & 0 \end{bmatrix} \begin{bmatrix} q_1(t) \\ q_2(t) \\ \vdots \\ q_n(t) \end{bmatrix} + \begin{bmatrix} 1 \\ 0 \\ \vdots \\ 0 \end{bmatrix} x(t)$$

$$y(t) = [b_{n-1} \quad \cdots \quad b_1 \quad b_0] \begin{bmatrix} q_1(t) \\ q_2(t) \\ \vdots \\ q_n(t) \end{bmatrix} \tag{11.4}$$

其中，$b_{m+1} = b_{m+2} = \cdots = b_{n-1} = 0$。

例 11.3　将系统

$$y''(t) + 3y(t) = 2x''(t) + x'(t)$$

用状态变量表示该系统。

解： 该系统的框图表示如图 11.4 所示，将每个积分器的输出作为状态变量，则

$$\begin{cases} q_1'(t) = -3q_2(t) + x(t) \\ q_2'(t) = q_1(t) \\ y(t) = q_1(t) + 2q_1'(t) \end{cases}$$

第 3 个表达式包含状态变量的导数，需要代入第 1 个表达式，即

$$y(t) = q_1(t) - 6q_2(t) + 2x(t)$$

所以，该系统的状态变量表示为

$$\begin{bmatrix} q_1'(t) \\ q_2'(t) \end{bmatrix} = \begin{bmatrix} 0 & -3 \\ 1 & 0 \end{bmatrix} \begin{bmatrix} q_1(t) \\ q_2(t) \end{bmatrix} + \begin{bmatrix} 1 \\ 0 \end{bmatrix} x(t)$$

$$y(t) = \begin{bmatrix} 1 & -6 \end{bmatrix} \begin{bmatrix} q_1(t) \\ q_2(t) \end{bmatrix} + 2x(t)$$

例 11.4　已知一个 LTI 连续时间系统的系统函数为

$$H(s) = \frac{5s + 5}{s^3 + 7s^2 + 10s}$$

用状态变量表示该系统。

解：

$$\begin{aligned} H(s) &= \frac{5s + 5}{s^3 + 7s^2 + 10s} \\ &= \frac{1}{s}\left(\frac{s+1}{s+2}\right)\left(\frac{5}{s+5}\right) \\ &= \frac{1/2}{s} + \frac{5/6}{s+2} + \frac{3}{s+5} \end{aligned}$$

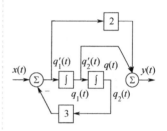

图 11.4　例 11.3 系统

笔记：

该系统的模拟框图表示如图 8.12 所示。

（1）标准形式。

选择 3 个积分器的输出作为系统的状态变量 $q_1(t)$、$q_2(t)$ 和 $q_3(t)$，则有

$$q_1'(t) = -7q_1(t) - 10q_2(t) + x(t)$$
$$q_2'(t) = q_1(t)$$
$$q_3'(t) = q_2(t)$$

系统的输出方程为

$$y(t) = 5q_2(t) + 5q_3(t)$$

所以，该系统的状态变量表示为

$$\begin{bmatrix} q_1'(t) \\ q_2'(t) \\ q_3'(t) \end{bmatrix} = \begin{bmatrix} -7 & -10 & 0 \\ 1 & 0 & 0 \\ 0 & 1 & 0 \end{bmatrix} \begin{bmatrix} q_1(t) \\ q_2(t) \\ q_3(t) \end{bmatrix} + \begin{bmatrix} 1 \\ 0 \\ 0 \end{bmatrix} x(t)$$

$$y(t) = \begin{bmatrix} 0 & 5 & 5 \end{bmatrix} \begin{bmatrix} q_1(t) \\ q_2(t) \\ q_3(t) \end{bmatrix}$$

（2）级联形式。

选择 3 个积分器的输出作为系统的状态变量 $q_1(t)$、$q_2(t)$ 和 $q_3(t)$，则有

$$q_1'(t) = x(t)$$
$$q_2'(t) = q_1(t) - 2q_2(t)$$
$$\begin{aligned} q_3'(t) &= q_2'(t) + q_2(t) + 5q_3(t) \\ &= q_1(t) - 2q_2(t) + q_2(t) + 5q_3(t) \\ &= q_1(t) - q_2(t) + 5q_3(t) \end{aligned}$$

系统的输出方程为

$$y(t) = 5q_3(t)$$

所以，该系统的状态变量表示为

$$\begin{bmatrix} q_1'(t) \\ q_2'(t) \\ q_3'(t) \end{bmatrix} = \begin{bmatrix} 0 & 0 & 0 \\ 1 & -2 & 0 \\ 1 & -1 & 5 \end{bmatrix} \begin{bmatrix} q_1(t) \\ q_2(t) \\ q_3(t) \end{bmatrix} + \begin{bmatrix} 1 \\ 0 \\ 0 \end{bmatrix} x(t)$$

$$y(t) = \begin{bmatrix} 0 & 0 & 5 \end{bmatrix} \begin{bmatrix} q_1(t) \\ q_2(t) \\ q_3(t) \end{bmatrix}$$

（3）并联形式。

选择 3 个积分器的输出作为系统的状态变量 $q_1(t)$、$q_2(t)$ 和 $q_3(t)$，则有

$$q_1'(t) = x(t)$$
$$q_2'(t) = -2q_2(t) + x(t)$$

笔记：

$$q_3'(t) = -5q_3(t) + x(t)$$

系统的输出方程为

$$y(t) = 0.5q_1(t) + 5/6q_2(t) - 3q_3(t)$$

所以，该系统的状态变量表示为

$$\begin{bmatrix} q_1'(t) \\ q_2'(t) \\ q_3'(t) \end{bmatrix} = \begin{bmatrix} 0 & 0 & 0 \\ 0 & -2 & 0 \\ 0 & 0 & -5 \end{bmatrix} \begin{bmatrix} q_1(t) \\ q_2(t) \\ q_3(t) \end{bmatrix} + \begin{bmatrix} 1 \\ 1 \\ 0 \end{bmatrix} x(t)$$

$$y(t) = \begin{bmatrix} 0.5 & 5/6 & -3 \end{bmatrix} \begin{bmatrix} q_1(t) \\ q_2(t) \\ q_3(t) \end{bmatrix}$$

由例 11.4 可知，系统的状态变量和状态方程不是唯一的。对于同一个系统可以用不同的状态方程来描述，在并联形式的状态方程中矩阵 A 是对角矩阵。

对于一个有 p 个输入 $x_1(t)$、$x_2(t)$、…、$x_p(t)$ 和 r 个输出 $y_1(t)$、$y_2(t)$、…、$y_r(t)$ 的系统，有 N 个状态变量 $q_1(t)$、$q_2(t)$、…、$q_N(t)$ 的状态方程表示为

$$q'(t) = Aq(t) + Bx(t) \tag{11.5}$$

$$y(t) = Cq(t) + Dx(t) \tag{11.6}$$

其中，A 为 $N \times N$ 的矩阵，B 为 $N \times p$ 的矩阵，C 为 $r \times N$ 的矩阵，D 为 $r \times p$ 的矩阵。

例 11.5 将如图 11.5 所示系统用状态方程和输出方程来表示。

解：选择两个积分器的输出作为系统的状态变量 $q_1(t)$ 和 $q_2(t)$，则有

$$\begin{aligned} q_1'(t) &= x_1(t) - 3y_1(t) \\ &= x_1(t) - 3(q_1(t) + 2q_2(t)) \end{aligned}$$

$$q_2'(t) = x_2(t)$$

系统输出方程为

$$y_1(t) = q_1(t) + 2q_2(t)$$

$$y_2(t) = 2q_2(t)$$

用矩阵可以表示为

$$\begin{bmatrix} q_1'(t) \\ q_2'(t) \end{bmatrix} = \begin{bmatrix} -3 & -6 \\ 0 & 0 \end{bmatrix} \begin{bmatrix} q_1(t) \\ q_2(t) \end{bmatrix} + \begin{bmatrix} 1 & 0 \\ 0 & 1 \end{bmatrix} \begin{bmatrix} x_1(t) \\ x_2(t) \end{bmatrix}$$

$$\begin{bmatrix} y_1(t) \\ y_2(t) \end{bmatrix} = \begin{bmatrix} 1 & 2 \\ 0 & 2 \end{bmatrix} \begin{bmatrix} q_1(t) \\ q_2(t) \end{bmatrix}$$

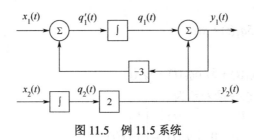

图 11.5　例 11.5 系统

11.2　连续时间系统状态方程的求解

11.2.1　连续时间系统状态方程时域求解

考虑 p 个输入、r 个输出的系统，有 N 个状态变量 $q_1(t)$、$q_2(t)$、$\cdots$、$q_N(t)$ 的状态方程表示为

$$q'(t) = Aq(t) + Bx(t)$$
$$y(t) = Cq(t) + Dx(t)$$

其中，A 为 $N \times N$ 的矩阵，B 为 $N \times p$ 的矩阵，C 为 $r \times N$ 的矩阵，D 为 $r \times p$ 的矩阵。状态方程的初始状态为 $q(0^-) = [q_1(0^-) \quad q_2(0^-) \quad \cdots \quad q_N(0^-)]$。

假设输入为零，即

$$q'(t) = Aq(t) \tag{11.7}$$

定义矩阵指数

$$e^{At} = I + At + \frac{1}{2!}A^2t^2 + \cdots + \frac{1}{k!}A^kt^k + \cdots$$

式中，I 为 $N \times N$ 的单位矩阵，e^{At} 为 $N \times N$ 的矩阵函数并满足性质

$$e^{A(t+\tau)} = e^{At}e^{A\tau}$$

取 $\tau = -t$，则

$$e^{At}e^{-A\tau} = I$$

即 e^{At} 是可逆的，其逆矩阵为 e^{-At}。对矩阵函数 e^{At} 的求导定义为对矩阵函数中的每个元素求导，则

$$\frac{\mathrm{d}}{\mathrm{d}t}e^{At} = A + A^2t + \cdots + \frac{1}{(k-1)!}A^kt^{k-1} + \cdots$$

$$= A\left(I + At + \cdots + \frac{1}{(k-1)!}A^{k-1}t^{k-1} + \cdots\right)$$

$$= \left(I + At + \cdots + \frac{1}{(k-1)!}A^{k-1}t^{k-1} + \cdots\right)A$$

所以

$$\frac{\mathrm{d}}{\mathrm{d}t}e^{At} = Ae^{At} = e^{At}A \tag{11.8}$$

由于

$$\frac{\mathrm{d}}{\mathrm{d}t}\boldsymbol{q}(t) = \frac{\mathrm{d}}{\mathrm{d}t}\left[\mathrm{e}^{At}\boldsymbol{q}(0^-)\right] = \frac{\mathrm{d}}{\mathrm{d}t}\left[\mathrm{e}^{At}\right]\boldsymbol{q}(0^-) = A\mathrm{e}^{At}\boldsymbol{q}(0^-) = A\boldsymbol{q}(t)$$

式（11.7）的解为

$$\boldsymbol{q}(t) = \mathrm{e}^{At}\boldsymbol{q}(0^-), \quad t \geqslant 0 \tag{11.9}$$

$\boldsymbol{q}(t)$ 称为状态矢量的零输入响应。

在 $\boldsymbol{q}'(t) = A\boldsymbol{q}(t) + B\boldsymbol{x}(t)$ 左右两边同乘以 e^{-At}，即

$$\mathrm{e}^{-At}\left[\boldsymbol{q}'(t) - A\boldsymbol{q}(t)\right] = \mathrm{e}^{-At}B\boldsymbol{x}(t)$$

由式（11.8）的性质，可得

$$\frac{\mathrm{d}}{\mathrm{d}t}\left[\mathrm{e}^{-At}\boldsymbol{q}(t)\right] = \mathrm{e}^{-At}B\boldsymbol{x}(t)$$

$$\mathrm{e}^{-At}\boldsymbol{q}(t) = \boldsymbol{q}(0^-) + \int_{0^-}^{t}\mathrm{e}^{-A\lambda}B\boldsymbol{x}(\lambda)\,\mathrm{d}\lambda$$

$$\boldsymbol{q}(t) = \mathrm{e}^{At}\boldsymbol{q}(0^-) + \int_{0^-}^{t}\mathrm{e}^{A(t-\lambda)}B\boldsymbol{x}(\lambda)\,\mathrm{d}\lambda \tag{11.10}$$

式（11.10）即为状态方程的全响应，其中 $\mathrm{e}^{At}\boldsymbol{q}(0^-)$ 为状态矢量的零输入响应，状态矢量的零状态响应为

$$\int_{0^-}^{t}\mathrm{e}^{A(t-\lambda)}B\boldsymbol{x}(\lambda)\,\mathrm{d}\lambda$$

定义矩阵卷积为

$$\begin{bmatrix} f_1 & f_2 \\ f_3 & f_4 \end{bmatrix} * \begin{bmatrix} g_1 & g_2 \\ g_3 & g_4 \end{bmatrix} = \begin{bmatrix} f_1 * g_1 + f_2 * g_3 & f_1 * g_2 + f_2 * g_4 \\ f_3 * g_1 + f_4 * g_3 & f_3 * g_2 + f_4 * g_4 \end{bmatrix}$$

则

$$\boldsymbol{q}(t) = \mathrm{e}^{At}\boldsymbol{q}(0^-) + \mathrm{e}^{At}B * \boldsymbol{x}(t)$$

将上式代入输出方程，并定义 $p \times p$ 的对角矩阵

$$\boldsymbol{\delta}(t) = \begin{bmatrix} \delta(t) & 0 & \cdots & 0 \\ 0 & \delta(t) & \cdots & 0 \\ \vdots & \vdots & \vdots & \vdots \\ 0 & 0 & \cdots & \delta(t) \end{bmatrix}$$

可得

$$\begin{aligned} \boldsymbol{y}(t) &= C\mathrm{e}^{At}\boldsymbol{q}(0^-) + C\mathrm{e}^{At}B * \boldsymbol{x}(t) + D\boldsymbol{x}(t) \\ &= C\mathrm{e}^{At}\boldsymbol{q}(0^-) + C\mathrm{e}^{At}B * \boldsymbol{x}(t) + D\boldsymbol{\delta}(t) * \boldsymbol{x}(t) \\ &= C\mathrm{e}^{At}\boldsymbol{q}(0^-) + \left(C\mathrm{e}^{At}B + D\boldsymbol{\delta}(t)\right) * \boldsymbol{x}(t) \end{aligned} \tag{11.11}$$

所以，系统的零输入响应为

$$\boldsymbol{y}_{zi}(t) = C\mathrm{e}^{At}\boldsymbol{q}(0^-) \tag{11.12}$$

系统的零状态响应为

$$\boldsymbol{y}_{zs}(t) = \left(C\mathrm{e}^{At}B + D\boldsymbol{\delta}(t)\right) * \boldsymbol{x}(t) \tag{11.13}$$

其中，系统的单位冲激矩阵为

$$\boldsymbol{h}(t) = C\mathrm{e}^{At}B + D\boldsymbol{\delta}(t) \tag{11.14}$$

11.2.2 状态方程复频域求解

下面从复频域求解状态方程。对状态方程两边取拉普拉斯变换，可得

$$sQ(s) - q(0^-) = AQ(s) + BX(s)$$

整理可得

$$(sI - A)Q(s) = q(0^-) + BX(s)$$

若 $sI - A$ 可逆，则

$$Q(s) = (sI - A)^{-1}[q(0^-) + BX(s)] \tag{11.15}$$

与式（11.10）比较，可得

$$e^{At} = L^{-1}\left\{(sI - A)^{-1}\right\}$$

对输出方程两边取拉普拉斯变换可得

$$Y(s) = CQ(s) + DX(s)$$

代入 $Q(s)$ 可得

$$Y(s) = C(sI - A)^{-1}[q(0^-) + BX(s)] + DX(s)$$
$$= C(sI - A)^{-1}q(0^-) + [C(sI - A)^{-1}B + D]X(s)$$

所以

$$Y_{zi}(s) = C(sI - A)^{-1}q(0^-)$$
$$Y_{zs}(s) = [C(sI - A)^{-1}B + D]X(s) \tag{11.16}$$

系统函数矩阵为

$$H(s) = C(sI - A)^{-1}B + D \tag{11.17}$$

例 11.6 如图 11.5 所示系统，已知初始状态和初始输入分别为

$$\begin{bmatrix} q_1(0^-) \\ q_2(0^-) \end{bmatrix} = \begin{bmatrix} 2 \\ -1 \end{bmatrix}, \quad \begin{bmatrix} x_1(t) \\ x_2(t) \end{bmatrix} = \begin{bmatrix} u(t) \\ e^{-3t}u(t) \end{bmatrix}$$

 笔记：

求该系统的状态方程和输出响应。

解： 已知

$$A = \begin{bmatrix} -3 & -6 \\ 0 & 0 \end{bmatrix}, \quad B = \begin{bmatrix} 1 & 0 \\ 0 & 1 \end{bmatrix}, \quad C = \begin{bmatrix} 1 & 2 \\ 0 & 2 \end{bmatrix}$$

所以

$$(sI - A)^{-1} = \begin{pmatrix} s+3 & 6 \\ 0 & s \end{pmatrix}^{-1} = \begin{pmatrix} \dfrac{1}{s+3} & \dfrac{-6}{s(s+3)} \\ 0 & \dfrac{1}{s} \end{pmatrix}$$

$$X(s) = \begin{bmatrix} 1/s \\ 1/(s+3) \end{bmatrix}, \quad BX(s) = \begin{bmatrix} 1/s \\ 1/(s+3) \end{bmatrix}$$

由式（11.15）可得

$$
\begin{bmatrix} Q_1(s) \\ Q_2(s) \end{bmatrix} = \begin{bmatrix} \dfrac{1}{s+3} & \dfrac{-6}{s(s+3)} \\ 0 & \dfrac{1}{s} \end{bmatrix} \begin{bmatrix} 2+\dfrac{1}{s} \\ -1+\dfrac{1}{s+3} \end{bmatrix}
$$

$$
= \begin{bmatrix} \dfrac{5}{3s} + \dfrac{1}{3(s+3)} + \dfrac{2}{(s+3)^2} \\ -\dfrac{2}{3s} - \dfrac{1}{3(s+3)} \end{bmatrix}
$$

由式（11.16）可得

$$
\begin{bmatrix} Y_1(s) \\ Y_2(s) \end{bmatrix} = \begin{bmatrix} 1 & 2 \\ 0 & 2 \end{bmatrix} \begin{bmatrix} \dfrac{1}{s+3} & \dfrac{-6}{s(s+3)} \\ 0 & \dfrac{1}{s} \end{bmatrix} \begin{bmatrix} 2+\dfrac{1}{s} \\ -1+\dfrac{1}{s+3} \end{bmatrix}
$$

$$
= \begin{bmatrix} \dfrac{1}{3s} + \dfrac{1}{3(s+3)} + \dfrac{2}{(s+3)^2} \\ -\dfrac{4}{3s} - \dfrac{2}{3(s+3)} \end{bmatrix}
$$

所以，该系统的状态方程与输出响应分别为

$$
\begin{bmatrix} q_1(t) \\ q_2(t) \end{bmatrix} = \begin{bmatrix} \left(\dfrac{5}{3} + \dfrac{1}{3}\mathrm{e}^{-3t} + 2t\mathrm{e}^{-3t} \right) u(t) \\ \left(-\dfrac{2}{3} - \dfrac{1}{3}\mathrm{e}^{-3t} \right) u(t) \end{bmatrix}
$$

$$
\begin{bmatrix} y_1(t) \\ y_2(t) \end{bmatrix} = \begin{bmatrix} \left(\dfrac{1}{3} - \dfrac{1}{3}\mathrm{e}^{-3t} + 2t\mathrm{e}^{-3t} \right) u(t) \\ \left(-\dfrac{4}{3} - \dfrac{2}{3}\mathrm{e}^{-3t} \right) u(t) \end{bmatrix}
$$

笔记：

11.3　LTI 离散时间系统的状态变量表示

11.3.1　离散时间系统状态方程的一般形式

离散时间系统的状态变量表示与连续时间系统相似，p 个输入、r 个输出的离散时间系统，有 N 个状态变量 $q_1[n]$、$q_2[n]$、$\cdots$、$q_N[n]$ 的状态方程和输出方程分别表示为

$$q[n+1] = Aq[n] + Bx[n] \tag{11.18}$$

$$y[n] = Cq[n] + Dx[n] \tag{11.19}$$

式中，A 为 $N \times N$ 的矩阵，B 为 $N \times p$ 的矩阵，C 为 $r \times N$ 的矩阵，D 为 $r \times p$ 的矩阵。

11.3.2 由差分方程建立状态方程

若已知离散时间系统的差分方程，就可以直接将系统的差分方程转换为状态方程。

例 11.7 已知离散时间系统

$$y[n+2]+3y[n+1]+2y[n]=2x[n]$$

用状态变量来表示。

笔记：

解： 令 $y[n]$ 和 $y[n+1]$ 为系统的状态，即

$$q_1[n]=y[n], \quad q_2[n]=y[n+1]$$

可得状态方程为

$$q_1[n+1]=y[n+1]=q_2[n]$$
$$q_2[n+1]=y[n+2]=-2q_1[n]-3q_2[n]+2x[n]$$

系统的输出方程为

$$y[n]=q_1[n]$$

用矩阵可以表示为

$$\begin{bmatrix} q_1[n+1] \\ q_2[n+1] \end{bmatrix} = \begin{bmatrix} 0 & 1 \\ -2 & 3 \end{bmatrix} \begin{bmatrix} q_1[n] \\ q_2[n] \end{bmatrix} + \begin{bmatrix} 0 \\ 2 \end{bmatrix} x[n]$$

$$y[n]=\begin{bmatrix} 1 & 0 \end{bmatrix} \begin{bmatrix} q_1[n] \\ q_2[n] \end{bmatrix}$$

11.3.3 由模拟框图建立状态方程

与连续时间系统类似，由系统框图建立状态方程的规则是：选取延时器的输出作为状态变量，围绕加法器写出状态方程和输出方程即可。对应地，离散时间系统的状态变量表示也包括标准形式、级联形式和并联形式 3 种。

例 11.8 将如图 11.6 所示的系统用状态变量表示。

笔记：

解： 令 3 个延时器的输出作为系统的状态 $q_1[n]$、$q_2[n]$ 和 $q_3[n]$，可得状态方程为

$$q_1[n+1]=-q_2[n]+x_1[n]+x_3[n]$$
$$q_2[n+1]=q_1[n]+x_2[n]$$
$$q_3[n+1]=q_2[n]+x_3[n]$$

系统的输出方程为

$$y_1[n]=q_2[n]$$

$$y_2[n] = q_1[n] + q_3[n] + x_2[n]$$

用矩阵可以表示为

$$\begin{bmatrix} q_1[n+1] \\ q_2[n+1] \\ q_3[n+1] \end{bmatrix} = \begin{bmatrix} 0 & -1 & 0 \\ 1 & 0 & 0 \\ 0 & 1 & 0 \end{bmatrix} \begin{bmatrix} q_1[n] \\ q_2[n] \\ q_3[n] \end{bmatrix} + \begin{bmatrix} 1 & 0 & 1 \\ 0 & 1 & 0 \\ 0 & 0 & 1 \end{bmatrix} \begin{bmatrix} x_1[n] \\ x_2[n] \\ x_3[n] \end{bmatrix}$$

$$\begin{bmatrix} y_1[n] \\ y_2[n] \end{bmatrix} = \begin{bmatrix} 0 & 1 & 0 \\ 1 & 0 & 1 \end{bmatrix} \begin{bmatrix} q_1[n] \\ q_2[n] \\ q_3[n] \end{bmatrix} + \begin{bmatrix} 0 & 0 & 0 \\ 0 & 1 & 0 \end{bmatrix} \begin{bmatrix} x_1[n] \\ x_2[n] \\ x_3[n] \end{bmatrix}$$

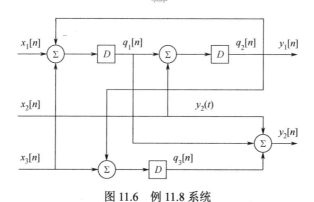

图 11.6 例 11.8 系统

例 11.9 已知 LTI 离散时间系统的系统函数为

$$H(z) = \frac{2z+1}{z^2+6z+5}$$

分别用标准形式、级联形式和并联形式状态变量表示该系统。

解:

$$H(z) = \frac{2z+1}{z^2+6z+5} = \frac{2z+1}{z+1}\frac{1}{z+5} = \frac{-0.25}{z+1} + \frac{2.25}{z+5}$$

系统框图表示如图 9.8（a）、图 9.8（b）、图 9.8（c）所示。令两个延时器的输出作为系统的状态 $q_1[n]$ 和 $q_2[n]$。

（1）标准形式。

系统状态方程为

$$q_1[n+1] = -6q_1[n] - 5q_2[n] + x[n]$$
$$q_2[n+1] = q_1[n]$$

系统的输出方程为

$$y[n] = 2q_1[n] + q_2[n]$$

用矩阵可以表示为

$$\begin{bmatrix} q_1[n+1] \\ q_2[n+1] \end{bmatrix} = \begin{bmatrix} -6 & -5 \\ 1 & 0 \end{bmatrix} \begin{bmatrix} q_1[n] \\ q_2[n] \end{bmatrix} + \begin{bmatrix} 1 \\ 0 \end{bmatrix} x[n]$$

$$y[n] = \begin{bmatrix} 2 & 1 \end{bmatrix} \begin{bmatrix} q_1[n] \\ q_2[n] \end{bmatrix}$$

（2）级联形式。

系统状态方程为

$$q_1[n+1] = -q_1[n] + x[n]$$

$$\begin{aligned} q_2[n+1] &= -5q_2[n] + 2q_1[n+1] \\ &= -2q_1[n] - 5q_2[n] + 2x[n] \end{aligned}$$

系统的输出方程为

$$y[n] = q_2[n]$$

用矩阵可以表示为

$$\begin{bmatrix} q_1[n+1] \\ q_2[n+1] \end{bmatrix} = \begin{bmatrix} -1 & 0 \\ -2 & -5 \end{bmatrix} \begin{bmatrix} q_1[n] \\ q_2[n] \end{bmatrix} + \begin{bmatrix} 1 \\ 2 \end{bmatrix} x[n]$$

$$y[n] = \begin{bmatrix} 0 & 1 \end{bmatrix} \begin{bmatrix} q_1[n] \\ q_2[n] \end{bmatrix}$$

（3）并联形式。

系统状态方程为

$$q_1[n+1] = -q_1[n] + x[n]$$

$$q_2[n+1] = -5q_2[n] + x[n]$$

系统的输出方程为

$$y[n] = -0.25q_1[n] + 2.25q_2[n]$$

用矩阵可以表示为

$$\begin{bmatrix} q_1[n+1] \\ q_2[n+1] \end{bmatrix} = \begin{bmatrix} -1 & 0 \\ 0 & -5 \end{bmatrix} \begin{bmatrix} q_1[n] \\ q_2[n] \end{bmatrix} + \begin{bmatrix} 1 \\ 1 \end{bmatrix} x[n]$$

$$y[n] = \begin{bmatrix} -0.25 & 2.25 \end{bmatrix} \begin{bmatrix} q_1[n] \\ q_2[n] \end{bmatrix}$$

11.4 离散时间系统状态方程的求解

11.4.1 离散时间系统状态方程时域求解

考虑 p 个输入、r 个输出的离散时间系统，有 N 个状态变量 $q_1[n]$、$q_2[n]$、$\cdots$、$q_N[n]$ 的状态方程和输出方程分别表示为

$$q[n+1] = Aq[n] + Bx[n]$$

$$y[n] = Cq[n] + Dx[n]$$

状态方程的初始状态为 $q[0] = [q_1[0] \quad q_2[0] \quad \cdots \quad q_N[0]]$，可以直接用迭代法求出方程的数值解。

$$q[1] = Aq[0] + Bx[0]$$

$$q[2] = Aq[1] + Bx[1] = A^2 q[0] + ABx[0] + Bx[1]$$

$$\vdots$$

$$q[n] = Aq[n-1] + Bx[n-1] = A^n q[0] + \sum_{i=0}^{n-1} A^{n-i-1} Bx[i], \quad n \geq 1$$

假设输入为 0，则

$$q[n] = A^n q[0], \quad n \geq 0$$

$q[n]$ 即为状态矢量的零输入响应。状态矢量的零状态响应为

$$\left(\sum_{i=0}^{n-1} A^{n-i-1} Bx[i] \right) u[n-1]$$

将状态矢量的响应代入系统输出方程，得

$$y[n] = Cq[n] + Dx[n]$$

$$= CA^n q[0] + \left(\sum_{i=0}^{n-1} CA^{n-i-1} Bx[i] \right) u[n-1] + Dx[n]$$

系统的零输入响应为

$$y_{zi}[n] = CA^n q[0], \quad n \geq 0 \tag{11.20}$$

定义 $p \times p$ 的对角矩阵

$$\delta[n] = \begin{bmatrix} \delta[n] & 0 & \cdots & 0 \\ 0 & \delta[n] & \cdots & 0 \\ \vdots & \vdots & \vdots & \vdots \\ 0 & 0 & \cdots & \delta[n] \end{bmatrix}$$

系统的零状态响应为

$$y_{zs}[n] = \left(\sum_{i=0}^{n-1} CA^{n-i-1} Bx[i] \right) u[n-1] + Dx[n]$$

$$= \sum_{i=0}^{n-1} \left(CA^{n-i-1} Bu[n-i-1] + \delta[n-i]D \right) x[i], \quad n \geq 1 \tag{11.21}$$

$$= \left(CA^{n-1} Bu[n-1] + \delta[n]D \right) * x[n] = h[n] * x[n]$$

其中 $h[n]$ 为系统的单位脉冲响应矩阵。

11.4.2　状态方程 z 域求解

对离散时间系统的状态方程

$$q[n+1] = Aq[n] + Bx[n]$$

两端取 z 变换，可得

$$zQ(z) - zq[0] = AQ(z) + BX(z)$$

整理为

$$(zI - A)Q(z) = zq[0] + BX(z)$$

若 $zI - A$ 可逆，则

$$Q(z) = (zI - A)^{-1} zq[0] + (zI - A)^{-1} BX(z) \qquad (11.22)$$

对式（11.22）取 z 反变换，即可得到状态矢量的零输入响应和零状态响应。

对输出方程

$$y[n] = Cq[n] + Dx[n]$$

两端取 z 变换

$$Y(z) = CQ(z) + DX(z)$$

并代入式（11.22），有

$$Y(z) = C(zI - A)^{-1} zq[0] + [C(zI - A)^{-1} B + D]X(z)$$

零输入响应的 z 变换为

$$Y_{zi}(z) = C(zI - A)^{-1} zq[0] \qquad (11.23)$$

零状态响应的 z 变换为

$$Y_{zs}(z) = [C(zI - A)^{-1} B + D]X(z) \qquad (11.24)$$

系统函数为

$$H(z) = C(zI - A)^{-1} B + D \qquad (11.25)$$

例 11.10 已知 LTI 离散时间系统的状态方程和输出方程为

 笔记：

$$\begin{bmatrix} q_1[n+1] \\ q_2[n+1] \end{bmatrix} = \begin{bmatrix} 0 & 1 \\ -2 & 3 \end{bmatrix} \begin{bmatrix} q_1[n] \\ q_2[n] \end{bmatrix} + \begin{bmatrix} 0 \\ 1 \end{bmatrix} x[n]$$

$$\begin{bmatrix} y_1[n] \\ y_2[n] \end{bmatrix} = \begin{bmatrix} 1 & 1 \\ 2 & -1 \end{bmatrix} \begin{bmatrix} q_1[n] \\ q_2[n] \end{bmatrix}$$

初始状态和输入信号为

$$\begin{bmatrix} q_1[0] \\ q_2[0] \end{bmatrix} = \begin{bmatrix} 1 \\ -1 \end{bmatrix}, \quad x[n] = u[n]$$

求系统响应。

解：

$$Y_{zi}(z) = C(zI - A)^{-1} zq[0]$$

$$= \begin{bmatrix} 1 & 1 \\ 2 & -1 \end{bmatrix} \begin{bmatrix} z & -1 \\ 2 & z-3 \end{bmatrix}^{-1} \begin{bmatrix} 1 \\ -1 \end{bmatrix}$$

$$= \begin{bmatrix} 1 & 1 \\ 2 & -1 \end{bmatrix} \frac{1}{(z-1)(z-2)} \begin{bmatrix} z-3 & 1 \\ -2 & z \end{bmatrix} \begin{bmatrix} 1 \\ -1 \end{bmatrix}$$

$$= \begin{bmatrix} \dfrac{6z}{z-1} + \dfrac{-6z}{z-2} \\[2mm] \dfrac{3z}{z-1} \end{bmatrix}$$

系统零输入响应为

$$y_{zi}[n] = \begin{bmatrix} 6 - 6 \times 2^n \\ 3 \end{bmatrix} u[n]$$

$$Y_{zs}(z) = \left[C(zI - A)^{-1}B \right]X(z)$$

$$= \begin{bmatrix} 1 & 1 \\ 2 & -1 \end{bmatrix} \begin{bmatrix} z & -1 \\ 2 & z-3 \end{bmatrix}^{-1} \begin{bmatrix} 0 \\ 1 \end{bmatrix} \frac{z}{z-1}$$

$$= \begin{bmatrix} 1 & 1 \\ 2 & -1 \end{bmatrix} \frac{1}{(z-1)(z-2)} \begin{bmatrix} z-3 & 1 \\ -2 & z \end{bmatrix} \begin{bmatrix} 0 \\ 1 \end{bmatrix} \frac{z}{z-1}$$

$$= \begin{bmatrix} \dfrac{-z}{z-1} + \dfrac{3z}{z-2} + \dfrac{-2z^2}{(z-1)^2} \\[2mm] \dfrac{-z}{(z-1)^2} \end{bmatrix}$$

系统零状态响应为

$$y_{zs}[n] = \begin{bmatrix} -3 + 3 \times 2^n - 2n \\ -n \end{bmatrix} u[n]$$

所以，系统响应为

$$y[n] = y_{zi}[n] + y_{zs}[n] = \begin{bmatrix} 3 - 3 \times 2^n - 2n \\ 3 - n \end{bmatrix} u[n]$$

11.5　状态矢量的线性变换

11.5.1　具有对角矩阵的状态方程

描述同一个线性系统的状态变量可以有不同的选择方案，所以对同一个系统可以列出不同的状态方程。由于这些不同的状态方程描述的是同一种线性关系，因而这些状态矢量间存在线性关系。

考虑 p 个输入、r 个输出的系统，有 N 个状态变量 $q_1(t)$、$q_2(t)$、$\cdots$、$q_N(t)$ 的状态方程表示为

$$q'(t) = Aq(t) + Bx(t)$$
$$y(t) = Cq(t) + Dx(t)$$

设 P 为 $N \times N$ 的可逆矩阵，且令

$$w(t) = Pq(t)$$

则

$$q(t) = P^{-1}w(t)$$

将上式代入状态方程和输出方程，可得

$$P^{-1}w'(t) = AP^{-1}w(t) + Bx(t)$$
$$y(t) = CP^{-1}w(t) + Dx(t)$$

即可得到用状态矢量 $w(t)$ 描述的状态方程和输出方程，即

$$w'(t) = \left(PAP^{-1}\right)w(t) + \left(PB\right)x(t) = \overline{A}w(t) + \overline{B}x(t)$$

$$y(t) = \left(CP^{-1}\right)w(t) + Dx(t) = \overline{C}w(t) + \overline{D}x(t) \qquad (11.26)$$

其中

$$\overline{A} = PAP^{-1}, \ \overline{B} = PB, \ \overline{C} = CP^{-1}, \ \overline{D} = D$$

由于系统函数只描述了系统的外部特性，因此，无论如何选取系统内部的状态变量，系统函数都应相同。由式（11.17），可得

$$\overline{H}(s) = \overline{C}(sI - \overline{A})^{-1}\overline{B} + \overline{D}$$
$$= CP^{-1}(sI - PAP^{-1})^{-1}PB + D$$
$$= CP^{-1}\left[P(sI - A)P^{-1}\right]^{-1}PB + D$$
$$= CP^{-1}\left[P(sI - A)P^{-1}\right]^{-1}PB + D$$
$$= C(sI - A)^{-1}B + D = H(s)$$

也就是说，用状态矢量 $w(t)$ 和 $q(t)$ 描述的系统函数是相同的。

当矩阵 A 为对角矩阵时，状态变量之间相互独立，状态方程的结构特别简单。可以利用线性变换将非对角矩阵转换为对角矩阵。

设矩阵 A 有 n 个互不相同的特征值 λ_1、λ_2、$\cdots$、λ_n，由特征值构成的对角矩阵定义为

$$\lambda = \begin{bmatrix} \lambda_1 & & & \\ & \lambda_2 & & \\ & & \ddots & \\ & & & \lambda_n \end{bmatrix}$$

特征值 λ_k 对应的特征矢量为 q_k，即

$$Aq_k = \lambda_k q_k$$

定义矩阵 Q 为

$$Q = \begin{bmatrix} q_1 & q_2 & \cdots & q_n \end{bmatrix}$$

则

$$AQ = A\begin{bmatrix} q_1 & q_2 & \cdots & q_n \end{bmatrix}$$
$$= \begin{bmatrix} Aq_1 & Aq_2 & \cdots & Aq_n \end{bmatrix}$$
$$= \begin{bmatrix} \lambda_1 q_1 & \lambda_2 q_2 & \cdots & \lambda_n q_n \end{bmatrix}$$
$$= \begin{bmatrix} q_1 & q_2 & \cdots & q_n \end{bmatrix} \begin{bmatrix} \lambda_1 & & & \\ & \lambda_2 & & \\ & & \ddots & \\ & & & \lambda_n \end{bmatrix} = Q\lambda$$

即

$$\lambda = Q^{-1}AQ$$

取 $P = Q^{-1}$，即

$$w(t) = Q^{-1}q(t)$$

则具有对角矩阵的状态方程为

$$w'(t) = \left(\boldsymbol{Q}^{-1}\boldsymbol{A}\boldsymbol{Q}\right)w(t) + \left(\boldsymbol{Q}^{-1}\boldsymbol{B}\right)x(t) = \lambda w(t) + \left(\boldsymbol{Q}^{-1}\boldsymbol{B}\right)x(t) \tag{11.27}$$

对应的输出方程为

$$y(t) = \left(\boldsymbol{C}\boldsymbol{Q}\right)w(t) + \boldsymbol{D}x(t) = \overline{\boldsymbol{C}}w(t) + \overline{\boldsymbol{D}}x(t) \tag{11.28}$$

11.5.2　系统的可控制性和可观测性

在式（11.27）中，当矩阵 $\overline{\boldsymbol{B}} = \boldsymbol{Q}^{-1}\boldsymbol{B}$ 中第 k 行全部为 0 时，有

$$w'_k(t) = \lambda_k w_k(t)$$

由此可见，状态 $w_k(t)$ 与系统的任何输入都没有关系，此时称状态 $w_k(t)$ 是**不可控制**的。当矩阵 $\overline{\boldsymbol{B}} = \boldsymbol{Q}^{-1}\boldsymbol{B}$ 中不存在全零行时，则所有的状态都是可控制的，此时称系统是**完全可控制**的。

在式（11.28）中，当矩阵 $\overline{\boldsymbol{C}} = \boldsymbol{C}\boldsymbol{Q}$ 中第 k 列全部为 0 时，在系统的任何输出中都观测不到状态 $w_k(t)$，此时称状态 $w_k(t)$ 是**不可观测**的。当矩阵 $\overline{\boldsymbol{C}} = \boldsymbol{C}\boldsymbol{Q}$ 中不存在全零列时，系统所有的状态都是可观测的，此时称系统是**完全可观测**的。

因此，可以将系统矩阵对角化后判断系统的可控制性和可观测性。

例 11.11　在图 11.2 中，已知 $R_1 = 1\,\Omega$，$R_2 = 2\,\Omega$，$C = 1\,\text{F}$，$L = 0.5\,\text{H}$。将矩阵 $\boldsymbol{A}$ 对角化，并判断系统的可控制性和可观测性。

笔记：

解：由例 11.1 可知

$$\begin{bmatrix} q_1'(t) \\ q_2'(t) \end{bmatrix} = \begin{bmatrix} -1 & -1 \\ 2 & -4 \end{bmatrix}\begin{bmatrix} q_1(t) \\ q_2(t) \end{bmatrix} + \begin{bmatrix} 1 \\ 0 \end{bmatrix}x(t)$$

$$y(t) = \begin{bmatrix} 0 & 2 \end{bmatrix}\begin{bmatrix} q_1(t) \\ q_2(t) \end{bmatrix}$$

矩阵 $\boldsymbol{A}$ 的特征值为

$$|\lambda\boldsymbol{I} - \boldsymbol{A}| = \begin{vmatrix} \lambda+1 & 1 \\ -2 & \lambda+4 \end{vmatrix} = (\lambda+2)(\lambda+3) = 0$$

$$\lambda_1 = -2, \quad \lambda_2 = -3$$

设与特征值 $\lambda_1 = -2$ 对应的特征矢量为

$$\boldsymbol{q}_1 = \begin{bmatrix} q_{11} \\ q_{21} \end{bmatrix}$$

满足

$$(A - \lambda_1\boldsymbol{I})\boldsymbol{q}_1 = \begin{bmatrix} 1 & -1 \\ 2 & -2 \end{bmatrix}\begin{bmatrix} q_{11} \\ q_{21} \end{bmatrix} = 0$$

属于 $\lambda_1 = -2$ 的特征矢量有多个，取其中之一，即

$$q_1 = \begin{bmatrix} 1 \\ 1 \end{bmatrix}$$

类似地，与特征值 $\lambda_2 = -3$ 对应的特征矢量为

$$q_2 = \begin{bmatrix} q_{12} \\ q_{22} \end{bmatrix}$$

满足

$$(A - \lambda_2 I)q_2 = \begin{bmatrix} 2 & -1 \\ 2 & -1 \end{bmatrix}\begin{bmatrix} q_{12} \\ q_{22} \end{bmatrix} = 0$$

属于 $\lambda_2 = -3$ 的特征矢量有多个，取其中之一，即

$$q_2 = \begin{bmatrix} 1 \\ 2 \end{bmatrix}$$

变换矩阵为

$$P = Q^{-1} = \begin{bmatrix} 1 & 1 \\ 1 & 2 \end{bmatrix}^{-1} = \begin{bmatrix} 2 & -1 \\ -1 & 1 \end{bmatrix}$$

所以

$$\overline{A} = PAP^{-1} = \begin{bmatrix} 2 & -1 \\ -1 & 1 \end{bmatrix}\begin{bmatrix} -1 & -1 \\ 2 & -4 \end{bmatrix}\begin{bmatrix} 1 & 1 \\ 1 & 2 \end{bmatrix} = \begin{bmatrix} -2 & 0 \\ 0 & -3 \end{bmatrix}$$

$$\overline{B} = PB = \begin{bmatrix} 2 & -1 \\ -1 & 1 \end{bmatrix}\begin{bmatrix} 1 \\ 0 \end{bmatrix} = \begin{bmatrix} 2 \\ -1 \end{bmatrix}$$

$$\overline{C} = CP^{-1} = \begin{bmatrix} 0 & 2 \end{bmatrix}\begin{bmatrix} 1 & 1 \\ 1 & 2 \end{bmatrix} = \begin{bmatrix} 2 & 4 \end{bmatrix}$$

变换后的状态方程和输出方程为

$$\begin{bmatrix} w_1'(t) \\ w_2'(t) \end{bmatrix} = \begin{bmatrix} -2 & 0 \\ 0 & -3 \end{bmatrix}\begin{bmatrix} w_1(t) \\ w_2(t) \end{bmatrix} + \begin{bmatrix} 2 \\ -1 \end{bmatrix}x(t)$$

$$y(t) = \begin{bmatrix} 0 & 2 \end{bmatrix}\begin{bmatrix} w_1(t) \\ w_2(t) \end{bmatrix}$$

由于 $\overline{B}$ 没有全零行，$\overline{C}$ 没有全零列，因此，该系统是完全可控制的，也是完全可观测的。

例 11.12 已知 LTI 系统的状态方程和输出方程为

$$\begin{bmatrix} q_1'(t) \\ q_2'(t) \\ q_3'(t) \end{bmatrix} = \begin{bmatrix} 1 & 0 & 0 \\ 4 & -3 & 0 \\ 0 & -3 & -2 \end{bmatrix}\begin{bmatrix} q_1(t) \\ q_2(t) \\ q_3(t) \end{bmatrix} + \begin{bmatrix} 1 \\ 1 \\ 0 \end{bmatrix}x(t)$$

$$y(t) = \begin{bmatrix} 3 & -2 & 1 \end{bmatrix}\begin{bmatrix} q_1(t) \\ q_2(t) \\ q_3(t) \end{bmatrix}$$

（1）判断系统的可控制性和可观测性；
（2）求系统函数 $H(s)$。

解：（1）矩阵 A 的特征值为

$$|\lambda I - A| = \begin{vmatrix} \lambda-1 & 0 & 0 \\ -4 & \lambda+3 & 0 \\ 0 & 3 & \lambda+2 \end{vmatrix} = (\lambda-1)(\lambda+2)(\lambda+3) = 0$$

$$\lambda_1 = -2, \quad \lambda_2 = -3, \quad \lambda_3 = 1$$

特征值 λ_i 对应的特征矢量 $\boldsymbol{q}_i = [q_{1i} \quad q_{2i} \quad q_{3i}]^T$ 满足

$$(\lambda_i I - A)\begin{bmatrix} q_{1i} \\ q_{2i} \\ q_{3i} \end{bmatrix} = 0$$

代入特征值后可得

$$\boldsymbol{q}_1 = \begin{bmatrix} 0 & 0 & 1 \end{bmatrix}^T, \boldsymbol{q}_2 = \begin{bmatrix} 0 & 1 & 3 \end{bmatrix}^T, \boldsymbol{q}_3 = \begin{bmatrix} 1 & 1 & -1 \end{bmatrix}^T$$

即

$$\boldsymbol{Q} = [\boldsymbol{q}_1 \quad \boldsymbol{q}_2 \quad \boldsymbol{q}_3] = \begin{bmatrix} 0 & 0 & 1 \\ 0 & 1 & 1 \\ 1 & 3 & -1 \end{bmatrix}$$

所以

$$\boldsymbol{P} = \boldsymbol{Q}^{-1} = \begin{bmatrix} 0 & 0 & 1 \\ 0 & 1 & 1 \\ 1 & 3 & -1 \end{bmatrix}^{-1} = \begin{bmatrix} 4 & -3 & 1 \\ -1 & 1 & 0 \\ 1 & 0 & 0 \end{bmatrix}$$

通过线性变换 $w(t) = \boldsymbol{P}q(t)$，可得

$$\overline{\boldsymbol{A}} = \boldsymbol{PAP}^{-1} = \begin{bmatrix} -2 & 0 & 0 \\ 0 & -3 & 0 \\ 0 & 0 & 1 \end{bmatrix}$$

$$\overline{\boldsymbol{B}} = \boldsymbol{PB} = \begin{bmatrix} 4 & -3 & 1 \\ -1 & 1 & 0 \\ 1 & 0 & 0 \end{bmatrix}\begin{bmatrix} 1 \\ 1 \\ 0 \end{bmatrix} = \begin{bmatrix} 1 \\ 0 \\ 1 \end{bmatrix}$$

$$\overline{\boldsymbol{C}} = \boldsymbol{CP}^{-1} = \begin{bmatrix} 3 & -2 & 1 \end{bmatrix}\begin{bmatrix} 0 & 0 & 1 \\ 0 & 1 & 1 \\ 1 & 3 & -1 \end{bmatrix} = \begin{bmatrix} 1 & 1 & 0 \end{bmatrix}$$

所以，对角化后的状态方程为

$$\begin{bmatrix} w_1'(t) \\ w_2'(t) \\ w_3'(t) \end{bmatrix} = \begin{bmatrix} -2 & 0 & 0 \\ 0 & -3 & 0 \\ 0 & 0 & 1 \end{bmatrix}\begin{bmatrix} w_1(t) \\ w_2(t) \\ w_3(t) \end{bmatrix} + \begin{bmatrix} 1 \\ 0 \\ 1 \end{bmatrix}x(t)$$

$$y(t) = \begin{bmatrix} 1 & 1 & 0 \end{bmatrix}\begin{bmatrix} w_1(t) \\ w_2(t) \\ w_3(t) \end{bmatrix}$$

笔记：

笔记：

由于 $\overline{B}$ 第二行为全零行，$\overline{C}$ 第三列为全零列，因此，状态 $w_2(t)$ 是不可控制的，状态 $w_3(t)$ 是不可观测的。

（2）系统函数为

$$\overline{H}(s) = \overline{C}(s\boldsymbol{I} - \overline{A})^{-1}\overline{B} + \overline{D}$$

$$= \begin{bmatrix} 1 & 1 & 0 \end{bmatrix} \begin{bmatrix} s+2 & & \\ & s+3 & \\ & & s-1 \end{bmatrix}^{-1} \begin{bmatrix} 1 \\ 0 \\ 1 \end{bmatrix}$$

$$= \frac{(s+3)(s-1)}{(s+2)(s+3)(s-1)} = \frac{1}{s+2}$$

在例 11.12 中，由系统函数可知，该系统有唯一的极点 $s = -2$，所以该系统是稳定的。但从内部状态可知，系统存在不稳定因素，这种情况仅从系统的输出是无法观测到的。因此，系统函数只能描述系统的外部特性，不能完全描述系统的内部状态。系统状态方程描述了系统的内部状态，所以状态方程表示了系统的全部信息。

习题

11.1 用状态方程和输出方程表示如图 11.7 所示系统。

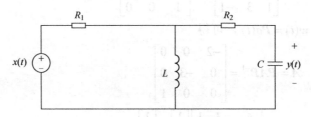

图 11.7　习题 11.1 系统

11.2 将如图 8.29 所示系统用状态方程表示。

11.3 已知一个 LTI 系统的系统函数为

$$H(s) = \frac{2s+5}{s^3 + 9s^2 + 26s + 24} = \frac{2}{s+2}\frac{s+2.5}{s+3}\frac{1}{s+4} = \frac{0.5}{s+2} + \frac{1}{s+3} - \frac{1.5}{s+4}$$

将该系统表示为标准形式、级联形式和并联形式的状态方程。

11.4 用状态方程和输出方程表示如图 11.8 所示二输入二输出系统，并求系统函数。

11.5 将如图 11.9 所示系统用状态方程表示。

11.6 已知 LTI 连续时间系统

$$\begin{bmatrix} q_1'(t) \\ q_2'(t) \end{bmatrix} = \begin{bmatrix} 0 & 1 \\ -1 & 2 \end{bmatrix} \begin{bmatrix} q_1(t) \\ q_2(t) \end{bmatrix} + \begin{bmatrix} 0 \\ 1 \end{bmatrix} x(t)$$

$$y(t) = \begin{bmatrix} 1 & 2 \end{bmatrix} \begin{bmatrix} q_1(t) \\ q_2(t) \end{bmatrix}$$

求：（1）系统函数 $H(s)$；

（2）状态响应 $q(t)$，若 $q(0^-) = \begin{bmatrix} 1 & 1 \end{bmatrix}^T$，$x(t) = u(t)$；

（3）系统响应 $y(t)$。

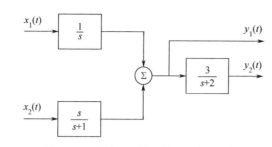

图 11.8　习题 11.4 的二输入二输出系统

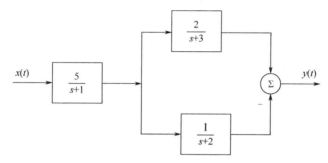

图 11.9　习题 11.5 系统

11.7　已知某连续时间系统的状态方程和输出方程为

$$\begin{bmatrix} q_1'(t) \\ q_2'(t) \end{bmatrix} = \begin{bmatrix} 2 & 3 \\ 0 & -1 \end{bmatrix} \begin{bmatrix} q_1(t) \\ q_2(t) \end{bmatrix} + \begin{bmatrix} 0 & 1 \\ 1 & 0 \end{bmatrix} \begin{bmatrix} x_1(t) \\ x_2(t) \end{bmatrix}$$

$$\begin{bmatrix} y_1(t) \\ y_2(t) \end{bmatrix} = \begin{bmatrix} 1 & 1 \\ 0 & -1 \end{bmatrix} \begin{bmatrix} q_1(t) \\ q_2(t) \end{bmatrix} + \begin{bmatrix} 1 & 0 \\ 1 & 0 \end{bmatrix} \begin{bmatrix} x_1(t) \\ x_2(t) \end{bmatrix}$$

初始状态和输入分别为

$$\begin{bmatrix} q_1(0^-) \\ q_2(0^-) \end{bmatrix} = \begin{bmatrix} 2 \\ -1 \end{bmatrix}, \begin{bmatrix} x_1(t) \\ x_2(t) \end{bmatrix} = \begin{bmatrix} u(t) \\ e^{-3t}u(t) \end{bmatrix}$$

求该系统的状态和输出响应。

11.8　已知某 LTI 离散时间系统对输入

$$x[n] = (-2 + 2^n)u[n]$$

的零状态响应为

$$y_{zs}[n] = \left(3^n - 4 \times 2^n \right) u[n]$$

求该系统的状态方程表示。

11.9　将如图 9.14 所示系统用状态方程表示。

11.10　已知一个 LTI 系统的系统函数为

$$H(z) = \frac{z^2 - 0.75z}{z^2 - 1.5z + 2.25}$$

将该系统表示为标准形式、级联形式和并联形式的状态方程。

11.11　已知 LTI 离散时间系统的状态方程表示为

$$q[n+1]=\begin{bmatrix}2&1\\-1&0\end{bmatrix}q[n]+\begin{bmatrix}0\\1\end{bmatrix}x[n]$$

$$y[n]=\begin{bmatrix}-1&3\end{bmatrix}q[n]+2x[n]$$

求：（1）系统函数 $H(z)$；

（2）系统阶跃响应。

11.12 已知 LTI 离散时间系统

$$q[n+1]=\begin{bmatrix}-1&1\\-1&-2\end{bmatrix}q[n]+\begin{bmatrix}0.5&1\\-1&-0.5\end{bmatrix}x[n]$$

$$y[n]=\begin{bmatrix}2&1\\-1&-2\end{bmatrix}q[n]$$

求：（1）系统函数 $H(z)$；

（2）$q[0]=[1\quad1]^{\mathrm{T}}$，$x[n]=[n\quad n]^{\mathrm{T}}$ 的系统响应。

11.13 已知某连续时间系统

$$\begin{bmatrix}q_1'(t)\\q_2'(t)\end{bmatrix}=\begin{bmatrix}0&1\\-1&2\end{bmatrix}\begin{bmatrix}q_1(t)\\q_2(t)\end{bmatrix}+\begin{bmatrix}0\\1\end{bmatrix}x(t)$$

$$y(t)=\begin{bmatrix}1&2\end{bmatrix}\begin{bmatrix}q_1(t)\\q_2(t)\end{bmatrix}$$

检查该系统的可控制性和可观测性。

11.14 已知某连续时间系统

$$\begin{bmatrix}q_1'(t)\\q_2'(t)\end{bmatrix}=\begin{bmatrix}0&1\\-2&-3\end{bmatrix}\begin{bmatrix}q_1(t)\\q_2(t)\end{bmatrix}+\begin{bmatrix}0\\2\end{bmatrix}x(t)$$

$$\begin{bmatrix}y_1(t)\\y_2(t)\end{bmatrix}=\begin{bmatrix}1&1\\-1&2\end{bmatrix}\begin{bmatrix}q_1(t)\\q_2(t)\end{bmatrix}+\begin{bmatrix}2\\0\end{bmatrix}x(t)$$

检查该系统的可控制性和可观测性。

11.15 已知某连续时间系统

$$q'(t)=\begin{bmatrix}0&1&0\\0&0&1\\0&-2&-3\end{bmatrix}q(t)+\begin{bmatrix}0\\0\\1\end{bmatrix}x(t)$$

$$y(t)=\begin{bmatrix}-1&1&1\end{bmatrix}q[t]$$

求系统函数，并检查该系统的可控制性和可观测性。

备选习题

更多习题请扫右方二维码获得。

参 考 文 献

[1] 郑君里，应启珩，杨为理. 信号与系统（第三版）（上、下册）[M]. 北京：高等教育出版社，2011.

[2] 管致中，夏恭恪，孟桥. 信号与线性系统（第五版）[M]. 北京：高等教育出版社，2017.

[3] 徐守时，谭勇，郭武. 信号与系统——理论、方法和应用（第二版）[M]. 合肥：中国科学技术大学出版社，2010.

[4] Simon Haykin, Barry Van Veen. 信号与系统（第二版）[M]. 林秩盛，等，译. 北京：电子工业出版社，2013.

[5] Edward W. Kamen, Bonnie S. Heck. Fundamentals of Signals and Systems Using the Web and MATLAB（Third Edition）[M]. 北京：科学出版社，2016.

[6] 陈后金，胡健，薛健，等. 信号与系统（第二版）[M]. 北京：北京交通大学出版社，2005.

[7] Sen M. Kuo, Bob H. Lee, Wenshun Tian. 数字信号处理——原理、实现及应用[M]. 王永生，等，译. 北京：清华大学出版社，2018.

[8] 范世贵，李辉，冯晓毅. 信号与系统（第二版）[M]. 西安：西北工业大学出版社，2007.

[9] 徐利民，舒君，谢优忠. 基于 MATLAB 的信号与系统实验教程[M]. 北京：清华大学出版社，2010

[10] 马建国，王大岚. 电子信息类工程实践教程（通识教育分册）[M]. 西安：西安电子科技大学出版社，2015.

[11] 王小扬，等. 信号与系统实验与实践[M]. 南京：南京大学出版社，2012.

[12] 谷源涛，应启珩，郑君里. 信号与系统——Matlab 综合实验[M]. 北京：高等教育出版社，2008.

[13] 李明明，等. 电子信息类专业 MATLAB 实验教程[M]. 北京：北京大学出版社，2011.

[14] Matthew N. O. Sadiku, et al. 应用电路分析[M]. 苏育挺，等，译. 北京：机械工业出版社，2014.

[15] William H. Hayt, et al. 工程电路分析（第八版）[M]. 北京：电子工业出版社，2012.

反侵权盗版声明

电子工业出版社依法对本作品享有专有出版权。任何未经权利人书面许可，复制、销售或通过信息网络传播本作品的行为；歪曲、篡改、剽窃本作品的行为，均违反《中华人民共和国著作权法》，其行为人应承担相应的民事责任和行政责任，构成犯罪的，将被依法追究刑事责任。

为了维护市场秩序，保护权利人的合法权益，我社将依法查处和打击侵权盗版的单位和个人。欢迎社会各界人士积极举报侵权盗版行为，本社将奖励举报有功人员，并保证举报人的信息不被泄露。

举报电话：（010）88254396；（010）88258888

传　　真：（010）88254397

E-mail：　dbqq@phei.com.cn

通信地址：北京市万寿路 173 信箱

　　　　　电子工业出版社总编办公室

邮　　编：100036